1 MONTH OF
FREE
READING

at

www.ForgottenBooks.com

By purchasing this book you are eligible for one month membership to ForgottenBooks.com, giving you unlimited access to our entire collection of over 1,000,000 titles via our web site and mobile apps.

To claim your free month visit:

www.forgottenbooks.com/free1048941

ISBN 978-0-364-70375-5
PIBN 11048941

Vorwort.

Der Verfasser hat in langjährigem Unterricht immer wieder erfahren, daß die eigentlichen Grundlagen der Mechanik, selbst im elementarsten Sinne, viel schwieriger erfaßt werden, als etwa die Grundlagen der Geometrie oder der Algebra. Er hat ferner bemerkt, daß die Hindernisse wesentlich anderer Art sind, als rein formale, da sie von den mathematischen Kenntnissen und Fähigkeiten des Lernenden beinahe unabhängig zu sein pflegen.

Die Mechanik bezieht sich nicht auf rein geometrische Gebilde, sondern auf wirkliche Körper. Aber dieselben Körper kennen wir auch jenseits jeder Wissenschaft aus unausgesetzter Wahrnehmung, so daß wir von frühester Jugend an uns selbst unbewußt gewohnt werden, „mechanisch" richtig zu urteilen. Uns allen, mögen wir selbst das Wort nie gehört haben, ist eine sozusagen nicht wissenschaftliche, aber in gewöhnlichen Fällen durchaus verläßliche Mechanik zu eigen. Und damit hängen die eben genannten Schwierigkeiten zusammen.

Denn unsere landläufigen Begriffe über Lage, Ruhe, Bewegung usw. sind nicht so scharf, so bestimmt, so geläutert, wie wissenschaftliche Begriffe es sein sollen. Desgleichen liegt uns sonst wenig daran, aus dem Schatz unserer instinktartigen Kenntnisse die leitenden, wahrhaft allgemeinen Grundgesetze durch schärfstes Nachdenken gleichsam abzulösen und selbständig zu machen, da wir sie vielmehr von Fall zu Fall richtig anzuwenden gelernt haben, ohne uns ihrer je eigentlich bewußt geworden zu sein, wie die Wissenschaft es verlangen muß. Es handelt sich also zu allererst weniger um Aufstellung neuer, als vielmehr um eine Art Umwertung alter, vertrauter Begriffe und Gedanken, die eine andere Richtung, nämlich die auf das Abstrakte zu nehmen haben. Erst wenn dies wirklich erreicht ist, wenn also die Fäden des Netzes, das wir über die Gesamtheit der Bewegungserscheinungen werfen, mitten aus der lebendigen Wirklichkeit heraus geradeswegs zu den Gesetzen der „wissenschaftlichen"

Mechanik führen, dann erst haben wir deren Grundlagen verstanden. Es darf aber in dieser Hinsicht kein Rest übrig bleiben.

Dies Buch will mehr als manche anderen Bücher hierin Entgegenkommen zeigen, besonders in den ersten beiden Abschnitten, die auch in mathematischer Beziehung völlig elementar sind. Später werden hin und wieder etwas mehr Ansprüche an mathematische Kenntnisse gestellt, doch nicht so, daß, wie so oft, die Entwicklung der eigentlich mechanischen Gedanken zurücktritt hinter das Spiel der Formeln. Immer ist der Verfasser bestrebt gewesen, das eigentliche Ziel, nämlich das Heranbringen der Begriffe und Gesetze der Mechanik bis an die unmittelbare Wirklichkeit, nicht aus den Augen zu verlieren.

Mit dem dritten Abschnitt beginnt der eigentliche Aufbau. Er ist fast nur geometrischen Inhaltes, aber in engster Beziehung zur Anwendung in der Mechanik. Der vierte und fünfte Abschnitt behandeln die Phoronomie und das soviel umstrittene Kapitel von der absoluten und relativen Bewegung nebst seiner Anwendung auf terrestrische Mechanik. Dann folgen im sechsten Kapitel die massengeometrischen Begriffe und die übrigen Hilfsbegriffe der rationellen Mechanik, die alle so elementar wie möglich, aber in ihrer Beziehung zu einander auch so gründlich wie möglich abgehandelt werden. Das siebente Kapitel bringt die allgemeine elementare Mechanik zum Abschluß und das achte Kapitel enthält Aufgaben zur Befestigung und Weiterführung. Der Schlußparagraph enthält Beispiele von Irrtümern und Trugschlüssen.

Charlottenburg, den 10. November 1906.

Prof. Dr. O. Dziobek.

Inhaltsverzeichnis.

Erster Abschnitt.

§ 1. Bedeutung und Aufgaben der Mechanik.

1. Definition der Mechanik. Mechanik ist die Wissenschaft von der Bewegung. Sie hat die Bewegungsbegriffe zu läutern oder selbst zu schaffen und den Bewegungsgesetzen nachzuforschen, da ihr an allgemeinen Aussagen liegt, sei es über die Gesamtheit aller Bewegungen, sei es über ein bestimmtes Gebiet derselben.

So z. B. gehört zu ihren Aufgaben, den freien Fall der Körper zu untersuchen. Was sich hierüber gemeinsames ermitteln läßt, das geht die Mechanik an.

2. Ruhe und Bewegung. Der Bewegung als der Veränderung des Ortes stellt man meist die Ruhe als das Bleiben am Orte schroff gegenüber, als gegensätzliche Begriffe. Wie aber die Null zu den Zahlen oder der Punkt zu den Strecken, so steht die Ruhe zur Bewegung als eine Art Grenzfall untergeordnet, dem man durch Verringern der Geschwindigkeit bis zu ihrem Verschwinden stetig näher kommen kann.

Solche Grenzfälle trifft man in der Mechanik und Mathematik auf allen Wegen, z. B. [44], [64]. Sie sind zwar nicht eigentlich in dem allgemeinen Fall eingeschlossen, folgen aber doch aus ihm durch einen meist sehr einfachen Grenzübergang und sind daher mit ihm gegeben.

So ist die Definition [1] aufzufassen. Denn sonst müßte man den Grenzfall herausheben und erklären: Die Mechanik ist die Wissenschaft von der Ruhe und von der Bewegung.

3. Statik und Dynamik. Dieser älteren Definition entspricht die Zweiteilung der Mechanik in die Statik und die Dynamik. Erstere führt bis auf Archimedes und noch weiter zurück, letztere ist beinahe zwei Jahrtausende später von Galilei begründet worden [26].

Besonders die technische Mechanik hält an dieser Unterscheidung fest, weil hier die Statik zu wichtig ist, um als bloßes Anhängsel der Dynamik zu gelten.

4. Einheitliche Mechanik. Dafür macht die neuere Definition [1], welche zuerst Leibniz nachdrücklich empfohlen hat, die Mechanik

Driobek, Grundlagen der Mechanik.   1

zu einer einheitlichen Wissenschaft. Gauß sagt bei der Erklärung
seines Prinzipes des kleinsten Zwanges [833] hierüber: „So sehr es in
der Ordnung ist, daß bei der allmäligen Ausbildung der Wissenschaft
und bei der Belehrung des Individuum das Leichtere dem Schwereren,
das Einfachere dem Verwickelteren, das Besondere dem Allgemeinen
vorangeht, so fordert doch der Geist, einmal auf dem höheren Standpunkt angelangt, den umgekehrten Gang, wobei die ganze Statik
als ein spezieller Fall der Dynamik erscheine."

5. Ursprung der Mechanik. Die ägyptischen Pyramiden und die gewaltigen Tempelbauten der Babylonier bezeugen eine einfache prak-
tische Mechanik, lange bevor an eine entsprechende Wissenschaft zu
denken war, also eine Kunst, durch einfache Maschinen, von denen
Pappus später fünf erwähnt, Keil, Hebel, Schraube, Archimedes'
Flaschenzug, das Rad an der Welle, schwere Lasten fortzuziehen
und aufzurichten.

Aber erst griechischer Geist hat an eine zugehörige Theorie
(Hebelgesetz des Archimedes) gedacht. Er hat zuerst begriffen,
daß es hier eine Wissenschaft gibt.

6. Das Wort Mechanik stammt von Mēchanē, Werkzeug. Es ist von
Aristoteles eingeführt worden, der in seinen mechanischen Problemen — der ältesten auf uns gekommenen Schrift über Mechanik
— unter Mechana den Teil des Kunstfleißes verstand, der zur „Auflösung von Schwierigkeiten verhilft".

Solches geschehe z. B. durch den Hebel, denn „wer ohne Hebel
eine Last nicht heben kann, bewegt sie leicht, die eines Hebels noch
hinzufügend".

7. Die Nebenbedeutungen von mechanisch gehen auch auf diesen Ursprung zurück. So ist ein Mechaniker nicht jemand, der eine Wissenschaft treibt wie ein Mathematiker, ein Physiker usw., sondern ein
Verfertiger optischer und physikalischer Instrumente. Wir stellen die
mechanischen (maschinenmäßigen) den willkürlichen Bewegungen le-
bender Wesen gegenüber und legen, da erstere vorgeschrieben sind,
dem mechanischen auch den Sinn des nach festen Regeln, aber ohne
tieferen Einblick in den Zweck ausgeführten bei. Mechanische Welt-
anschauung usw.

So wird die wahre Bedeutung der Mechanik etwas verhüllt, denn
sie ist nach Galilei eine sehr weite, außerordentlich wichtige Wissenschaft, in deren Bereich nach G. Kirchhoff **alle** in der Natur vor-
kommenden Bewegungen und **alle** Fragen, die über sie gestellt werden
können, gehören.

8. Geschichte der Mechanik. Wenn man von den instinktartigen mechanischen Einsichten absieht, deren psychologische Analyse erst in deh letzten Jahrzehnten begonnen hat [20], so liegt die Geschichte der Mechanik, anfangend bei den griechischen Philosophen und Mathematikern, bis zur Jetztzeit ziemlich offen da.

So vieles, das heute uns allen geläufig ist, wie Schwerpunkt, Kräfteparallelogramm, Trägheitsgesetz, ist einst von genialen Denkern aus der Tiefe geschöpft worden. Sie haben der Mechanik die Gestalt gegeben, welche sie heute hat.

Die Entwicklung der Mechanik ist noch nicht zu Ende. Niemand kann sagen, was sie nach tausend Jahren sein wird. Doch eins ist sicher, daß sie nie wieder umstoßen kann, was sie bisher erreicht hat, sondern nur umwandeln, in neuen Formen darstellen, erweitern.

9. Mechanik und andere Wissenschaften. Gleich der Mathematik, mit der sie oft verglichen wird, dient die Mechanik vielen anderen Wissenschaften als Hilfswissenschaft; zuweilen ist es aber auch umgekehrt.

Es geht hier nicht an, diese Beziehungen sämtlich darzulegen. Nur die wichtigsten seien herausgegriffen.

10. Mechanik und Mathematik. Geometrie ist für die Mechanik selbstverständlich unentbehrlich. Aber auch Arithmetik und Algebra sowie die höhere Analysis bringen großen Gewinn, da alle mechanischen Größen, wie Weglängen, Geschwindigkeiten, Kräfte, durch Zahlen darstellbar sind und alle mechanischen Gesetze am kürzesten und sachlichsten in Formeln ausgedrückt werden.

Umfassende mathematische Schulung vereinfacht in der Mechanik die Ansätze und erleichtert ihre Durchführung. Es ist kein Zufall, daß die meisten hervorragenden Forscher in der Mechanik, wie Archimedes, Newton, Euler, Lagrange zugleich ausgezeichnete Mathematiker waren, die hier ein weites Feld der Anwendung mit größter Meisterschaft behandelt haben.

11. Dabei hat aber die Mechanik durchaus nicht nur genommen, vielmehr die ihr geleisteten Dienste reich belohnt durch unerschöpfliche Anreize zu Problemen, welche oft höchste Anspannung mathematischen Denkens erfordert haben und noch erfordern.

So hat sich erfüllt, was Leonardo da Vinci, der große Künstler und tiefe Denker, einst vorausgesagt hat: „Die Mechanik ist das Paradies der mathematischen Wissenschaften, weil man mit ihr zur Frucht des mathematischen Wissens gelangt."

12. Mechanik und Naturwissenschaft. Ist so die Mechanik nach der Art ihrer Behandlung vorzugsweise angewandte Mathematik, so ist

sie doch auch nach der Beschaffenheit ihrer Aufgaben Naturwissenschaft. Hierüber sagt schon Aristoteles in lapidarer Kürze: „Denn das
Formale wird nach Mathematik, das Reale nach Physik entschieden."

Man soll der Mechanik nach beiden Gesichtspunkten, dem formalen
und dem realen, gerecht werden. Der reale aber hat voranzugehen,
denn die Mechanik hat es mit der Lage und der Bewegung wirklicher
Körper zu tun.

13. Mechanik und Physik. In keiner physikalischen Erscheinung
fehlen Merkmale der Bewegung, wie umgekehrt reine Bewegungs-
vorgänge oft physikalische Folgen haben. Durch Reibung entsteht
Wärme, durch Drehung des magnetischen Eisenkerns entsteht in der
Dynamomaschine der elektrische Strom, welcher nun wieder andere
Maschinen bewegt usw.

Nicht immer ist es leicht, zu entscheiden, wo Mechanik aufhört
und Physik beginnt. Die Grenze ist eben nicht mathematisch scharf.
Akustik, Wellentheorie des Lichtes, Wärmemechanik usw. gehören in
das Grenzgebiet. Mit Recht wird daher die Mechanik oft als ein Teil
der Physik erklärt, den die Lehrbücher meist zu Anfang bringen.

14. Mechanik und Astronomie. Groß sind die Aufgaben, welche die
Mechanik in der Astronomie gehabt hat, aber auch groß die Erfolge.
Die Entdeckung der Massenanziehung durch Newton [988], die Berechnung der Planetenbahnen, die Erforschung der lunisolaren Präzession und Nutation [419] und vieles andere sind glänzende Leistungen
der Mechanik. Vor etwa 60 Jahren haben sie in einem besonderen Falle
allgemeine Bewunderung erregt, als der Neptun entdeckt wurde, dessen
Vorhandensein und Ort am Himmel von Leverrier und Adams
vorher allein durch Rechnung auf Grund wahrgenommener „Störungen"
des Saturn ermittelt worden war.

15. Mechanik und Chemie. Vor einigen Jahrzehnten hat sich neben
der eigentlichen Chemie die physikalische Chemie als eine neue
Wissenschaft entwickelt, von der sich wahrscheinlich bald wieder eine
mechanische Chemie abzweigen wird. Die körperliche Masse ist sowohl
ein mechanischer wie ein chemischer Grundbegriff [46] und die Erkenntnis ihrer Unveränderlichkeit gilt in beiden Wissenschaften für
unerschütterlich.

Doch das würde nicht genügen. Es sind aber manche besondere
Ansätze vorhanden, daß die Mechanik in den neueren chemischen
Theorien eine wesentliche Rolle spielen wird.

16. Mechanik und Zoologie. Das eingehende Studium des Tier-
körpers als einer aus Knochen, Sehnen, Muskeln und Nerven gebil-

deten Maschine von äußerster Zweckmäßigkeit, welche geht, schwimmt
oder fliegt, setzt großes Verständnis der Grundlagen der Mechanik
voraus. Es ist seltsam genug: Wie die Weltkörper sich bewegen,
können wir aufs beste vorausberechnen, aber das stets wechselnde Spiel
der Kräfte bei der Bewegung eines lebenden Geschöpfes bietet noch
viele ungelöste Fragen.

Doch die physiologische Mechanik hat sich ihrer angenommen
und damit der Wissenschaft von der Bewegung ein großes Feld
erschlossen.

17. Mechanische Naturerklärung. Überhaupt stehen der Mechanik in
allen Naturwissenschaften noch unabsehbare Aufgaben bevor. Denn
sie erstreckt sich auf die ganze räumliche Welt, in der jeder Körper
ruhen oder sich bewegen muß.

Ist doch sogar als Endziel die mechanische Naturerklärung, d. h.
die Erklärung aller Naturerscheinungen durch Bewegungen von Atomen
und Molekülen hingestellt worden. Freilich ist der Weg bis dahin,
falls er nicht etwa ein Irrweg sein sollte, noch unermeßlich weit.

18. Mechanik und Philosophie. Die Mechanik hat von jeher, von Zeno
dem Eleaten bis Kant und bis in die neueste Zeit, das besondere
Interesse der Philosophen besonders wegen der Grundbegriffe er-
weckt. Ob sie aber hierdurch gewonnen hat, darüber sind die Meinungen
allerdings recht geteilt.

Es sollen zuweilen Verwirrungen in ursprünglich klare Gedanken-
reihen gebracht worden sein. Vielleicht ist es wirklich so; doch hat
die Mechanik durch ihre Verbindung mit Metaphysik und Philosophie
unleugbar auch große Vorteile gehabt.

19. Denn sie ist auf diese Weise gezwungen worden, ihre Grund-
lagen so fest wie möglich zu machen. Auch haben philosophische
Betrachtungen mehr als einmal zur Weiterentwicklung der mechanischen
Begriffe beigetragen.

So hat Cartesius die Quantität der Bewegung oder, wie sie jetzt
genannt wird, die seitdem so wichtig gewordene Bewegungsgröße
[591] als metaphysisches Maß der Bewegung aufgestellt. Noch mehr
gilt dies von der vis viva oder lebendigen Kraft [635], welche alsdann
von Leibniz zu gleichem Zweck, aber im schärfsten Gegensatz zu
Cartesius eingeführt worden ist und jetzt, aller Metaphysik entkleidet,
ein unentbehrlicher Hilfsbegriff geworden ist. Hierher gehört auch
das teleologische Prinzip der kleinsten Wirkung von Maupertuis,
das Euler, Hamilton und Jacobi geläutert, verallgemeinert und zu
einer sehr umfassenden Methode umgewandelt haben [830].

20. Mechanik und Psychologie. Zuletzt sei auch die Psychologie erwähnt, welche die Elemente sinnlicher Wahrnehmung und ihre Verbindung zu Begriffen und Urteilen über Bewegung aufzeigen und so eine tiefere Einsicht in deren Wesen erlangen will.

Es ist eine Psychologie der Mechanik entstanden, die recht eigentlich den Boden erforscht, auf dem diese Wissenschaft steht. Wie instinktartige mechanische Einsichten sich bilden, wie diese zu strengen Erkenntnissen werden, das sucht sie zu ergründen.

Doch die Mechanik selbst hebt mit den fertigen Grundbegriffen an, wie die Geometrie mit den ihrigen, mit Raum, Ebene, Gerade, Punkt usw. Nur so kann ihr das Maß von Selbständigkeit bleiben, dessen sie als eine besondere Wissenschaft bedarf.

21. Anwendungen der Mechanik. Noch mehr als in dem Zusammenhang mit anderen Wissenschaften zeigt sich die Bedeutung der Mechanik in ihren zahllosen praktischen Anwendungen. Was ist eine Kettenbrücke von ungeheurer Spannweite oder ein Riesenbau wie der Eifelturm anderes als in Eisen geschriebene Statik? Oder ein mächtiger die Meereswogen durchschneidender Dampfer, oder ein Geschoß, das mit doppelter Schallgeschwindigkeit aus dem Rohr geschleudert wird, anderes als menschlichen Zwecken dienstbar gemachte Dynamik?

Wie haben sich die einfachen Maschinen des Altertums [5] vervollkommnet! Und gar, wieviel unermeßlicher Scharfsinn steckt in den Mechanismen unserer Werkzeugmaschinen, welche zwangsläufig [739] die kompliziertesten Bewegungen ausführen, bohren, nähen, stricken, weben, drucken usw.

22. Die Mechanik als Wissenschaft ist nicht dasselbe und kann nicht dasselbe sein, wie die Mechanik als Praxis. Erstere strebt nach scharfen Begriffen, nach allgemeinen Wahrheiten um ihrer selbst willen, nach Erkenntnis der Gesetze, welche überall in den Bewegungserscheinungen befolgt werden. Letzterer liegt immer an der gerade vorliegenden Aufgabe und an einer Lösung, die auch wirklich ausführbar ist.

Doch hat sich auch hier Galilei's Wort von einer sehr weiten, außerordentlich wichtigen Wissenschaft erfüllt. Nur soll sie sich dann den Bedürfnissen der Praxis als technische Mechanik anpassen, welche, wie ihr Betrieb in allen technischen Lehranstalten von der technischen Hochschule bis zur Handwerkerschule zeigt, für den Architekt, den Hochbauingenieur, den Maschinenbauer, den „inneren" und den „äußeren" Ballistiker usw. unentbehrlich geworden ist.

23. Einteilung der Mechanik. Daß die Mechanik in Statik und Dynamik zerfällt, ist schon [3] erläutert worden. Von letzterer kann man wieder ein scharf begrenztes Sondergebiet, die Phoronomie, abtrennen [39].

Die weitere Gliederung ist sehr verschieden möglich. Vorangehen müssen ganz allgemeine, d. h. für alle Körper und für alle Bewegungen ohne Ausnahme geltenden Sätze, wie z. B. das Prinzip der Aktio und Reaktio oder der Satz vom Kräfteparallelogramm.

24. Dann pflegt man ferner einzuteilen in die Mechanik der festen Körper, die Geostatik und Geodynamik, auch einfach Statik und Dynamik, der flüssigen Körper, Hydrostatik und Hydrodynamik und der Gase, Aerostatik und Aerodynamik. Die große Mannigfaltigkeit von Kräften — Nahkräfte, wie Druck, Zug, elastische Kräfte, und Fernkräfte, wie Schwere, magnetische Anziehung und Abstoßung — gibt Anlaß zu ferneren Spaltungen.

So zeigt schon diese flüchtige Übersicht, wie leicht das unermeßliche Reich der Mechanik in immer noch sehr große Einzelgebiete zerlegt werden kann.

25. Rationelle und angewandte Mechanik. Den Anwendungen dienen besondere Lehrgebäude der Mechanik. So die physikalische Mechanik, der die Beziehungen zu den physikalischen Eigenschaften der Körper am nächsten liegen, die Mechanik des Himmels zur Erforschung der Bahnen der Weltkörper, ihrer Gestalt und Achsendrehung und namentlich die ungemein weit verzweigte technische oder Ingenieurmechanik. Sie alle stehen auf denselben überall gültigen Grundlagen der allgemeinen oder, wie man sagt, der rationellen Mechanik. Was sie trennt, sind die besonderen Ziele oder auch Methoden der Forschung.

Letztere beziehen sich meist auf mathematische Formen und Hilfsmittel, nach denen man, freilich ohne feste Grenzen, einteilt in elementare Mechanik, welche trotz der Beschränkung in mathematischer Hinsicht sehr gründlich und klar sein kann, und in die höhere Mechanik mit vollständiger Anwendung höherer Mathematik.

26. Alles in allem ist die Mechanik ein großes Stück menschlicher Kultur geworden, wie der Seherblick Galilei's vorausgeschaut hat. Seinen berühmten Discorsi e Demonstrazioni geht folgende Einleitung voran: „Über einen sehr alten Gegenstand bringen wir eine ganz neue Wissenschaft. Nichts ist älter in der Natur als die Bewegung, und über dieselbe gibt es weder wenig, noch geringe Schriften der Philosophen. Dennoch habe ich deren Eigentümlichkeiten in großer Menge und darunter sehr wissenswerte, bisher aber nicht erkannte und nicht bewiesene in Erfahrung gebracht. Einige leichtere Sätze hört man nennen, wie z. B. daß die natürliche Bewegung fallender schwerer Körper eine stetig beschleunigte sei. In welcher Weise aber diese Beschleunigung stattfinde, ist bisher nicht ausgesprochen worden; denn soviel ich weiß, hat niemand bewiesen, daß die von fallenden Körpern in gleichen Zeiten zurückgelegten Strecken sich zueinander verhalten wie die ungeraden Zahlen [281]. Man hat beobachtet, daß Wurfgeschosse eine gewisse Kurve beschreiben. Daß letztere aber eine Parabel sei, hat niemand gelehrt. Daß aber dieses so sei und noch vieles andere, nicht minder Wissenswerte, soll von mir bewiesen werden; und was noch zu tun übrig bleibt, zu dem wird hier die Bahn geebnet: zur Errichtung e i n e r s e h r w e i t e n, a u ß e r o r d e n t l i c h w i c h t i g e n W i s s e n - s c h a f t, deren Anfangsgründe diese vorliegende Arbeit bringen soll, in deren tiefere Geheimnisse einzudringen Geistern vorbehalten bleibt, die mir überlegen sind."

§ 2. Die Begriffe der Mechanik.

27. Nach Entstehung und jetziger Geltung gibt es d r e i Gruppen mechanischer Begriffe. Die der ersten entstammen dem allgemeinen Sprachschatz, wie Raum, Zeit, Körper, Masse, Kraft. Die zweite Gruppe enthält Begriffe, welche umgekehrt in der Wissenschaft aufgestellt und dann der Sprache einverleibt worden sind, wie Schwerpunkt und lebendige Kraft. In der dritten endlich sind Begriffe, welche in der Wissenschaft entstanden sind und auch bis heute noch nur in ihr gebraucht werden, wie Potential, Hodograph, Deviation. Diese Dreiteilung hat zwar nicht viel inneren Wert, aber sie beeinflußt doch uneingestanden den Lernenden sehr nachhaltig und nicht immer zweckmäßig.

28. **Grundbegriffe und abgeleitete Begriffe.** Dazu kommt noch ein anderes. Die landläufige Bedeutung eines Wortes weicht häufig von der wissenschaftlichen etwas ab, namentlich in der Begriffsschärfe. Dort darf oft ein gut Stück von der Strenge abgelassen werden, hier aber nicht, denn hier soll jeder Begriff eine ganz bestimmte Stelle haben.

Man zieht daher die Einteilung vor in Grundbegriffe, welche man ausdrücklich als bekannt zugrunde legt (Newton sagt z. B.: Raum und Zeit als allen bekannt erkläre ich nicht), und in abgeleitete Begriffe, welche ihre Bedeutung erst durch Erklärungen oder Definitionen zu erhalten haben.

29. Raum, Zeit, Materie. Ruhe und Bewegung sind nicht vorstellbar ohne räumliche und zeitliche Bestimmungen, die einem Körper anhaften. Wo und wann bewegt er sich? Die Mechanik bezeichnet daher nach G. Kirchhoff Raum, Zeit und körperliche Materie als ihre drei ersten Grundbegriffe, die „zur Auffassung einer Bewegung notwendig, aber auch ausreichend sind".

Jedem von ihnen sind andere Begriffe untergeordnet, die man sehr wohl als räumliche, zeitliche und materielle Grundbegriffe bezeichnen kann. Mit ihnen geht die Mechanik ans Werk.

30. Raum und Zeit. Die Geometrie ist nicht induktiv, sondern deduktiv, weil alle ihre Gebilde, so manigfaltig sie sein mögen, und ihre Eigenschaften aus einer geringen Zahl von Grundbegriffen, wie Punkt, Gerade, Strecke, Ebene und von Axiomen oder Grundurteilen folgen.

Die reine Lehre von der Zeit gilt ihrer Einfachheit wegen nicht als besondere Wissenschaft. Sie ist a priori wie die Geometrie und gleicht ihr vollständig, wenn man sich auf eine Gerade einschränkt. Jedem Punkt entspricht ein Zeitpunkt, ein Augenblick ohne Dauer. Jeder Strecke entspricht ein Zeitabschnitt (Zeitspanne, Zeitstrecke, Zeitraum, Zeitintervall, auch Zeit schlechthin). Auch die beiden entgegengesetzten Richtungen sind vorhanden, sie gehen von der Vergangenheit zur Gegenwart und Zukunft und zurück. So erscheint die Lehre von der Zeit wie eine Geometrie von **einer** Dimension [158].

31. Die Materie. Unsere Kenntnis von der Materie ist noch nicht so erschöpfend, daß ihre Eigenschaften sämtlich aus einfachen Grundeigenschaften abgeleitet werden könnten. So unbeugsam starr wie die räumlichen und zeitlichen sind daher die materiellen Grundbegriffe noch nicht geworden.

Sie verteilen sich auf alle Naturwissenschaften und gehören oft mehreren an. Warm, kalt, elektrisch, magnetisch sind zweifellos physikalisch; fest, flüssig, luftförmig physikalisch und mechanisch. Aber bei der Umschau nach solchen materiellen Grundbegriffen der Mechanik, die auf **alle** Körper anwendbar sind, wird man nur zwei antreffen: die Kraft und die Masse.

32. Die Kraft. Die an einem Körper angreifende, ihn bewegende Kraft, wie Gewicht, Zug, Druck, Anziehung, Abstoßung, ist von den ersten Anfängen der Mechanik bis zur Vollendung ihrer Grundlagen durch Newton ohne jeden Zweifel an ihrer Realität als Grundbegriff genommen worden.

Ihre objektiven Merkmale sind Stärke oder Größe und Richtung.

33. Poinsot sagt hierüber: „Schon von frühester Kindheit bekommen wir die Begriffe von der Richtung der Kraft und ihre Stärke. Das Gefühl der Schwere, welche uns immer nach einer Seite zieht, der Anblick eines Körpers, welcher fällt oder an einem Faden aufgehängt ist, der Unterschied der Gewichte, den wir durch die bloße Hand wahrnehmen und eine Menge ebenso einfacher Erscheinungen verschaffen uns von der Richtung und Stärke einer Kraft Begriffe, welche ebenso unbestreitbar sind als das Bewußtsein unseres Daseins."

34. Dem Kraftbegriff liegt der aus ungezählten Erfahrungen erhärtete Schluß zugrunde, daß Ruhe und Bewegung eines Körpers durch andere Körper beeinflußt werden. Wenn ein Gegenstand freischwebend losgelassen wird, so fällt er zur Erde. Also, so schließen wir, wird seine Lage von der Erde in der Richtung nach unten beeinflußt. Legt man ihn aber auf den Tisch, so bleibt er liegen. Also, so schließen wir, wird er durch den Tisch am Fallen verhindert. Wenn das Pulver Pulver bleibt, bleibt das Geschoß im Rohr. Wenn es aber angezündet sich in Gase verwandelt, kommt das Geschoß aus der Mündung heraus. Also, so schließen wir, wird seine Bewegung durch die Pulvergase bedingt oder beeinflußt.

Bewegende Kraft aber ist ein Maß dieses Einflusses, von dem die Mechanik fordert, daß es nach Größe und Richtung bestimmbar sei.

35. Subjektive Merkmale der Kraft. Eine Kraft, die wir selbst absichtlich ausüben, ist stets mit einer Willensregung und einer Muskelanstrengung verbunden. Es ist unleugbar, daß diese subjektiven Merkmale wie ein Gleichnis in dem allgemeinen Kraftbegriff nachwirken, was aus unzähligen Redewendungen hervorgeht, z. B.: Der Dampfer muß schwer gegen die reißende Strömung ankämpfen.

In alten Lehrbüchern wird die Kraft·symbolisch dargestellt durch eine Hand, welche an einem Stricke zieht. Doch das ist nur ein Bild, denn der Mechanik kommt es auf die objektiven Merkmale, auf Stärke und Richtung an.

36. Wenn umgekehrt auf uns eine Kraft ausgeübt wird, so empfinden wir Druck oder Zug, welche sich bei sehr großen Kräften bis zum Gefühl des Zwanges steigern können; oder auch einen Widerstand, wenn nämlich die Kraft als Reaktion gegen unsere eigene Anstrengung erscheint: der Druck der Klinke auf die Hand beim Öffnen der Tür.

Auch diese subjektiven Merkmale werden mehr oder weniger dem allgemeinen Kraftbegriff gleichnisweise beigelegt, wenn wir von dem

Druck eines Körpers, dem Zug eines Fadens oder von widerstehenden, hemmenden Kräften reden. Ja, der Zwang, insbesondere der vollkommene Zwang [720] besteht in der Mechanik durchaus zu Recht.

37. Die Masse. Die Masse eines Körpers ist seine Stoffmenge oder vielmehr ein auf alle Körper anwendbares Größenmaß derselben. Euler sagt, sie sei die „Menge des Trägen".

Die Stoffmenge ist uralt, wie die Kraft; der Massenbegriff aber nicht, wenigstens nicht in seiner heutigen Gestalt. Erst Newton hat ihn in die Mechanik als massa eingeführt, denn vor ihm waren Masse, Gewicht und Schwere beinahe einerlei, wie sie auch jetzt noch gewöhnlich einerlei sind, nur in der Mechanik nicht [128].

38. Abgeleitete Begriffe. Alle anderen Begriffe der Mechanik, außer Raum, Zeit, Masse, Kraft, gelten heute ohne Ausnahme als abgeleitete Hilfsbegriffe, mögen sie auch, wie z. B. Geschwindigkeit und Beschleunigung, beinahe so wichtig sein wie die Grundbegriffe selbst.

Dieser Unterschied war früher nicht so scharf ausgeprägt. Jetzt aber hält man an ihm mit Entschlossenheit fest und wahrlich nicht zum Schaden für Klarheit und Ordnung.

39. Phoronomische Begriffe. Sie entstehen aus Raum und Zeit und dienen zum Ausdruck zeitlicher Veränderung räumlicher Lage [23]. Hierher gehören zu allererst Geschwindigkeit (Verhältnis von Weg zu Zeit) und Beschleunigung (Verhältnis von Geschwindigkeit bzw. Geschwindigkeitsänderung zur Zeit), ferner Verschiebung oder Translation, Drehung oder Rotation, Gleiten, Rollen, Verlängerung, Verkürzung, Verzerrung usw.

Die meisten sind zwar allbekannt, aber sie müssen doch erst zu mathematisch scharfen Begriffen ausgeprägt werden, was im vierten Abschnitt geschehen wird.

40. Formal-reale Begriffe. Aus Kraft und Raum entstehen: Drehungsmoment (Kraft $\times$ Abstand), mechanische Arbeit (Kraft $\times$ Weg), Kräftefunktion oder Potential. Aus Kraft und Zeit entspringt der Kraftantrieb oder der Impuls.

Aus Masse und Raum entstehen die sog. massengeometrischen Begriffe (§ 23 und § 24), wie: Dichte, Massenmoment, Schwerpunkt, Trägheitsmoment usw. Aus Masse und Zeit sind bisher noch keine Hilfsbegriffe gebildet worden. Auch nicht aus Masse und Kraft.

41. Diese abgeleiteten Begriffe sind mit den Grundbegriffen und miteinander zu weiteren sehr wichtigen Begriffen verbunden worden: so z. B. Masse und Geschwindigkeit einerseits zur Bewegungsgröße, andererseits zur lebendigen Kraft, in denen nun Zeit, Raum und Materie vereinigt sind. Ferner Arbeit und Zeit zur Arbeitsleistung, Raum und Bewegungsgröße zum Moment der Bewegungsgröße, lebendige Kraft, Potential und Zeit zur Wirkung (von Hamilton) usw.

42. Die meisten der bisher genannten Hilfsbegriffe werden gründlich abgehandelt werden. Außer ihnen sind besonders in Einzelgebieten noch viele andere Kunstausdrücke als termini technici aufgestellt worden, um wichtige Verknüpfungen von Begriffen durch ein Wort selbständig zu machen.

Hat es von vornherein wissenschaftliches Gepräge, wie z. B. „astatisches Gleichgewicht," so liegt seine Bedeutung jedermann kenntlich nur in seiner Erklärung oder Definition. Wird es aber der Umgangssprache entnommen, so lasse man sich nicht verleiten, der gewöhnlichen Bedeutung [28] ein Zugeständnis zu machen, wenn sie etwa abweicht. Denn sonst erkennt man die Grundlagen der Mechanik nur undeutlich, wie eine Landschaft im Nebel und nicht in hellem Sonnenschein.

§ 3. Die Gesetze der Mechanik.

43. Gesetze der Mechanik. Erste Aufgabe der Mechanik ist die Auffindung von mechanischen Gesetzen, die nicht nur hier oder da, sondern allgemein gelten. Unter ihnen ist wieder zu unterscheiden zwischen Grundgesetzen und abgeleiteten Gesetzen.

Diese Unterscheidung entspricht ganz derjenigen der Begriffe [28]. Sie zieht sich eben wie ein roter Faden durch alle strengen Wissenschaften und schafft Ordnung, Klarheit und Übersichtlichkeit.

44. Grundgesetze. Man kennt vier Grundgesetze der Mechanik, keines mehr, keines weniger. Sie sind:

I. der Satz von der Unveränderlichkeit der Masse;

II. der Satz vom Parallelogramm der Kräfte;

III. der Satz von der Aktio und Reaktio oder Wirkung und Gegenwirkung;

IV. die Grundgleichung der Mechanik oder das Beschleunigungsgesetz.

II und IV haben Grenzfälle [2], die in [48] und [64] als IIa und IIb sowie IVa und IVb angeführt worden sind.

45. Das erste Grundgesetz. Die Masse eines Körpers bleibt dieselbe, wie auch physikalischer und chemischer Zustand, Volumen und Lage sich ändern mögen. Aus 1 kg Eis wird durch Schmelzen 1 kg Wasser, aus diesem durch Verdampfen 1 kg Wasserdampf oder durch Zersetzung 1 kg Knallgas.

Gemeint ist die Masse, die Stoffmenge. Nicht gemeint ist die Schwere, das Gewicht. Derselbe Körper ist am Äquator „leichter" als in der Nähe der Pole.

46. Kein Stoffteilchen, und sei es noch so klein, kann verloren gehen oder aus nichts entstehen. Eben dieses landläufige Urteil wird in der Wissenschaft zum Gesetz von der Unveränderlichkeit der Masse, das unzähligemal geprüft und für richtig befunden worden ist.

Die Chemie hat freilich lange kämpfen müssen, ehe das Stahl'sche Phlogiston wieder aus ihr verschwand. Erst die genauen experimentellen Untersuchungen Lavoisier's über die Verkalkung der Metalle und seine hierauf gegründete Oxydationstheorie entfernten die Hindernisse, welche der Anerkennung des Satzes von der Erhaltung der Masse entgegenstanden.

47. Das zweite Grundgesetz. Greifen zwei Kräfte an demselben materiellen Punkt, d. h. an einem beliebig klein gedachten Körper A an, so können sie in jeder Hinsicht ersetzt werden durch eine dritte an A angreifende Kraft, welche man ihre Resultante

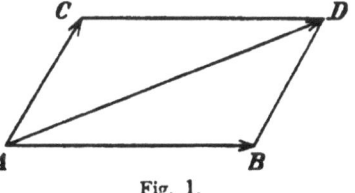

Fig. 1.

oder Mittelkraft nennt. Stellt man die Kräfte wie üblich durch Strecken dar, so stimmt die Resultante überein mit der Diagonale des aus den beiden gegebenen Kräften gebildeten Parallelogramms.

Für mehr als zwei Kräfte siehe [176].

48. Grenzfälle des zweiten Gesetzes. Wenn die beiden Kräfte gleiche oder entgegengesetzte Richtung haben, so entsteht kein eigentliches Parallelogramm mehr, da seine vier Seiten in eine Gerade fallen. Satz II nimmt einfachere Formen an.

II a. Erstens: Wenn zwei Kräfte auf einen Punkt in gleicher Richtung wirken, so wirkt ihre Resultante in derselben Richtung und ist so groß wie beide zusammen. Es ist AD = AB

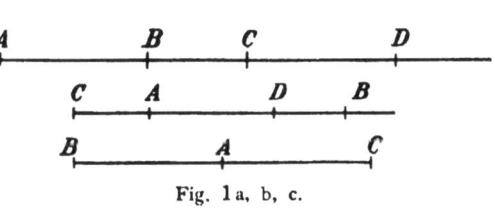

Fig. 1 a, b, c.

+ A C Fig. 1a. Zweitens: Sind sie entgegengesetzt gerichtet, so wirkt

die Resultante in der Richtung der absolut größeren und ist so groß wie ihr Unterschied. Es ist A D = A B — A C. Fig. 1b.

IIb. Wenn zwei gleich starke Kräfte auf denselben Punkt und in entgegengesetzter Richtung wirken, so verschwindet die Resultante. Man sagt dann: die beiden Kräfte heben sich auf oder sie vernichten sich oder sie halten sich das Gleichgewicht. Fig. 1c.

49. Diese Grenzfälle gelten von jeher für unbestreitbar richtig. Andeutungen über den allgemeinen Fall will man schon in einer Stelle aus Aristoteles [6] finden. Seine Richtigkeit geht aus Stevin's genialen Betrachtungen über die schiefe Ebene hervor; wenigstens für auf einander senkrechte Kräfte.

Klar und scharf ist der Satz vom Kräfteparallelogramm aber erst von Newton (1687) und ziemlich gleichzeitig von Varignon hingestellt worden. Doch ist des letzteren Werk „Nouvelle Mécanique ou Statique", in welchem übrigens die Grundzüge der heutigen elementaren Statik schon fast vollständig enthalten sind, erst nach seinem Tode erschienen (1725).

50. Dort findet man auch den ersten experimentellen Beweis durch drei sich das Gleichgewicht haltende Kräfte, deren Winkel an einem geteilten Kreis abgelesen werden können. Noch einfacher ist der heute übliche Vorlesungsbeweis, den Ball in seinen Experimental Mechanics angegeben hat.

Drei an den Enden Gewichte P, Q, R tragende Fäden, von denen zwei über feste Rollen S und T gelegt sind, während der dritte frei herunterhängt, gehen von einem Knotenpunkt aus, der sich in A einstellen möge. Man zeichne auf ein Blatt Papier ein Parallelogramm, dessen Seiten = P und Q und dessen Diagonale = R sind und halte es so hinter die drei Fäden, daß der Schnittpunkt mit A zusammenfällt und die Diagonale A D vertikal nach oben geht. Alsdann fallen stets die Seiten A B = P und A C = Q in die Richtungen der Fäden.

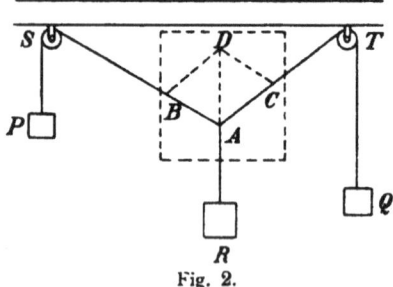

Fig. 2.

Mithin stellen A B und A C die Fadenspannungen der beiden schrägen Fäden sowohl der Größe als auch der Richtung nach dar, während A D zwar die Größe der Spannung des dritten Fadens, aber in umgekehrter Richtung wiedergibt. Alle drei Spannungen halten sich das Gleichgewicht, da A in Ruhe ist. Folglich ist A D die Resultante von A B und A C.

51. Daniel Bernoulli, Poisson, d'Alembert und andere haben
auch mathematische Beweise gegeben, indem sie von den selbstver-
ständlichen Grenzfällen II a und II b ausgingen und einige ebenso selbstverständliche Annahmen hinzufügten, wie z. B. daß die Resultante
zweier gleicher Kräfte ihren Winkel halbieren müsse.

Solche Beweise waren früher sehr beliebt. Sie scheinen aber
nur überzeugungskräftiger zu sein als experimentelle Beweise. Denn
sie nehmen in jenen Selbstverständlichkeiten das Behauptete wesentlich schon in die Annahme hinein, wie z. B. Mach in seiner Mechanik
scharfsinnig erläutert hat.

52. Das dritte Grundgesetz. Das Prinzip der Aktio und Reaktio.
Wenn ein Körper A auf einen Körper B eine Kraft ausübt, so übt
auch B auf A eine gleich große, aber entgegengesetzt gerichtete
Kraft aus.

Jeder Körper gibt jede auf ihn wirkende Kraft in gleicher Stärke
zurück. Drückt der Stein auf den Tisch nach unten, so drückt der
Tisch auf den Stein gleich stark nach oben. Zieht das Pferd an
dem Wagen, so setzt der Wagen dem Pferd einen „Widerstand" entgegen. Zieht der Magnet das Eisen an, so zieht das Eisen den Mag-
neten an mit gleicher Kraft usw.

53. Was befähigt uns zu gehen oder zu schwimmen? Was den
Vogel zu fliegen? Die eigene Körperkraft? Nein und ja! Nein, wenn
man nur an diese selbst als Aktio, ja, wenn man an die unfehlbar auftretende Reaktio denkt. Kein Körper, also auch kein Lebewesen, kann
auf sich selbst eine Kraft ausüben. Also üben wir instinktiv Kräfte
auf die uns umgebenden Körper aus, damit nach der Reaktio Kräfte
auf uns ausgeübt werden. Do, ut des.

Wenn wir gehen, stoßen wir mit den Füßen nach rückwärts
und werden daher vom Boden nach vorwärts gestoßen. Beim Schwimmen drücken wir mit Armen und Beinen das Wasser nach hinten,
damit es uns nach vorn drücke. Ebenso gebraucht der Vogel seine
Flügel.

54. Daß ein so wichtiges, täglich tausendmal erprobtes Natur-
gesetz trotzdem Jahrtausende hindurch als abstrakte Erkenntnis nicht
bemerkt worden ist, liegt, so sonderbar es klingen mag, an seiner
handgreiflichen Geltung.

Was immer und unter allen Umständen geschieht, wird am
wenigsten beachtet, wird sozusagen überhaupt nicht gesehen. Nur
das Genie faßt das Altgewohnte frisch und ursprünglich auf, als etwas,
das erst erkannt werden muß. So war es auch hier. Das Prinzip der

Aktio und Reaktio ist erst von Newton als ein wahrhaftiges Grundgesetz der Mechanik aufgestellt worden.

55. Ausnahmen sind stets nur scheinbar, subjektiv manchmal
richtig, objektiv immer falsch. Zum mindesten liegt der Fall dann
so, daß die Reaktio augenscheinlich schwer oder gar nicht nachweisbar ist.

Die Erde zieht den Stein an. Wo ist die Reaktio? Das Gewicht
des Steines ist die Resultante aller Anziehungen, welche a l l e Teile
der Erde auf den Stein ausüben. Also verteilt sich die Reaktio auch
auf a l l e Teile, so daß auf jeden nur unmerklich wenig kommt. Man
denke sich vergleichsweise statt des Gewichtes 1 kg Gold und das
andere Kilogramm Gold in der Erde fein verteilt. Kein Chemiker
würde von letzterem die kleinste Spur nachweisen können.

56. Auch die übliche Unterscheidung der einen Kraft (oder ihrer
Wirkung) als Aktio von der andern als Reaktio ist nur auf subjektive
Merkmale gegründet. Der Druck der Hand auf die Türklinke beim
Öffnen der Tür ist für uns die Aktio und in dem Gegendruck der
Türklinke auf die Hand sehen wir die Reaktio, die wir unserer „aktiven"
Kraft als „passiven" Widerstand gegenüberstellen.

In Wahrheit sind Aktio und Reaktio beide stets zugleich da, beide
gleich groß, beide entgegengesetzt gerichtet. So bedingen sie sich
gegenseitig, das ist der objektive Tatbestand.

57. Was wir eine auf einen Körper ausgeübte Kraft nennen, ist
meist ein ganzes Kraftbündel, dessen Elementarkräfte auf seine kleinsten
Teile, auf seine materiellen Punkte wirken. Man muß daher streng
genommen das Prinzip der Aktio und Reaktio wie folgt ausdrücken: Wenn ein materieller Punkt A auf einen ma-
teriellen Punkt B eine Kraft K_2

Fig. 3.

ausübt, so übt auch B auf A eine Kraft K_1 aus. Beide Kräfte
sind gleich groß, entgegengesetzt gerichtet und wirken in der Verbindungslinie der beiden Punkte oder in der Verlängerung.

Die Kräfte sind also entweder beide a n z i e h e n d oder beide
a b s t o ß e n d.

58. Das vierte Grundgesetz. Satz IV ist die Grundgleichung der
Mechanik:

$$\text{Kraft} = \text{Masse} \times \text{Beschleunigung}$$
$$K = m \cdot g$$

oder:
$$m = \frac{K}{g}, \quad g = \frac{K}{m}.$$

Die Beschleunigung, welche ein Körper durch Einwirkung einer Kraft erfährt, ist der Stärke der Kraft direkt und seiner Masse umgekehrt proportional. Hinzuzusetzen ist noch, daß die Beschleunigung, deren Begriff noch scharf gefaßt werden muß (§ 16 und § 17), stets in der Richtung der Kraft erfolgt.

59. Änderung der Bewegung. Galilei hat zuerst die Frage aufgeworfen, ob eine Kraft auf einen ruhenden Körper anders wirke als auf einen schon bewegten Körper, wobei unter Wirkung die Änderung der Bewegung, also im ersten Falle die erlangte Bewegung selbst, verstanden wird. Seine Antwort lautete:

Ob der Körper in Ruhe war oder irgendeine Bewegung schon hatte, ist für die Änderung der Bewegung ganz gleichgültig. Sie erfolgt stets in der Richtung der Kraft und ist ihrer Stärke proportional.

Damit war die Grundgleichung im wesentlichen entdeckt.

60. Die Geschwindigkeitsänderung. Ein Körper von der Masse m habe in irgendeiner Zeit $\triangle$ t, während welcher auf ihn eine Kraft K von unveränderlicher Stärke und Richtung gewirkt hat, die Bahn A B beschrieben. Die Anfangsgeschwindigkeit v und die Endgeschwindigkeit v_1, welche als Strecken in A und B tangential einzutragen sind, verschiebe man so, daß sie von demselben Punkte O ausgehen Fig. 4 a. Dann mißt die Strecke PP_1 die Änderung der Geschwindigkeit, sowohl der Größe wie der Richtung nach. Sie werde $\triangle$ v genannt.

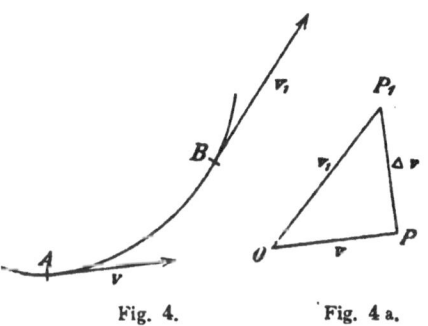

Fig. 4.   Fig. 4 a.

61. Von diesem $\triangle$ v hat Galilei nun [26] gezeigt:

1. $\triangle$ v hat dieselbe Richtung wie die Kraft K;
2. $\triangle$ v ist der Kraft K proportional;
3. $\triangle$ v ist der Zeit $\triangle$ t proportional;
4. $\triangle$ v ist der Masse m umgekehrt proportional.

62. Die Sätze 2, 3, 4 kann man bei passender Wahl der Einheiten [141] zu der einen Formel zusammenziehen:

$$\triangle v = \frac{K \cdot \triangle t}{m}, \text{ oder:}$$

$$K = m \cdot \frac{\triangle v}{\triangle t}.$$

Der Bruch $\dfrac{\triangle v}{\triangle t}$ ist aber (§ 17) identisch mit der Beschleunigung g. Daher endlich:

$$K = m \cdot g.$$

63. Der Sinn des vierten Grundgesetzes ist nun wohl hinreichend klar. Es bleibt auch dann richtig, wenn, der gemachten Annahme entgegen, Größe und Richtung der Kraft K sich allmälig ändern. Nur muß man immer die augenblickliche Stärke der Kraft und die augenblickliche Größe der Beschleunigung einsetzen.

Von dem augenblicklichen Wert der Masse zu reden, ist überflüssig, da sie nach dem ersten Grundgesetz unveränderlich bleibt.

64. Die Trägheitsgesetze. Das vierte Grundgesetz hat zwei Grenzfälle, von denen der erste wieder ein Grenzfall des zweiten ist. Sie sind:

IV a. Wenn ein Körper in Ruhe ist und auf ihn keine Kraft wirkt, so bleibt er in Ruhe.

IV b. Wenn auf einen bewegten Körper keine Kraft wirkt, so ändert er seine Bewegung nicht, d. h. er bewegt sich mit der Geschwindigkeit, welche er hatte, geradlinig und gleichförmig weiter.

IV a ist das „selbstverständliche" Trägheitsgesetz für die Ruhe.

IV b aber, das auf die Bewegung erweiterte Trägheitsgesetz, war eine wirkliche Entdeckung, da alle scheinbar sich selbst überlassene Bewegung zur Ruhe zu kommen pflegt [807]. Weil dies aber um so langsamer geschieht, je kleiner man Reibung und andere Widerstände macht, so entschloß sich Galilei zu dem letzten Schritt und sagte: Wenn es möglich wäre, die Widerstände ganz zu entfernen, so würde die Bewegung etwa der rollenden Kugel ganz aufhören, geringer zu werden. Sie würde immer dauern.

65. Der Zustand der Ruhe und der Bewegung ändert sich nach IV a und IV b nie „von selbst", sondern nur durch „äußere" Einwirkung. Die körperliche Materie ist eben träge.

Das Wort Trägheit ist von Kepler in die Mechanik eingeführt worden, der gelegentlich von der Trägheitskraft (vis inertiae) spricht vgl. [567]. Statt Trägheit sagt man auch Beharrungsvermögen.

Aus IV ergibt sich ein Satz, der IV a begrenzt und von der Statik zur Dynamik überleitet. Er lautet: Wenn ein Körper in Ruhe ist und auf ihn eine Kraft wirkt, so bleibt er nicht in Ruhe, sondern fängt an, sich in der Richtung der Kraft zu bewegen.

66. Die vier Grundgesetze haben manche Folgerungen, die zu einfach sind, um sie als abgeleitete Gesetze zu bezeichnen. Es ist aber doch nützlich, einige von ihnen hervorzuheben; z. B.: Wenn auf zwei Körper gleiche Kräfte K und K_1 wirken, so verhalten sich die Beschleunigungen g und g_1 umgekehrt wie die Massen m und m_1. Folgt aus IV. Es ist:

$$K = m \cdot g, \quad K_1 = m_1 \cdot g_1$$

also, da $K = K_1$ sein soll:

$$m \cdot g = m_1 \cdot g_1; \quad g : g_1 = m_1 : m = \frac{1}{m} : \frac{1}{m_1}.$$

Im besonderen sind die Beschleunigungen nur dann einander gleich, wenn auch die Massen einander gleich sind. So ist es eine alltägliche Erfahrung, daß durch die gleiche Kraft ein kleiner Körper schneller in Bewegung gesetzt wird als ein großer.

67. Wenn zwei Körper gleiche Beschleunigungen erhalten, so verhalten sich die Kräfte K und K_1 wie die Massen m und m_1. Es ist:

$$K = m \cdot g, \quad K_1 = m_1 \cdot g_1$$

also, da $g = g_1$ sein soll:

$$K : K_1 = m : m_1.$$

Bei gegebener Beschleunigung ist also die Kraft ein proportionales Maß für die Masse und umgekehrt. Ein äußerst wichtiger Fall hierfür ist Schwere oder Gewicht und Masse. Alle Körper fallen an demselben Ort gleich schnell, d. h. mit derselben Beschleunigung. Folglich ist Gewichtsvergleichung auch Massenvergleichung [129].

68. Wenn der Kaufmann auf die eine Wagschale die Gewichte und auf die andere Wagschale so viel von der Ware legt, bis die Wage im Gleichgewicht ist, so prüft er nach den Grundsätzen der Statik, ob die auf beiden Wagschalen liegenden Körper gleich „schwer" sind. Wäre er in der Mechanik bewandert, so würde er sagen: Hieraus folgt an sich nicht die Gleichheit der Massen. Es gehört zu diesem Schluß noch die zweite Voraussetzung, daß beide Körper gleich schnell fallen, wenn man sie frei fallen läßt.

Er würde ferner sagen. Eine völlig statische Massenvergleichung ist überhaupt nicht möglich, da die Masse in keinem einzigen statischen Prinzip vorkommt (ebensowenig wie die Zeit). Es muß immer ein dynamischer Satz zu Hilfe genommen werden.

69. Um eine meßbare Änderung der Bewegung hervorzurufen, ist stets Zeit erforderlich. Sie ist der Kraft umgekehrt und der Masse direkt proportional. Denn es ist [62]

$$K = m \cdot g = m \frac{\triangle v}{\triangle t}, \text{ also: } \triangle t = \triangle v \cdot \frac{m}{K}.$$

Damit ist der Satz bewiesen, denn die Masse steht im Zähler und die Kraft im Nenner. Mag daher die Masse noch so klein oder die

Kraft noch so groß sein, eine, wenn auch sehr kurze Zeit muß vergehen, ehe eine meßbare Änderung der Geschwindigkeit erfolgt. Bremsen, welche den Zug augenblicklich zum Stillstehen bringen, gibt es nicht und kann es nicht geben. Das Geschoß erhält seine gewaltige Geschwindigkeit im Rohr erst nach und nach, wenn auch im ganzen in einem Bruchteil einer hundertel Sekunde usw.

Umgekehrt: Sei die Masse auch noch so groß oder die Kraft auch noch so klein, endlich wird eine meßbare Änderung der Geschwindigkeit eintreten. Bei spiegelglatter See und völliger Windstille würde ein einziger Mann den größten Ozeandampfer durch Ziehen am Seil in Bewegung setzen können und wenn es Stunden dauerte, ehe es merklich wird.

Man sagt wohl auch, die größere Masse habe das größere Beharrungsvermögen, die größere Trägheit. Vgl. Eulers Ausspruch [37].

70. Erstes und viertes Gesetz. Wenn die auf einen Körper wirkende Kraft stärker oder schwächer wird, so wird auch die Änderung der Bewegung d. h. die Beschleunigung, in demselben Verhältnis stärker oder schwächer.

Folgt aus I und IV. Die Kraft möge in zwei Zeitpunkten die Werte K und K_1 und die Beschleunigung die Werte g und g_1 haben. Da nach I die Masse konstant ist, so folgt aus IV:

$$K = m \cdot g; \quad K_1 = m \cdot g_1, \text{ also:}$$
$$K : K_1 = g : g_1 \cdot, \text{ q. e. d.}$$

Für einen gegebenen Körper ist daher die Beschleunigung, welche er erfährt, ein proportionales Maß der auf ihn wirkenden Kraft und umgekehrt.

71. Zweites und viertes Gesetz. Wenn nicht eine, sondern beliebig viele Kräfte auf einen Körper wirken, so muß nach II ihre Resultante in IV eingesetzt werden. Halten sie sich das Gleichgewicht, so wird die Bewegung nicht geändert. Im besonderen bleibt dann die Ruhe erhalten und umgekehrt, so daß die Statik oft geradezu als die Lehre vom Gleichgewicht der Kräfte erklärt wird.

Nachdem der Zug sich in Bewegung gesetzt hat, wird seine Beschleunigung bald merklich kleiner, weil die Zugkraft der Lokomotive dieselbe bleibt, während der Luftwiderstand wächst. Ist die Geschwindigkeit so groß geworden, daß Luftwiderstand und Reibung an den Schienen die Zugkraft aufheben, so hört auch die Beschleunigung auf und die Bewegung wird gleichförmig, als ob überhaupt keine Kraft wirkte.

72. Drittes und viertes Gesetz. Wenn zwei Körper aufeinander Kräfte ausüben, so verhalten sich die Beschleunigungen umgekehrt wie die Massen und sind entgegengesetzt gerichtet. Denn nach III sind die Kräfte gleich groß und entgegengesetzt gerichtet. Der Satz ist also nach [66] richtig.

Es kann nicht ausdrücklich genug gesagt werden, daß das Prinzip der Aktio und Reaktio die Gleichheit der Kräfte, aber **nicht** der Beschleunigungen behauptet. Bei dem Zusammenstoß zweier ungleicher Kugeln ändert die kleinere ihre Bewegung mehr als die größere. Sonne und Erde ziehen sich gleichstark an, und doch ist die Beschleunigung, welche die Erde erhält, über 300000 mal so groß wie die, welche die Sonne erhält. Denn die Erdmasse ist über 300000 mal so klein wie die Sonnenmasse.

73. Der aufmerksame Leser wird in diesem Buch noch manche einfache Folgerungen aus den vier Grundgesetzen verstreut finden und auch bemerken, daß das vierte Gesetz die übrigen an Wichtigkeit überragt. In ihm allein laufen die vier Grundbegriffe der Mechanik, Raum, Zeit, Kraft, Masse, wie in einem Hauptknotenpunkt zusammen und in ihm allein ist von der Bewegung selbst die Rede oder doch von der Beschleunigung, welche ihre Veränderlichkeit mißt.

Es ist das Hauptgesetz, von dem Euler gelegentlich sagt, daß in ihm die ganze Mechanik eingeschlossen sei.

74. Abgeleitete Gesetze. Wie die Geometrie, von ihren Axiomen ausgehend, ihre Lehrsätze beweist, so leitet die Mechanik aus ihren Grundgesetzen andere ebenso allgemeine und überaus wichtige Gesetze ab zur leichteren Behandlung statischer und dynamischer Aufgaben.

In der Entwicklung ist sie aber durchaus nicht so systematisch vorgegangen, sondern hat öfter mit Grundgesetzen und abgeleiteten Gesetzen gewechselt. Daß dies möglich sein kann, liegt auf der Hand. Wenn C aus A und B, aber auch B aus A und C folgt, so kann man A und B zugrunde legen und C ableiten oder A und C zugrunde legen und B ableiten.

75. Die wichtigeren abgeleiteten Gesetze, wie die Schwerpunktssätze, die Flächensätze, der Satz von der lebendigen Kraft usw. werden später entwickelt werden mit allem, was zu ihrem Verständnis gehört.

Zu ihnen treten noch andere, meist formal mathematische Methoden und Prinzipien in großer Zahl, die teils der elementaren, teils der höheren Mechanik angehören und bis zu den höchsten und schwierigsten Problemen hinaufführen. Es versteht sich von selbst, daß ein elementares Buch, wie dieses, sich hierin Schranken auferlegen muß. Es braucht aber nicht so zu geschehen, daß nicht gelegentlich ein Blick über sie hinaus geworfen werden könnte.

§ 4. Die Kraftgesetze.

76. Alle im vorigen Paragraphen erwähnten Gesetze, Prinzipien und Methoden würden als leere Formen der Wirklichkeit entrückt sein ohne Kraftgesetze, durch welche die Kräfte bestimmt werden, mit denen die Körper unter gegebenen Bedingungen der Lage, der Bewegung oder des physikalischen (und chemischen) Zustandes aufeinander einwirken.

Was sich hierüber ganz allgemein sagen läßt, ist vollständig in dem Prinzip der Aktio und Reaktio enthalten. Es handelt sich also jetzt um besondere Kraftgesetze, die aber trotzdem in manchen Gebieten ausschlaggebend sein können, wie z. B. das Gesetz der Schwere in der Theorie der Bewegung der Weltkörper.

77. Die Schwere. Alle irdischen Körper sind schwer, haben Gewicht. Sie werden von der Erde angezogen mit einer Kraft, welche ihrer Masse proportional ist, so daß (an demselben Orte) die Fallbeschleunigung nur einen Wert hat [67]. Sie ist die uns vertrauteste Kraft, die wir kaum noch wegdenken können.

Die Schwere wirkt aber auch von Weltkörper zu Weltkörper, sowie, wenn man von anderen Kräften, insbesondere von Molekularkräften absieht, von materiellem Punkt zu materiellem Punkt in jedem Abstand. Sie ist dem Produkt der Massen direkt und dem Quadrate des Abstandes umgekehrt proportional. Siehe § 39.

78. Elektrische und magnetische Kräfte. Dasselbe Entfernungsgesetz gilt auch, wie Coulomb zuerst an der Drehwage gezeigt hat, für elektrische und magnetische Anziehungen und Abstoßungen, die aber nicht den Massen selbst, sondern dem Grade ihrer Elektrisierung und Magnetisierung proportional sind.

Für bewegte Elektrizität, den elektrischen Strom und die elektromagnetischen Kräfte, gelten andere Gesetze. Da sie aber nicht eigentlich zur Mechanik, sondern zur Physik gehören, so soll hier von ihnen nicht weiter die Rede sein.

79. Fernkräfte und Nahkräfte. Die Schwere sowie elektrische oder magnetische Kräfte nennt man auch Fernkräfte im Gegensatz zu den

Nahkräften, welche nur in nächster Nähe wirksam sind und bei meß-
baren Abständen verschwinden oder doch unmerklich. klein werden.

Die Nahkräfte heißen auch ganz allgemein Spannungen, die man
als Folgen eines durch die kleinsten Teile eines Körpers hindurch-
gehenden Spannungszustandes anzusehen gewohnt ist, der bei festen,
flüssigen und luftförmigen Körpern sehr verschiedenen Gesetzen
unterliegt.

80. Elastische Kräfte. Die Spannungen in festen Körpern nennt
man auch Kohäsionskräfte oder elastische Kräfte. Sie zerfallen in
Zugspannungen, Druckspannungen und Schubspannungen [94] und
treten, wie die alltäglichste Erfahrung lehrt, bei jeder noch so kleinen
Änderung der Größe und Gestalt auf, werden stärker, wenn diese
Änderung — sie sei Verlängerung, Verkürzung, Verzerrung oder aus
allen drei zusammengesetzt — zunimmt und verschwinden erst wieder
mit ihr zugleich.

Hooke hat dieser innigen Verbindung zwischen Deformation und
elastischer Kraft zuerst wissenschaftliche Bedeutung verliehen durch
sein Gesetz: „Ut tensio, sic vis", „wie die Dehnung, so die Kraft".
Es ist durch Navier, Poisson, Lamé, St. Venant auf alle Arten
von Deformationen und Spannungen erweitert worden zum Grundgesetz für die Elastizitätslehre der „vollkommen elastischen" Körper.

81. Vollkommene Elastizität kommt aber nicht vor, denn es gibt
immer Grenzen, bei deren Überschreitung bleibende Formänderungen
eintreten und das Hooke'sche Gesetz aufhört zu gelten. Allzuweit
darf aber die Formänderung überhaupt nicht getrieben werden, weil
der Körper zerreißt oder zerspringt, oder zerschlagen wird, kurz, die
Stetigkeit durch Trennung in Teile verloren geht.

Dies bedingt Grenzen der Beanspruchung des Materials durch
das Gewicht oder andere äußere Kräfte, die für die Technik mindestens
ebenso wichtig sind, wie das Hooke'sche Gesetz selbst. Daß der
Dampfkessel durch den Wasserdampf etwas ausgedehnt wird, darauf
kommt es nicht an. Die Hauptsache ist, daß er nicht platzt.

82. Flächenkräfte und Volumenkräfte. Die Spannungen sind Flächenkräfte, wie man sagt. Ihre spezifische Stärke wird beurteilt durch
das Verhältnis der wirklichen Stärke zum Querschnitt. So kann z. B.
guter Stahl einen spezifischen Zug von 3000 kg*, d. h. einen Zug von
3000 kg* für den Quadratzentimeter aushalten [126].

Die Schwere, das Gewicht eines Körpers aber ist der Masse,
also bei gegebener Dichte auch dem Volumen proportional. In diesem
Sinne nennt man die Schwere eine Volumenkraft.

83. Mechanische und geometrische Ähnlichkeit. Schon Galilei hat diesen Unterschied sehr wohl erkannt und aus ihm eine sehr bemerkenswerte Folgerung gezogen, daß nämlich geometrisch ähnliche und sich sonst vollkommen gleichende Körper mechanisch sehr unähnlich sein können, weil die Volumina in der dritten, die Flächen aber nur in der zweiten Potenz zur Länge wachsen.

Daher sind kleine Körper im Verhältnis zu ihrem Eigengewicht verhältnismäßig stärker als große. Wie dies gemeint ist, wird am besten das folgende Beispiel zeigen.

84. Es mag einem sehr starken Manne noch möglich sein, eine kurze Zeitlang das Neunfache seines Eigengewichtes, also etwa 900 kg zu tragen, wenn er selbst 100 kg wiegt. Ein Riese aber, zehnmal so lang, breit und dick, wie jener Herkules, sonst aber genau so gebaut, also das nach allen drei Dimensionen des Raumes zehnfach vergrößerte Ebenbild, das Wievielfache des Eigengewichts könnte dieser Riese tragen?

Die Antwort ist leicht. Da die Knochen, Muskeln und Sehnen des Riesen $10^2 = 100$ mal so großen Querschnitt haben, wie die des Menschen, kann ersterer 100 mal soviel tragen, also 90 000 kg. Er selbst wiegt aber $10^3 = 1000$ mal so viel, wie der Mensch, d. h. 100 000 kg. Er kann also nur das $\frac{9}{10}$ fache des Eigengewichtes tragen.

85. Das Verhältnis verschiebt sich aber noch sehr zuungunsten des Riesen, wenn man berücksichtigt, daß beide, Mensch und Riese, auch noch ihr Eigengewicht tragen müssen. Ersterer trägt dann nicht 900 sondern 1000 kg. Letzterer könnte also nicht mehr als 100 000 kg tragen.

So groß ist aber schon sein Eigengewicht selbst. Fremdes Gewicht könnte er also überhaupt nicht mehr tragen; es wäre schon eine unerhörte Leistung, wenn er nur eine Minute lang aufrecht stände oder gar umherginge.

86. Solche Riesen wären also auf unserer Erde „mechanisch" ganz unmöglich, wie wir selbst auf ihr unmöglich werden würden, wenn ihre Anziehung auf uns plötzlich zehnmal so intensiv wirkte. Dann wären erst Zwerge, zehnmal so klein wie wir, so stark, wie wir jetzt sind.

Auf der Sonne ist die Schwere 28 mal so groß wie bei uns. Also müßten Menschen auf ihr richtige Däumlinge sein. Auf dem Mond ist sie fünfmal so klein, also könnten die Menschen dort recht gut fünfmal so groß, mithin 9 bis 10 m lang sein. Es klingt sophistisch, ist aber ehrliche mechanische Wahrheit, wenn man sagt: Die Riesen gehören auf die kleinen und die Zwerge auf die großen Weltkörper.

87. Der Galilei'sche Satz von der mechanischen Unähnlichkeit bei geometrischer Ähnlichkeit ist auch für die Technik sehr wichtig. Er warnt den einsichtigen Erfinder, den Erfahrungen an einem kleinen Modell nicht allzusehr zu trauen. Er lehrt den Statiker, daß die Bauwerke eine gewisse, von der Festigkeit des Materials abhängende Höhe nicht überschreiten dürfen, wenn nicht Wände und Pfeiler den nutzbaren Hohlraum übermäßig verkleinern sollen. Er lehrt den Schiffsbauer, daß größere Dampfer im Verhältnis zur Ladung weniger Maschinenkraft verbrauchen, also wirtschaftlich mehr einbringen.

88. Der starre Körper. Da die Deformationen oft klein, dem bloßen Auge unmerklich bleiben, so hat die Mechanik den Begriff des starren Körpers von unbegrenzter Festigkeit aufgestellt, welcher sich zwar durch äußere Kräfte beliebig bewegen lasse, aber durch sie überhaupt keine Deformation erleiden könne.

Obgleich Starrheit oder vollkommene Festigkeit nichts anderes ist, als unerreichbare Grenze der elastischen Festigkeit, erscheint sie doch für die Mechanik in einem ganz besonderen Lichte, da es nun nicht mehr nötig ist, die inneren Spannungen zu berücksichtigen. Nicht, weil sie etwa verschwinden würden, da doch ohne sie ein Körper überhaupt nicht fest sein könnte, sondern weil sie zu Zwangskräften werden [742], die aus den Ansätzen von selbst herausfallen.

Daher geht auch geschichtlich die Lehre von dem starren Körper, auf den beliebige äußere Kräfte wirken, der eigentlichen Elastizitätslehre weit voran. (Archimedes und Hooke).

89. Das vollkommene Gas. Bei Gasen gibt es keine Zug- und keine Schubspannung, sondern nur Druckspannung oder Druck oder Spannung schlechthin, welche, wie hieraus folgt, allseitig die gleiche ist, d. h. an jeder Stelle für alle durch sie gelegten beliebig klein gedachten Querschnitte nur einen spezifischen Wert hat [82].

Nach dem Boyle-Mariotte-Gay-Lussac'schen Gesetz ist bei einem vollkommenen Gas dieser Gasdruck der absoluten Temperatur und der Dichte proportional. Bei wirklichen Gasen ist dieses Gesetz aber nur eine Annäherung, die sogar eine solche zu sein aufhört, wenn der „kritische Punkt" nahe rückt.

90. Die vollkommene Flüssigkeit. Was [89] im ersten Satz von den Gasen ausgesagt ist, gilt auch für Flüssigkeiten. Die anderen Sätze werden aber ganz falsch. Eine Flüssigkeit ist vielmehr selbst durch starken Druck nur sehr wenig zusammendrückbar, so wenig, daß man eine Flüssigkeit, die sich gar nicht zusammendrücken ließe, vollkommen nennt.

Der innere Druck in einer vollkommenen Flüssigkeit kann auch als Zwangskraft angesehen werden [88 und 743], als eine Kraft, welche eine Verminderung des Volumens verhindert, aber niemals Arbeit verrichten kann.

91. Der gewöhnliche Druck. Außer den bisher genannten gibt es noch viele andere Nahkräfte. So den gewöhnlichen Druck, den Druck schlechthin, welchen Körper bei der Berührung senkrecht zur Berührungsfläche ausüben und welcher gleich dem Normaldruck der Körper im Innern in unmittelbarer Nähe der Druckstelle ist.

Die aufeinander drückenden Körper können gleichen und ungleichen Aggregatzustand haben. Für letzteren Fall sind gute Beispiele: 1. der Auftrieb schwimmender Körper, der (nach Archimedes) gleich dem Gewicht des verdrängten Wassers ist; 2. der Druck des Dampfes auf den Kessel, den Zylinder und den Kolben oder der Druck der Pulvergase auf das Geschoß; 3. die Messung des Luftdruckes, von dem noch Galilei so gut wie gar keine Vorstellung hatte (horror vacui) durch eine Quecksilbersäule, wie es zuerst Torricelli (1643) gelehrt hat.

92. Die Reibung. Zu dem senkrechten Druck gesellt sich fast immer die längs der Berührungsfläche wirkende, der Bewegung widerstehende Reibung, welche in der Mechanik eine ganz eigenartige Rolle spielt, die in § 33 erläutert werden wird.

Man spricht aber auch von innerer Reibung, welche die Schwingungen der Stimmgabel auch im luftleeren Raum allmälig dämpft oder durch welche das sturmbewegte Meer bei eintretender Windstille allmälig zur Ruhe kommt. Auch in bewegter Luft fehlt sicher innere Reibung nicht ganz, wenn sie auch hier schwerer nachweisbar ist.

93. Adhäsion und Kapillarität. Bei dem Versuch, feste, sich innig berührende Körper zu trennen, verwandelt sich der Druck zwischen ihnen oft in die entgegengesetzt gerichtete Adhäsion, welche auch bei der Berührung fester und flüssiger, fester und luftförmiger, flüssiger und luftförmiger, oder flüssiger und flüssiger, luftförmiger und luftförmiger Körper wirksam wird.

Sie hat ein Analogon in der Oberflächenspannung oder Kapillarität flüssiger Körper, welche die allbekannte Tropfenbildung veranlaßt und das Wasser in engen Röhren in die Höhe treibt.

94. Molekularkräfte. Diese flüchtige und durchaus nicht vollständige

Aufzählung der Nahkräfte, ohne welche das Wesen des Körperlichen, seine Undurchdringlichkeit, in nichts zerrinnen würde, ist keineswegs so einheitlich, wie es wünschenswert wäre. Der Hauptgrund ist, daß Zug, Druck, Schub usw. noch nicht als letzte Elementarkräfte zwischen materiellen Punkten oder nach der Atomtheorie noch nicht als wirkliche Molekularkräfte gelten, sondern schon Bündel von solchen oder deren Resultanten sind.

Wenn man z. B. irgendwo im Innern eines festen Körpers sich einen beliebig kleinen ebenen Querschnitt E denkt und der Kürze wegen die beiden Seiten dieser Ebene I und II nennt, so ist die elastische Kraft K_1, welche von II auf I wirkt, gar keine Elementarkraft, sondern nach St. Venant die Resultante aller Molekularkräfte, welche die Moleküle auf Seite II ausüben auf die Moleküle auf Seite I. Entsprechendes gilt, wenn I und II vertauscht werden, für die nach der Aktio und Reaktio entgegengesetzt gleiche Kraft K_2.

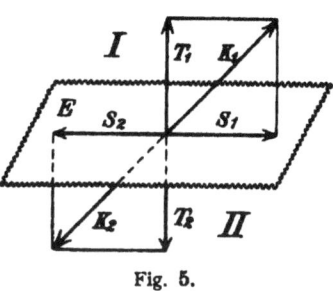

Fig. 5.

Im allgemeinen stehen K_1 und K_2 schief auf E. Man zerlege sie in die Komponenten S_1 und T_1 bzw. S_2 und T_2. So ist S_1 oder S_2 die Schubspannung, T_1 oder T_2 aber die Druckspannung, wenn, wie hier angenommen, T_1 in I, also T_2 in II hineinführt; im entgegengesetzten Falle, wenn T_1 in II, T_2 in I hineinführt, sind sie Zugspannungen.

95. Molekulartheorien. Man hat wiederholt versucht und nicht ohne Erfolg, wie die kinetische Gastheorie beweist, bis zu den Molekularkräften selbst vorzudringen; aber ein umfassendes Kraftgesetz, welches völlige Klarheit in das jetzige Gewirr der Nahkräfte bringen würde, ist noch nicht entdeckt. Doch sind neuere Theorien eifrig am Werk, in dieses schwer zugängliche Gebiet tiefer einzudringen.

Sie sind aber noch nicht so weit gediehen, daß sich die Mechanik, wenigstens soweit sie elementar ist, auf ihnen neu begründen könnte. Hier wird voraussichtlich noch sehr lange der folgende Satz der Vorrede in G. Kirchhoff's Mechanik am Platze sein: „Es ist aber die Annahme festgehalten, daß die Materie stetig den Raum erfülle, wie sie es zu tun scheint. Die Theorien, welche auf der Annahme von Molekülen beruhen, sind in ihnen nicht berührt."

96. Fortpflanzung der Kraft. Vielleicht wird auch einst die Scheidewand zwischen Nahkräften und Fernkräften fallen. Durchlöchert ist sie schon gar sehr für die elektrischen Kräfte durch die von Faraday aufgestellte und von Maxwell mathematisch ausgestaltete elektromagnetische Theorie, nach welcher diese Kräfte durch den Weltenäther „fortgepflanzt" werden, wie das Licht.

Bei der Schwere oder allgemeinen Massenanziehung ist der Erfolg noch nicht so zufriedenstellend, da bisher bei allen Versuchen, ihre Fortpflanzung durch den Äther wahrscheinlich zu machen, ein unaufgeklärter Rest geblieben ist. Aber man kann nicht wissen, wie lange der berühmte Ausspruch Newton's „Hypotheses non fingo", mit dem er damals Erklärungsversuche der Schwere abwies, hier noch zutreffen wird.

97. Das folgende einfache Gleichnis mag die Vorstellungen, welche man sich von der Fortpflanzung der Fernkräfte macht, ganz ungefähr erläutern. Wenn jemand, um sich auf seinen Stock zu stützen, mit der Hand auf die Krücke drückt, so übt die Zwinge nach statischen Prinzipien auf den Fußboden den gleichen Druck aus. Die Kraft wird sozusagen durch den Stock hindurch von der Krücke zur Zwinge (oder der Gegendruck rückwärts von der Zwinge zur Krücke geleitet). Der Stock wird zum Mittel der Fernwirkung.

Ein gleiches gilt für das Seil, an dem gezogen wird. Solche mittelbaren Kräfteäußerungen sind in der grobsinnlichen Wirklichkeit überall nachweisbar, obgleich die unmittelbare Wirkung sich auf die nächste Nähe beschränkt. So etwa, meint man, sei die Sachlage bei den Fernkräften auch, nur trete an Stelle des Stockes oder Strickes der Weltenäther als unsichtbares Medium. Die Schwierigkeit liegt aber in dem Wie, denn hier läßt das Gleichnis im Stich.

98. Verleugnung des Kraftbegriffes. Bei solchen Betrachtungen geraten unsere uralten, mit der gemeinen Erfahrung so vorzüglich übereinstimmenden materiellen Grundbegriffe, namentlich der Kraftbegriff, ins Schwanken. Er ist in neuerer Zeit von großen Forschern, wie G. Kirchhoff, E. Mach und H. Hertz, verleugnet worden oder vielmehr man hat ihn, weil noch unentbehrlich, wieder zugelassen, aber als einen mit aller Umsicht wohl definierten Hilfsbegriff, der, aller Ursprünglichkeit beraubt, nur noch der Schatten seiner früheren Herrlichkeit sein würde [28].

Im Zusammenhang hiermit stehen neuere erkenntnistheoretische, psychologische und antimetaphysische Einwürfe verschiedenster Art, die, wie es scheint, zuerst bei dem Physiker Carnot Zweifel an der Realität der bewegenden Kräfte hervorgerufen haben.

99. Prüft man diese Einwürfe genau, so gelangt man zu der Einsicht, daß sie in gleicher Weise auch auf den Begriff der Masse, ja ganz gewiß auch auf die formalen Begriffe der Zeit und des Raumes anwendbar sind. Es kann auch gar nicht anders sein, da diese Begriffe auf das engste zusammenhängen und nur in Beziehung aufeinander Geltung haben. Fällt der eine, so reißt er die anderen mit sich nieder.

Dies sei hier ein für allemal angemerkt, damit der Leser wisse, daß gerade jetzt in der Mechanik der alte, nie ausgefochtene philosophische Streit entbrannt ist über das, was in der menschlichen Erkenntnis ursprünglich, was abgeleitet ist und was wahr ist, was Schein und Vorurteil.

100. Er wird auch in der Mechanik schwerlich zu allgemein anerkannten Grundsätzen führen. Er ist auch, was heute leider vielfach übersehen wird, nicht für denjenigen bestimmt, der die Elemente dieser Wissenschaft erst kennen lernen will. Und deshalb soll er in diesem Buch eben nur erwähnt werden.

Die elementare Geòmetrie ist nicht berufen, das Wesen des Raumes zu erforschen. Sie setzt ihn, wie Newton sich ausdrückt, als bekannt voraus. Sie sagt: Raum ist Raum.

Und die elementare Mechanik setzt hinzu. Zeit ist Zeit, Masse ist Masse, Kraft ist Kraft.

Zweiter Abschnitt.

§ 5. Die Größen der Mechanik.

101. Größenbegriffe. Die Mechanik ist der äußeren Form nach hauptsächlich Größenlehre. Weglängen oder Geschwindigkeiten oder Kräfte

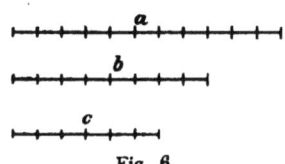

Fig. 6.

sind der Größe nach vergleichbar. Zwei Strecken z. B. sind entweder gleich groß oder die eine ist größer als die andere. In allen Fällen stehen sie in einem durch Zahlen bestimmbaren Größenverhältnis.

Es ist a das $\frac{11}{8}$fache von b, oder b das $\frac{8}{11}$fache von a,

$$a = 1,375\,b\,; \quad b = 0,7272\ldots a$$

So tritt die Zahl sofort als nackte, als Urgröße mitten unter alle Größenarten. Sie allein ist a priori, wie Gauß sagt.

102. Einheit und Maßzahl. Hat man zwei Größen gleicher Art mit derselben dritten Größe dieser Art verglichen, so ist hierdurch ihr Größenverhältnis schon bestimmt.

$$\text{Wenn } a = \frac{11}{8}\,b, \quad c = \frac{3}{4}\,b, \quad \text{so ist } a = \left(\frac{11}{8} : \frac{3}{4}\right)c = \frac{11}{6}\,c.$$

Seit den Uranfängen der Meßkunst macht man sich dies zunutze, um eine Größeneinheit festzusetzen, damit alle Größen derselben Art durch sie zahlenmäßig ausgedrückt werden können.

So entsteht die Maßzahl oder der Zahlenwert einer Größe als ihr Verhältnis zur Einheit. Die Maßzahl dieser selbst ist hiernach = 1.

103. Änderung der Einheit. Die Einheit ist meist willkürlich wählbar. Ändert man sie, so ändern sich auch die Maßzahlen, aber im umgekehrten Verhältnis. Je größer die Einheit, desto kleiner die Maßzahlen und umgekehrt.

Es sind 5,23 cm = 52,3 mm = 0,523 dm = 0,0523 m.

Man pflegt außer der eigentlichen Einheit noch Vielfache und Bruchteile derselben als höhere und niedere Einheiten einzuführen; im metrischen System das 10fache, 100fache ... den 10ten, 100sten ... Teil, damit eine Verschiebung des Dezimalkomma ausreicht.

Aber man brauche nicht diese Einheiten durcheinander, weil eben nur eine die wirkliche Einheit sein darf. Die technische Mechanik leidet (§ 6) gar sehr an dem Mangel an Folgerichtigkeit in dieser Hinsicht!

104. Zahl und Größe. Zur vollständigen Feststellung einer Größe gehört zweierlei. Erstens Angabe ihrer Maßzahl und zweitens Angabe der Einheit. Eine Maßzahl ohne die Einheit hat gar keinen Wert. Nur wenn über die Einheit nicht der geringste Zweifel sein kann, ersetzt die Maßzahl die Größe selbst. Nur so wird die Zahl zum analytischen Bild der Größe.

105. Zeichen für die Einheiten. Einige Einheiten, die sog. Grundeinheiten, haben feststehende Abkürzungen, (z. B. m für Meter, sec. für Sekunde, kg für Kilogramm), die man wenigstens zum Schluß einer Rechnung hinzusetzen soll.

Von den übrigen Einheiten haben nur wenige solche Zeichen (z. B. cbm für Kubikmeter). Sie sind auch nach Einführung des Dimensionsbegriffes in alle Größen der Mechanik überflüssig geworden. Näheres in § 8.

106. Buchstaben für die Maßzahlen. Die Algebra setzt seit Vieta in ihren Formeln Buchstaben statt der Zahlen, wenn diese beliebig sein sollen. Selbstverständlich macht es die Mechanik mit ihren Maßzahlen ebenso, wobei sich Anfänge fester Regeln für die Buchstaben herausgebildet haben — z. B. v für Geschwindigkeit, s für Weg, t für Zeit.

Leider ist wenig Hoffnung, daß diese Anfänge bald zu einem guten Ende führen werden. Dazu sind der Schwierigkeiten einer einheitlichen Buchstabenwahl, so wünschenswert sie auch wäre, zu viele und zu verschiedenartige.

107. Striche und Indices. Wenn zwei oder mehr Größen derselben Art zusammen vorkommen und man sie mit denselben Buchstaben bezeichnen will, so hilft man sich nach Leibniz durch oben angebrachte Striche:

$$v', \ v'', \ v''' \ldots$$

oder durch unten angehängte Zahlen als Indices:

$$v_1, \ v_2, \ v_3 \ldots$$

oder durch unten angehängte Buchstaben:

$$v_a, \ v_b, \ v_c \ldots$$

108. Formeln der Mechanik. Die allgemeinen Formeln der Mechanik sind Gleichungen zwischen Zahlen, insbesondere Maßzahlen. So bedeutet die Formel:

$$v = \frac{s}{t}$$

in Worten und ohne Abkürzung:

Bei einer gleichförmigen Bewegung ist die Maßzahl der Geschwindigkeit gleich dem Quotienten aus der Maßzahl des Weges und aus der Maßzahl der Zeit.

Daß man hierfür kürzer sagt: Geschwindigkeit gleich Weg durch Zeit, ist nur eine nach [104] erlaubte Abkürzung, nichts weiter. Denn einen Weg durch eine Zeit dividieren wollen, ist offenbarer Unsinn. Man nennt zwar die Größen, meint aber ihre Maßzahlen.

109. Es ist dieselbe Abkürzung, als wenn wir von dem Baume statt von dem Bild des Baumes auf einem Gemälde sprechen. Befremdlich aber muß es scheinen, wenn hin und wieder ausdrücklich gesagt wird, daß in den mathematischen Gemälden, den Formeln, nicht die Maßzahlen, die analytischen Bilder der Größen, sondern diese selbst zu finden seien.

Daher mag hier der folgende Satz aus der klassischen Mécanique analytique von Lagrange angeführt werden:

„En prenant une force quelconque ou son effet pour l'unité (Einheit), l'expression de toute autre force n'est qu'un rapport (Verhältnis, Maß), une quantité mathématique, qui peut être représentée par des nombres ou des lignes; c'est sous ce point de vue que l'on doit considérer les forces dans la Mécanique."

Was Lagrange hier von den Kräften sagt, gilt selbstverständlich für alle Größen.

110. Zahlen oder Strecken. Es steht des nombres ou des lignes, Zahlen oder Linien (Längen, Strecken). Das soll heißen, man könne die Größen statt durch Zahlen auch durch Strecken ausdrücken, wobei der Größeneinheit eine beliebig wählbare Länge als Längeneinheit zugeordnet werden muß.

Wie die Zahl das analytische, so ist die Länge das geometrische Bild einer Größe. Sie wird ja auch sonst vielfach zu graphischen, in die Augen fallenden Darstellungen benutzt und soll von Simon Stevin vor etwa 300 Jahren zuerst bei den Kräften eingeführt worden sein.

111. Kraft als Strecke. Die Strecke A B stelle eine Kraft K vor. In ihrer Länge hat man die Größe oder Stärke der Kraft, in ihrer Richtung die Richtung der Kraft, ja sogar in ihrem Anfangspunkt den Angriffs-

punkt der Kraft. So vereinigen sich in der einen Strecke alle Merkmale der Kraft, Stärke, Richtung und Angriffspunkt, während bei analytischer Darstellung hierzu sechs Zahlen nötig sind (drei für die Koordinaten des Angriffspunktes und drei für die Komponenten der Kraft [§ 12]).

Daher ist die Deutung der Kraft als Strecke so sehr beliebt. Sie gibt der Mechanik eine geometrisch anschauliche Form, in der Rechnungen und Formeln durch geometrische Konstruktionen ersetzt werden. Hiervon wird namentlich in der Technik vielfach Gebrauch gemacht bei sehr schwierigen statischen Aufgaben zum Entwerfen von Brücken, Türmen, Dachstühlen usw.

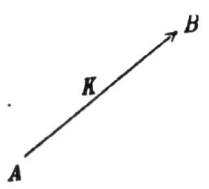

Fig. 7.

Dort hat sich diese Art der Kräftedarstellung (Kräftepläne) besonders durch K u l l m a n n zu der sog. g r a p h i s c h e n Statik entwickelt, welche oft viel lästige Ziffernrechnungen erspart.

112. Vektoren und Skalare. Aber nicht nur für die Kraft, sondern für jede Richtungsgröße, d. h. jede Größe, zu deren Merkmalen eine Richtung gehört, wie Geschwindigkeit, Beschleunigung, ist das Bild einer Strecke oder (nach W. H a m i l t o n) eines **Vektor** durchaus am Platze. So wird in neuerer Zeit die geometrische Streckenlehre mehr und mehr angewendet. Ihre Grundbegriffe sind in § 9 enthalten.

Zuweilen ist auch die Deutung einer Größe durch eine Fläche angebracht (§ 10), wie z. B. bei dem Drehungsmoment einer Kraft. Nur für die Masse, Bewegungsenergie und andere Größen mit gar keinen Richtungsbeziehungen hätte die geometrische Veranschaulichung keinen anderen Wert als den einer Größenskala, zur Ordnung lediglich der Größe nach. W. H a m i l t o n nennt solche Größen daher S k a l a r e.

113. Geometrische und analytische Mechanik. Je nachdem Zahl oder Strecke bevorzugt wird, ist die Behandlung der Mechanik mehr analytisch oder mehr geometrisch-synthetisch. Früher sind fast nur geometrische Methoden befolgt worden, so von N e w t o n, der als ihr größter Vertreter gilt.

Die analytische Mechanik hat sich erst nach seiner Zeit, zunächst sehr langsam, entwickelt, gleichsam niedergehalten durch den Glanz seines Namens, bis sie unter der unausgesetzten Fürsorge E u l e r ' s, der das Koordinatensystem des C a r t e s i u s in die Mechanik verpflanzt hat, so rasch erstarkte, daß sie dann von L a g r a n g e, der in seiner Mécanique analytique ausdrücklich das Fehlen jeder Figur betont, zur klassischen Höhe gebracht werden konnte. Seitdem hat sie die Vorherrschaft bis heute behalten.

Doch die Behandlung ändert nichts an der wesentlichen Beschaffenheit der Grundlagen. Kommt es darauf an, diese in das hellste Licht zu setzen, so wird der Lehrer am besten eine Mittelstellung einnehmen, d. h. sich weder als strenger Analytiker, noch als strenger Synthetiker ausspielen. Hier tritt die Form hinter dem Inhalt als nebensächlich zurück.

§ 6. Grundeinheiten und Maßsysteme.

114. Grundeinheiten und abgeleitete Einheiten. Jede Größenart muß ihre Einheit haben. Es braucht aber nicht immer eine selbständige zu sein, denn eine aus anderen Einheiten hergenommene tut es oft auch.

So entsteht der früher weniger beachtete Unterschied zwischen Grundeinheiten und abgeleiteten Einheiten, der für die Geometrie sofort einleuchtet. Denn hier bedarf man offenbar nur einer Grundeinheit, der Längeneinheit, da sich dann die Fläche ihres Quadrates und der Rauminhalt ihres Würfels als einzig angemessene Einheiten der Fläche und des Volumens geradezu aufdrängen.

115. Absolutes Maßsystem. Für die Mechanik liegt die Sache nicht ganz so einfach. Aber selbst nachdem Gauß im Jahre 1838 das sogenannte absolute Maßsystem aufgestellt hatte, sind doch noch Jahrzehnte vergangen, ehe die rationelle Mechanik die dort entwickelte Lehre von den drei Grundeinheiten allgemein angenommen hat.

Dem großen Mathematiker war damals daran gelegen, die erdmagnetische Kraft nicht durch das Gewicht eines bestimmten Körpers, d. h. durch den Druck, den er auf die Unterlage ausübt (der bekanntlich vom Orte abhängt oder relativ ist), sondern absolut, vom Orte unabhängig auszudrücken. So stellte er denn, von der Grundgleichung der Mechanik ausgehend, die absolute Krafteinheit vermöge einer „dynamischen" Definition auf als diejenige Kraft, welche der Masseneinheit eine Beschleunigung gleich der durch Längeneinheit und Zeiteinheit bestimmten Beschleunigungseinheit erteilt.

116. Technisches Maßsystem. Damit war das absolute Maßsystem mit seinen Grundeinheiten der Länge, der Zeit und der Masse geschaffen, das jetzt in der Physik, der physikalischen Mechanik und der Elektrotechnik ausschließlich angewendet wird (vgl. § 7).

Die technische Mechanik freilich hält noch zähe an ihrem von P o n c e l e t (1825) begründeten technischen Maßsystem fest seiner vermeintlichen „praktischen" Vorzüge wegen, die man in der Wahl einer statischen „handgreiflichen" Krafteinheit, nämlich dem Druck, welchen ein Kilogramm auf seine Unterlage ausübt, zu haben glaubt.

Für die Statik mag das gelten, denn sie hat nur mit Kräften, nie mit Massen zu tun. Für die Dynamik aber wird der Vorzug der Handgreiflichkeit der Krafteinheit reichlich aufgehoben durch den Nachteil der mißgestalteten technischen Masseneinheit, der sich die Techniker selbst zu schämen scheinen, da sie ihr nicht einmal einen Namen gegeben haben [151].

117. Das Euler'sche Maßsystem. Praktisch also ist das technische Maßsystem nur, so lange die Mechanik einseitig als Statik genommen wird, die ja allerdings in der Technik eine sehr große Rolle spielt. Im weiteren Sinne wirklich praktisch wäre es aber gewesen, wenn man **sowohl** das Gewicht eines Kilogramms als Krafteinheit **als auch** die Masse eines Kilogramms als Masseneinheit genommen hätte. Dann wären eben beide Einheiten „handgreiflich" gewesen, während jetzt immer nur die eine diesen Vorzug hat, im absoluten System die Masse, im technischen System die Kraft.

Ein solches Maßsystem, in welchem Masse und Gewicht eines und desselben Körpers als Einheiten dienen, ist 1765, also viele Jahrzehnte vor dem absoluten und dem technischen System von E u l e r aufgestellt worden [143]. Es hat sich aber nie eingebürgert und scheint gänzlich vergessen worden zu sein.

118. Das Meter. Gesetzlich ist in Deutschland das Meter die Längeneinheit für den Verkehr. Ursprünglich sollte es der zehnmillionte Teil des durch Paris gehenden Erdquadranten sein; es ist aber nach neueren Gradmessungen um etwa 0,086 mm kleiner. Man beabsichtigt aber gar nicht, diese Abweichung zum Verschwinden zu bringen, läßt vielmehr jene alte Definition jetzt gänzlich fallen und erklärt das Meter als Länge eines ganz bestimmten aus Platin-Iridium verfertigten Maßstabes. Hierüber sagt Artikel 1 des Gesetzes vom 26. April 1893:

„Das Meter ist die Einheit des Längenmaßes. Es wird dargestellt durch den bei der Temperatur des schmelzenden Eises gemessenen Abstand der Endstriche auf demjenigen Maßstab, welcher von der internationalen Generalkonferenz für Maße und Gewichte als internationales Prototyp des Meters anerkannt worden und bei dem internationalen Maß- und Gewichtsbureau niedergelegt ist."

119. Die technische Mechanik hat das Meter als Längeneinheit

3*

übernommen. Gauß aber hat den 1000sten Teil, das Millimeter, als
Einheit des absoluten Maßsystems gewählt [115]. Und die Physiker
endlich haben in zwei Kongressen, London 1881 und Paris 1884, be-
schlossen, diese Einheit wieder aufzugeben und überall in der Physik
das Zentimeter als Einheit zugrunde zu legen. Ist das Meter die Einheit der Länge, so ist folgerichtig das Quadratmeter die Einheit der
Fläche und das Kubikmeter die Einheit des Volumens. Ist aber das
Zentimeter die Einheit der Länge, so ist ebenso folgerichtig das
Quadratzentimeter die Einheit der Fläche und das Kubikzentimeter
die Einheit des Volumens.

Dies ist klar wie der Tag! Wenn das Gesetz trotzdem das Liter
oder das Kubikdezimeter als Einheit der Hohlmaße bestimmt, obgleich
in demselben Gesetz das Meter als Einheit der Länge festgesetzt
worden war, so sind hierfür nur Bedürfnisse des Verkehrs maßgebend
gewesen, die für die Wissenschaft fortfallen.

Leider hat Poncelet dies bei der Wahl der technischen Krafteinheit nicht gehörig bedacht! [124]

120. Die Sekunde. Die zweite Grundeinheit aller Naturwissenschaften
ist die Zeiteinheit. In beiden Maßsystemen hat man hierfür die Sekunde
genommen, d. i. den $60 \cdot 60 \cdot 24 = 86400$sten Teil des Tages, genauer des
mittleren Sonnentages oder der Zeit, die im Mittel von einem Mittag
bis zum nächsten verfließt.

Ob man überhaupt berechtigt ist, von einer absoluten Zeit und
einem absolut unveränderlichen Zeitmaß zu reden, ist eine Frage, die
außer den Grenzen der elementaren Mechanik beantwortet werden
muß [100]. Für diese genügt es, daß die Sekunde zu anderen astronomischen Zeitmaßen, wie Jahr und Monat, und zu den Zeitangaben unserer
besten Uhren immer in der gleichen relativen Unveränderlichkeit gefunden worden ist, soweit man auch die Genauigkeit der Messungen
getrieben hat.

121. Das Kilogramm. Die Masseneinheit für den Verkehr ist nach
dem Gesetz das Kilogramm, welches nach der ursprünglichen Erklärung
die Masse eines Liters Wasser bei seiner größten Dichte sein sollte.
Doch hat man sich auch hier, genau wie bei dem Meter [118], anders
besonnen und die Masse eines aus Platin-Iridium hergestellten Gewicht-
stückes als Urprototyp des Kilogramm anerkannt.

Doch ist nach äußerst sorgfältigen, noch nicht völlig abgeschlossenen
hydrostatischen Wägungen die Übereinstimmung dieses Prototyps mit
dem anfänglichen Sollwert so vorzüglich, daß die alte Erklärung selbst
für Präzisionsmessungen als richtig gelten kann.

Sonderbarerweise hat man eine so wichtige Einheit nach dem 1000 fachen einer anderen Masse benannt; denn Kilogramm heißt: 1000 g.

122. Entsprechende Einheiten der Länge und der Masse. Da Meter und Liter **nicht** zusammengehören [119], so auch nicht Meter und Kilogramm. Vielmehr: Will man das Meter als Längeneinheit nehmen, so muß man folgerichtig die Masse eines Kubikmeter Wasser, d. h. 1000 kg oder die Tonne, als Masseneinheit erklären. Soll aber das Kilogramm Masseneinheit sein, so muß folgerichtig das Dezimeter Längeneinheit werden.

Ganz allgemein würde einer beliebigen Länge als Längeneinheit die Menge Wasser in einem hohlen Würfel, der diese Länge zur Kante hat, als Masseneinheit entsprechen. Hiernach ist die Zusammenstellung Meter und Kilogramm im Sinne eines absoluten Maßsystems durchaus unrichtig. Richtig dagegen ist z. B.:

I. Meter und Tonne,
II. Dezimeter und Kilogramm,
III. Zentimeter und Gramm,
IV. Millimeter und Milligramm.

Man merke an, daß die Masseneinheiten sich wie die dritten Potenzen der Längeneinheiten verhalten.

123. Das C—G—S-System. Nimmt man jedesmal die Sekunde als Zeiteinheit hinzu, so entspringen die folgenden vier dem Meter und seinen Unterabteilungen entsprechenden Systeme von Grundeinheiten: Meter, Tonne, Sekunde; Dezimeter, Kilogramm, Sekunde; Zentimeter, Gramm, Sekunde; Millimeter, Milligramm, Sekunde. Man bezeichnet sie kurz als:

I. M—T—S,
II. D—K—S,
III. C—G—S,
IV. Mm—Mg—S.

Gauß und Weber nahmen zuerst IV. Dann einigten sich die Physiker auf III [119]. Aber II und I sind ebenso folgerichtig. Außerdem könnte man die Reihe nach beiden Seiten beliebig weit fortsetzen.

124. Schwächen des technischen Maßsystems. Die Wahl aber ist, wie gesagt, auf das C—G—S-System gefallen, welches man auch Kongreßsystem nennt [119].

Und die technische Mechanik? Nun, sie hat die Masseneinheit zugunsten der Krafteinheit zurückgestellt, als sie für letztere den Druck oder die Schwere des Kilogramm nahm. Aber statt nun wenigstens das Dezimeter hinzuzunehmen, wie es nach [122] allein richtig ge-

wesen wäre, hat sie das Meter als Längeneinheit beibehalten und damit einen verhängnisvollen Mißgriff getan, dessen unangenehme Folgen
sich fühlbar gemacht haben, als es galt, die abgeleiteten Einheiten
klar zu erkennen.

Ein Beispiel für viele! Welcher Körper hat denn die Dichte Eins?
Doch wohl folgerichtig derjenige, welcher in der Einheit des Volumens
die Einheit der Masse aufweist. Im absoluten System ist dies nach
der allgemeinen Definition [122] bei dem Wasser der Fall im Einklang
mit der üblichen Festsetzung; im technischen Maßsystem aber füllt
1 kg Wasser den 1000 sten Teil der Volumeneinheit aus und da außerdem die technische Masseneinheit = der Masse von 9,81 kg ist, so
würde folgerichtig die Dichte des Wassers $= \dfrac{1000}{9,81} = 101,9 \ldots$ sein.
Oder wenn man doch letztere = 1 erhalten wollte, müßte man ganz
allgemein die Dichte nicht nach der Formel: Masse durch Volumen,
sondern nach der Formel: Masse durch (Volumen $\times$ 101,9) berechnen.

Gleiche Mißhelligkeiten entstehen bei der Einheit des Trägheitsmoments, des statischen Massenmoments, der Energie usw. usw.

125. Kilogramm als Masse und Kraft. Ein anderer Übelstand ist, daß
die technische Mechanik das Wort Kilogramm und seine Abkürzung kg,
die, wie aktenmäßig nachweisbar ist, ursprünglich eine Masse bedeuten und sonst in allen Naturwissenschaften auch so aufgefaßt werden,
ohne jede Änderung zur Bezeichnung ihrer Krafteinheit, also der
„Schwere" des Kilogramms benutzt. Für den Uneingeweihten und
Lernenden wird dies zu einer bösen Falle, in die er um so sicherer
stürzt, als man im gewöhnlichen Gebrauch gar keinen Unterschied
zwischen Masse und Schwere kennt, während er für die Mechanik
von größter Bedeutung ist.

Zur Abhilfe druckt die Hütte in ihrem Taschenbuch des Ingenieurs
die Kraft lateinisch: kg, die Masse deutsch: kg, während Ritter in
seiner technischen Mechanik die Kraft auch als kg, die Masse als kil
abkürzt. Beides ist ungeeignet, weil dadurch nur der Verwechslung
innerhalb der technischen Mechanik vorgebeugt wird. Denn anderswo
wird man diesen Vorschlägen kaum Folge geben.

Nein, umgekehrt wird ein Schuh draus! Die Techniker sollten
die Masse als kg bezeichnen, wie alle anderen Menschen auch, und
für die Kraft kg oder kil oder auch sonst etwas anderes schreiben.

126. kg und kg°. Hierauf zielt ein Übereinkommen der Elektrotechniker auf einem Kongreß in Chicago ab, nämlich: die Masse solle wie gewöhnlich als kg, aber die Kraft zur Unterscheidung mit einem „Stern" als kg* bezeichnet werden.

Hiernach ist in diesem Buch mit peinlichster Strenge verfahren worden. Also: Die Masse des Kilogramms heißt Kilogramm. Seine Abkürzung ist: kg. Der Schweredruck des Kilogramms heißt Kilogrammgewicht. Seine Abkürzung ist kg*.

Selbstverständlich überträgt sich dieses Übereinkommen auf alle Unterabteilungen, wie z. B. Milligramm und Milligrammgewicht, abgekürzt mg und mg*.

127. Technische Masseneinheit. Ob Stern oder etwas anderes, tut nichts zur Sache. Jedenfalls ist die technische Mechanik verpflichtet, die Benennung für ihre Krafteinheit so abzuändern, daß sie die Massen so bezeichnen darf, wie es überall sonst geschieht. Diese Verpflichtung ist um so dringlicher, als sie unterlassen hat, ihrer Masseneinheit, welche 9,81 kg (genauer = 9,80 665 kg [148]) beträgt, einen besonderen Namen zu geben und so den Techniker geradezu zwingt, z. B. in einem Atem sowohl die Menge Wasser im Dampfkessel als auch die Zugkraft der Lokomotive in Kilogramm anzugeben.

Der Ingenieur weiß zwar sehr wohl, wie im Ernstfall diese Klippe umschifft werden muß [151]. Aber ehe er es gelernt hat, wie oft ist er auf ihr aufgefahren. Doch das hat er vergessen und ist hinterdrein gar noch stolz auf sein „praktisches" Maßsystem.

128. Das Wort Gewicht. Im gewöhnlichen Verkehr spricht man selten von Schwere und Masse eines Körpers, sondern deckt beides meist durch das eine Wort Gewicht. Die Mechanik aber darf dies schlechterdings nicht tun, da für sie Schwere und Masse zwei gänzlich verschiedene Begriffe geworden sind.

Die Masse ist unveränderlich. Wenn man einen Körper an verschiedene Orte der Erde bringt, wenn man ihn auf den Mond, die Sonne oder auch in den Weltraum weit ab von größeren Weltkörpern bringen könnte, seine Masse würde immer die gleiche bleiben. Die Schwere aber nicht! Sie ändert sich sogar, wenn auch nur wenig, auf der Erde; auf der Sonne aber ist sie 28 mal so groß, auf dem Monde fünfmal so klein und weit ab von den Weltkörpern verschwindet sie ganz.

Soll daher das Wort Gewicht für die Mechanik brauchbar werden, so muß es eine seiner beiden Bedeutungen in dieser Wissenschaft völlig abstreifen. Gewicht darf entweder nur Schwere oder nur Masse sein.

129. Wenn man zwei Körper auf einer Wage gegeneinander ab-

wiegt, so wird durch dieses statische Experiment an sich nur festgestellt, ob sie gleich schwer sind. Also ist Gewicht zuerst Schwere.

Doch nun kommt der dynamische Satz hinzu [68], daß die Fallbeschleunigung für alle Körper gleich ist, und so folgt der Schluß —
der übrigens bei den meisten Menschen kein Schluß, sondern eine
„selbstverständliche Sache" ist —, daß gleichschwere Körper gleiche
Masse haben. Also ist Gewicht zu zweit auch Masse, sofern sie durch
die Schwere gemessen werden kann.

130. Hiernach überwiegen scheinbar die Gründe für die Entscheidung „Gewicht ist Schwere, nicht Masse". Andrerseits ist aber
beim Wägen die Schwere nur Mittel zum Zweck, da es fast immer
nur auf die Vergleichung der Massen ankommt. Hält man dies für
ausschlaggebend, so überwiegen wieder die Gründe für die Entscheidung „Gewicht ist Masse, nicht Schwere".

131. Die Wahl ist wirklich nicht leicht. In der Tat ist bis auf
den heutigen Tag noch keine allgemein verbindliche Entscheidung
getroffen.

Im Gesetz steht: Das Kilogramm ist die Einheit des Gewichtes.
Es wird dargestellt durch die Masse usw. In der Chemie sind die
Atomgewichte Verhältniszahlen, in welchen die chemischen Elemente
sich der Masse nach ersetzen können. Also beidemal Gewicht als Masse.

Dagegen hat die Konferenz des internationalen Maß- und Ge-
wichtswesens 1902 erklärt: „Le terme poids designe une grandeur de
la même nature qu'une force." Also Gewicht (poids) als Kraft, als
Schwere. Dasselbe gilt für alle Lehrbücher der technischen Mechanik
und für die meisten Lehrbücher der rationellen Mechanik und der
Physik.

132. Gewicht als Kraft. So muß denn, bis eine Einigung (vielleicht)
zustande kommt, jeder selbst entscheiden, was er unter Gewicht verstehen will. In diesem Buch bedeutet Gewicht niemals Masse, sondern
ausschließlich Schwere oder, bestimmter gesagt, den statischen
Druck, welchen ein Körper auf seine Unterlage ausübt. (Beides ist
nämlich nicht genau einander gleich [497].)

Aber noch einmal, diese Erklärung soll nur für dieses Buch ver-
bindlich sein. Denn die entgegengesetzte Erklärung wäre ebenso
annehmbar. Aber eine von beiden muß gegeben werden, damit der
Leser wisse, woran er ist.

§ 7. Abgeleitete Einheiten.

133. Abgeleitete Einheiten. In einem absoluten Maßsystem werden aus den drei Grundeinheiten alle anderen Einheiten abgeleitet. Es sollen nur Länge, Zeit, Masse selbständige Einheiten haben, mögen andere Größen, wie Kraft, Arbeit, Energie, auch noch so wichtig sein.

Es kommen hier hauptsächlich zwei Fragen in Betracht, nämlich: 1. Wie kann man überhaupt Einheiten ableiten? 2. Genügen auch wirklich Längeneinheit, Zeiteinheit und Masseneinheit zur Ableitung aller anderen Einheiten?

134. Angemessene Erklärungen. Auf die erste Frage ist zu antworten: Durch angemessene Erklärungen auf Grund mathematischer oder empirisch-naturwissenschaftlicher Gesetze der Abhängigkeit der Größen voneinander.

Die Erklärungen sollen angemessen sein. Darin liegt das Zugeständnis, daß die Ableitung auch anders hätte erfolgen können, nur nicht ebenso angemessen.

135. So ist die Flächeneinheit einzig angemessen nur zu erklären als der Flächeninhalt des Quadrates der Längeneinheit. Möglich wäre es freilich auch, z. B. den Flächeninhalt des gleichseitigen Dreiecks mit der Längeneinheit als Seite zu nehmen. Doch angemessen? Nein, aber das Gegenteil!

Und wie hier, ist es fast bei allen Einheiten. Es gibt meist nur eine Wahl, welche die schlechthin beste ist.

136. Wenn a und b die Maßzahlen der Seiten eines beliebigen Rechteckes und F die Maßzahl seines Flächeninhaltes sind, so muß, wie aus den ersten Grundsätzen der Flächenlehre folgt, F dem Produkt a · b proportional sein, derart daß der Bruch:

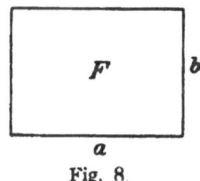

Fig. 8.

$$\frac{F}{a\,b}$$

für alle Rechtecke denselben Wert hat. Man bezeichne ihn als „Proportionalitätsfaktor" λ, also:

$$\frac{F}{a\,b} = \lambda$$

und hieraus:

$$F = \lambda \cdot a\,b.$$

137. Um λ zu bestimmen, setze man etwa a = 1, b = 1. So folgt: $F = \lambda$, d. h. λ ist die Maßzahl der Fläche des Quadrats über der

Längeneinheit. Nur wenn man dieses Quadrat selbst zur Flächeneinheit macht, so wird $\lambda = 1$, und allgemein:

$$F = a\,b$$

wie es in allen Lehrbüchern der Planimetrie steht.

Hätte man aber, wie es bei Grundstücken noch immer üblich ist, die Seiten in Metern, die Fläche in Quadratruten angegeben, so würde, da das Quadratmeter $=$ (rund) $\frac{1}{14}$ Quadratrute ist, geworden sein:

$$\lambda = \frac{1}{14}$$

und: $$F = \frac{a\,b}{14}.$$

138. Ein solcher Proportionalitätsfaktor λ tritt bei jeder Ableitung einer neuen Einheit auf. Man darf ihn wählen, wie man will; aber in der Regel wird man am besten tun, $\lambda = 1$ zu setzen.

In der Regel, doch nicht immer [669]. Dann aber müssen wohlerwogene Gründe diese Abweichung rechtfertigen.

139. Ableitung von Einheiten. Beispiele: 1. Die Geschwindigkeit einer gleichförmigen Bewegung ist dem zurückgelegten Weg direkt, der erforderten Zeit aber umgekehrt proportional. Es seien v, s, t die drei Maßzahlen. Dann ist hiernach:

$$v = \lambda \cdot \frac{s}{t}.$$

Hier wird $\lambda = 1$ gesetzt, also:

$$v = \frac{s}{t}.$$

Für $s = 1$ und $t = 1$ wird dann $v = 1$, d. h. Einheit der Geschwindigkeit ist die Geschwindigkeit einer solchen Bewegung, bei welcher in der Zeiteinheit die Längeneinheit zurückgelegt wird.

2. Die Beschleunigung ist (anfängliche Ruhe vorausgesetzt) der erlangten Geschwindigkeit direkt und der erforderten Zeit umgekehrt proportional. Es seien g v, t die Maßzahlen. Dann ist hiernach:

$$g = \lambda \cdot \frac{v}{t}.$$

Auch hier wird $\lambda = 1$ gesetzt, also:

$$g = \frac{v}{t}.$$

Für $v = 1$, $t = 1$ wird $g = 1$, d. h. Einheit der Beschleunigung ist Beschleunigung einer solchen Bewegung, bei welcher in der Zeiteinheit die Geschwindigkeitseinheit erlangt wird.

140. 3. L e i b n i z hat (1695) die lebendige Kraft oder vis viva eingeführt, welche er der Masse und dem Quadrat der Geschwindigkeit proportional setzte. Es seien L, m, v die drei Maßzahlen. Dann ist hiernach:

$$L = \lambda \cdot m\, v^2.$$

Hier wird **nicht** $\lambda = 1$, sondern aus sehr triftigen Gründen [670] $\lambda = \dfrac{1}{2}$ gesetzt, also:

$$L = \frac{m\, v^2}{2}.$$

Für $m = 2$, $v = 1$ wird $L = 1$, d. h. Einheit der lebendigen Kraft ist die lebendige Kraft eines Körpers, dessen Masse doppelt so groß wie die Masseneinheit und dessen Geschwindigkeit gleich der Geschwindigkeitseinheit ist.

141. 4. **Die Krafteinheit im absoluten Maßsystem, das Dyn.** Stets ist das Produkt aus Masse und Beschleunigung der bewegenden Kraft proportional. Es seien m, g und K die drei Maßzahlen, so ist hiernach vorläufig:

$$K = \lambda \cdot m \cdot g$$

In jedem absoluten System soll $\lambda = 1$ werden [115], also:

$$K = m \cdot g.$$

Für $m = 1$, $g = 1$ ergibt sich $K = 1$, mithin: Krafteinheit ist diejenige Kraft, welche einem Körper von der Masse 1 die Beschleunigung 1 erteilt.

Die Physiker haben dasjenige absolute System genommen, welches jetzt allgemein C—G—S-System heißt [123] und für dieses System der Krafteinheit den Namen Dyn gegeben, welcher kurz genug ist, um nicht weiter abgekürzt zu werden. Daher:

Das Dyn ist die Krafteinheit im C—G—S-System. Es ist die Kraft, welche einem Gramm eine Beschleunigung von $1 \dfrac{cm}{(sec)^2}$ erteilt [163].

142. Die Masseneinheit im technischen Maßsystem. Auch im technischen Maßsystem soll $\lambda = 1$ werden, doch dient diesmal die Gleichung $K = m \cdot g$ oder $m = \dfrac{K}{g}$ umgekehrt zur Ableitung der (namenlosen) Masseneinheit durch die Definition:

Die technische Masseneinheit ist die Masse eines Körpers, der durch eine Kraft $= 1\,kg^*$ eine Beschleunigung $= 1 \dfrac{m}{(sec)^2}$ erhalten würde.

143. Die Grundgleichung im Euler'schen Maßsystem. Das Euler'sche System [117] hat nach seiner Anlage eine Mittelstellung zwischen dem absoluten und dem technischen System, da in ihm ein und derselbe Körper genommen wird, um seine Masse als Masseneinheit und sein Gewicht als Krafteinheit zu erklären. Welchen Wert hat λ? (Die Fallbeschleunigung wird in diesem Buch immer g_e genannt.)

Wenn ein Körper fällt, so erhält er durch sein Gewicht die Beschleunigung g_e. Also entspricht nach Euler's Festsetzung der Kraft 1 und der Masse 1 die Beschleunigung g_e d. h. es ist:

$$1 = \lambda \cdot 1 \cdot g_e \text{, folglich:}$$

$$\lambda = \frac{1}{g_e} \text{ und allgemein:}$$

$$K = \lambda \cdot m \cdot g = \frac{1}{g_e} \cdot m \cdot g.$$

144. In Euler's System sind Masseneinheit und Krafteinheit beide „handgreiflich"; im absoluten System aber nur die Masseneinheit und im technischen System nur die Krafteinheit. Es ist daher durchaus angebracht, nun auch die absolute Krafteinheit sowie die technische Masseneinheit hinterher handgreiflich zu machen, was durch Beantwortung der folgenden beiden Fragen geschieht: 1. Wie verhält sich das Dyn zum kg* (oder zum g* oder mg*)? 2. Wie verhält sich die technische Masseneinheit zum Kilogramm (also zum kg [nicht kg*])?

145. Dyn und mg*. 1. Es sei 1 g* $= x$ Dyn. Da 1 g* beim Fallen der Masse $= 1\,g$ die Beschleunigung $g_e = 981 \dfrac{cm}{(sec)^2}$ erteilt, so folgt:

$$x = 1 \cdot 981 = 981 \text{, also:}$$

1 g* $= 981$ Dyn, 1 kg* $= 981\,000$ Dyn, 1 mg* $= 0{,}981$ Dyn, und umgekehrt:

$$1 \text{ Dyn} = 1{,}019 \ldots \text{ mg*}$$

oder in Worten: Das Dyn ist eine Kraft, welche 1,019 mal so groß ist, wie das Gewicht eines Milligramms. Für angenäherte Rechnungen kann man daher das Dyn gleich dem Gewicht eines Milligramms setzen.

146. Technische Masseneinheit und kg. Es sei 1 kg $= x$ technische Masseneinheiten. Da 1 kg* der Masse $= 1$ kg die Beschleunigung $g_e = 9{,}81 \dfrac{m}{(sec)^2}$ erteilt, so folgt:

$$1 = x \cdot 9{,}81, \quad x = \frac{1}{9{,}81}, \text{ daher:}$$

$$1 \text{ kg} = \frac{\text{Technische Masseneinheit}}{9{,}81}, \text{ d. h. Technische Masseneinheit} =$$

9,81 kg. Oder in Worten: Die technische Masseneinheit ist so groß wie die Masse von 9,81 Kilogramm. Für angenäherte Rechnungen kann man daher die technische Masseneinheit **gleich** zehn Kilogramm setzen.

147. Das Megadyn. Das Dyn ist nach [145], verglichen mit dem kg*, eine sehr kleine Kraft, rund ein milliontel. Man hat daher eine Million Dyn ein Megadyn genannt (großes Dyn).

$$1 \text{ Megadyn} = 1,000\,000 \text{ Dyn} = 10^6 \text{ Dyn},$$

und nun folgt:

$$1 \text{ Megadyn} = 1,019 \ldots \text{ kg}^*$$

Das Megadyn ist also nur um etwa 2% größer als das Kilogramm-gewicht oder das kg*. Für angenäherte Rechnungen kann man daher beide einander **gleich** setzen.

Man sieht, es wird den Technikern, die doch fast stets nur mit angenäherten Werten zu tun haben, recht leicht gemacht, zum C—G—S-System überzugehen.

148. Das Normalgewicht. Die Stärke des Gewichtes hat auf der Erde einen Spielraum, der allerdings seiner Kleinheit wegen meist nichts zu sagen hat. Auf alle Fälle aber hat man der hieraus folgenden Un-sicherheit der technischen Krafteinheit, des kg*, durch Einführung des Normalgewichts ein Ende gemacht. Es ist das Gewicht, welches dem Aufbewahrungsort des Prototyp [121] zu Sèvres bei Paris entspricht (nach Reduktion auf Meereshöhe).

Da durch Pendelversuche die zugehörige „Normalbeschleunigung" zu $g_* = 980,665 \frac{\text{cm}}{(\text{sec})^2}$ bestimmt worden ist, so folgt das genaue Verhältnis der technischen und absoluten Krafteinheit zu:

$$1 \text{ kg}^* = 980665 \text{ Dyn},$$

und ebenso wird das genaue Verhältnis der technischen Masseneinheit zum Kilogramm:

$$\text{Technische Masseneinheit} = 9,80665 \text{ kg}.$$

149. So hat die technische Mechanik alles, was möglich war, getan, um hinterher ihr Maßsystem zu einem absoluten umzugestalten. Aber auf welchen Umwegen?

Man achte genau! Erst nimmt sie einen Körper von bestimmter Masse, eben das Kilogrammprototyp, nicht etwa, um diese Masse zur Masseneinheit, nein, um seinen Schweredruck zur Krafteinheit zu machen. Dann erhebt sie eine ganz andere Masse als Masseneinheit auf den Thron. Also erst Masse, dann Gewicht, dann wieder Masse, aber eine andere! Wohl dem Anfänger, wenn er diesen Zickzackweg endlich begriffen hat.

150. Man verstehe recht. Das Kilogrammgewicht soll nicht verschwinden. Denn es ist ein jedem Laien verständliches Kraftmaß, das sich auf die bequemste Weise darbietet, um andere Kräfte mit ihm zu vergleichen.

Nur eben als Grundeinheit sollte man es nicht nehmen, denn in Wahrheit ist es eine solche gar nicht, da es doch erst auf die Masse eines Kilogramms aufgepfropft wurde. Diese Masse, bzw. sein 1000ster Teil, ist und bleibt die gegebene Grundeinheit, aus der dann das Dyn bzw. Megadyn nach der Grundgleichung der Mechanik als einzig richtige Krafteinheit abgeleitet werden muß. Wenn dann, wie in [145] geschehen, diese wissenschaftliche Krafteinheit ein für allemal mit jener sozusagen nicht wissenschaftlichen, dafür aber handgreiflichen Krafteinheit verglichen worden ist, was will man da noch weiter?

So mag das Kilogrammgewicht für alle Zeiten bleiben, als übliches Kraftmaß — schon der Laienwelt] zuliebe —; aber mit der ausdrücklichen Bereitwilligkeit, jederzeit auf das Dyn als die auserwählte Krafteinheit zurückzugreifen.

151. Wer A sagt, muß auch B sagen. Hat die technische Mechanik ihrer Masseneinheit weder Namen noch Zeichen gegeben, dann ist es ganz in der Ordnung, daß sie auch mit den Maßzahlen der Massen nicht viel Umstände macht, sondern sie, wo sie auftreten, schleunigst aus den Formeln wieder herausschafft, wie folgt:

Man setze in die Grundgleichung der Mechanik:

$$K = m \cdot g$$

für K ein: das Gewicht G eines beliebigen Körpers, ausgedrückt in kg* (so daß G auch die Masse wäre, aber ausgedrückt in kg) und für m seine Masse, ausgedrückt in technischen Masseneinheiten, dann wird g zur Fallbeschleunigung g_e. Es folgt also:

$$m = \frac{G}{g_e} = \frac{G}{9,81}$$

also kurz [128]:

Masse = Gewicht (ausgedrückt in kg*) durch Fallbeschleunigung.

Diese Formel dient der technischen Mechanik zur Elimination der ihr unbequemen Masse (d. h. ihrer Maßzahl [108]). Sie schreibt z. B. für lebendige Kraft nicht $\frac{m v^2}{2}$, sondern $\frac{G}{2} \frac{v^2}{g_e}$. So kommt durch den Zickzackweg [149] der Nenner $g_e = 9,81$ in ihre Formeln hinein.

152. Folgende kleine Tabelle enthält die Einheiten der Länge, Zeit, Masse und Kraft im technischen und im C—G—S-System:

Einheit der	C—G—S System	Technisches System	Verhältnis
Länge	cm	m	1 : 100
Zeit	sec	sec	1 : 1
Masse	g	Name fehlt	1 : 9806,65
Kraft	Dyn	kg*	1 : 980665

Die Einheiten der übrigen Größenarten der Mechanik werden nach und nach folgen. Soviel ist aber schon jetzt klar: da diese Größen sämtlich aus Raum, Zeit, Masse, Kraft abgeleitete Hilfsgrößen sind und die Krafteinheit aus den drei Grundeinheiten bestimmt worden ist, so genügen letztere für alle Größen der Mechanik.

Damit ist auch die zweite Frage in [133] erledigt.

153. Astronomisches Maßsystem. Es sei noch kurz das von Gauß in die Mechanik des Himmels eingeführte astronomische Maßsystem angegeben. Längeneinheit ist die Sonnenweite oder der mittlere Abstand von Erde und Sonne. Zeiteinheit ist der Tag. Masseneinheit ist die Masse der Sonne.

Im C—G—S-System würden die Maßzahlen überaus groß werden. Doch der Hauptgrund, daß die Astronomie ein besonderes Maßsystem haben muß, ist, daß man abgesehen von der Zeit das Verhältnis der astronomischen zu den terrestrischen Einheiten noch lange nicht genau genug kennt. Es ist:

der Tag $= 86\,400$ sec

die Sonnenweite $= 149.10^{11}$ cm

die Sonnenmasse $= 196.10^{81}$ g $= 196.10^{28}$ kg.

Die erste Gleichung ist völlig genau; die anderen sind noch um etwa $1/2$ bis $1^0/_0$ unsicher.

§ 8. Die Dimensionsformeln.

154. Der Dimensionsbegriff, wie er jetzt in der Mechanik gebraucht wird, ist die Krönung des absoluten Maßsystems, da durch ihn die Beziehungen zu den Grundeinheiten in einfachster und übersichtlichster Weise darstellbar sind.

Er ist von Fourier als Erweiterung des Jahrtausende alten, geo-

metrischen Dimensionsbegriffes ausgedacht, aber erst durch Maxwell
vollständig entwickelt worden.

155. Die räumlichen Dimensionen. Eine Linie hat, wie man sagt, nur
eine Dimension, ihre Länge, welche symbolisch mit:

$$[l]$$

bezeichnet werden mag. Eine Fläche ist von der zweiten Dimension.
Ein Rechteck hat Länge und Breite. Deshalb wird die Dimension
einer Fläche zweckmäßig bezeichnet mit [l] [l] oder:

$$[l]^2.$$

Das Volumen ist eine Größe von drei Dimensionen oder von der Dimension:

$$[l]^3.$$

Der Dimensionsbegriff tritt besonders in den Formeln der rech-
nenden Geometrie hervor, wenn man Flächen und Volumina durch
gegebene Längen ermittelt. Wird z. B. der Inhalt F eines Rechtecks
durch die Seiten a und b nach der bekannten Formel:

$$F = ab$$

ausgedrückt, so soll eine Länge (oder vielmehr deren Maßzahl [104])
mit einer anderen Länge multipliziert werden. Eben dieses sagt die
symbolische Gleichung aus:

$$[F] = [l]^2 = [l] [l].$$

156. Der Winkel. Der geometrische Punkt ist keine Größe und hat
keine Dimension. Doch gibt es auch wirkliche
geometrische Größen, welche gleichfalls dimensionslos sind, nämlich die Winkel.

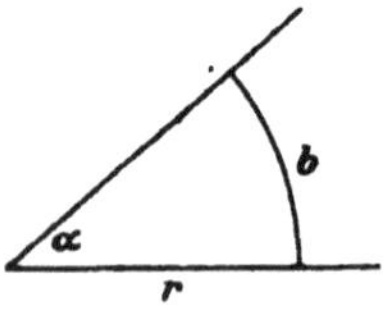

Sie werden bekanntlich nach einer uralten, aus
Babylon stammenden Einteilung in Grad, Minuten
und Sekunden ausgedrückt. Es sei z. B.:

$$\alpha = 73^0 \ 15' \ 26,3''.$$

Fig. 9.

Statt dessen kann α auch in **Bogenmaß** angegeben werden, indem man ihn als Centriwinkel zu einem mit beliebigem Radius r beschriebenen Bogen b auffaßt und durch das Verhältnis b : r bestimmt.
Da einerseits der Umfang des ganzen Kreises $= 2\,\pi\,r$, andererseits
der volle Winkel $= 360^0$ ist, so folgt:

$$2\,\pi = 360^0, \quad 1^0 = \frac{\pi}{180}; \quad 1' = \frac{\pi}{180 \cdot 60}; \quad 1'' = \frac{\pi}{180 \cdot 60 \cdot 60}.$$

Mit diesen Zahlen findet man durch Umrechnung:

$$73^0 \ 15' \ 26,3'' = \alpha = \frac{b}{r} = 1,27858.$$

157. Diese Zahl 1,27858 ist eine reine Verhältniszahl, die genau
dieselbe bleibt, in welcher Längeneinheit man b und r ausdrückt.

Ein Winkel hat also **keine** Dimension, d. h. er ist von der Dimension:

$$[\alpha] = \frac{[l]}{[l]} = [l]^0.$$

Das Gradmaß ist ein Verkehrsmaß für die Winkel und noch dazu ein recht unpraktisches. Dagegen ist das Bogenmaß oder der arcus in jeder Beziehung das einzig angemessene absolute Winkelmaß. Setzt man b = r, so wird $\alpha = 1$, d. h. Einheit des Winkels ist derjenige Winkel, für welchen der Bogen gleich dem Radius ist. In Gradmaß umgerechnet wird:

$$1 = 57^0 \ 17' \ 44{,}8'',$$

wofür man bei nur roher Annäherung $1 = 60^0$ setzen kann.

158. Die Dimension der Zeit. Am nächsten liegt die Übertragung des räumlichen Dimensionsbegriffs auf die Zeit, der man nur **eine** Dimension beilegen kann, die Dimension:

$$[t].$$

Somit kennt die reine Bewegungslehre oder Phoronomie [39] zwei ganz verschiedene Dimensionen: [l] und [t]. Sehr bekannt ist die Lagrange'sche Bezeichnung der Mechanik als eine vierdimensionale Geometrie, da nämlich der Raum drei Dimensionen, d. h. dreimal die Dimension [l], die Zeit aber nur eine Dimension [t] besitzt.

159. Dimension phoronomischer Größen. Wie die Geometrie den räumlichen Größen, genau so gibt die Phoronomie ihren Größen zusammengesetzte Dimensionen. Es ist z. B.: Geschwindigkeit = Weg durch Zeit:

$$v = \frac{s}{t}.$$

Da s die Dimension [l] hat, so wird gesetzt:

$$[v] = \frac{[l]}{[t]} = [l][t]^{-1}.$$

Oder: Beschleunigung = (erreichte) Geschwindigkeit durch (erforderliche) Zeit;

$$g = \frac{v}{t}.$$

Daher:

$$[g] = \frac{[v]}{[t]},$$

also nach Einsetzung von [v]:

$$[g] = \frac{\frac{[l]}{[t]}}{[t]} = \frac{[l]}{[t]^2} = [l][t]^{-2}.$$

So erhalten alle phoronomischen Größen Dimensionen von der Form:

$$[l]^a [t]^b,$$

wo a und b positive oder negative Zahlen einschließlich der Null sein können.

160. Die Dimension der Masse. Um den Dimensionsbegriff auf die übrigen Größen der Mechanik auszudehnen, beachte man, daß hier noch eine dritte Grundeinheit, die der Masse, hinzukommt. Es wird daher wohl noch nötig sein, außer [l] und [t] noch eine Dimension der Masse:

$$[m]$$

einzuführen.

So hat die Mechanik die drei Grunddimensionen:

$$[l], \ [t], \ [m].$$

Mit ihnen kommt sie aus. Also: Geometrie eine, Phoronomie (und Massengeometrie) zwei, Mechanik drei Grunddimensionen.

161. Allgemeine Dimensionsformeln. Aus [l], [t], [m] werden die Dimensionen aller mechanischen Größen zusammengesetzt genau nach dem einfachen Verfahren, das eben in der Phoronomie gelehrt worden ist, z. B.:

1. Kraft $=$ Masse $\times$ Beschleunigung; $K = m \cdot g$,
   also: $[K] = [m] [g] = [m] [l] [t]^{-2}$;
2. Antrieb $=$ Kraft mal Zeit; $J = K \cdot t$,
   also: $[J] = [K] [t] = [m] [l] [t]^{-2} [t] = [m] [l] [t]^{-1}$;
3. Arbeit $=$ Kraft mal Weg; $A = K \cdot s$,
   also: $[A] = [K] [l] = [m] [l]^2 [t]^{-2}$:
4. Bewegungsgröße $=$ Masse mal Geschwindigkeit; $B = m v$,
   also: $[B] = [m] [v] = [m] [l] [t]^{-1}$;

5. Lebendige Kraft $= L = \dfrac{m v^2}{2}$,

   also: $[L] = [m] [v]^2 = [m] [l]^2 [t]^{-2}$.

162. Genug, jede in der Mechanik verwendete Größe muß eine Dimension haben von der Form:

$$[l]^a [t]^b [m]^c,$$

wo a, b, c positive oder negative Zahlen einschließlich der Null sein können.

Ist $c = o$, so gehört die Größe der Phoronomie an [159], ist $b = o$, so der Massengeometrie § 23; verschwinden aber b und c beide, so ist die Größe rein geometrisch, etwa eine Länge oder Fläche oder Volumen.

163. Bezeichnung abgeleiteter Einheiten. Auf das engste mit der Dimension verknüpft ist die neuerdings in Übung gekommene, aus den Abkürzungen der Grundeinheiten zusammengesetzte Bezeichnung der abgeleiteten Einheiten nach folgender Regel: Es sei $[l]^a . [t]^b . [m]^c$ die Dimension irgendeiner Größe und es seien P, Q, R die Zeichen für die drei Grundeinheiten der Länge, Zeit, Masse. So soll die Einheit der betr. Größe bezeichnet werden mit:

$$P^a \times Q^b \times R^c.$$

Im C—G—S-System wäre daher die Krafteinheit, wenn man ihr nicht schon das kurze Wort Dyn gegeben hätte, als $C \times G \times S^{-2}$ zu bezeichnen. Besonders oft werden die Zeichen $\dfrac{C}{S}$ oder $\dfrac{cm}{sec}$ und $\dfrac{C}{S^2}$ oder $\dfrac{cm}{(sec)^2}$ für die Einheiten der Geschwindigkeit und Beschleunigung benutzt.

164. Nutzen des Dimensionsbegriffes. 1. Er dient zur scharfen Unterscheidung verwandter Begriffe, die der Anfänger gar leicht miteinander verwechselt. Wie oft z. B. geschieht dies mit Antrieb und Arbeit oder lebendiger Kraft und Bewegungsgröße.

Die Kenntnis der Dimensionsformeln macht dies unmöglich. Auch zeigen sie, daß wohl Antrieb und Bewegungsgröße, sowie Arbeit und lebendige Kraft in Beziehung zueinander stehen können [598] und [669], nicht aber Antrieb und lebendige Kraft oder Arbeit und Bewegungsgröße.

165. 2. Die Dimensionsformeln kann man gut zur Kontrolle und zur Verhütung von Versehen verwenden, da alle Glieder einer Formel die **gleiche** Dimension haben müssen. Wenn man z. B. nicht mehr genau weiß, ob die Formel von Huyghens für die Schwingungsdauer eines Pendels laute [873]:

$$a) \quad t = \pi \sqrt{\frac{l}{g}} \quad \text{oder} \quad b) \quad t = \pi \frac{\sqrt{l}}{g}$$

(nachlässig gesprochen klingt beides ganz gleich), so prüfe man schleunigst die Dimensionen. Links ist sie beidemale $= [t]$, rechts ist sie, da die Kreiszahl π keine Dimension hat,

$$\text{in a)} = \sqrt{\frac{[l]}{[g]}} = \sqrt{\frac{[l]}{[l][t]^{-2}}} = [t]$$

$$\text{in b)} = \frac{\sqrt{[l]}}{[g]} = \frac{\sqrt{[l]}}{[l][t]^{-2}} = [l]^{-1/2}[t]^2.$$

Die Dimensionen stimmen links und rechts in a), nicht aber in b) Also darf man, selbst ohne die Quelle zu kennen, aus der die Pendelformel stammt, dreist behaupten, daß b) falsch und a) richtig ist (falls man sicher war, daß eine von beiden richtig sein mußte).

166. 3. Die Dimensionsformeln ermöglichen auf die schnellste und einfachste Weise den Übergang von einem Maßsystem zu einem andern, z. B. von:

a) Meter — Sekunde — Kilogramm zu:

b) Dezimeter — Minute — Gramm.

Gesetzt eine Kraft habe im System a) die Maßzahl K = 50. Wie groß ist ihre Maßzahl K' im System b)? Da die zweite Längeneinheit der zehnte Teil der ersteren ist, werden die Maßzahlen der Längen in b) zehnmal so groß. Da die Minute 60 Sekunden hat, werden die Maßzahlen der Zeiten in b) 60 mal so klein. Da das Kilogramm 1000 g beträgt, werden die Maßzahlen der Massen in b) 1000 mal so groß. Also werden nach der Dimensionsformel [161]:

$$[K] = [m][l][t]^{-2}$$

die Maßzahlen der Kräfte in b):

$$1000 \cdot 10 \cdot \left(\frac{1}{60}\right)^{-2} = 36\,000\,000$$

mal so groß (die Krafteinheit mithin ebensovielmal so klein), d. h. es ist:

$$K' = 36\,000\,000 \cdot K = 1\,800'000\,000.$$

Also für dieselbe Kraft einmal die Maßzahl 50, das anderemal die Maßzahl 1 800 000 000. Wie richtig ist der Satz [104]: Eine Maßzahl allein ohne die Einheit hat gar keinen Wert.

167. So kann man bei einem Wechsel der Grundeinheiten für alle Größenarten verfahren. Sind allgemein die alten Einheiten der Länge, Zeit und Masse das x, y, z-fache der neuen Einheiten, ist die Dimension der betreffenden Größe = $[l]^a [t]^b [m]^c$, und sind u die alte, u' die neue Maßzahl, so wird:

$$u' = u \cdot x^a \cdot y^b \cdot z^c.$$

Im besonderen ist es sehr nützlich, der Übung wegen das Verhältnis der Maßzahlen bei dem Übergang von dem C—G—S-System zu einem anderen der in [123] genanntem Systeme für alle im Anhang aufgeführten Größen auszurechnen. Da hier das Verhältnis stets eine positive oder negative Potenz von 10 wird, so heißt das nichts anderes als zu bestimmen, um wieviel Stellen das Dezimalkomma nach rechts oder links verschoben werden muß, bzw. wieviel Nullen anzuhängen sind·

Dritter Abschnitt.

§ 9. Die Streckenlehre.

168. Die Streckenlehre. Die Mechanik ist zwar ohne Geometrie überhaupt nicht möglich, doch sind nicht alle geometrischen Untersuchungen für sie gleich nützlich. Dieser dritte Abschnitt soll daher nur solche geometrische Hilfsmittel erörtern, von welchen sie den elementarsten Gebrauch macht.

169. Die Strecke. Eine Strecke zwischen zwei Punkten A und B einer unbegrenzten Geraden l wird bezeichnet als:

$$A\,B \text{ oder } B\,A$$

wobei man meist unbestimmt läßt, welche von den beiden entgegengesetzten Richtungen von l sie haben soll, ob von A nach B oder von B nach A. Es ist ja auch Sprachgebrauch, diese beiden Richtungen, wo es auf die Wahl nicht ankommt, schlechthin als die Richtung der Strecke oder der unbegrenzten Geraden, in welcher sie liegt, zu bezeichnen.

170. Der Richtungsstrich. In der Streckenlehre kommt es aber so sehr auf diese Wahl an, daß hier ausdrücklich der Richtungsstrich eingeführt wird. Danach bezeichnet:

$$\overline{A\,B}$$

die Strecke in der Richtung von A nach B; dagegen:

$$\overline{B\,A}$$

die Strecke in der Richtung von B nach A.

Ferner: Schreibt man $\overline{A\,B}$, so heißt A Anfangspunkt, B Endpunkt; schreibt man $\overline{B\,A}$, so heißt B Anfangspunkt, A Endpunkt, $\overline{A\,B}$ und $\overline{B\,A}$ sind also nicht mehr identisch, wie $A\,B$ und $B\,A$. Das eben ist die Bedeutung des Richtungsstriches.

171. Die absolute Länge. Will man auf das bestimmteste kenntlich machen, daß überhaupt an der Richtung gar nichts, sondern nur an der **absoluten** Länge gelegen ist, so gebraucht man das Weierstraß'sche

Zeichen $|a|$ für den absoluten Wert einer Größe a. Also zusammengefaßt: 1. $|AB|$ oder $|BA|$ soll sein die absolute Länge und weiter nichts. 2. AB oder BA soll sein die absolute Länge $|AB|$ und eine der beiden Richtungen, ohne nähere Angabe. 3. $\overline{AB}$ soll sein die absolute Länge $|AB|$ **und** die Richtung von A nach B.

172. Geometrische Gleichheit von Strecken. Nach diesen Festsetzungen schließt zwar die Gleichung (Fig. 10):
$$\overline{AB} = \overline{CD}$$
auch die Gleichung ein:
$$|AB| = |CD|$$
fordert aber noch mehr, nämlich e i n e r l e i Richtung. Zur Unterscheidung nennt man auch die erste Gleichung geometrisch.

Dagegen soll die Gleichung:
$$\overline{AB} = -\overline{DC}$$
zwar auch die Gleichung:
$$|AB| = |DC|$$
einschließen, aber e n t g e g e n g e s e t z t e Richtung fordern.

173. Axiome der Gleichheit. Die drei allgemeinen Axiome der Gleichheit gelten auch hier. Denn:

1. Wenn $\overline{AB} = \overline{CD}$, so ist auch $\overline{CD} = \overline{AB}$.
2. Es ist $\overline{AB} = \overline{AB}$. Jede Strecke ist sich selbst gleich.
3. Ist $\overline{CD} = \overline{AB}$ und $\overline{EF} = \overline{AB}$, so ist auch $\overline{CD} = \overline{EF}$. Sind zwei Strecken einer dritten gleich, so sind sie auch untereinander gleich.

Doch treten für die Streckenlehre noch zwei besondere Axiome hinzu. Das erste lautet:

Jeder Punkt im Raum kann zum Anfangspunkt einer und nur einer Strecke gemacht werden, welche einer gegebenen Strecke gleich sein soll. Man sagt auch: Eine Strecke kann überall hin parallel verschoben werden, d. h. von jedem Punkt in den Raum abgetragen oder gezogen werden.

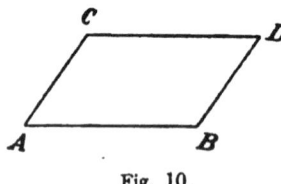
Fig. 10.

174. Das Streckenparallelogramm. Das zweite lautet:

Wenn $\overline{AB} = \overline{CD}$, so ist auch $\overline{AC} = \overline{BD}$.

$\overline{AB}$ und $\overline{CD}$ sind nämlich das eine Paar, $\overline{AC}$ und $\overline{BD}$ das andere Paar Gegenseiten des Parallelogramms A B D C. Offenbar ist das Axiom auch richtig in dem Grenzfall, daß $\overline{AB}$ und $\overline{CD}$ in einer Geraden liegen und erst recht dann, wenn sie sich decken, weil dann $\overline{AC}$ und $\overline{BD}$ beide verschwinden.

So bestimmt also ein Paar gleicher Strecken stets ein zweites Paar gleicher Strecken und dieses wieder das erste. Sie bilden zusammen ein Streckenparallelogramm (z. B. Parallelogramm der Kräfte).

175. Der Streckenzug. Strecken, auf deren Richtungen es ankommt, addiert man **nicht** so, wie gewöhnliche Längen, welche nur der Länge nach aneinander gelegt werden. Man muß vielmehr auch die Richtungen beachten, was durch folgende Erklärung geschieht:

Strecken werden „geometrisch" addiert, indem man sie unter Beibehaltung ihrer Richtungen so aneinanderlegt, daß der Endpunkt der einen zugleich Anfangspunkt der nächsten wird. Sie bilden dann einen Streckenzug oder ein Streckenpolygon. Die Schlußlinie des Polygons oder die Strecke vom Anfangspunkt der ersten bis zum Endpunkt der letzten zu addierenden Strecken ist ihre geometrische Summe. Sie heißt auch R e s u l t a n t e und die zu addierenden Strecken heißen dann K o m p o n e n t e n.

176. Das Streckenpolygon ist zuerst von Varignon in die Mechanik eingeführt worden in zwei seiner wichtigsten Anwendungen, welche heute der graphischen Statik zur Grundlage dienen, dem K r ä f t e p o l y g o n und dem S e i l - p o l y g o n. Von letzterem wird in diesem Buche nicht weiter die Rede sein.

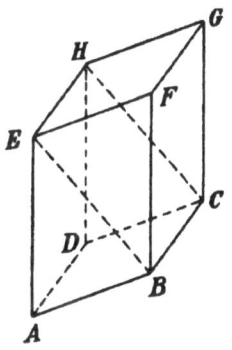

Fig. 11.

Für zwei Kräfte wird das Polygon zum Kräftedreieck, nämlich (Fig. 10) entweder zum △ A B D oder zum △ A C D mit der (fehlenden) Schlußlinie A D. Sie ist die Resultante der beiden Kräfte A B und A C und so ist auch ganz allgemein die Schlußlinie eines aus beliebig vielen Kräften zusammengesetzten Kräftepolygons die Resultante.

177. 1. Oft gehen die zu addierenden Strecken ursprünglich von demselben Anfangspunkt aus, (Kräfte mit demselben Angriffspunkt), und es wird verlangt, daß die Resultante denselben Anfangspunkt habe. Dann wird die erste Strecke genommen, wie sie ist und es werden nur die andern parallel verschoben.

2. Es ist nicht notwendig, daß der Streckenzug und seine Schlußlinie die Seiten eines gewöhnlichen ebenen Vielecks bilden. Es kann auch ein windschiefes Vieleck sein, wie z. B. in Fig. 11 der Streckenzug A B C G mit der (fehlenden) Schlußlinie A G.

3. Selbst wenn der Streckenzug ganz in einer Ebene liegt, braucht er nicht die Seiten eines gewöhnlichen ebenen Vielecks zu bilden. Es

können einspringende Ecken vorkommen, es können aber auch die
Strecken sich selbst schneiden. Es kommt aber der Anschaulichkeit
zugute, wenn beides vermieden wird, und es kann vermieden werden
durch ·eine andere Reihenfolge in den Strecken |180|.

178. Die geometrische Gleichung (Fig. 11):

a) $$\overline{AB} + \overline{BC} = \overline{AC}$$

bedeutet also etwas anderes, als die gewöhnliche Gleichung [171]:

b) $$|AB| + |BC| = |AC|$$

a) ist immer richtig, wie auch A, B, C liegen, b) dagegen ist nur
richtig, wenn B in gerader
Linie zwischen A und C liegt;
denn sonst ist bekanntlich
stets

$$|AB| + |BC| > |AC|$$

Budde hat, weil die
Strecken im allgemeinen
Winkel miteinander bilden,
für das geometrische Addieren das zusammengesetzte

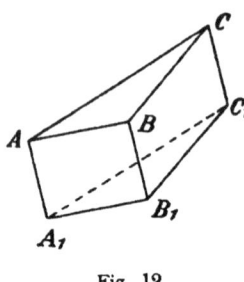

Fig. 12.

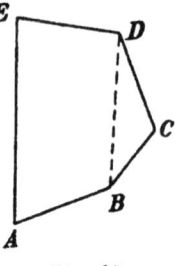

Fig. 13.

Zeichen ∡ eingeführt, welches viel Anklang gefunden hat. Der Richtungsstrich über den Strecken macht aber das Winkelzeichen ziemlich
überflüssig. Es wird daher hier das gewöhnliche + Zeichen gebraucht
werden.

179. Die Summenaxiome werden auch durch das geometrische Addieren
befriedigt.

1. Gleiches und Gleiches addiert gibt Gleiches. Aus:

$$\overline{AB} = \overline{A_1 B_1}, \; \overline{BC} = \overline{B_1 C_1} \text{ folgt: } \overline{AC} = \overline{A_1 C_1}.$$

Denn aus der ersten Voraussetzung folgt [174]: $\overline{AA_1} = \overline{BB_1}$ und
aus der zweiten $\overline{BB_1} = \overline{CC_1}$. Es ist also auch $\overline{AA_1} = \overline{CC_1}$ und daher
wieder nach [174]: $\overline{AC} = \overline{A_1 C_1}$.

2. Das Axiom der Gruppe. Man darf (bei mehr als zwei Summanden) innerhalb der Summe beliebig viele aufeinanderfolgende
Strecken zu Teilsummen vereinigen. Es ist z. B. (Fig. 13):

$$\overline{AB} + \overline{BC} + \overline{CD} + \overline{DE} = \overline{AE}, \text{ aber auch:}$$

$$\overline{AB} + (\overline{BC} + \overline{CD}) + \overline{DE} = \overline{AB} + \overline{BD} + \overline{DE} = \overline{AE}.$$

Dieses Axiom heißt auch nach W. Hamilton das assoziative
Gesetz.

180. 3. Das Axiom der Folge oder das kommutative Gesetz.
Es kommt auf die Reihenfolge der Summanden nicht an.

Für zwei Summanden folgt dies aus dem Streckenparallelogramm. Es ist (Fig. 10)

$$\overline{AB} + \overline{BD} = \overline{AC} + \overline{CD}, \text{ oder } \bar{a} + \bar{b} = \bar{b} + \bar{a}.$$

Hieraus und aus dem Axiom der Gruppe ergibt sich für beliebig viele Summanden zunächst, daß man irgend zwei aufeinander folgende Strecken vertauschen darf. Und da es durch Wiederholung solcher Vertauschungen möglich ist, jede Reihenfolge in jede andere zu verwandeln, so gilt das kommutative Gesetz ganz allgemein.

181. Der geschlossene Streckenzug. Schließt sich beim Zusammensetzen von Strecken der Streckenzug von selbst, verschwindet seine Schlußlinie, so sagt man wohl auch, etwa an Kräfte als Beispiel denkend, die Strecken heben einander auf.

Schließt sich aber der Streckenzug nicht von selbst, so muß man zu ihm noch die Resultante hinzunehmen, aber ihre Richtung dabei umkehren, um einen vollständig geschlossenen Streckenzug zu erhalten. Man kann daher auch sagen: Die Resultante ist diejenige Strecke, welche nach Umkehrung ihrer Richtung die gegebenen Strecken aufhebt.

Es ist einerlei, ob man schreibt: $\overline{AB} + \overline{BC} = \overline{AC}$, oder ob man schreibt: $\overline{AB} + \overline{BC} + (-\overline{AC}) = 0$. Letztere Schreibweise entspricht dem in der Algebra üblichen Verfahren, alle Glieder einer Gleichung auf eine Seite (die linke) zu bringen.

182. Das Gesetz der Ähnlichkeit. Werden Strecken ohne Änderung ihrer Richtungen in ein und demselben Verhältnis verlängert oder verkürzt, so verlängert oder verkürzt sich auch die Resultante in demselben Verhältnis ohne Änderung der Richtung.

In diesem Satz erscheint das geometrische Grundprinzip der Proportionalität und Ähnlichkeit, nach welchem jedes räumliche Gebilde ohne Änderung der Gestalt in einem beliebigen Verhältnis vergrößert oder verkleinert werden kann.

183. Das Gesetz der Symmetrie. Werden Strecken ohne Änderung ihrer Längen umgekehrt, so wird auch ihre Resultante ohne Änderung ihrer Länge umgekehrt.

In diesem Satz erscheint das geometrische Grundprinzip der Symmetrie, nach welchem zu jedem räumlichen Gebilde ein gleich großes von symmetrischer Gestalt konstruiert werden kann. (Rechte und linke Hand.)

184. Produkt von Strecke und Zahl. Mit Rücksicht auf diese beiden Gesetze sind die folgenden Festsetzungen angemessen: Unter Produkt einer Strecke mit einer positiven Zahl m, welcher aber schlechterdings keine Richtung entsprechen darf, wird eine Strecke verstanden, die m-mal so lang ist, wie die gegebene Strecke und gleiche Richtung hat. Ist aber m negativ, so soll die Länge mit dem absoluten Wert |m| multipliziert und die Richtung umgekehrt werden.

Dann kann [182] und [183] so zusammengefaßt werden: Multipliziert man gegebene Strecken sämtlich mit ein und derselben positiven oder negativen Zahl m, so wird ihre Resultante auch mit dieser Zahl m multipliziert. (Distributives Gesetz.)

Statt Multiplizieren kann man auch Dividieren sagen, da das Dividieren durch m nichts anderes ist als das Multiplizieren mit $\frac{1}{m}$.

185. Parallelogramm der Beschleunigungen. Es seien $\overline{K}_1$, $\overline{K}_2$ ... beliebige Kräfte, $\overline{K}$ ihre Resultante; ferner seien $\overline{g}_1$, $\overline{g}_2$ ... die Beschleunigungen, welche $\overline{K}_1$, $\overline{K}_2$ ... jede für sich allein erteilen würden und $\overline{g}$ die Beschleunigung, welche $\overline{K}$ wirklich erteilt. Dann ist:

$$\overline{K}_1 = m \cdot \overline{g}_1, \quad \overline{K}_2 = m \cdot \overline{g}_2, \ldots$$

aber auch: $$\overline{K} = m \cdot \overline{g}.$$

Da ferner nach dem Parallelogramm der Kräfte:

$$\overline{K} = \overline{K}_1 + \overline{K}_2 + \overline{K}_3 \ldots$$

so folgt aus [184] nach Division durch m:

$$\overline{g} = \overline{g}_1 + \overline{g}_2 + \overline{g}_3 \ldots$$

d. h. das Parallelogramm der Beschleunigungen.

186. Unabhängigkeit der Kräftewirkungen. Statt der Kräfte darf man daher die entsprechenden Beschleunigungen zusammensetzen. In diesen kommt jede Kraft für sich voll zur Wirkung, unabhängig von den übrigen. Heben sich insbesondere die Kräfte auf, so heben sich auch die Beschleunigungen auf, d. h. der Zustand der Ruhe oder Bewegung bleibt erhalten, wie es nach dem Trägheitsgesetze sein muß.

Daß sich die Teilwirkungen in der Gesamtwirkung **geometrisch** addieren, zeigt sich übrigens auch, wenn man die Wirkungen nicht als Beschleunigungen, sondern als Deviationen [335] auffaßt und auch, wenn es sich um Kräfte handelt, die nicht an demselben Punkt, sondern an demselben Körper angreifen. Man muß nur verstehen, die Wirkungen richtig zu messen.

187. Zerlegung einer Strecke. Eine gegebene Strecke zerlegen, heißt andere Strecken finden, deren Resultante sie ist. Offenbar ist dies auf unendlich viele Weisen möglich, so daß man noch nähere Bedingungen stellen muß, um bestimmte Lösungen zu erhalten.

Der erste hierher gehörige Fall ist das Subtrahieren, d. h. das Zerlegen einer Strecke in eine gegebene und in eine gesuchte Komponente.

Um von $\overline{AB} = \overline{a}$ die Strecke $\overline{CD} = \overline{b}$ zu subtrahieren, trage man $\overline{b}$ an A an, $\overline{AE} = \overline{b}$. Dann ist $\overline{EB} = \overline{c}$ die verlangte Differenz. Denn da $\overline{a} = \overline{b} + \overline{c}$, so folgt $\overline{c} = \overline{a} - \overline{b}$.

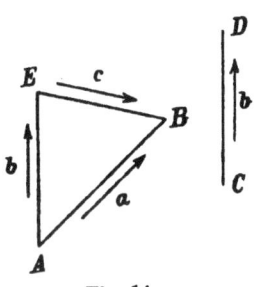

Fig. 14.

Man merke: Die Differenz zweier Strecken mit demselben Anfangspunkt ist die Strecke zwischen den beiden Endpunkten.

Da auch $\overline{c} = \overline{a} + (-\overline{b})$ ist, so kommt das Subtrahieren einer Strecke auf das Addieren der ihr entgegengesetzt gleichen Strecke heraus.

188. Zerlegung nach zwei Richtungen (in einer Ebene). Man ziehe durch Anfangspunkt und Endpunkt der zu zerlegenden Strecke $\overline{a}$ je zwei Gerade, welche die gegebenen Richtungen haben, und stelle so ein Parallelogramm her. Dann sind $\overline{b}$ und $\overline{c}$ die gesuchten Komponenten.

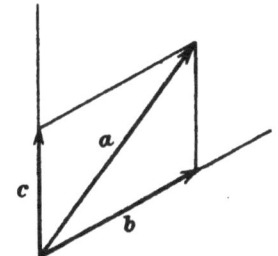

Fig. 15.

Offenbar ist die Lösung immer möglich, wenn, wie vorausgesetzt, die Richtung von a und die festen Richtungen von vornherein in einer Ebene liegen oder doch, was auf dasselbe hinauskommt, zu einer Ebene parallel sind.

189. Zerlegung nach drei Richtungen (im Raum). Man ziehe durch A, und durch B je drei Gerade, welche die gegebenen Richtungen haben, lege dann drei Ebenen durch je zwei der durch A und ebenso der durch B gezogenen Geraden und stelle so das Parallelflach oder Parallelepipedon ABCDEFGH her. Dann sind $\overline{AC}$, $\overline{AD}$ und $\overline{AE}$ die gesuchten Komponenten von $\overline{AB}$.

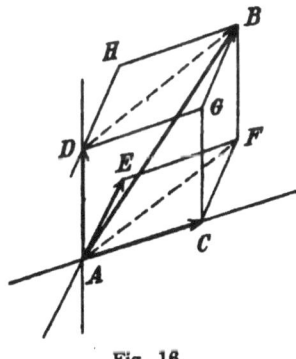

Fig. 16.

Offenbar ist die Lösung immer möglich, wenn, wie vorausgesetzt, die drei festen Richtungen, von demselben Punkt aus gezogen, nicht in einer Ebene liegen.

190. Die Zerlegungen [188] und [189] haben Grenzfälle, in denen Komponenten verschwinden. Hätte z. B. a̅ eine der festen Richtungen gehabt [188], so wäre b̅ oder c̅ verschwunden.

Oder hätte in [189] A̅B̅ in der Ebene A C F E gelegen, so wäre B mit F, G mit C, D mit A und H mit E zusammengefallen. Es wäre die Komponente A̅D̅ verschwunden.

191. Zerlegung nach einer Richtung und nach einer Ebene. Man ziehe durch A und durch B sowohl die parallelen Geraden zu der gegebenen

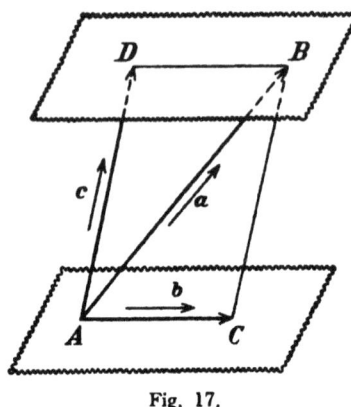

Richtung als auch die parallelen Ebenen zu der gegebenen Ebene und stelle so das Parallelogramm A C B D her. So sind A̅C̅ und A̅D̅ die verlangten Komponenten von A̅B̅.

Offenbar ist die Lösung immer möglich, wenn, wie vorausgesetzt, die feste Richtung nicht in der festen Ebene liegt oder zu ihr parallel ist. Nur kann auch wieder gelegentlich die eine Komponente A̅C̅ oder die andere Komponente A̅D̅ verschwinden.

Fig. 17.

Übrigens steht [191] zwischen [188] und [189]. Denn wenn man in [189] zunächst durch zwei der festen Richtungen (z. B. A C und A E) eine feste Ebene legt und dann [191] anwendet, so zerfällt A̅B̅ in A̅D̅ und A̅F̅. A̅F̅ aber zerfällt nach [188] wieder in A̅C̅ und A̅E̅.

192. Senkrechte Richtungen. Die Mechanik bevorzugt, wenn feste Richtungen und Ebenen anzunehmen sind, den rechten Winkel. Die Komponenten sollen oft aufeinander senkrecht stehen; das Parallelogramm soll zum Rechteck, das Parallelepipedon zum Rechtflach werden.

Der rechte Winkel nimmt eben unter allen Winkeln eine besondere

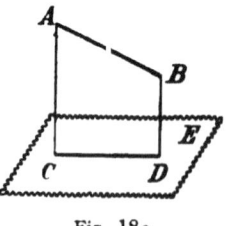

Stellung ein, da er die genaue Mitte einhält zwischen den äußersten Grenzen der Richtungsunterschiede, den zusammenfallenden und den entgegengesetzten Richtungen.

193. Projektion einer Strecke. Projektion einer Strecke A̅B̅ auf eine unbegrenzte Gerade l oder Ebene E ist die Strecke C̅D̅ zwischen den Fußpunkten der von A und B auf l oder E gefällten Lote.

Fig. 18a.

Wird auf eine Ebene projiziert, so sind die Lote parallel. Wird auf eine Gerade projiziert, so sind die Lote nur dann parallel, wenn

$\overline{AB}$ und l in einer Ebene liegen. Sind $\overline{AB}$ und l zueinander „windschief" so sind es im allgemeinen auch die Lote. (Fig. 18c.)

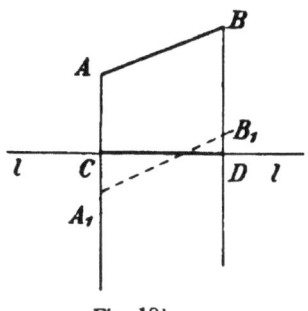

Fig. 18b.

Wenn es nur auf geometrische Gleichheit ankommt, kann beim Projizieren jede Strecke durch eine ihr gleiche ersetzt

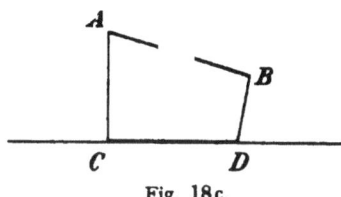

Fig. 18c.

werden. Denn gleiche Strecken haben auf dieselbe Gerade (oder parallele Gerade) und auf dieselbe Ebene (oder parallele Ebenen) auch gleiche Projektionen.

194. In Fig. 19 sind $\overline{AC}$, $\overline{AD}$ und $\overline{AE}$ die drei **Projektionen** von $\overline{AB}$ auf drei zu einander senkrechte Richtungen. Aber sie sind auch zugleich die drei **Komponenten** von $\overline{AB}$ in [189]. $\overline{AF}$, $\overline{AG}$ und $\overline{AH}$ sind auch Projektionen von $\overline{AB}$, aber auf die drei zueinander senkrechten Ebenen, welche durch je zwei der genannten Richtungen enthalten.

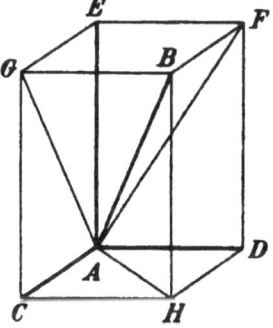

Fig. 19.

Da $\overline{AC}$ Projektion von $\overline{AB}$ und auch von $\overline{AG}$ ist, $\overline{AG}$ aber selbst schon Projektion von $\overline{AB}$ war, so folgt: Statt eine Strecke unmittelbar auf eine Gerade l zu projizieren, kann man sie erst auf irgendeine durch l gehende Ebene E projizieren und dann diese Projektion auf l projizieren. Sind (Fig. 20) $\overline{AB}$ und l windschief, so vermeidet man durch dieses indirekte Verfahren das Ziehen der windschiefen Lote AA'' und BB'' [193].

195. Projektionen und Lote. Die in [194] genannten Projektionen auf die drei senkrechten Richtungen sind geometrisch gleich den von B auf die drei senkrechten Ebenen gefällten Lote. Es ist:

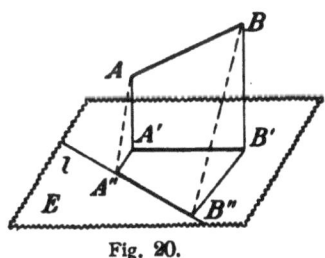

Fig. 20.

$$\overline{FB} = \overline{AC}, \quad \overline{GB} = \overline{AD}, \quad \overline{HB} = \overline{AE}.$$

Ebenso sind die Projektionen auf die drei Ebenen geometrisch gleich den von B auf die drei Richtungen gefällten Lote. Es ist:
$$\overline{CB} = \overline{AF}, \quad \overline{DB} = \overline{AG}, \quad \overline{EB} = \overline{AH}.$$
Allgemein: 1. Das Lot vom Endpunkt B einer Strecke auf eine durch ihren Anfangspunkt A gehende Gerade ist gleich der Projektion auf eine zu dieser Geraden senkrechte Ebene. 2. Das Lot vom Endpunkt B einer Strecke auf eine durch ihren Anfangspunkt A gehende Ebene ist gleich der Projektion auf eine zu dieser Ebene senkrechte Gerade.

So kann man leicht Projektionen und Lote vertauschen, wenn man Gerade und Ebene miteinander vertauscht. Dieser Dualismus ist für die Theorie mancher mechanischen Hilfsbegriffe viel wert. Er muß nur, wie der nächste Paragraph zeigen wird, etwas erweitert und gut ausgenutzt werden.

---

§ 10. Die Plangrößen.

196. Plangröße ist eine Größe, der außer ihrem absoluten Wert noch eine Ebene und in derselben ein Drehungssinn beigelegt wird.

Das erste Beispiel hierfür war das von Archimedes eingeführte Drehungsmoment einer Kraft $K = \overline{AB}$ in bezug auf irgendeinen Punkt C als Pol. Sein absoluter Wert wird dem Produkt aus dem absoluten Wert von K und dem absoluten Wert des Lotes a vom Pol C auf die Kraftlinie gleichgesetzt. Seine Ebene geht durch den Pol und durch die Kraft-

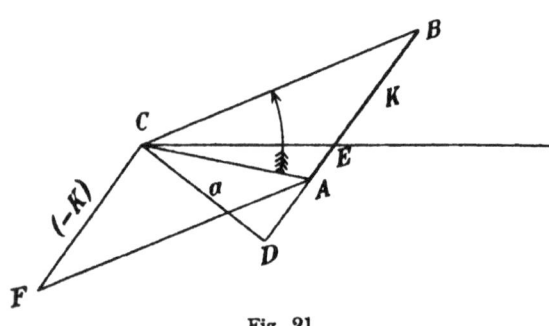

Fig. 21.

linie und sein wie üblich durch einen gekrümmten Pfeil bezeichneter Drehungssinn entspricht derjenigen Drehung, welche eine durch den Pol gehende bewegliche Gerade erhalten muß, damit ihr Durchschnittspunkt E mit der Kraftlinie auf letzterer in der Richtung der Kraft läuft.

Andere Beispiele für Plangrößen sind die Flächengeschwindigkeit, die Flächenbeschleunigung, das Kräftepaar usw.

197. Absoluter Wert und Flächeninhalt. Da eine Plangröße in einer Ebene liegt, so ist es in der Ordnung, wenn ihr absoluter Wert durch den Flächeninhalt einer bestimmten ebenen Fläche veranschaulicht wird. Meist bietet sich hierzu von selbst das Parallelogramm, wie z. B. bei dem Drehungsmoment, wenn man durch C eine zu K entgegengesetzt gleiche Strecke C F zieht. Denn der Inhalt des Parallelogramms A B C F ist $=$ K · a $=$ Grundlinie $\times$ Höhe.

So in vielen anderen Fällen. In der Regel soll daher ein Parallelogramm genommen werden.

198. Drehungssinn und Umlaufssinn. Dreht man eine Gerade in einer Ebene um einen Punkt, so beschreibt jeder andere Punkt der Geraden einen Kreis und aus dem Drehungssinn wird ein Umlaufssinn (Umfahrungssinn).

Dieser Umlaufssinn, den Möbius in die Geometrie und Mechanik eingeführt hat, läßt sich sofort auf jede allseitig begrenzte Fläche übertragen. So entspricht in Fig. 21 dem Drehungssinn des krummen Pfeiles der Umlaufssinn A—B—C—F—A.

In die übliche Bezeichnung eines Polygons durch seine Ecken kann man den Umlaufssinn mit einschließen, so daß A B C F und A F C B zwar dasselbe Parallelogramm, aber entgegengesetzte Umlaufssinne bedeuten.

199. Gleichheit von Plangrößen. Plangrößen heißen nur dann geometrisch gleich, wenn sie sowohl in ihrem absoluten Wert, als auch in ihrem Drehungs- oder Umlaufssinn übereinstimmen. Entgegengesetzt gleich aber heißen sie, wenn die absoluten Werte dieselben, aber die Umlaufssinne entgegengesetzt sind. (Vgl. [172].) So ist:

$$\mathrm{A\,F\,C\,B} = \div \mathrm{A\,B\,C\,F}.$$

Gleiche Plangrößen können also nur in derselben oder in parallelen Ebenen liegen, die alsdann wie eine einzige Ebene anzusehen sind.

200. Die Schiebung. Hiernach ist die Forderung, eine Plangröße durch ein Parallelogramm darzustellen, an sich noch recht unbestimmt, da es möglich ist, ein solches Parallelogramm auf viele Arten in ein anderes zu verwandeln. Unter diesen Arten erscheint als eine der einfachsten die Schiebung, welche darin besteht, daß man eine Seite A B ganz festhält, aber die Gegenseite in ihrer eigenen Geraden beliebig

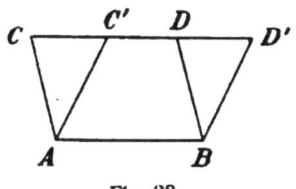

Fig. 22.

verschiebt. Denn $ABDC$ und $ABD'C'$ stimmen in Größe und Umlaufssinn überein.

Hält man immer dieselbe Seite fest, so entsteht durch Zusammensetzung von Schiebungen offenbar immer wieder eine Schiebung. Wird
aber mit den Seiten gewechselt, so läßt sich mehr erreichen. Ja es
läßt sich alles erreichen, nämlich jede Verwandlung eines Parallelogramms in ein anderes. Dies ist jetzt zu zeigen.

201. a) Ein Parallelogramm ohne Änderung der Größe und Gestalt parallel zu verschieben. Es sind vier Schiebungen nötig, die
folgende Kette bilden (Fig. 23):

$$ABCD = AB_2C_2D = A_2B_2C_2D_2 = A_1B_1C_2D_2 = A_1B_1C_1D_1.$$

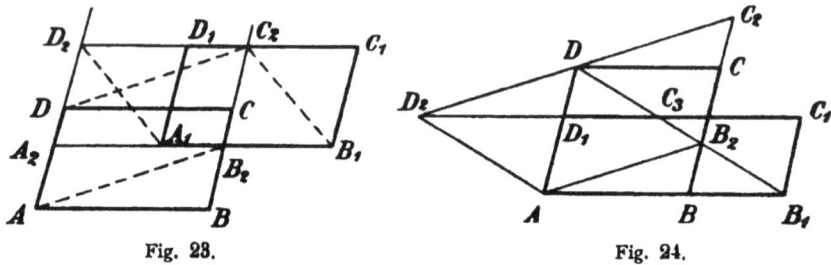

Fig. 23.   Fig. 24.

b) Ein Parallelogramm soll in ein anderes verwandelt werden mit
derselben Ecke A, so daß Ecke B auf AB (unbegrenzt verlängert)
nach B_1 gebracht wird und auch Ecke D_1 auf der unbegrenzten
Geraden AD bleibt. Vier Schiebungen, nämlich (Fig. 24):

$$ABCD = AB_2C_2D = AB_2DD_2 = AB_1C_2D_2 = AB_1C_1D_1.$$

c) Ein Parallelogramm in ein
anderes zu verwandeln mit der
selben Ecke A, so daß die Nachbar-
ecken auf irgend zwei durch A
gehenden Geraden l und l_1 liegen.
Zwei Schiebungen, nämlich:

$$ABCD = AB_1C_2D = AB_1C_1D_1.$$

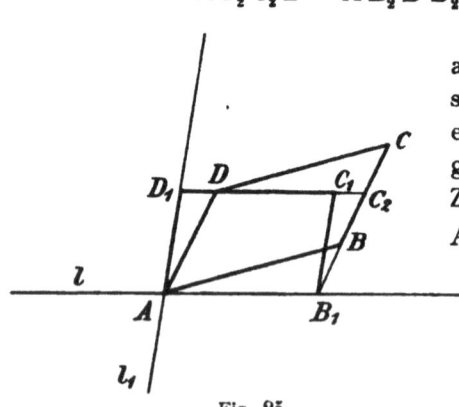

Fig. 25.

Sollte D auf l liegen. so
ist die erste Schiebung
nicht möglich, weil dann
BC zu l $||$ wird. Man ver-
tausche dann die Reihen-
folge. Sollte aber sowohl D
auf l, als auch B auf l_1 liegen, so muß erst eine Schiebung vorangehen,
um D aus l herauszubringen. Man braucht dann also drei Schiebungen.

202. Verwandlung von Parallelogrammen. Sind $ABCD$ und $A_1 B_1 C_1 D_1$ irgend zwei gleiche, in derselben Ebene liegende Parallelogramme, so kann stets das eine in das andere durch eine Kette von Schiebungen verwandelt werden.

Denn nach a) bringe man A nach A_1, darauf nach c) AB mit $A_1 B_1$ und AD mit $A_1 D_1$ in dieselbe Linie und endlich nach b) B nach B_1. Dann müssen, weil die Parallelogramme gleich sind, CD und $C_1 D_1$ in derselben Geraden liegen. Also müssen, da zwei Gerade nur einen Schnittpunkt haben, D und D_1 zusammenfallen, also endlich auch C und C_1.

Die Schiebung ist also bei der Verwandlung eine Grundoperation, nur sollen die Parallelogramme von vornherein in einer Ebene liegen, andernfalls sind sie erst in eine Ebene zu bringen.

203. Projektion einer Plangröße. Macht CD eine Schiebung durch, so ist mit $C_1 D_1$ das gleiche der Fall. Da man nun nach [202] jede Verwandlung in derselben Ebene als Verschiebungskette ansehen kann und offenbar die Parallelverschiebung in eine Parallelebene an Größe und Gestalt der Projektion nichts ändert, so folgt: Sind zwei Plangrößen einander gleich, so sind auch ihre Projektionen auf dieselbe Ebene (oder parallele Ebenen) einander gleich.

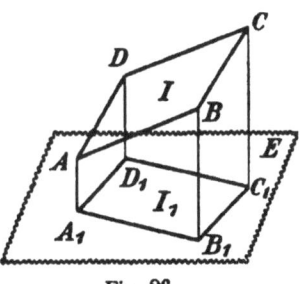

Fig. 26.

204. Strecken und Plangrößen stehen sich dual gegenüber. Hier Gerade, dort Ebene, hier Länge, dort Flächeninhalt, hier Richtung, dort Umlaufssinn, darin liegen ihre polaren Gegensätze.

Doch Poinsot hat erst den Hauptpunkt erkannt, nämlich daß und wie man einer gegebenen Plangröße eine und nur eine Strecke zuordnen kann (und umgekehrt), wenn alle gleichen Plangrößen oder Strecken für eine einzige Plangröße oder Strecke, also auch alle parallelen Ebenen oder Geraden für eine Ebene oder Gerade genommen werden.

Die genannten drei Gegensätze mußten hierzu einzeln vorgenommen werden. Es fragte sich: 1. Wie kann man Gerade und Ebene eindeutig zuordnen? 2. Wie kann man Länge und Flächeninhalt eindeutig zuordnen? 3. Wie kann man Richtung und Drehungssinn eindeutig zuordnen?

205. Gerade und Ebene. Die erste Frage läßt sich nur auf eine Weise so beantworten, wie es der geometrischen Symmetrie entspricht. Man ordne der Ebene die zu ihr senkrechte Gerade oder umgekehrt der Geraden die zu ihr senkrechte Ebene zu.

Lotlinie und Horizontalebene, Erdachse und Äquatorebene, Welle und Rad sind die bekanntesten Beispiele einer solchen Zuordnung.

206. Länge und Flächeninhalt. Auch die zweite Frage bietet gar keine Schwierigkeiten. Man ordne zu allererst Längeneinheit und Flächeneinheit einander zu und setze dann fest, daß Längen und Flächeninhalte mit gleichen Maßzahlen einander entsprechen sollen.

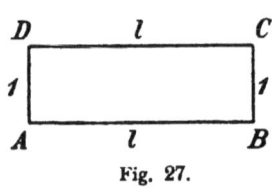

Fig. 27.

Im C-G-S-System verwandle man hiernach die Plangröße in ein Rechteck, dessen eine Seite = 1 cm ist. Dann ist die andere Seite diejenige Länge l, welche dem Flächeninhalt entspricht. Umgekehrt: Ist eine Länge l gegeben, so mache man sie zur Seite eines Rechtecks, dessen andere Seite 1 cm lang ist. So entspricht sein Flächeninhalt der Länge l.

207. Richtung und Umlaufs- oder Drehungssinn. Soviel steht über ihre Zuordnung nach [205] zunächst fest: Den beiden entgegengesetzten Richtungen a und b in einer Geraden (Fig. 28) haben zusammen zu entsprechen die beiden entgegengesetzten Umlaufssinne oder Drehungssinne c und d in der zu ihr senkrechten Ebene.

Aber soll man a und c, also auch b und d,[*] oder soll man a und d, also auch b und c einander zuordnen? Ist in dieser Hinsicht überhaupt eine solche Festsetzung möglich, die immer gilt, wie auch die Gerade und die zu ihr senkrechte Ebene die Stellung im Raume ändern?

208. Drehungssinn nach dem Uhrzeiger. Hierzu sei zunächst bemerkt, daß man zur Unterscheidung zweier entgegengesetzter Drehungssinne gewöhnlich die Drehung des Uhrzeigers benutzt, indem man sagt: der eine sei „mit der Uhr", der andere „entgegen der Uhr". Bei genauer Überlegung wird man aber gewahr, daß dann jedesmal, wenn auch oft nur stillschweigend, eine Voraussetzung untergeschoben wird über die Seite, von der aus die Drehung betrachtet wurde.

Und diese Voraussetzung ist wesentlich! Ohne sie hat die genannte Angabe des Drehungssinnes gar keinen „Sinn", denn wenn man eine Drehung von der anderen Seite betrachtet, so kehrt sich ihr Sinn um. Man betrachte z. B. die Drehung des Schwungrades einer Dampfmaschine erst von der einen, dann von der anderen Seite. Einmal mit der Uhr, einmal entgegen der Uhr. Die Erde dreht sich mit der Uhr. Ja, vom Südpol aus gesehen. Sie dreht sich entgegen der

---

[*] Der linke Pfeil d muß die Spitze am anderen Ende haben.

Uhr. Auch ja, aber vom Nordpol aus gesehen. Also: Keine Drehung ist an sich weder mit, noch entgegen der Uhr. Sie kann vielmehr das eine, aber auch das andere werden.

209. Zuordnung nach dem Uhrzeiger. Es erscheint der Drehungssinn c von A aus entgegen, von B aus mit der Uhr, dagegen der Drehungssinn d von A aus mit, von B aus entgegen der Uhr. Da nun A von E aus in der Richtung a, B von E aus in der Richtung b liegt, so werde festgesetzt: Die Zuordnung (a, d), also auch (b, c) soll mit der Uhr, dagegen die Zuordnung (a, c), also auch (b, d) entgegen der Uhr heißen.

Damit ist die allgemeine Festsetzung gefunden, von der in [207] die Rede war.

210. Englische und französische Zuordnung. Man nennt auch die Zuordnung mit der Uhr französisch, entgegen der Uhr englisch, entsprechend den beiden (in Figur 30) schematisch dargestellten Schraubengewinden, dem französischen oder linksgängigen und dem englischen oder rechtsgängigen.

Dabei sei bemerkt, daß bei Umwenden der Schraube die Gewindeart nicht etwa in ihr Gegenteil umspringt, sondern dieselbe bleibt, da beides umkehrt, Richtung sowohl wie Drehungssinn. Eine Schraubenmutter, welche überhaupt paßt, paßt auch, wenn sie verkehrt auf die Schraubenspindel aufgesteckt wird.

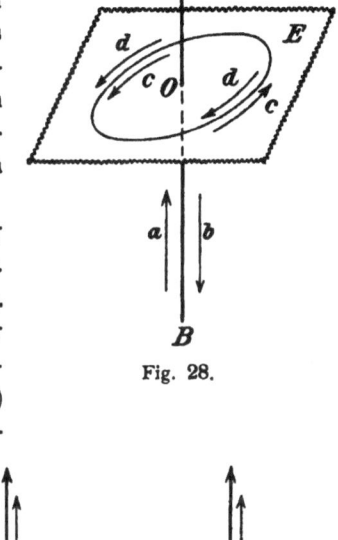

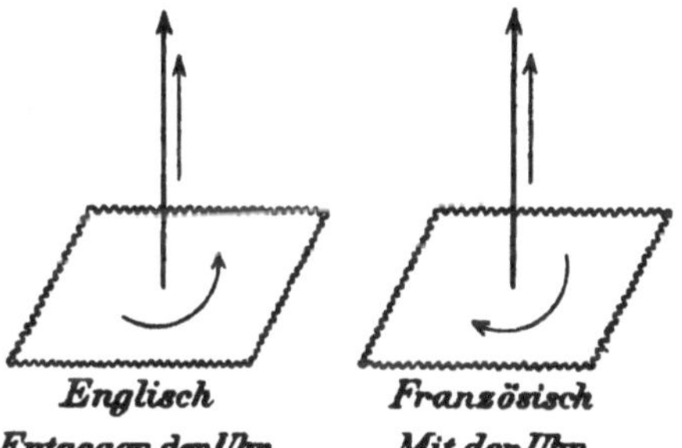

Fig. 28.

Englisch
Entgegen der Uhr

Französisch
Mit der Uhr

Fig. 29.

211. Welche Zuordnung man nehmen solle, ob die französische mit der Uhr oder die englische entgegen der Uhr, darüber gibt es in der Sache selbst gar keine Gründe zur Entscheidung. Poinsot hat als Franzose die französische gewählt, doch wird jetzt die englische auch angetroffen.

Es wäre sehr wünschenswert, wenn hierin eine Einigung erzielt würde. Aber sie steht noch aus, und so mag jeder wählen, wie es ihm paßt. Hier ist die englische Zuordnung genommen worden, weil in Deutschland das englische oder rechtsgängige Gewindesystem vorherrscht.

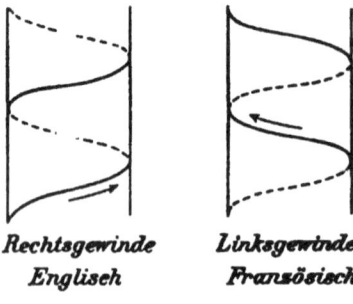

Rechtsgewinde   *Linksgewinde*
Englisch   *Französisch*

Fig. 80.

212. Pfeil einer Plangröße. Aus [205], [206] und [211] folgt: Soll eine Plangröße durch eine Strecke, wie man sagt, durch ihren „Pfeil" vertreten werden, so errichte man auf ihrer Ebene ein Lot, trage auf ihm eine Länge auf, welche dem Flächeninhalt entspricht und gebe ihr diejenige Richtung, welche dem Umlaufssinn englisch zugeordnet ist. Oder: Soll eine Strecke durch eine Plangröße vertreten werden, so konstruiere man eine zu ihr senkrechte Ebene, zeichne in dieser ein Parallelogramm, dessen Inhalt der Länge der Strecke entspricht und gebe ihm den Umlaufssinn, welcher der Richtung der Strecke englisch zugeordnet ist.

Im ersteren Falle stellt man am besten die Plangröße durch ein Rechteck dar, dessen eine Seite = 1 ist und dreht die andere Seite um 90° in die Lotrichtung. Im zweiten Falle drehe man die Strecke um 90° in die senkrechte Ebene und vervollständige dann das Rechteck.

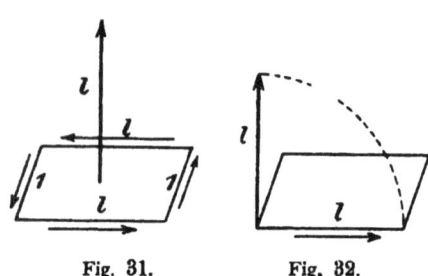

Fig. 31.   Fig. 32.

In der Regel ersetzt man Plangrößen durch Strecken, weil letztere geometrisch einfacher sind. Das Umgekehrte ist aber auch oft von Nutzen [315].

213. Mit der Einführung des Pfeiles wird die Plangröße gleichsam in eine Strecke verwandelt, obgleich sie an sich vielmehr ihr dualer oder polarer Gegensatz ist [204]. Man kann daher Operationen an Plangrößen so erklären, daß man erklärt, was mit ihren Pfeilen zu geschehen habe.

So verfährt man z. B. bei der Ausdehnung der Begriffe des Addierens, Subtrahierens, Zerlegens von Strecken auf Plangrößen. Es werden eben die Pfeile der letzteren als Strecken addiert, subtrahiert, zerlegt und die so gefundenen neuen Strecken zu Pfeilen der zu findenden Plangrößen gemacht.

214. Entsprechendes gilt auch für das Projizieren. Ob man eine Plangröße unmittelbar auf eine andere Ebene projiziert oder ob man ihren Pfeil auf eine zur Ebene senkrechte Gerade projiziert, ist einerlei.

Denn wenn eine in Ebene E gelegene Plangröße auf eine andere Ebene E_1 (Fig. 26) projiziert werden soll, so stelle man sie durch ein Rechteck dar, dessen eine Seite $= 1$ gemacht ist und in der Schnittlinie von E und E_1 liegt. Dann kommt das Projizieren des Rechteckes auf das Projizieren der anderen Seite *l* hinaus. Dieses *l* und seine Projektion werden aber nach Drehung um 90⁰ [212] zu dem Pfeil der Plangröße und seiner Projektion.

§ 11. Die geometrischen Momente.

215. Strecke und Plangröße vereinigen sich innigst in dem Begriff des geometrischen Momentes; denn es ist eine Plangröße, welche eine Strecke voraussetzt; es ist das Moment der Strecke.

Außer ihr muß noch ein Punkt als Pol gegeben sein, auf den sich das Moment bezieht (polares Moment), oder statt dessen eine Gerade als Achse (axiales Moment). Beide Arten von Momenten hängen sehr voneinander ab, wie sich zeigen wird [219].

216. Das polare Moment. Das polare Moment setzt dreierlei voraus, nämlich:

1. eine nach Länge und Richtung gegebene Strecke K;

2. eine gegebene Gerade, in welcher K liegt. K darf also jetzt **nicht** in eine parallele Gerade seitlich verschoben werden, sondern muß in der gegebenen Geraden bleiben;

3. einen Pol O, auf den sich das Moment beziehen soll.

Die Ebene E durch O und K ist die Ebene des Momentes. Sein

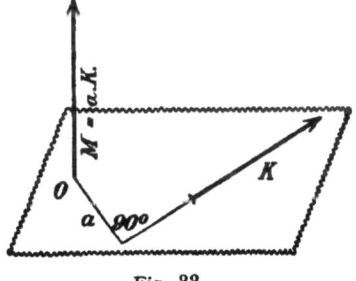

Fig. 33.

absoluter Wert ist der Inhalt des „Momentenparallelogramms" [197] oder Strecke $\times$ Abstand, und sein Drehungssinn ist nach [196] bestimmt. Stellt man das Moment nach [212] durch einen Pfeil M dar, so ist dieser, weil zu O gehörig, von O als Anfangspunkt als Strecke senkrecht zur Ebene E aufzutragen in der zugeordneten Richtung.

Das bekannteste Beispiel eines solchen Momentes ist das schon in [196] genannte Drehungsmoment einer Kraft für einen Punkt. Doch kann man in ganz gleicher Weise vom Moment einer Geschwindigkeit oder Beschleunigung, kurz einer Strecke reden.

217. Momentensätze. Aus dieser Erklärung folgt unmittelbar: Das Moment M bleibt völlig unverändert, wenn man die Strecke K in ihrer eigenen Geraden beliebig verschiebt. Denn dieser Verschiebung entspricht eine Schiebung des zugehörigen Parallelogramms des Momentes [197]. Also in der e i g e n e n Geraden darf K sich verschieben. n i c h t a b e r s e i t l i c h in eine parallele Gerade.

Ferner: Entgegengesetzt gleiche Strecken in derselben Geraden haben auch in bezug auf jeden Pol entgegengesetzt gleiche Momente. Denn mit der Richtung kehrt sich auch der Drehungssinn um. Überhaupt verhalten sich die Momente von Strecken in derselben Geraden wie diese Strecken selbst.

Drittens: Das Moment verschwindet nur, wenn der Pol auf der Geraden liegt, in welcher K enthalten ist.

218. Projektionssatz der Momente. Ein sehr wichtiger Momentensatz, welcher nicht ganz so nahe liegt, ist der Projektionssatz. Er lautet: Bildet man die Pfeile M und M_1 der Momente derselben Strecke K in bezug auf irgend zwei Punkte P und P_1, so sind deren Projektionen auf die unbegrenzte Verbindungslinie PP_1 einander gleich.

Denn projiziert man statt der Pfeile die Momente selbst auf eine zu PP_1 senkrechte Ebene, so tritt vollständige Deckung ein, da P und P_1 sich in einem und demselben Punkt, dem Durchschnittspunkte von PP_1 mit dieser Ebene projizieren.

Eine unmittelbare Folge ist der Satz: Projiziert man die Pfeile aller Punkte einer Geraden l auf diese Gerade, so sind diese Projektionen sämtlich einander gleich. Vgl. [380].

219. Das axiale Moment. Man bezeichnet diese gemeinsame Projektion als das Moment von K in bezug auf l. Es ist ein axiales Moment.

Ein axiales Moment stimmt also überein mit der Projektion eines polaren Momentes, wenn man den Pol irgendwo auf der Achse annimmt. Der Pfeil eines axialen Momentes wird selbstverständlich in der Achse selbst eingetragen, kann aber hiernach in derselben beliebig verschoben werden.

Um das axiale Moment einer Strecke K in bezug auf eine Gerade l zu einem polaren zu machen, projiziere man K und l auf eine zu l senkrechte Ebene. Dann wird die Projektion von l zu einem Punkt P, in bezug auf welchen das polare Moment der Projektion von K zu nehmen ist.

220. Das Hauptmoment. Das polare Moment in bezug auf einen beliebigen Punkt O kann umgekehrt zu einem axialen gemacht werden, wenn man das Lot auf seiner Ebene als Axe hinzunimmt. Da die axialen Momente für alle anderen durch O gehenden Geraden nach [219] durch Projizieren dieses polaren Momentes entstehen, so sind sie sämtlich kleiner.

Man nennt daher auch das polare Moment in bezug auf einen Punkt O das zugehörige Hauptmoment.

221. Das Streckensystem. Oft sind statt einer einzigen Strecke deren beliebig viele K_1, K_2 ... zu betrachten, von denen jede in einer gegebenen Geraden liegen soll (z. B. Kräfte, die an einem starren Körper angreifen). Sie mögen ein Streckensystem genannt werden.

Die geraden Linien, in welchen die Strecken K_1, K_2, ... liegen, brauchen dabei weder durch denselben Punkt zu gehen, noch parallel zu sein. Sie können vielmehr auch beliebig windschief zueinander liegen.

222. Momente eines Streckensystems. Für die Momente eines solchen Streckensystems gelten die Festsetzungen: Sein polares Moment in bezug auf einen beliebigen Punkt O soll übereinstimmen mit der geometrischen Summe der polaren Momente der Strecken selbst in bezug auf denselben Punkt O. Das gleiche soll gelten für das axiale Moment in bezug auf eine beliebige Gerade l.

Mit anderen Worten. Die Momente eines Streckensystems sollen die Resultanten der Momente der Strecken selbst sein.

223. Für die so definierten polaren und axialen Momente eines Streckensystems bleiben die Sätze [218] bis [220] Wort für Wort richtig, nur muß statt der Strecke K das Streckensystem gesetzt werden. Für [218] folgt der Beweis unmittelbar aus dem Satze, daß die Projektion der Resultante mit der Resultante der Projektionen übereinstimmt und aus [218] folgt wieder wie bei der Einzelstrecke [219] und [220].

224. Moment der Resultante. Wenn die Geraden des Streckensystems sämtlich durch einen Punkt A gehen, oder, was nach [217] dasselbe ist, wenn die Strecken denselben Anfangspunkt A haben, so ist das resultierende Moment in bezug auf irgendeinen Pol O gleich dem Momente der Resultante der Strecken, wenn man diese auch durch A hindurchgehen läßt [177].

Dies ist der Momentensatz von V a r i g n o n. Um ihn zu beweisen, projiziere man die Strecken sämtlich auf diejenige Ebene, welche durch A geht und zu A O senkrecht steht. Alsdann kann jede Strecke zunächst durch ihre Projektion ersetzt werden, weil die entsprechenden Momentenparallelogramme offenbar gleichen Inhalt und Umlaufssinn haben. Dann wird der Abstand sämtlicher Strecken vom Pol = A O, also entstehen die Pfeile ihrer Momente durch Drehung um 90° und Verlängerung oder Verkürzung im Verhältnis von A O zur Längeneinheit. Und daher entspricht der Resultante der Kräfte die Resultante der Momente.

Da der Momentensatz von Varignon hiernach für die polaren Momente gilt, so gilt er auch für die axialen, da diese nach [219] Projektionen der polaren sind.

225. Das Streckenpaar. Ein anderer sehr bemerkenswerter Fall ist das „Streckenpaar", bestehend aus zwei gleich langen, in parallelen Geraden liegenden Strecken von entgegengesetzter Richtung K und

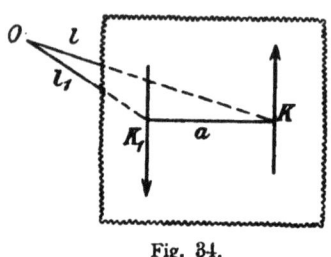

K₁. Als Kräftepaar ist es von Poinsot als elementarer und äußert wichtig gewordener Hilfsbegriff in die Mechanik eingeführt worden; allerdings erst, nachdem schon Frühere, z. B. Euler, sich mit ihm befaßt hatten. Der Momentensatz des Streckenpaares lautet: Ein Streckenpaar hat in bezug auf alle Punkte des Raumes ein und dasselbe polare Moment, das nach Größe

Fig. 84.

und Umlaufssinn dargestellt wird durch das aus den beiden Strecken K und K₁ als Gegenseiten gebildete Parallelogramm.

226. Der Beweis ist einfach. Man denke sich durch einen beliebigen Punkt O des Raumes irgendeine zur Ebene E des Streckenpaares senkrechte Ebene und projiziere auf letztere die Momente der Strecken K und K₁, in bezug auf O. Diese Projektionen heben sich auf, da die Projektionen von K und K₁ in dieselbe Gerade, nämlich die Schnittlinie beider Ebenen fallen. Also ist die Ebene des resultierenden Momentes zunächst parallel zur Ebene des Streckenpaares.

Daraus folgt nach dem Projektionssatz [218] weiter, daß die Momente für alle Punkte übereinstimmen, welche auf demselben Lot auf E liegen. Daß aber auch die Momente für zwei verschiedene Lote gleich sein müssen, ergibt sich nun auch aus demselben Projektionssatz, indem man ihn auf irgendeine Gerade anwendet, welche beide Lote schräg schneidet. Denn da die beiden Projektionen einander gleich und die Momente selbst parallel sind, so müssen letztere auch gleich sein.

Das Streckenpaar hat daher wirklich für alle Punkte nur ein

polares Moment. Um es zu bestimmen, nehme man als Pol den Anfangspunkt von K. Es verschwindet dann das Moment von K und es bleibt dasjenige von K_1 übrig, welches nach [197] nichts anderes ist als das aus K und K_1 als Gegenseiten gebildete Parallelogramm.

227. Äquivalente Streckensysteme. Zwei Streckensysteme sollen äquivalent heißen, wenn sie in bezug auf jeden Punkt des Raumes gleiche Momente haben. Welchen Wert diese Begriffsbildung hat, wird sich später bei der Mechanik der starren Körper herausstellen. § 38.

Als einfache Fälle seien erwähnt: Ein Streckensystem, dessen Geraden sämtlich durch einen Punkt gehen, ist einer Einzelstrecke äquivalent [224]. Ein Streckenpaar ist jedem anderen Streckenpaar von gleichem Parallelogramm und Umlaufssinn äquivalent.

228. Die Nullinien. Nullinien eines Streckensystems nennt man nach Möbius diejenigen Geraden im Raum, in bezug auf welche sich die axialen Momente aufheben. Nach [220] liegen alle Nullinien, welche durch einen Punkt hindurchgehen, in der zum Pfeil des Hauptmomentes senkrechten Ebene.

Besteht das Streckensystem aus einer einzigen Strecke oder ist es einer solchen äquivalent, so sind die Nullinien identisch mit denjenigen Geraden, welche die Strecke selbst oder deren Verlängerung schneiden. Ist es ein Kräftepaar, so sind die Nullinien identisch mit denjenigen Geraden, welche in der Ebene des Kräftepaares liegen oder zu ihr parallel sind.

229. Die Ausdehnungslehre. Die Momententheorie weiter zu entwickeln, wird sich später Gelegenheit bieten. Sie ist an sich eine rein geometrische Theorie, genau so wie diejenige der Strecken und Plangrößen, auf denen sie beruht.

Es sind diese drei aber nicht die einzigen, sondern nur die elementarsten Gebilde eines ganzen umfassenden Gebietes, welches Graßmann die Ausdehnungslehre genannt hat. Die vierte hierher gehörende Größenart ist auch zuerst von der Mechanik hervorgehoben worden, früher unter der Bezeichnung „virtuelles" Kraftmoment (Bernoulli), jetzt unter dem Ausdruck „Arbeit" (Poncelet). Sie ist, rein geometrisch betrachtet, das Produkt einer Strecke und der Projektion einer anderen auf ihre Richtung [657].

Von den weiteren Hilfsgrößen dieser Lehre, deren Anwendung in den letzten Jahrzehnten außerordentliche Fortschritte gemacht hat, ist in diesem Buch Abstand genommen worden. Sie sind noch nicht elementar genug.

§ 12. Die Koordinatenlehre.

230. Analytische Mechanik. Obgleich die analytische Geometrie schon im Jahre 1637 von Cartesius begründet worden ist, haben doch erst Maclaurin und Euler über ein Jahrhundert später das rechtwinklige Koordinatensystem, nachdem es von der Ebene auf den Raum er-weitert worden war, zur formalen Grundlage der analytischen Mechanik ge-macht. Vgl. [113].

Es ist keine andere Grundlage möglich, wel-che diese ersetzen könnte

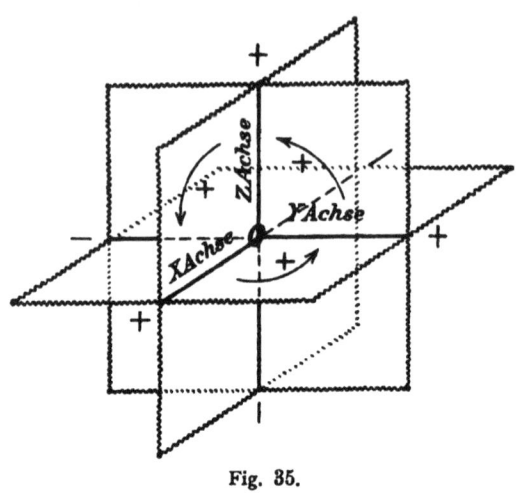

Fig. 35.

231. Das Koordinatensystem. Ein räumliches rechtwink-liges Koordinatensystem hat drei aufeinander senk-rechte, sich im „Anfangs-punkt" schneidende „Ach-sen" (x-Achse, y-Achse, z-Achse) und drei Koor-dinatenebenen, die durch je zwei der Achsen gehen und daher auch zueinander senkrecht stehen (y z-Ebene, z x-Ebene, x y-Ebene).

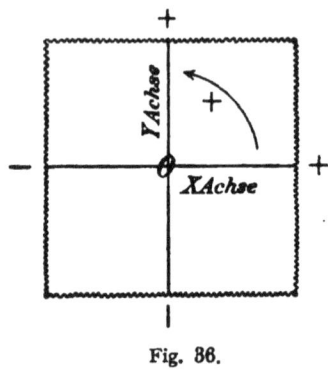

Fig. 36.

Für Gebilde in einer einzigen Ebene reicht das zweiachsige System aus (x-Achse und y-Achse). Für eine Gerade endlich bleibt nur der Anfangs-punkt übrig, wenn man sie selbst zur Achse, etwa zur x-Achse, macht.

232. Richtungen und Vorzeichen. Als wesentlich tritt hinzu, daß in jeder Achse der einen Richtung das Vorzeichen $+$, der anderen das Vorzeichen $-$ beigelegt wird in der Absicht, eine beliebige in ihr gelegene Strecke (oder auch eine parallele Strecke) durch eine algebraische, d. h. mit einem Vor-zeichen behaftete Zahl aus-drücken zu können. Es ist z. B. in Fig. 38 Nr. 1

$$- \underline{\quad\quad\quad 0 \quad\quad\quad\quad\quad\quad} + $$
XAchse

Fig. 37.

$$\overline{A\,B} = +\,5,\; \overline{B\,A} = -\,5, \text{ dagegen :}$$
$$|\,A\,B\,| = |\,B\,A\,| = 5.$$

So steht in einer Koordinatenachse das Vorzeichen für die Richtung. Keine Anwendung der Vorzeichen kommt dieser an Erfolg gleich, welche übrigens auch die erste gewesen ist.

233. In einer Koordinatenachse fallen geometrisches Addieren (§ 9) und algebraisches Addieren von Strecken zusammen, da die Summe der algebraischen Streckenwerte mit dem Streckenwert der geometrischen Summenstrecke übereinstimmt. Nach [178] ist immer, also auch hier:

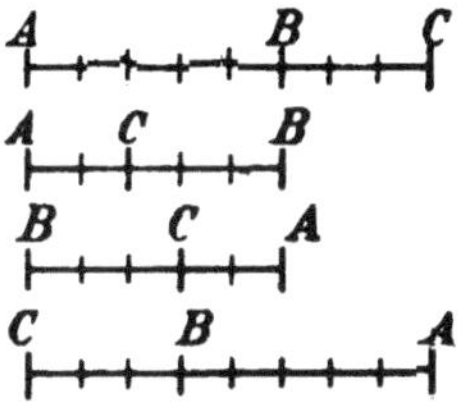

$$\overline{A\,B} + \overline{B\,C} = \overline{A\,C}$$

Fig. 88.

und in der Tat findet man in jeder der Figuren 38 die entsprechende algebraische Gleichung bestätigt:

$$(+\,5) + (+\,3) = (+\,8)$$
$$(+\,5) + (-\,3) = (+\,2)$$
$$(-\,5) + (+\,3) = (-\,2)$$
$$(-\,5) + (-\,3) = (-\,8).$$

234. Englisches und französisches Koordinatensystem. Man kann auch die entgegengesetzten Drehungs- oder Umlaufssinne in den Koordinatenebenen durch die Vorzeichen + und — auseinanderhalten (Fig. 35). Selbstverständlich wird man dabei das Übereinkommen in [211] berücksichtigen und denjenigen Drehungssinn positiv nennen, welcher der positiven Richtung der zu ihr senkrechten Achse zugeordnet ist, — also hier entgegen der Uhr.

Hiermit steht die Unterscheidung der Koordinatensysteme in englische und französische im Zusammenhange, welche voraussetzt, daß man der x-Achse die y-Achse, der y-Achse die z-Achse und, um die Kette zu schließen, der z-Achse wieder die x-Achse folgen läßt. Ist dann von einer Achse in positiver Richtung, etwa der + x-Achse, gesehen der Drehungssinn der folgenden zur dritten Achse (also der + y nach der + z-Achse entgegen der Uhr, so heißt das System englisch, und mit der Uhr, so französisch.

In diesem Buch sind nur englische Systeme benutzt. Übrigens kann ein französisches System sehr leicht in ein englisches verwandelt werden und umgekehrt, indem man entweder zwei Achsen in ihrer Reihenfolge oder in einer Achse + und — Zeichen vertauscht.

235. Das Koordinatensystem soll Lagenbeziehungen vermitteln. Zu allererst gilt dies selbstverständlich für Punkte im Raum, deren Lage man auf die Lage von Punkten in den Achsen zurückführt wie folgt: Es sei P ein beliebiger Raumpunkt. Man projiziere ihn auf die drei Achsen oder, was dasselbe ist, man ziehe durch ihn Parallelebenen zu den Koordinatenebenen und bestimme deren Schnittpunkte Q, R, S mit den Achsen. Dann folgt aus der Lage von Q, R und S auch die Lage von P.

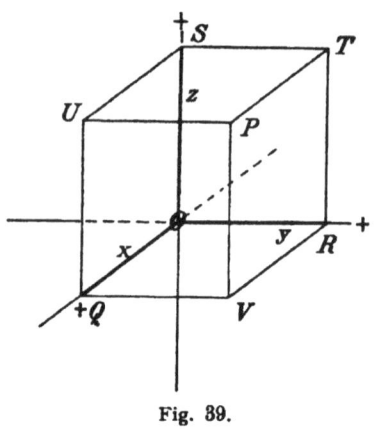

Fig. 89.

Drei Punkte für einen ist sonst ein schlechter, hier aber ein sehr guter Tausch! Denn jeder der drei Punkte kann nur in einer gegebenen Geraden, der eine Punkt aber kann im Raum beliebig liegen.

236. Koordinaten eines Punktes. Die Lage eines Punktes in einer Achse wird am besten durch Länge und Richtung seines Abstandes vom Anfangspunkt, also nach [232] durch eine algebraische Zahl bestimmt. Daher gehören zu jedem Punkt P im Raum **drei** algebraische Zahlen x, y, z, nämlich:

$$x = \overline{OQ}, \quad y = \overline{OR}, \quad z = \overline{OS}.$$

Sie heißen die Koordinaten von P, den man hiernach auch bezeichnet als:

$$P(x, y, z).$$

So kommt die Dreidimensionalität des Raumes zum Ausdruck.

237. Hierzu sei noch nachgetragen: 1. die Buchstaben x, y, z bezeichnen algebraische Zahlen, verraten aber nichts, weder über den Ziffernwert, noch über das Vorzeichen, die beide beliebig sein, aber auch beide mitbezeichnet sein sollen. Es ist daher nicht in der Ordnung, obgleich es öfter geschieht, vor x (oder y oder z), wenn es positiv sein soll, noch das Zeichen +, und wenn es negativ sein soll, noch das Zeichen — zu setzen. Man halte sich dann lieber an das Zeichen für den absoluten Wert [171] und schreibe:

$$x = + |x| \quad \text{oder:} \quad x = - |x|.$$

2. Liegt der Punkt in einer Koordinatenebene, so verschwindet eine Koordinate; liegt er in einer Achse, so verschwinden zwei. Doch

ist es oft angebracht, verschwindende Koordinaten als „Null" mit-
zuführen. So heißen die acht Punkte der Fig. 39:

P (x, y, z),   Q (x, 0,   0), R (0, y, 0),   S (0, 0, z),
T (0, y, z),   U (x, 0,   z), V (x, y, 0),   O (0, 0, 0).

3. Nur wenn Punkte in einer gegebenen Ebene liegen sollen,
die deshalb ausdrücklich zur x y-Ebene gemacht ist, schreibt man von
vornherein nur zwei Koordinaten: P (x, y). Nach altem Herkommen
heißt dann x die Abszisse, y die Ordinate von P.

4. Soll P endlich in einer gegebenen Geraden liegen, auf der
man einen Anfangspunkt und Positiv- und Negativrichtung angenommen
hat, so erhält er nur eine Abszisse. Er wird zum Punkt P (x).

238. Die drei Richtungswinkel dienen zur Festlegung einer Richtung.
Sie sind die drei Winkel α, β, γ, welche die Richtung mit den Positiv-
richtungen der Achsen bildet. Dabei ist es ganz gleichgültig, ob die
Gerade PP_1, in welcher die Richtung liegt, durch den Anfangspunkt O
geht oder nicht, weil man
im letzteren Fall entweder
durch O die Parallele zu PP_1
oder auch durch einen Punkt
der Geraden die Parallelen
zu den Achsen ziehen kann.

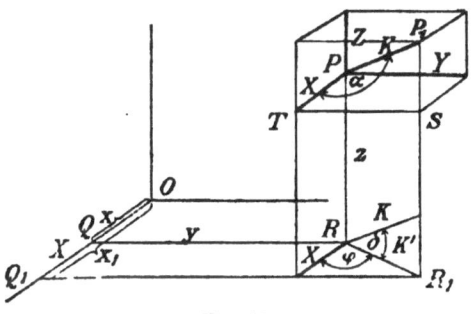

Die drei Richtungswinkel
α, β, γ der Strecke PP_1 (nur α
gezeichnet) werden ohne
Vorzeichen (oder positiv)
und konkav, also von 0^0 bis
180^0 genommen. Zwischen

Fig. 40.

ihnen findet die Gleichung statt [242]:

$$\cos^2\alpha + \cos^2\beta + \cos^2\gamma = 1,$$

so daß durch zwei von ihnen der dritte berechnet werden könnte.
Doch nimmt man alle drei, wenn es auf die Symmetrie ankommt.

239. Hipparch's Winkel. Sie sind 1) der Winkel φ, den die Projektion RR_1 der Richtung auf die x y-Ebene (wenn etwa die z-Achse
hervorgehoben werden soll), mit der $+$ x-Achse bildet. Er wird positiv
gerechnet von 0^0 bis 360^0; 2) der Winkel δ, den die Richtung mit
ihrer Projektion bildet. Er wird positiv oder negativ von 0 bis $\pm 90^0$
gerechnet, je nachdem die Richtung mit der $+$ z-Achse einen spitzen
oder stumpfen Winkel bildet.

Die beiden Winkel φ und δ, welche zuerst von Hipparch für die
Himmelskugel erdacht worden sind, werden seitdem allgemein

gebraucht, so in der Geodäsie als Azimut und Höhe, in der Geographie als Länge und Breite und in der Astronomie als Rektascension und Deklination. Aber auch in der Mechanik nimmt man sie oft statt der Richtungswinkel.

Für ein ebenes Koordinatensystem verschwindet δ; es bleibt nur φ übrig.

240. Da eine beliebige Richtung einerseits durch α, β, γ, andererseits durch φ und δ bestimmt wird, so ist es nützlich, beide Systeme zu vergleichen. Zunächst ist augenscheinlich:

$$\gamma + \delta = 90^0, \quad \delta = 90^0 - \gamma, \quad \gamma = 90^0 - \delta$$

γ und δ sind Komplementwinkel. Ferner ist [242]:

$$\cos \alpha = \cos \varphi \cos \delta, \quad \cos \beta = \sin \varphi \cos \delta$$

und umgekehrt:

$$\cos \varphi = \frac{\cos \alpha}{\sin \gamma}, \quad \sin \varphi = \frac{\cos \beta}{\sin \gamma}.$$

241. Erste Aufgabe. Projektionen einer Strecke. Eine Strecke K (etwa eine Kraft) ist durch die Koordinaten ihres Anfangspunktes P (x, y, z) und ihres Endpunktes P_1 (x_1, y_1, z_1) gegeben. Es sind ihre Projektionen X, Y, Z auf die Achsen oder auch auf die durch P gezogenen Parallelen zu berechnen, sowie die Länge von K und die drei Richtungswinkel α, β, γ. Fig. 40.

Lösung: Es ist:

a) $$X = x_1 - x, \quad Y = y_1 - y, \quad Z = z_1 - z.$$

Denn wie auch Q und Q_1 liegen mögen, stets ist:

$$\overline{Q\,Q_1} = \overline{O\,Q_1} - \overline{O\,Q}, \quad \text{d. h.} \quad X = x_1 - x.$$

Ebenso folgen die beiden anderen Gleichungen. Um die zweite Frage zu beantworten, führe man die Projektion K' von K auf die x y-Ebene ein und beachte, daß K' Hypotenuse in dem Dreieck P T S, dagegen Kathete in dem Dreieck $P S P_1$ ist. Daher:

$$K'^2 = X^2 + Y^2, \quad K^2 = K'^2 + Z^2, \quad \cdot$$

also, wenn K' wieder herausgebracht wird:

b) $$K^2 = X^2 + Y^2 + Z^2, \quad K = \sqrt{X^2 + Y^2 + Z^2}.$$

Die Wurzel wird, da K hier nur die absolute Länge sein soll, absolut genommen, oder, wenn man will, mit dem Zeichen $+$.

242. Um die Richtungswinkel zu ermitteln, beachte man, daß sie in Fig. 40 Winkel in den rechtwinkligen Dreiecken sind, welche K als Hypotenuse und X, Y, Z als Katheten haben. Daher:

c) $$\cos \alpha = \frac{X}{K}, \quad \cos \beta = \frac{Y}{K}, \quad \cos \gamma = \frac{Z}{K}.$$

Diese drei Gleichungen bleiben auch dann richtig, wenn α, β, γ zum Teil oder alle drei stumpf sind. Erhebt man sie zum Quadrat, addiert und wendet b) an, so entsteht die Gleichung in [238]:

d) $$\cos^2 \alpha + \cos^2 \beta + \cos^2 \gamma = 1.$$

Nimmt man φ und δ statt α, β, γ, so wird aus c)

e) $$\cos \varphi \cos \delta = \frac{X}{K}, \quad \sin \varphi \cos \delta = \frac{Y}{K}, \quad \sin \delta = \frac{Z}{K}.$$

Denn wird K' wieder als Hilfsgröße eingeführt, so ergeben die beiden rechtwinkligen Dreiecke mit φ und δ als Winkeln:

$$\cos \varphi = \frac{X}{K'}, \quad \sin \varphi = \frac{Y}{K'}, \quad \cos \delta = \frac{K'}{K}, \quad \sin \delta = \frac{Z}{K}.$$

Schafft man K' wieder heraus, so entsteht e).

Übrigens folgt aus e) noch die einfache Gleichung:

f) $$\operatorname{tg} \varphi = \frac{Y}{X}.$$

243. Beschränkt man sich von vornherein auf ein ebenes Koordinatensystem (Fig. 41), so wird manches einfacher.

Man erhält:

a) $$X = x_1 - x, \quad Y = y_1 - y.$$

b) $$K^2 = X^2 + Y^2, \quad K = \sqrt{X^2 + Y^2}.$$

c) $$\cos \varphi = \frac{X}{K}, \quad \sin \varphi = \frac{Y}{K}, \quad \operatorname{tg} \varphi = \frac{Y}{X}.$$

Bleibt man aber ganz in einer Achse, der x-Achse, so bleibt auch nur eine Formel:

d) $$X = x_1 - x.$$

K und X fallen zusammen.

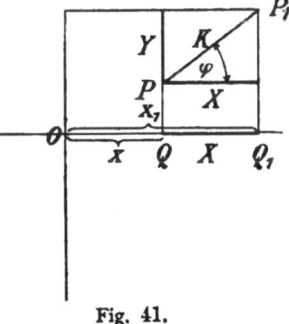

Fig. 41.

244. Zweite Aufgabe. Addieren der Projektionen. Gegeben beliebig viele Strecken K_1, K_2; . . ., jede durch ihre drei Projektionen X_1, Y_1, Z_1; X_2, Y_2, Z_2, . . . Es werden gesucht die drei Projektionen X, Y, Z der resultierenden Strecke K.

Es sind X_1, Y_1, Z_1 nicht allein drei Projektionen von K_1, sondern auch drei zusammengehörende Komponenten, d. h. K_1 ist die geometrische Resultante von X_1, Y_1, Z_1. Entsprechend für X_2, Y_2, Z_2 und K_2 usw. Also darf man bei der Bildung der Resultante die Strecke

K_1 durch X_1, Y_1 und Z_1 ersetzen usw. Da ferner die Reihenfolge der Summanden beliebig ist [180], so bilde man erst nach jeder Achse die Teilsummen, welche nach [233] durch algebraische Addition entstehen. Es ist also:

$$X = X_1 + X_2 + \ldots, \quad Y = Y_1 + Y_2 + \ldots, \quad Z = Z_1 + Z_2 \ldots$$

Man kann daher auch sagen: Das geometrische Addieren im dreidimensionalen Raum ist gleichwertig mit **drei** algebraischen Additionen. Sind letztere ausgeführt, dann ergibt sich nach [241] und [242] die Resultante K selbst, nach Länge und Richtung.

245. Dritte Aufgabe. Momente nach den Koordinatenachsen. Gegeben eine Strecke K durch ihre Komponenten X, Y, Z und durch ihren Anfangspunkt P (x, y, z). Gefragt wird nach ihren axialen Momenten M_x, M_y, M_z in bezug auf die Koordinatenachsen. Fig. 40.

Um M_z zu finden, darf man [219] K auf die xy-Ebene projizieren und dann das polare Moment von K' in bezug auf O bilden. Hierzu zerlege man K' in X und Y (beide durch R gehend) und bemerke, daß X von O den Abstand y, dagegen Y von O den Abstand x hat. Die beiden Momente von X und Y in bezug auf O sind daher unter Berücksichtigung des Drehungssinnes:

$$- y \cdot X \quad \text{und} \quad + x \cdot Y.$$

Also ist das axiale Moment von K für die z-Achse:

$$= x Y - y X.$$

Dies ist M_z. Entsprechend folgen M_x und M_y. Also zusammengestellt:

a) $M_x = y Z - z Y, \quad M_y = z X - x Z, \quad M_z = x Y - y X.$

246. Das Moment für den Koordinatenanfangspunkt. Sind M_x, M_y, M_z nach [245]$_a$ berechnet, so kann man sie als Pfeile in den Koordinatenachsen aufgetragen denken [219]. Dann aber ergeben sie [220] durch Zusammensetzung das polare Moment in bezug auf O oder das Hauptmoment. Bezeichnet man den Pfeil des letzteren mit M und seine Richtungswinkel mit λ, μ, ν, so folgt nach [241] und [242]

$$M = \sqrt{M_x{}^2 + M_y{}^2 + M_z{}^2}$$

$$\cos \lambda = \frac{M_x}{M}, \quad \cos \mu = \frac{M_y}{M}, \quad \cos \nu = \frac{M_z}{M}.$$

247. Ist statt einer Strecke wieder ein beliebiges Streckensystem gegeben, also K_1 mit den Projektionen X_1, Y_1, Z_1 und dem Anfangspunkt P_1; K_2 mit den Projektionen X_2, Y_2, Z_2 und dem Anfangspunkt

P_2 usw., so bilde man nach [245]ₐ zunächst die axialen Momente von K_1, K_2 . . . .

$$M_{x_1} = y_1 Z_1 - z_1 Y_1, \quad M_{x_2} = y_2 Z_2 - z_2 Y_2, \quad \ldots$$

So folgen die resultierenden axialen Momente [232]:

$$M_x = M_{x_1} + M_{x_2} + \ldots, \quad M_y = M_{y_1} + M_{y_2} + \ldots, \quad M_z = M_{z_1} + M_{z_2} + \ldots$$

Aus diesen ergibt sich dann nach [246] wieder das polare Moment des Streckensystems in bezug auf O oder das Hauptmoment M.

248. Vierte Aufgabe. Gegeben sei eine Strecke K durch ihr drei Projektionen X, Y, Z und irgendeine Gerade l mit den drei Richtungswinkeln α', β', γ'. Wie berechnet man die Projektion K' von K auf l?

l hat zwei entgegengesetzte Richtungen, und eine von ihnen soll die Richtungswinkel α', β', γ' haben. Darauf beziehe sich die Festsetzung, daß K' negativ zu nehmen sei, wenn es die andere Richtung mit den Richtungswinkeln $180^0 - \alpha'$, $180^0 - \beta'$, $180^0 - \gamma'$ haben sollte. Dann ist K' die algebraische Summe der Projektionen von X, Y, Z, auf l, welche sind:

$$X \cos \alpha', \quad Y \cos \beta', \quad Z \cos \gamma'.$$

Also ist:

a) $$K' = X \cos \alpha' + Y \cos \beta' + Z \cos \gamma'$$

oder, wenn φ' und δ' eingeführt werden [239]:

b) $$K' = X \cos \varphi' \cos \delta' + Y \sin \varphi' \cos \delta' + Z \sin \delta'$$

Diese Gleichung lehrt also aus den Projektionen einer Strecke K auf die Achsen die Projektionen auf eine beliebige Richtung finden, ohne daß man K selbst braucht.

249. Auch die Lösungen der zweiten, dritten und vierten Aufgabe werden einfacher in einem zweiachsigen System. In [244] sind nur zwei Projektionen:

$$X = X_1 + X_2 + \ldots, \quad Y = Y_1 + Y_2 + \ldots$$

In [245] und [246] verschwindet M_x und M_y und das Hauptmoment M fällt mit M_z zusammen. Also:

$$M = x Y - y X.$$

In [247] wird:

$$M = M_1 + M_2 + \ldots$$

und [248] ergibt:

$$K' = X \cos \varphi' + Y \sin \varphi'.$$

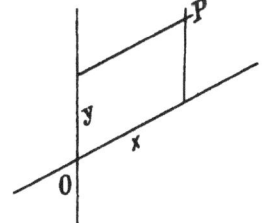

Fig. 42.

250. Schiefwinklige Koordinaten. Zum Schluß seien noch einige andere Koordinatensysteme erwähnt, von denen in der Mechanik zuweilen Gebrauch gemacht wird.

Erstens. Das ebene und räumliche schiefwinklige Koordinatensystem, welches sich von dem rechtwinkligen nur dadurch unterscheidet, daß die Achsen beliebige Winkel miteinander bilden. Es ist
meist etwas schwerfälliger zu handhaben, weil die Formeln etwas um-
ständlicher werden und kommt daher nur gelegentlich zur Anwendung.

251. Polarkoordinaten. Zweitens. Man nimmt einen beliebigen Punkt
O als Pol, legt durch ihn eine beliebige Ebene E als Grundebene,

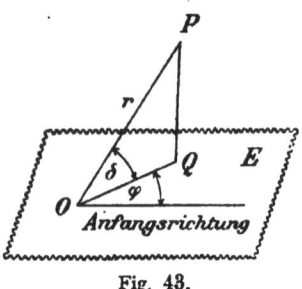

Fig. 43.

wählt in E eine beliebige Richtung als
Anfangsrichtung und setzt in E die Positiv-
und Negativdrehung fest. So sind die Polarkoordinaten eines beliebigen Punktes P:
1. der Abstand $r = OP$ vom Pol;
2. der Winkel φ, den die Projektion
von r auf E mit der Anfangsrichtung
bildet;
3. der Winkel δ, den r mit dieser
Projektion bildet.

Man sieht: φ und δ sind wieder zwei Hipparch'sche Winkel.
Überhaupt steht dieses Polarkoordinatensystem zu demjenigen rechtwinkligen System in innigster Beziehung, welches O zum Anfangspunkt, die Anfangsrichtung zur Richtung der $+$x-Achse und das
Lot auf E zur z-Achse hat.

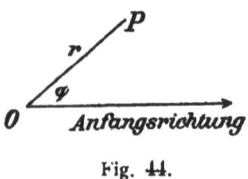

Fig. 44.

In der Ebene fällt die dritte Koordi-
nate δ, welche selbstverständlich wieder von
0 bis $\pm 90^0$ gerechnet wird, fort. Es bleiben
als Polarkoordinaten nur r und φ. Letzteres
wird, wie immer, von 0^0 im positiven Sinne
bis 360^0 gezählt.

252. Krummlinige Koordinaten. Drittens. Im rechtwinkligen oder
schiefwinkligen Koordinatensystem liegen alle Punkte mit demselben
x auf einer Parallelen zur y-Achse oder zur y z-Ebene. Alle x von
$-\infty$ bis $+\infty$ bestimmen so ein Büschel paralleler Geraden oder
Ebenen und ebenso alle y und z. Jeder Punkt im Raum wird aufgefaßt als Schnittpunkt zweier Geraden oder dreier Ebenen dieser
zwei oder drei Büschel.

Anders bei Polarkoordinaten. Hier geben konstanter nicht Gerade
oder Ebenen, sondern konzentrische Kreise oder Kugeln. Den konstanten φ entsprechen allerdings wieder Gerade oder Ebenen, aber
die konstanten δ ergeben doch Kreiskegel mit derselben Spitze und
derselben Achse.

253. Die Polarkoordinaten sind also gemischt gerade und krumm. Nun aber stelle man sich z. B. in der Ebene zwei sich gegenseitig durchdringende Scharen von Kurven vor, derart, daß durch jeden Punkt P nur zwei Kurven, eine aus der einen, die andere aus der anderen Schar hindurch-gehen. Entspricht dann irgendwie in der ersten Schar jeder Kurve eine Zahl ξ und in der zweiten Schar eine Zahl η, so werden ξ und η die Koordinaten ihres Durchschnitts-punktes genannt. Sie sind allgemeine krumm-linige Koordinaten.

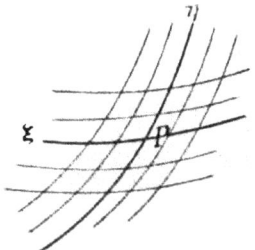

Fig. 45.

Im Raume werden sie krummflächig und treten dann zu dreien auf, etwa ξ, η, ζ.

Von solchen Koordinaten macht die Mechanik nur in ganz be-sonderen Fällen Gebrauch. Sie werden daher hier nicht weiter vorkommen.

---

§ 13. Die Koordinatentransformation.

254. Vorn und hinten, rechts und links, oben und unten sind ausgesprochene Koordinatenrichtungen, auf welche wir meist unbewußt die Lage der Körper in unserem Gesichtsfeld beziehen, um hieraus ihre Lage z u e i n a n d e r zu beurteilen.

So trägt jeder Mensch sein eigenes Koordinatensystem mit sich herum. Die gleiche, ja durch keine physische Unmöglichkeit einge-schränkte Beweglichkeit kommt dem Koordinatensystem des Geo-meters zu, wenn er sich durch Aufstellung von Transformationsformeln in den Stand gesetzt hat, es zu verlassen, wenn er will und ein anderes zu nehmen, welches er will. Er ist dann an keines mehr gefesselt und kann sein Urteil über die Lage der Körper im Raum und ihre Bewegung von jeder Einseitigkeit befreien.

255. Worauf es analytisch ankommt, ist folgendes: In einem gegebenen Koordinatensystem möge ein beliebiger Punkt beliebig gegebene Koordinaten haben. Welche Werte haben die Koordinaten d e s s e l b e n Punktes in einem zweiten, der Lage nach gegebenen System?

Die Antwort hierauf geben die Transformationsformeln, welche zunächst für den einfacheren Fall ebener Systeme abgeleitet werden sollen.

6*

256. Neuer Anfangspunkt. Es soll, ohne Änderung der Achsenrichtungen, irgend ein Punkt O', der zuerst die Koordinaten a und b hatte, zum Anfangspunkt gemacht werden. Die Formeln dieser „Parallelverschiebung" sind:

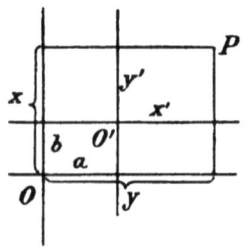

$$x = x' + a, \quad y = y' + b, \quad \text{und umgekehrt:}$$
$$x' = x - a, \quad y' = y - b.$$

Die neuen Koordinaten unterscheiden sich also nur um die Koordinaten des neuen Anfangspunktes im alten System (oder des alten Anfangspunktes im neuen System) von den alten Koordinaten. Behält man sich die Wahl

Fig. 46.

von a und b vor, so steht j e d e r Punkt als Anfangspunkt sofort zur Verfügung.

Fig. 47.

257. Neue Anfangsrichtung. In einem Polarkoordinatensystem soll die Anfangsrichtung durch Drehung um den Winkel α geändert werden, während Pol und Drehungssinn bleiben. Die Formeln sind:

$$r = r', \quad \varphi = \varphi' + \alpha \quad \text{und umgekehrt:}$$
$$r' = r, \quad \varphi' = \varphi - \alpha.$$

Vorhin wurden Abszisse und Ordinate, jetzt wird der Winkel φ um eine konstante Größe geändert. Der Radiusvektor r aber bleibt derselbe.

258. Rechtwinklige und Polarkoordinaten. Die Formeln sind:

$$x = r \cos \varphi, \quad y = r \sin \varphi : \text{und umgekehrt:}$$

$$r = \sqrt{x^2 + y^2}, \quad \cos \varphi = \frac{x}{r}, \quad \sin \varphi = \frac{y}{r}, \quad \text{tg } \varphi = \frac{y}{x}.$$

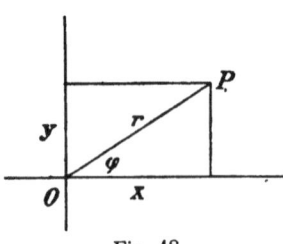

Fig. 48.

Von den drei Formeln zur Berechnung von φ ist die dritte am bequemsten. Doch ist zu beachten, daß φ von 0^0 bis 360^0 geht, also nicht nur spitz oder stumpf, sondern auch konvex oder überstumpf sein kann, was die Formel für tg φ nicht anzuzeigen vermag, da tg $(180^0 + \varphi) = \text{tg } \varphi$ ist. Es muß also, wenn hierüber Zweifel sein sollten, nachgesehen werden, in welchem Quadranten P liegt.

259. Drehung eines rechtwinkligen Systems. Der Drehwinkel sei α. Der Anfangspunkt soll derselbe bleiben. Die einfachste Ableitung der Transformationsformeln gibt die Formel [249]:

$$K' = X \cos \varphi' + Y \sin \varphi'.$$

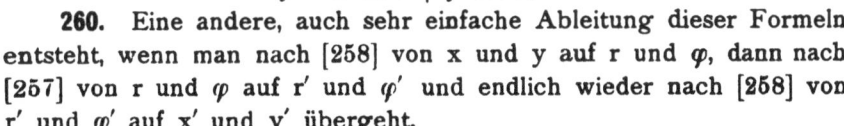

Nimmt man hier r als zu projizierende Strecke und als Richtung, auf welche projiziert werden soll, erst die x' und dann die y'-Achse, so ist $K' = x'$ und $= y'$ zu setzen. X und Y werden zu x und y und statt φ' ist zu setzen: α und $90^0 + \alpha$.

Da $\cos(90^0 + \alpha) = - \sin \alpha$,

$\sin(90^0 + \alpha) = + \cos \alpha$ ist, so folgt:

a)
$$x' = x \cos \alpha + y \sin \alpha$$
$$y' = - x \sin \alpha + y \cos \alpha.$$

Fig. 49.

Die Umkehrung ergibt:

b)
$$x = x' \cos \alpha - y' \sin \alpha$$
$$y = x' \sin \alpha + y' \cos \alpha.$$

260. Eine andere, auch sehr einfache Ableitung dieser Formeln entsteht, wenn man nach [258] von x und y auf r und φ, dann nach [257] von r und φ auf r' und φ' und endlich wieder nach [258] von r' und φ' auf x' und y' übergeht.

Um die Richtigkeit der Formeln zu prüfen, setze man etwa b) in a) ein. Es ergibt sich: $x' = x'$, $y' = y'$, wie es sein muß.

Eine zweite vortreffliche Probe entsteht, wenn man b) (oder a)) quadriert und addiert. Es wird:

$$x^2 = x'^2 \cos^2 \alpha - 2 x' y' \cos \alpha \sin \alpha + y'^2 \sin^2 \alpha$$
$$y^2 = x'^2 \sin^2 \alpha + 2 x' y' \sin \alpha \cos \alpha + y'^2 \cos^2 \alpha$$
$$x^2 + y^2 = x'^2 (\cos^2 \alpha + \sin^2 \alpha) + y'^2 (\sin^2 \alpha + \cos^2 \alpha), \text{ d. h. } x^2 + y^2 = x'^2 + y'^2.$$

Dies mußte so kommen! Denn $x^2 + y^2$ ist r^2 und $x'^2 + y'^2$ ist r'^2. Die gefundene Gleichung behauptet also, daß $r^2 = r'^2$ sei, was selbstverständlich ist.

261. Allgemeinste Transformation ebener, rechtwinkliger Koordinaten. Vorausgesetzt wird gleicher Drehungssinn. Man nehme ein drittes System zu Hilfe, das mit dem ersten die Achsenrichtungen und mit dem zweiten den Anfangspunkt gemeinsam hat. Es folgt aus [256] und [259] b:

$$x = x'' + a, \quad y = y'' + b$$
$$x'' = x' \cos \alpha - y' \sin \alpha, \quad y'' = x' \sin \alpha + y' \cos \alpha,$$

also durch Zusammenziehung:

I.
$$x = x' \cos \alpha - y' \sin \alpha + a$$
$$y = x' \sin \alpha + y' \cos \beta + b$$

oder umgekehrt:

II.
$$x' = (x - a) \cos \alpha + (y - b) \sin \alpha$$
$$y' = -(x - a) \sin \alpha + (y - b) \cos \alpha.$$

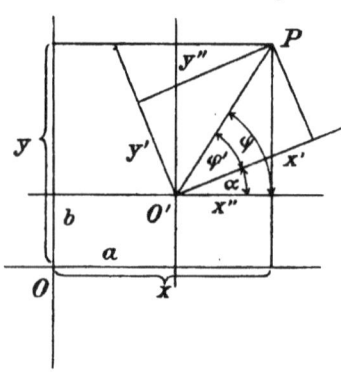

Fig. 50.

Bei der allgemeinsten Transformation ebener rechtwinkliger Systeme stehen also **drei** Größen zur unbeschränkten Verfügung. Zwei: a und b messen die Verschiebung des Anfangspunktes, die dritte: α mißt den Winkel der Drehung.

262. Transformation räumlicher Systeme. Sie werden als rechtwinklig und gleichsinnig, d. h. entweder nur als englisch oder nur als französisch vorausgesetzt.

Die Transformation auf einen neuen Anfangspunkt durch Parallelverschiebung erfolgt wie in [256]. Es sei O' (a, b, c) der neue Anfangspunkt, so werden die Formeln:

$$x = x' + a, \quad y = y' + b, \quad z = z' + c$$
$$x' = x - a, \quad y' = y - b, \quad z' = z - c.$$

263. Drehung um eine Achse. Auch die Drehung um eine Koordinatenaxe, etwa die z-Achse, ändert an [259] nicht viel, denn es treten offenbar nur die Gleichungen $z = z'$ oder $z' = z$ hinzu, da die Abstände von der x y-Ebene sich nicht ändern. Die Formeln sind daher:

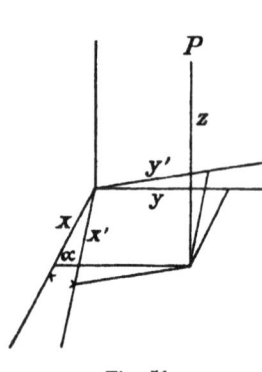

Fig. 51.

$$x = x' \cos \alpha - y' \sin \alpha \quad \bigg| \quad x' = x \cos \alpha + y \sin \alpha$$
$$y = x' \sin \alpha + y' \cos \alpha \quad \bigg| \quad y' = -x \sin \alpha + y \cos \alpha$$
$$z = z' \quad\quad\quad\quad\quad\quad \bigg| \quad z' = z.$$

Dreht man um die x-Achse oder die y-Achse, so müssen entsprechende Vertauschungen der Koordinaten vorgenommen werden. Sonst aber ändert sich nichts.

264. Drehung um den Anfangspunkt. Wenn nur der Anfangspunkt unverändert geblieben ist, so hilft die allgemeine Formel [248] a

$$K' = X \cos \alpha' + Y \cos \beta' + \cos \gamma'$$

wenn man hier für X, Y, Z setzt die Koordinaten x, y, z eines beliebigen Punktes im alten System, für α', β', γ' der Reihe nach die Richtungs-

winkel der neuen Achsen im alten System und für K' der Reihe
nach die neuen Koordinaten x', y', z'.

Es treten also als Koeffizienten $3 \times 3 = 9$ Kosinus von Richtungswinkeln auf, die der Reihe nach heißen mögen:

a) $\qquad a_1, b_1, c_1 ; a_2, b_2, c_2 ; a_3, b_3, c_3.$

Dann lauten die Transformationsformeln:

b)
$$x' = a_1 x + b_1 y + c_1 z$$
$$y' = a_2 x + b_2 y + c_2 z$$
$$z' = a_3 x + b_3 y + c_3 z.$$

265. Die neun Koeffizienten dieser Transformation werden nach
ihrer Bedeutung in folgender kleinen Tafel:

	x	y	z
x'	a_1	b_1	c_1
y'	a_2	b_2	c_2
z'	a_3	b_3	c_3

mit der Maßgabe zusammengestellt, daß jeder von ihnen der Kosinus
des Winkels der beiden Achsen ist, welche in derselben Horizontal-
und Vertikalreihe stehen, z. B.:

$$c_2 = \cos \sphericalangle (y', z) = \cos \sphericalangle (z, y').$$

266. Aus dieser Tafel geht hervor, daß die umgekehrte Transformation dieselben neun Koeffizienten haben muß, nur mit Vertauschung horizontaler und vertikaler Anordnung. Also:

b)
$$x = a_1 x' + a_2 y' + a_3 z'$$
$$y = b_1 x' + b_2 y' + b_3 z'$$
$$z = c_1 x' + c_2 y' + c_3 z'.$$

Multipliziert man diese Gleichungen der Reihe nach mit x, y, z,
aber auch die Gleichungen [264]b der Reihe nach mit x', y', z', so
erhält man rechts beidemal ein und dasselbe, wie die Vergleichung
Glied für Glied leicht zeigt. Es ist also:

$$x^2 + y^2 + z^2 = x'^2 + y'^2 + z'^2.$$

So mußte es kommen, denn links steht nach [241]b das Quadrat des
Abstandes O P und rechts auch. Vgl. [260].

267. Die neun Koeffizienten sind durchaus nicht voneinander
unabhängig, so daß man sie einen wie den anderen beliebig annehmen

dürfte. Es existieren vielmehr zwischen ihnen Beziehungen, welche sehr gründlich erforscht worden sind.

Hier soll nur der Hauptpunkt aufgezeigt werden, daß es nämlich möglich ist, sie alle durch **drei** willkürliche, gänzlich voneinander unabhängige Größen auszudrücken. Man kann sogar sehr verschiedene Wege einschlagen, die zu solchen Ausdrücken führen, z. B. den folgenden, welcher von Euler herrührt.

268. Es seien in Fig. 52 (x y z) und (x′ y′ z′) irgend zwei rechtwinklige Koordinatensysteme mit demselben Anfangspunkt O. Sie mögen I und II heißen.

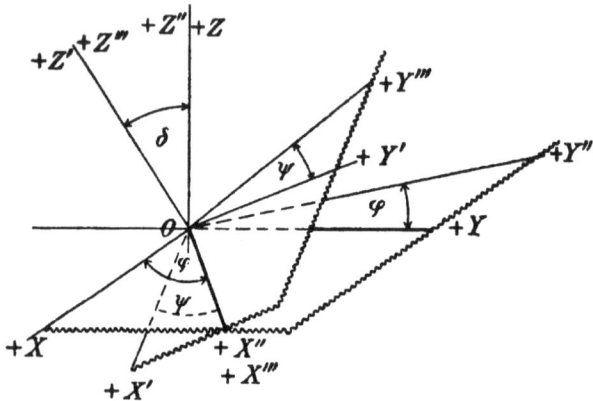

Fig. 52.

1. Man drehe I um die z-Achse, bis die x-Achse in die Schnittlinie der x y-Ebene und der x′ y′-Ebene fällt und nenne das neue System (x″ y″ z″) oder III. Dann hat III die z-Achse, also auch die x y-Ebene mit I gemeinsam und steht zu II in der Beziehung, daß die x″-Achse in der x′ y′-Ebene liegt, also auch auf der z′-Achse senkrecht steht. Der Drehwinkel sei = φ.

2. Man drehe III um die x″-Achse, bis die z″-Achse mit der z′-Achse zusammenfällt und nenne das neue System (x‴ y‴ z‴) oder IV. Dann fallen auch die x‴ y‴-Ebene und die x′ y′-Ebene zusammen. Der Drehwinkel sei = δ.

3. Man drehe IV um die z‴-Achse, bis die x‴-Achse in die x′-Achse fällt. Dann ist das neue System identisch mit (x′ y′ z′) oder II. Denn wenn die z-Achsen und die x-Achsen zusammenfallen, so fallen auch die y-Achsen zusammen. Der Drehungswinkel sei = — ψ.

269. Die drei Eulerschen Winkel. Geht man nach [263] von I auf III, dann mit Vertauschung der Achsen von III auf IV, endlich ebenso von IV auf II über und zieht zusammen, so daß die Zwischensysteme III und IV wieder verschwinden, so entsteht die gesuchte Transformation von I auf II. Also sind, wie behauptet wurde, die neun Koeffizienten:

$$a_1 \, b_1 \, c_1 ; \; a_2 \, b_2 \, c_2 ; \; a_3 \, b_3 \, c_3$$

durch drei gänzlich unabhängige Winkel:

$$\varphi, \quad \delta, \quad \psi$$

ausdrückbar.

Die Ausdrücke selbst fehlen hier, da sie später nicht gebraucht werden. Die klare Erkenntnis, daß sie existieren und wie sie zu finden sind, ist, wie gesagt, die Hauptsache.

270. Allgemeinste Transformation räumlicher, rechtwinkliger Koordinaten. Man verfahre genau wie in [261]. Es entstehen die Formeln:

$$x = a_1 \, x' + a_2 \, y' + a_3 \, z' + a$$
$$y = b_1 \, x' + b_2 \, y' + b_3 \, z' + b$$
$$z = c_1 \, x' + c_2 \, y' + c_3 \, z' + c.$$

Hier bedeuten a, b, c die Koordinaten des neuen Anfangspunktes. Die anderen neun Koeffizienten sind wie vorhin die Kosinus der neun Winkel zwischen den alten und den neuen Achsen.

Also stehen bei unbeschränkter Wahl des neuen Systems **sechs** unabhängige Größen zur Verfügung (vgl. [425]):

$$a, \quad b, \quad c, \quad \varphi, \quad \delta, \quad \psi.$$

Die drei ersten bestimmen den neuen Anfangspunkt und die drei letzten die neuen Achsenrichtungen.

271. Die Hauptanwendung der Transformationen ist in [254] erwähnt worden; man will sich unabhängig machen von dem gewählten Koordinatensystem. Es gibt aber noch andere Anwendungen in großer Zahl, z. B. die Ausdehnung von Formeln, die für den Anfangspunkt, die Achsen und die Ebenen eines Koordinatensystems aufgestellt sind, auf beliebige Punkte, Gerade und Ebenen des Raumes.

Als Beispiel diene die folgende Ergänzung der in § 11 enthaltenen Theorie der polaren und axialen Momente.

272. Aufgabe. Es sind die Momente einer durch ihren Anfangspunkt P (x, y, z) und ihre Achsenprojektionen X, Y, Z gegebenen Strecke K in bezug auf drei zu den Achsen parallele und durch einen beliebigen Punkt O′ mit den Koordinaten a, b, c gehende Geraden zu berechnen. Man mache diese drei Parallelen zu Achsen eines neuen Koordinatensystems (x′, y′, z′). Dann werden die neuen Koordinaten von P:

$$x' = x - a, \quad y' = y - b, \quad z' = z - c.$$

Die Projektionen nach den Achsen bleiben, wie sie waren:

$$X' = X, \quad Y' = Y, \quad Z' = Z,$$

also werden die drei verlangten axialen Momente nach [245]a:

$$M_x' = y' Z' - z' Y' \text{ usw. oder:}$$

$$M_x' = (y - b) Z - (z - c) Y = (y Z - z Y) + c Y - b Z.$$

Setzt man hier nach [245]a M_x für $y Z - z Y$ und verfährt entsprechend für die anderen Richtungen, so entstehen die drei gesuchten Formeln:

a)
$$M_x' = M_x + c Y - b Z$$
$$M_y' = M_y + a Z - c X$$
$$M_z' = M_z + b X - a Y.$$

273. Diese selben drei Formeln gelten aber auch für ein ganzes Streckensystem [221], da nur entsprechende Projektionen und Momente zu addieren sind. Aus M_x', M_y', M_z' folgt nach [247] Größe und Richtung des polaren oder Hauptmomentes M' in bezug auf O' und dann nach [248]a das axiale Moment M' in bezug auf irgendeine durch O' gehende Gerade l mit den Richtungswinkeln α', β', γ':

$$M_l' = M_x' \cos \alpha' + M_y' \cos \beta' + M_z' \cos \gamma'.$$

Aus den drei Projektionen X, Y, Z und aus den drei axialen Momenten M_x, M_y, M_z ergeben sich also alle Projektionen und alle polaren und axialen Momente bezogen auf alle Punkte und Geraden des Raumes.

Dieser wichtige Satz bildet die in [271] genannte Ergänzung.

Vierter Abschnitt.

§ 14.   Die Bewegungsgleichungen.

274. Der bewegliche Punkt. Die Phoronomie, von der dieser Abschnitt einiges bringen soll, ist von Ampère als cinématique in die Mechanik eingeführt worden.   Doch geht es in Deutschland nicht gut an, sie Kinematik zu nennen, da dieses Wort im besonderen „Maschinengetriebelehre" bedeutet.

Zunächst ist der bewegliche Punkt abzuhandeln.

275. Zerlegung in drei geradlinige Bewegungen. Wenn sich P bewegt, so bewegen sich seine Projektionen Q, R, S auf die Achsen eines Koordinatensystems wie seine Schatten mit.

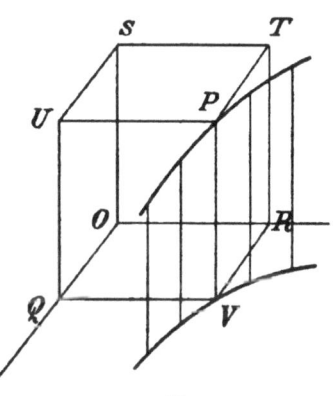

Fig. 53.

Setzt man zunächst zwei der drei Bewegungen, etwa die von Q und R zusammen, so entsteht die Bewegung von V in der x y-Ebene.   Also kann jede Bewegung auch aufgelöst werden in eine Bewegung in einer Ebene und in eine Bewegung senkrecht zu ihr.   Bewegt sich P von vornherein in einer Ebene, so fällt die letztgenannte Komponente fort, falls man die Ebene zur x y-Ebene macht.

276. Die geradlinige Bewegung. Am einfachsten liegt die Sache, wenn P sich von vornherein in einer geraden Linie bewegt, also seine Lage durch eine einzige Zahl, die Abszisse x, bestimmbar ist.   Dieses x ändert sich während der Bewegung; x hängt von der Zeit t ab, die auf der Zeit-

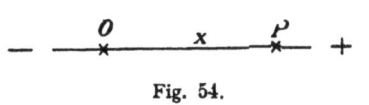

Fig. 54.

linie [30] als Zeitabszisse nach vorangegangener Wahl der Anfangszeit zu denken ist, genau so, wie die geometrische Abszisse x.

Die Zeit t ist die Urveränderliche der Mechanik, ja die Urveränderliche überhaupt.

277. Die Bewegungsgleichung. Es hängt x von t ab. Der Mathematiker sagt: x ist eine Funktion von t und drückt dies symbolisch durch die Gleichung aus:

$$x = f(t)$$
$$[\text{oder } \varphi(t), \ \psi(t), \ F(t) \ldots].$$

Sie heißt die Bewegungsgleichung, die also nichts anderes ist, als eine gegebene oder gesuchte Formel oder Vorschrift, um x aus t zu berechnen.

Umgekehrt gibt jede solche Formel irgendeine denkbare geradlinige Bewegung, deren Verlauf man sich durch Einsetzen beliebig vieler Werte von t und Berechnen der zugehörigen Werte von x klar machen kann, wobei es selbstverständlich immer möglich ist, die Genauigkeit durch Einfügen von Zwischenwerten beliebig zu steigern.

Drei einfache Beispiele hierzu.

278. Die gleichförmige Bewegung. Die Bewegungsgleichung sei:

$$x = 3 - 2t \quad [\text{also } f(t) = 3 - 2t]$$

Man bilde die folgende kleine Tafel und zeichne die Punkte ein.

$$t = -2, \ -1, \quad 0, \ +1, \ +2, \ +3$$
$$x = +7, \ +5, \ +3, \ +1, \ -1, \ -3$$
$$\text{Punkt A,} \quad \text{B,} \quad \text{C,} \quad \text{D,} \quad \text{E,} \quad \text{F.}$$

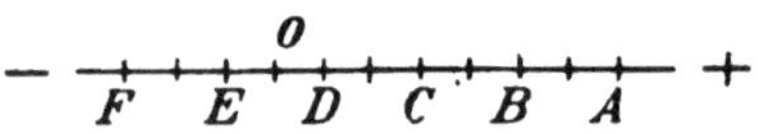

Fig. 55.

Die eingesetzten Zeiten haben gleiche Abstände; die zugehörigen Abszissen aber auch. Also werden, soweit die berechneten Ortsbestimmungen schließen lassen, in gleichen Zeiten gleiche Wege beschrieben. In der Tat ist jede Bewegung gleichförmig, deren Gleichung vom ersten Grade ist oder die Form hat:

$$x = a + bt.$$

Denn es seien t und $t + \triangle t$ irgend zwei Augenblicke, sowie x und $x + \triangle x$ die zugehörigen Abszissen. Man findet:

$$x = a + bt, \quad x + \triangle x = a + b(t + \triangle t)$$

und wenn man abzieht:

$$\triangle x = b \triangle t; \quad \frac{\triangle x}{\triangle t} = b$$

d. h. die Geschwindigkeit ist konstant $= b$.

279. Die gleichförmig beschleunigte Bewegung. Die Bewegungsgleichung sei:

$$x = 2 + t - 2t^2.$$

Man verfahre wie vorhin:

$$t = -2, \ -1, \quad 0, \ +1, \ +2$$
$$x = -8, \ -1, \ +2, \ +1, \ -4.$$

Punkt A, B, C, D, E.

Der Augenschein lehrt, daß die Bewegung nicht gleichförmig sein kann. Sie ist aber, wie später zu zeigen bleibt, gleichförmig beschleunigt, wie jede andere Bewegung mit der Gleichungsform:

$$x = a + b\,t + c\,t^2.$$

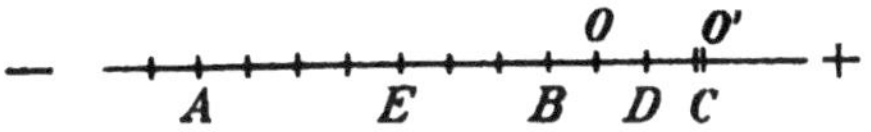

Fig. 56.

Der senkrechte Wurf und der nachfolgende senkrechte Fall sind, wie Galilei [26] bewiesen hat, solche Bewegungen.

280. Der Umkehrpunkt (Ruhepunkt). Ersichtlich ist zwischen $t = +1$ und $t = -1$ eine Umkehrung der Bewegungsrichtung eingetreten. Um den Punkt und die Zeit der Umkehr genau zu haben, forme man durch die quadratische Ergänzung um in:

$$x = \frac{17}{8} - 2\left(t - \frac{1}{4}\right)^2$$

x kann also nie größer werden als $+\frac{17}{8}$. Dies ist die Abszisse des Umkehrpunktes O', der auf den Augenblick $t = +\frac{1}{4}$ fällt.

281. Verlegt man den Anfangspunkt der Abszissen nach O' und den Anfangspunkt der Zeit in den zugehörigen Augenblick, so wird die Gleichung etwas einfacher, nämlich:

$$x' = -2\,t'^2.$$

Die Wege sind daher den Quadraten der Zeiten proportional (Galilei'sche Fallformel). Setzt man für t' der Reihe nach ein:

$$t' = 0, \ +1, \ +2, \ +3, \ +4, \ldots.$$

so wird: $\qquad x' = 0, \ -2, \ -8, \ -18, \ -32, \ldots.$

Die aufeinanderfolgenden Wege sind daher:

$$-2, \ -6, \ -10, \ -14, \ldots.$$

Sie verhalten sich wie $1:3:5:7\ldots$, d. h. wie die ungeraden Zahlen (vgl. [26]).

282. Die Bewegungsgleichung sei:

$$x = -2 - t + t^2 + t^3.$$

Man bilde:

$$t = -2, \ -1, \quad 0, \ +1, \ +2$$
$$x = -4, \ -1, \ -2, \ -1, \ +8$$
$$\text{Punkt A,} \quad \text{B,} \quad \text{C,} \quad \text{D,} \quad \text{E.}$$

Der bewegliche Punkt ist dem Anschein nach zweimal umgekehrt, also die dazwischen liegende Strecke dreimal durchlaufen (erst positiv, dann negativ, dann wieder positiv). Vorher und nachher ist die Bewegung nur positiv.

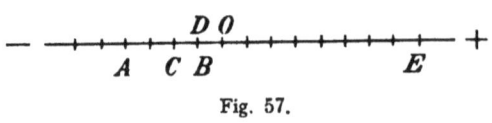

Fig. 57.

283. Umkehrung der Bewegungsgleichung. Kehrt man die Bewegungsgleichung um, d. h. berechnet t durch x, so wird die Zeit bestimmt, zu welcher der bewegliche Punkt an einem gegebenen Ort war. So folgt aus [278]

$$t = \frac{3}{2} - \frac{x}{2}$$

also für jedes x nur ein t, wie es sein muß, da jeder Punkt nur einmal durchlaufen wird. [281] ergibt:

$$t' = \pm \sqrt{\frac{-x'}{2}}.$$

x' kann also nur negativ sein, weil sonst t' imaginär werden würde. Aber jeder Punkt auf der negativen Seite der x'-Achse wird, dem doppelten Vorzeichen entsprechend, zweimal durchlaufen. Da die zugehörigen Zeiten entgegengesetzt gleich sind, so fällt der Punkt genau so, wie er gestiegen war. Das Fallen ist ein Spiegelbild des Steigens [366].

In [282] wäre eine kubische Gleichung zu lösen, die mindestens eine reelle Wurzel hat, so daß jeder Punkt mindestens einmal durchlaufen wird. Sie kann aber auch drei reelle Wurzeln haben, und in der Tat hat sich ja auch ergeben, daß eine zwischen zwei Umkehrpunkten (sie sind $x = -1$ und $x = -\dfrac{59}{27}$) liegende Strecke dreimal durchlaufen wird.

284. In den drei gewählten Beispielen war die Funktion f (t) sehr einfach, nämlich eine Funktion ersten, zweiten, dritten Grades. f (t) kann aber auch irgendeine andere Funktion sein, t kann z. B. unter Wurzel- oder in transzendenten Ausdrücken vorkommen, etwa trigonometrisch oder logarithmisch.

Die vielen Funktionen der Mathematiker reichen vollständig aus.

jede Bewegung, sie mag sein wie sie wolle, mit unbegrenzter Genauigkeit darzustellen. Man ist daher immer berechtigt, sich unter f (t) einen wirklichen gegebenen oder zu suchenden mathematischen Ausdruck zu denken.

285. Zwei Bewegungsgleichungen. Da eine Bewegung in einer Ebene in zwei geradlinige Bewegungen zerlegt werden kann, so müssen zwei Bewegungsgleichungen sein, eine für die Abszissenachse, eine für die Ordinatenachse:

$$x = f (t), \quad y = \varphi (t),$$

welche zusammen erst die wirkliche Bewegung ergeben.

Wie vorher, können auch jetzt für t beliebige Werte eingesetzt, die zugehörigen Wertepaare von x und y berechnet, also beliebig viele Orte bestimmt werden. Hierzu zwei einfache Beispiele.

286. Die Gleichungen seien:

$$x = 1 - 2\,t, \quad y = -1 + t.$$

Man bilde die Reihen:

$$t = -2, -1, \quad 0, +1, +2,$$
$$x = +5, +3, +1, -1, -3,$$
$$y = -3, -2, -1, \quad 0, +1.$$

Punkt: A, B, C, D, E.

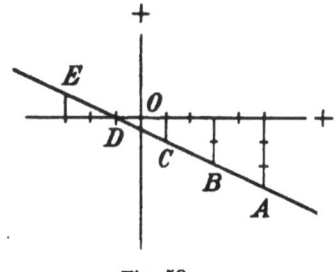

Fig. 58.

Die Punkte liegen in einer Geraden und folgen wie die Zeiten in gleichen Abständen. Da die Bewegungen in den Achsen gleichförmig sind, muß eben auch die resultierende Bewegung gleichförmig sein.

287. Die Gleichungen seien:

$$x = 1 - 2\,t, \quad y = 2 + t - 2\,t^2.$$

Man bilde die Reihen:

$$t = -2, -1, \quad 0, +1, +2,$$
$$x = +5, +3, +1, -1, -3,$$
$$y = -8, -1, +2, +1, -4.$$

Punkt: A, B, C, D, E.

Der Augenschein lehrt, daß sich der Punkt nicht gleichförmig bewegt und daß die Bahn krumm ist. Die Bewegung ist von der Art, wie sie schräg geworfene Körper beschreiben (Galilei'sche Wurfparabel).

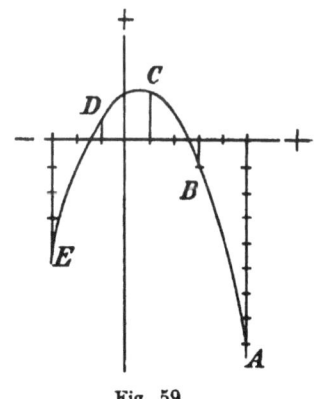

Fig. 59.

288. Die Gleichung der Bahn. Wenn aus den Bewegungsgleichungen die Zeit t eliminiert wird, etwa so, daß man t aus der ersten Gleichung

durch Umkehrung berechnet und in die zweite einsetzt, so entsteht
eine Gleichung zwischen x und y, also eine Gleichung, welche für
jedes x das zugehörige y bestimmt oder umgekehrt.

Mit anderen Worten: Man erhält die Gleichung der Bahn.
Die Zeit ist fortgeschafft. Was kann da also anderes übrig bleiben,
als die Gesamtheit der Orte, d. h. die Bahn.

289. Aus [286] folgt: $t = \dfrac{1-x}{2}$ und nach Einsetzen in die zweite
Gleichung:

$$y = -1 + \frac{1-x}{2}, \text{ oder:}$$

$$y = -\frac{1}{2} - \frac{x}{2}.$$

Die Gleichung ist vom ersten Grade, also ist die Bahn eine gerade Linie.

Aus [287] folgt: $t = \dfrac{1-x}{2}$ und nach Einsetzen in die zweite Gleichung:

$$y = 2 + \frac{1-x}{2} - 2\left(\frac{1-x}{2}\right)^2, \text{ oder:}$$

$$y = 2 + \frac{x}{2} - \frac{x^2}{2},$$

also die Gleichung einer Parabel, deren Hauptachse parallel zur y-Achse
ist. Um sie auf den Scheitel zu bringen, forme man mittels der
quadratischen Ergänzung um in:

$$y = \frac{17}{8} - \frac{1}{2}\left(x - \frac{1}{2}\right)^2.$$

Der größte Wert von y ist $+\frac{17}{8}$. Er entspricht $x = +\frac{1}{2}$, d. h.
der Punkt $S\left(+\frac{1}{2}, +\frac{17}{8}\right)$ ist der Scheitel. In ihn verlege man den
Anfangspunkt, setze also [256]:

$$x = x' + \frac{1}{2}, \quad y = y' + \frac{17}{8},$$

so wird die transformierte Gleichung:

$$y' = -\frac{x'^2}{2},$$

also Scheitelgleichung der Parabel. Sie krümmt sich um die $-x'$-
Achse. Ihr Halbparameter ist $p = 1$.

290. Drei Bewegungsgleichungen. Wird irgendeine Bewegung im Raume angenommen, so gibt es drei Bewegungsgleichungen:

$$x = f(t), \quad y = \varphi(t), \quad z = \psi(t).$$

Sind sie z. B. alle drei vom ersten Grade:

$$x = a + bt, \quad y = c + dt, \quad z = e + ft,$$

so bewegt sich der Punkt, wie in [286], gleichförmig und geradlinig.

Denkt man aber für $f(t), \varphi(t), \psi(t)$ irgendwelche Funktionen von t eingesetzt, so stellen sie jede mögliche Bewegung im Raume dar, also eine Bewegung in irgendeiner Bahn, so daß der bewegliche Punkt zu irgendwelchen Zeiten mit irgendwelchen Punkten in ihr zusammenfällt.

291. Man sieht, durch ihre Gleichungen ist jede Bewegung vollständig bestimmt. Sie sind im Sinne Kirchhoffs [7] ihre kürzeste und einfachste Beschreibung und geben, richtig befragt, richtige Antwort auf alle Fragen, die man in betreff der Bewegung stellen kann.

Daher betrachtet man im gegebenen Falle mit ihrer Auffindung die Aufgabe als erledigt. Denn was darüber hinaus noch zu tun wäre, ist rein formal und mathematisch.

— — — — —

§ 15. Die Geschwindigkeit.

292. Die Geschwindigkeit ist ein Maß für die zeitliche Veränderlichkeit des Ortes, das abhängt von Weg und Zeit. Sie ist eine aus Raum und Zeit zusammengesetzte, also phoronomische Hilfsgröße. Ein zwar äußerst wichtiger Hilfsbegriff, aber doch kein Grundbegriff [28].

Geschwindigkeit setzt Stetigkeit der Bewegung voraus. Die Orte müssen eine ununterbrochene Linie bilden, welche von dem beweglichen Punkt in einem ununterbrochenen Zuge durchlaufen wird. Natura non facit saltum. Hiervon überzeugt, hält die Mechanik auch dann an der Stetigkeit fest, wenn die Ortsveränderung sehr schnell vor sich geht und sprunghaft zu sein scheint.

293. Die mittlere Geschwindigkeit. Es werde zunächst eine geradlinige Bewegung in der x-Achse angenommen. Es seien t und t′ irgend zwei Augenblicke, x und x′ die zugehörigen Abszissen. Dann sind, wenn $\angle$, wie üblich, eine Differenz bezeichnet:

$$\angle x = x' - x$$

der zurückgelegte Weg und:

$$\angle t = t' - t$$

die gebrauchte Zeit. Aus ihnen ergibt sich die mittlere Geschwindigkeit v_m während dieser Zeit oder auf diesem Wege:

$$v_m = \frac{\text{Weg}}{\text{Zeit}} = \frac{\triangle x}{\triangle t} = \frac{x' - x}{t' - t}.$$

Dabei ist zu bemerken, daß v_m algebraisch zu nehmen ist, also ein Vorzeichen hat.

294. Nimmt man in [278], [279] und [282] die vier Zeitabschnitte zwischen den fünf Zeitpunkten, so ist jedesmal $\triangle t = 1$, also $v_m = \triangle x$. Daher:

in [278]: $v_m = - 2, \; - 2, \; - 2, \; - 2$
in [279]: $v_m = + 7, \; + 3, \; - 1, \; - 5$
in [282]: $v_m = + 3, \; - 1, \; + 1, \; + 9.$

Also in [278] für v_m stets denselben Wert. Hier gibt es als in einer gleichförmigen Bewegung nur eine Geschwindigkeit:

$$v = - 2.$$

Anders in [279] und [282]. Die mittlere Geschwindigkeit ist sehr verschieden und wechselt sogar ihr Vorzeichen.

295. Ist ganz allgemein:

$$x = f(t).$$

so wird: $\triangle x = x' - x = f(t + \triangle t) - f(t)$ und daher:

$$v_m = \frac{f(t + \triangle t) - f(t)}{\triangle t}.$$

Es sei z. B.:

I: $x = a + b t$
II: $x = a + b t + c t^2$
III: $x = a + b t + c t^2 + e t^3$

so in I: $v_m = \dfrac{[a + b(t + \triangle t)] - [a + b t]}{\triangle t}$, oder $v_m = b$

in II: $v_m = \dfrac{[a + b(t + \triangle t) + c(t + \triangle t)^2] - [a + b t + c t^2]}{\triangle t}$, oder:

$$v_m = b + c(2 t + \triangle t)$$

in III: $v_m = \dfrac{[a + b(t + \triangle t) + c(t + \triangle t)^2 + e(t + \triangle t)^3] - [a + b t + c t^2 + e t^3]}{\triangle t},$

oder: $v_m = b + c(2 t + \triangle t) + e(3 t^2 + 3 t \triangle t + (\triangle t)^2).$

Man achte wohl darauf, daß sich in allen drei Beispielen der Nenner $\triangle t$ fortgehoben hat [298].

296. Das Differentiale. Der Buchstabe $\triangle$ sollte das Zeichen sein für eine beliebige oder endliche Differenz. Soll sie unendlich klein werden (also nicht $=0$ sein, sondern $=0$ werden, was ein sehr feiner Unterschied ist!), so ersetzt man nach L e i b n i z das Wort Differenz durch Differential und den Buchstaben $\triangle$ durch den Buchstaben d.

Es ist also d t ein Differentiale von t und d x ein Differentiale von x. Jedem $\triangle$ t entspricht ein $\triangle$ x, aber jedem d t ein d x.

297. Die augenblickliche Geschwindigkeit. Der Ausdruck:

$$v_m = \frac{\triangle x}{\triangle t}$$

gibt eine mittlere Geschwindigkeit, aber der Ausdruck:

$$v = \frac{dx}{dt} = \frac{\text{unendlich kleiner Weg}}{\text{unendlich kleine Zeit}}$$

gibt die w a h r e, d i e a u g e n b l i c k l i c h e G e s c h w i n d i g k e i t, die Geschwindigkeit, welche der Punkt eben hat, die Geschwindigkeit schlechthin.

v_m ist ein Quotient zweier Differenzen, ein Differenzenquotient; v aber ist ein Quotient zweier Differentiale, ein Differentialquotient. Man sagt:

D i e G e s c h w i n d i g k e i t i s t d e r (e r s t e) D i f f e r e n t i a l - q u o t i e n t d e s W e g e s n a c h d e r Z e i t.

298. Die Berechnung von v nach der Formel:

$$v = \frac{dx}{dt}$$

stößt zuerst auf eine große Schwierigkeit, da d x und d t unendlich klein, d. h. Größen sind, die sich der Null unbegrenzt nähern, so daß der Bruch $\frac{dx}{dt}$ sich der Form $\frac{0}{0}$ nähert, die an sich gänzlich unbestimmt und nichtssagend ist. Aber darin besteht ja eben der feine Unterschied, [296] daß d x und d t nicht unmittelbar Null sein, sondern Null zur Grenze haben sollen. Der Bruch kann daher sehr wohl einen Grenzwert, einen limes haben. Und dieser Grenzwert, wenn er überhaupt existiert, ist die Geschwindigkeit.

Wie man diese Schwierigkeit überwindet, zeigt die Differentialrechnung. Wenn, wie in den drei Beispielen [295], bei Berechnung von v_m sich der Nenner $\triangle$ t fortgehoben hat, so sind sie schon überwunden. Denn da statt $\triangle$ t zu setzen ist d t, so nähern sich die Glieder, welche $\triangle$ t oder eine Potenz von $\triangle$ t als Faktor haben, unbegrenzt der Null. Es wird daher auf der Stelle:

in I: $v = b$

in II: $v = b + 2 c t$

in III: $v = b + 2 c t + 3 e t^2$.

299. Veränderliche Geschwindigkeit. Nur bei gleichförmiger Bewegung ist v konstant. Sonst hängt v, wie' man sieht, von t ab, v hat eben nur immer den augenblicklichen Wert, der streng wirklich nur einem Zeitpunkt ohne Dauer entspricht.

Also ist v eine Funktion von t, ebenso wie x. Allerdings nicht dieselbe, sondern eine andere. Denn ist z. B.

$$x = 2 + t - 2 t^2; \quad x = -2 - t + t^2 + t^3,$$

so wird:

$$v = 1 - 4 t; \quad v = -1 + 2 t + 3 t^2.$$

Aber obgleich eine andere Funktion, ist sie doch schon durch f (t) mitbestimmt und kann durch Differenziieren abgeleitet werden Lagrange hat sie daher auch (erste) Ableitung oder ·abgeleitete Funktion von f (t) genannt und symbolisch durch den „Differentiationsstrich" bezeichnet als:

$$v = f' (t).$$

Wenn also:

$$x = f (t).$$

so ist:

$$v = \frac{d x}{d t} = \frac{d f (t)}{d t} = f' (t).$$

Ist $x = f (t) = 2 + t - 2 t^2$, so ist $v = f' (t) = 1 - 4 t$ usw.

300. Mittlere und augenblickliche Geschwindigkeit. Ist die Ungleichförmigkeit der Bewegung nicht sehr groß, so weicht v in jedem Augenblick nur wenig von v_m ab, so daß letzteres oft mit großer Annäherung für v gesetzt werden darf.

Aber v_m ist sogar wirklich ein mittlerer Wert aller augenblicklichen Geschwindigkeiten, welche der Punkt in der betrachteten Zeit gehabt hatte. d. h. v_m ist, wie sich streng zeigen läßt, größer als der kleinste und kleiner als der größte jener Werte und muß daher mindestens einmal mit einem v übereingestimmt haben.

301. Besonders einfach wird die Beziehung zwischen v_m und v bei der gleichförmig beschleunigten Bewegung. Denn hier nimmt v stets zu oder stets ab (im algebraischen Sinne!), so daß die Werte v und v' zu Anfang und zu Ende einer bestimmten Zeitspanne zugleich der größte und kleinste Wert während dieser Zeit sind. Ferner ist v_m das arithmetische Mittel von v und v'. Und drittens ist dieses v_m gleich der wahren Geschwindigkeit in der Mitte der Zeitspanne (aber nicht in der Mitte des Weges).

Beweis. Die Bewegungsgleichung sei:

$$x = a + b t + c t^2, \text{ also } v = b + 2 c t.$$

Offenbar nimmt v stets zu, wenn c positiv ist, und ab, wenn c negativ ist. Ferner ist:

$$\frac{v + v'}{2} = \frac{[b + 2\,c\,t] + [b + 2\,c\,(t + \triangle t)]}{2} = b + c\,(2\,t + \triangle t)$$

d. h. [295]: $v_m = \frac{v + v'}{2}$.

3. Es sei t_0 der Augenblick, in welchem die Geschwindigkeit $= v_m$ ist. Dann muß sein:

$$v_m = b + c\,(2\,t + \triangle t) = b + 2\,c\,t_0, \text{ also:}$$

$$t_0 = \frac{2\,t + \triangle t}{2} = \frac{t + (t + \triangle t)}{2} = \frac{t + t'}{2}.$$

302. Dimensionen und Einheit der Geschwindigkeit sind in § 8 ausführlich erläutert worden. Die Dimensionsformel ist:

$$[v] = [l]\,[t]^{-1}$$

und die Einheit im C—G—S-System ist $1\frac{cm}{sec}$ (ein Zentimeter in der Sekunde).

Man pflegt v als Strecke von dem beweglichen Punkt aus in der Richtung der Bewegung abzutragen als denjenigen Weg, der in der Zeiteinheit zurückgelegt wird oder zurückgelegt werden würde, wenn die Geschwindigkeit unverändert bliebe.

303. Der Hodograph. Trägt man die Geschwindigkeit nicht von dem beweglichen Punkte, sondern von einem festen Punkte als Strecke auf oder mit anderen Worten: Betrachtet man auch v als Abszisse eines Punktes, des sog. Geschwindigkeitspunktes, so erhält man die Geschwindigkeitskurve oder den Hodographen, welchen Hamilton in die Mechanik eingeführt hat.

Ist z. B. die gegebene Bewegung gleichförmig, also die Geschwindigkeit konstant, so bleibt der Geschwindigkeitspunkt in Ruhe. Der Hodograph wird zu einem einzigen Punkt. Ist die gegebene Bewegung gleichförmig beschleunigt, so bewegt sich der Geschwindigkeitspunkt gleichförmig. Allgemein veranschaulicht der Hodograph die durch die Gleichung:

$$v = f'\,(t)$$

dargestellte Bewegung, wie die ursprüngliche Gleichung:

$$x = f\,(t)$$

die wirkliche Bewegung bestimmt.

304. Augenblickliche Ruhe. Man spricht von nur augenblicklicher

Ruhe, wenn die Geschwindigkeit nur für einen Augenblick verschwindet, indem sie ganz allmälig zu Null wird.

Alle Umkehrpunkte, z. B. der Scheitel der Flugbahn bei senkrechtem Wurf, sind solche augenblicklichen Ruhepunkte. Denn da v vorher positiv war und nachher negativ ist (oder umgekehrt), muß v in diesem Augenblick Null sein.

Da die Bewegung allmälig verschwindet, so ist sie schon kurz vor und kurz nach der augenblicklichen Ruhe recht langsam, was z. B. das Ablesen von Ausschlägen sehr erleichtert.

305. Weg und Zeit aus der Geschwindigkeit. Aus der Gleichung
$$v = \frac{dx}{dt} \text{ folgt durch Umkehrung: } dx = v\,dt, \; dt = \frac{dx}{v}.$$
Wegdifferential gleich Geschwindigkeit mal Zeitdifferential. Zeitdifferential gleich Wegdifferential durch Geschwindigkeit.

Diese beiden Formeln bereiten die Lösung der umgekehrten Aufgabe vor, nämlich aus einer stetig veränderlichen gegebenen Geschwindigkeit v den Weg zu berechnen, der in einer bestimmten Zeit zurückgelegt wird, oder die Zeit zu berechnen, die zur Durchmessung eines bestimmten Weges erforderlich ist.

Man muß dann die Differentiale addieren, d. h. man muß „integrieren".

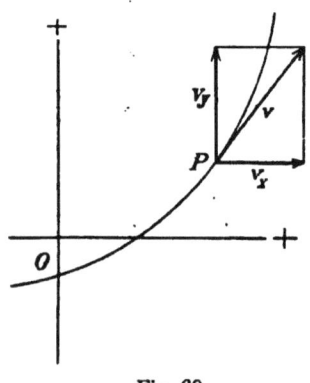

Fig. 60.

306. Geschwindigkeit bei beliebiger Bahn. Bisher ist nur eine Bewegungsgleichung angenommen worden. Da aber eine beliebige Bewegung ihrer drei hat:
$$x = f(t), \; y = \varphi(t), \; z = \psi(t),$$
so bilde man aus ihnen durch Differenzieren zunächst die Geschwindigkeiten der projizierten Bewegungen, also der Punkte Q, R, S in Fig. 53 nach [299]:
$$v_x = f'(t), \; v_y = \varphi'(t), \; v_z = \psi'(t),$$
dann stimmt die wahre Geschwindigkeit:
$$v = \frac{ds}{dt}$$
der Größe und Richtung nach mit der Resultanten von v_x, v_y und v_z überein, denn ds selbst ist offenbar die Resultante von dx, dy und dz.

v kann also nach [241] durch v_x, v_y und v_z oder im ebenen System, wie es jetzt der Einfachheit wegen vorausgesetzt werden soll, nach [243] durch v_x und v_y sofort berechnet werden.

307. Das Geschwindigkeitsdreieck. Das rechtwinklige Dreieck mit v_x und v_y als Katheten und v als Hypotenuse heißt Geschwindigkeitsdreieck. Es bestimmt Größe und Richtung von v.

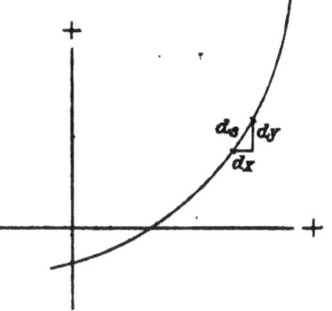

Daß die Richtung in der Bahntangente liegen muß, leuchtet ein. Denn v hat die Richtung von d s, und d s ist ein Differential der Bahn. Also:

v wird als Strecke vom beweglichen Punkte aus in der Tangente in der Richtung der Bewegung aufgetragen.

308. Wenn Größe und Richtung von v konstant bleiben, so ist die Bewegung geradlinig und gleichförmig. Wenn die

Fig. 60a.

Größe von v konstant bleibt, aber die Richtung sich ändert, so bewegt sich P gleichförmig in einer gekrümmten Bahn. (Einfachster Fall: gleichförmige Bewegung im Kreise.) Wenn die Richtung konstant bleibt, aber die Größe von v sich ändert, so bewegt sich P ungleichförmig in einer geradlinigen Bahn.

Wenn aber beide, Größe und Richtung, sich beliebig ändern, so bewegt sich P beliebig ungleichförmig in einer beliebigen krummen Bahn.

309. Der Hodograph. Trägt man v wie in [303] von einem festen Punkte O aus als Strecke O T auf, so entsteht die Geschwindigkeitskurve oder der Hodograph für eine beliebige Bewegung, welcher sofort erkennen läßt, ob die Geschwindig-

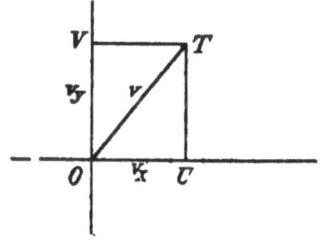

keit wächst oder abnimmt und ob dabei die Richtung der Bewegung sich im positiven oder negativen Drehungssinn ändert. Der Hodograph kann eine beliebige Kurve sein, in der sich der Geschwindigkeitspunkt T beliebig bewegt.

Da Abszisse und Ordinate von T nichts anderes sind als $O\,U = v_x$, $O\,V = v_y$, so

Fig. 61.

ist seine Bewegung aus den Bewegungen der Geschwindigkeitspunkte U und V, welche den projizierten ursprünglichen Bewegungen:

$$x = f(t), \quad y = \varphi(t)$$

entsprechen. Mit anderen Worten: die Bewegungsgleichungen des Hodographen lauten:

$$v_x = f'(t), \quad v_y = \varphi'(t).$$

310. Da die Geschwindigkeit in ihrem innersten Kern Differentialquotient ist, so hat Newton umgekehrt den Differentialquotienten
allgemein als die Geschwindigkeit bezeichnet, mit welcher irgendeine
Größe sich ändert, die von einer anderen Größe — hier die Zeit —
nach irgendeinem Gesetz abhängt.

Mit demselben Recht führt die Mechanik außer der Bahngeschwindigkeit v auch noch andere Geschwindigkeiten ein. Besonders
zwei derselben sind wichtig, die Winkelgeschwindigkeit und die
Flächengeschwindigkeit.

311. Die Winkelgeschwindigkeit. Sie wird meist bei Drehungen und
Kreisbewegungen angewendet. Es sei $d\varphi$ der unendlich kleine
Winkel, um den sich der Radius in der Zeit dt gedreht hat, dann ist
die Winkelgeschwindigkeit:

a)
$$\omega = \frac{d\varphi}{dt}.$$

In dieser Formel wird $d\varphi$ nicht in Gradmaß, sondern in Bogenmaß als unendlich kleiner arcus vorausgesetzt [156]. Ist die Drehung
gleichförmig, só kann man auch setzen [293]:

b)
$$\omega = \frac{\triangle\varphi}{\triangle t} = \frac{\text{Winkel}}{\text{Zeit}}.$$

Gibt man im besonderen die Umlaufszeit T, so ist der zugehörige
Winkel = dem vollen Winkel = 2π, also:

c)
$$\omega = \frac{2\pi}{T}, \quad \text{und:} \quad T = \frac{2\pi}{\omega}.$$

312. Einheit und Dimension der Winkelgeschwindigkeit. Setzt man
$\triangle\varphi = 1$, $\triangle t = 1$, so wird $\omega = 1$, d. h. Einheit der Winkelgeschwindigkeit, ist diejenige Winkelgeschwindigkeit, bei der in der Zeiteinheit die
Einheit des Winkels (in Gradmaß $57^0 17' 44,8''$) beschrieben wird [157].

Da der Winkel dimensionslos ist, so folgt die Dimension der
Winkelgeschwindigkeit:

$$[\omega] = \frac{1}{[t]} = [t]^{-1}.$$

Also hängt die Maßzahl einer gegebenen Winkelgeschwindigkeit
nur von der Wahl der Zeiteinheit ab.

313. Winkelgeschwindigkeit als Strecke. Die Winkelgeschwindigkeit
ist ursprünglich eine Plangröße, denn ihr ist die Ebene der Drehung
und ein Drehungssinn beigegeben. Erweitert man aber die Drehung
in der Ebene E um den Pol O zu einer Drehung im Raum um die
durch O gehende, zur Ebene senkrechte Achse l und verfährt nach

der in [212] gegebenen Vorschrift, so wird die Winkelgeschwindigkeit zu einer Strecke ω, die man in die Drehungsachse hineinlegt.

So hat es Poinsot gelehrt. Also: Die Winkelgeschwindigkeit ω wird auf der Achse der Drehung als Strecke aufgetragen in derjenigen Richtung, welche der Drehung zugeordnet ist [211].

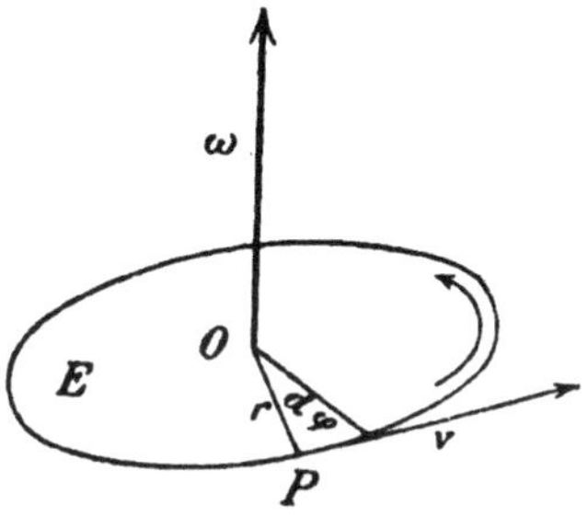

314. Winkelgeschwindigkeit und Bahngeschwindigkeit. Der unendlich kleine Weg, den ein Punkt P im Abstande r beschreibt, ist: $ds = r\, d\varphi$. Also ist die Geschwindigkeit des Punktes P:

$$v = \frac{ds}{dt} = r \cdot \frac{d\varphi}{dt} = r \cdot \omega$$

Fig. 62.

Bahngeschwindigkeit $=$ Radius $\times$ Winkelgeschwindigkeit.

v wird in P auf der Tangente an den Kreis entsprechend dem Drehungssinn abgetragen, v steht daher auf r und auch auf der Drehungsachse l, d. h. auf ω senkrecht. Setzt man $r = 1$, so wird $v = \omega$, d. h. die Maßzahl der Winkelgeschwindigkeit wird dann gleich der Maßzahl der Bahngeschwindigkeit.

Ist die Drehung gleichförmig, so kann man auch setzen:

$$v = \frac{\triangle s}{\triangle t} = r \cdot \omega,$$

wo $\triangle s$ die Länge des von P in der Zeit $\triangle t$ zurückgelegten Kreisbogens bezeichnet. Setzt man hier $r = 1$, $\triangle t = 1$, so wird $\omega = \triangle s$, d. h. ω als Strecke hat dieselbe Länge, wie der im Abstand gleich der Längeneinheit während der Zeiteinheit beschriebene Kreisbogen.

315. Bahngeschwindigkeit als Moment der Winkelgeschwindigkeit. Betrachtet man die Strecke v als Pfeil einer zu suchenden Plangröße, deren Ebene also durch P gehen und auf v senkrecht stehen muß, so folgt zunächst aus [314], daß diese Ebene auch durch die Drehungsachse l geht. Und aus der Formel:

$$v = r \cdot \omega$$

geht ferner hervor, daß die Plangröße selbst ihrem absoluten Werte nach mit dem absoluten Werte des Momentes von ω in bezug auf P als Pol identisch ist. Also: Die Strecke v stimmt nach Länge und Richtung völlig überein mit dem Pfeil des Momentes von ω in bezug auf P als Pol.

Es ist sehr merkwürdig, wie das Verständnis dieses Satzes eine doppelte Umwandlung voraussetzt. Denn ω, das ursprünglich eine

Plangröße war, mußte durch eine Strecke, und v, das ursprünglich eine Strecke war, mußte durch eine Plangröße vertreten werden.

316. Macht man O zum Anfangspunkt, E zur x y-Ebene, also l zur z-Achse eines Koordinatensystems, so wird P zu einem Punkte P (x, y, z). Die Komponenten v_x, v_y und v_z von v werden dann nach [219] zu den axialen Momenten von ω in bezug auf die durch P gehenden Parallelen zu den Koordinatenachsen. v_x, v_y und v_z kann man daher nach [272]a berechnen, wenn man dort:

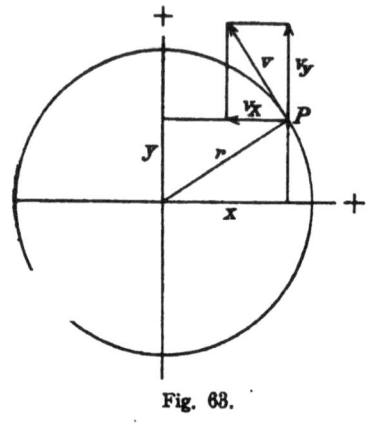

statt M'_x, M'_y, M'_z setzt: v_x, v_y, v_z, statt M_x, M_y, M_z setzt die Momente von ω in bezug auf die Koordinatenachsen, also 0, 0, 0, da ω durch O geht,

statt a, b, c setzt: x, y, z

und statt X, Y, Z setzt: die Komponenten von ω, also 0, 0, ω.

Man erhält dann sehr einfach:

$$v_x = -y\,\omega, \quad v_y = +x\,\omega, \quad v_z = 0.$$

Die letzte dieser drei Gleichungen ist übrigens selbstverständlich, da v in der x y-Ebene liegt, bzw. zur x y-Ebene parallel ist, also v nach der Richtung

Fig. 68.

der z-Achse keine Komponente haben kann.

317. Dieselben Ausdrücke erhält man auch sehr einfach aus der Ähnlichkeit der Dreiecke mit x, y, r und v_y, v_x, v als Seiten unter Berücksichtigung der Vorzeichen. Es folgt:

$$- v_x : v_y : v = y : x : r, \text{ also:}$$

$$v_x = -\frac{v}{r} \cdot y, \quad v_y = +\frac{v}{r} \cdot x, \text{ d. h. nach } [314]$$

$$v_x = -y\,\omega, \quad v_y = +x\,\omega, \quad (\text{und } v_z = 0).$$

Doch noch schneller gelangt man zum Ziel, wenn man x und y durch r und φ als Polarkoordinaten ausdrückt:

$$x = r \cos\varphi, \quad y = r \cdot \sin\varphi$$

und differenziiert, unter Berücksichtigung daß r konstant ist. Man erhält:

$$v_x = \frac{d\,x}{d\,t} = \frac{r\,d\,(\cos\varphi)}{d\,t} = -r \sin\varphi\,\frac{d\,\varphi}{d\,t}$$

$$v_y = \frac{d\,y}{d\,t} = \frac{r\,d\,(\sin\varphi)}{d\,t} = r \cos\varphi\,\frac{d\,\varphi}{d\,t}, \text{ also:}$$

$$v_x = -y\,\omega, \quad v_y = +x\,\omega, \quad (\text{und } v_z = 0).$$

348. Die Sektorengeschwindigkeit. Sie ist zuerst von K e p l e r eingeführt worden als die Geschwindigkeit, mit der ein Sektor wächst, der von der Verbindungslinie r (Radiusvektor) des beweglichen Punktes P mit einem festen Punkte O beschrieben wird. (Zweites K e p l e r'sches Gesetz [954].)

Bezeichnen also P und P_1 zwei benachbarte Lagen des beweglichen Punktes, so ist das Differentiale des Sektors:

$$dS = \triangle O P P_1,$$

also die Flächengeschwindigkeit:

$$\frac{dS}{dt} = \frac{\triangle O P P_1}{dt}.$$

Ein besonderer Buchstabe ist für sie nicht gebräuchlich. Es wird ihr der Drehungssinn beigelegt, in dem dS vom Radiusvektor beschrieben wird.

Die Sektorengeschwindigkeit ist hiernach eine **Plangröße**. Hat sie (wie bei den Bahnen der Planeten um die Sonne) konstanten Wert, so kann man auch setzen:

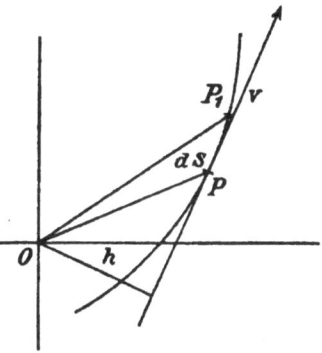

Fig. 64.

$$\frac{dS}{dt} = \frac{\triangle S}{\triangle t}.$$

Setzt man hier $\triangle t = 1$, so folgt:

Die Maßzahl der Sektorgeschwindigkeit ist gleich der Maßzahl der in der Zeiteinheit beschriebenen Fläche. Die Dimensionsformel lautet:

$$[l]^2 \cdot [t]^{-1}.$$

349. Sektorgeschwindigkeit und Bahngeschwindigkeit. Bezeichnet h den senkrechten Abstand des Punktes O von der Bahntangente und ds den unendlich kleinen Weg PP_1, so ist nach der Dreiecksformel:

$$dS = \frac{ds \cdot h}{2}, \text{ also:}$$

$$\frac{dS}{dt} = \frac{ds}{dt} \cdot \frac{h}{2}, \text{ d. h.}$$

$$\frac{dS}{dt} = \frac{v \cdot h}{2}.$$

Die Sektorgeschwindigkeit ist daher gleich dem halben Produkt aus der Bahngeschwindigkeit und dem Abstand der Bahntangente

vom Punkte O. Ist sie konstant, so ist hiernach auch v h konstant,
d. h. v ist h umgekehrt proportional.

Als Kepler nach den Gesetzen der Planetenbewegungen suchte,
nahm er zunächst an, daß v nicht zu h, sondern zu r umgekehrt proportional sei, was bei angenäherter Kreisgestalt nur ein kleiner Fehler
ist, da dann r nur sehr wenig von h abweicht. Endlich aber fand er
die richtige Formel und stellte so das Flächengesetz auf als das zweite
der drei Gesetze, die seinen Namen führen.

320. Wendet man auch hier den allgemeinen Begriff des Momentes an, so folgt: Die Flächengeschwindigkeit stimmt nach Größe
und Drehungssinn völlig überein mit dem halben Moment der Bahngeschwindigkeit v in bezug auf den Punkt O.

Sie kann also, wenn man O zum Anfangspunkt macht, auch nach
[249] aus den Komponenten v_x und v_y berechnet werden. Es ist daher:

$$\frac{dS}{dt} = \frac{x\, v_y -\!\!- y\, v_x}{2}.$$

Dieselbe Formel ergibt sich auch aus der elementaren Formel
der analytischen Geometrie für den Inhalt eines Dreiecks:

$$dS = \triangle OPP_1 = \frac{x\, y_1 - y\, x_1}{2}.$$

Hier ist $y_1 = y + dy$, $x_1 = x + dx$, also:

$$dS = \frac{x\,(y + dy) - y\,(x + dx)}{2} = \frac{x\, dy - y\, dx}{2},\ \text{folglich:}$$

$$\frac{dS}{dt} = \frac{x\,\dfrac{dy}{dt} - y\,\dfrac{dx}{dt}}{2} = \frac{x\, v_y - y\, v_x}{2}.$$

Im räumlichen x y z-System erhält man statt dieser einen Formel drei:

$$\frac{dS_{yz}}{dt} = \frac{y\, v_x - z\, v_y}{2},\quad \frac{dS_{zx}}{dt} = \frac{z\, v_x - x\, v_z}{2},\quad \frac{dS_{xy}}{dt} = \frac{x\, v_y - y\, v_x}{2}.$$

Sie ergeben die Projektionen der Flächengeschwindigkeit auf die
Koordinatenebenen als halbe axiale Momente von v in bezug auf die
Koordinatenachsen. Aus ihnen folgt dann durch Zusammensetzen $\dfrac{dS}{dt}$
selbst als halbes Hauptmoment oder halbes polares Moment von v in
bezug auf O [246].

321. Flächengeschwindigkeit und Winkelgeschwindigkeit. Bezeichnet man
mit $d\varphi$ den unendlich kleinen Winkel bei O, den O P und OP_1 bilden,:
so ist (von unendlich kleinen Größen höherer Ordnung abgesehen)

$$d\,S = \triangle O\,P\,P_1 = \frac{r^2\,d\varphi}{2}, \text{ folglich:}$$

$$\frac{d\,S}{d\,t} = \frac{r^2 \dfrac{d\varphi}{d\,t}}{2} = \frac{r^2\,\omega}{2},$$

d. h. die Flächengeschwindigkeit ist gleich dem halben Produkt aus der Winkelgeschwindigkeit und dem Quadrat des Radiusvektor.

Wie in [319] erwähnt, hat Kepler zuerst angenommen, daß v zu r umgekehrt proportional sei, was, wie gesagt, nur annähernd richtig ist. Hält man sich aber an ω, so läßt sich nach der eben abgeleiteten Formel das zweite Kepler'sche Gesetz völlig richtig auch so ausdrücken:

Die Winkelgeschwindigkeit, mit der sich der Abstand des Planeten von der Sonne dreht, ist in jedem Augenblick dem Quadrat dieses Abstandes umgekehrt proportional.

---

§ 16. Die Beschleunigung einer geradlinigen Bewegung.

322. Buchstabe für Beschleunigung. In einigen Büchern heißt die Beschleunigung p, in anderen b, wieder in anderen q oder k. Fest eingeführt hat sich also für sie noch kein Buchstabe, ausgenommen für die Fallbeschleunigung, welche man g nennt (g = gravitatio) und die $9{,}81 \dfrac{m}{(\text{sec})^2} = 981 \dfrac{cm}{(\text{sec})^2}$ beträgt.

In diesem Buch wird die Beschleunigung allgemein den Buchstaben g erhalten und die Fallbeschleunigung durch einen Index als g_e hervorgehoben werden. Dadurch wird einerseits ihre große Bedeutung anerkannt und andererseits doch kenntlich gemacht, daß sie wesentlich nichts anderes ist, als jede andere Beschleunigung.

323. Die Beschleunigung. Eine Bewegung heißt beschleunigt, wenn sie schneller; verzögert, wenn sie langsamer wird. Beschleunigung und Verzögerung beziehen sich also auf Zu- oder Abnahme der Geschwindigkeit.

Offenbar ist diese Erklärung für die Mechanik zu unbestimmt. Sie hat auch nicht eher geruht, bis es ihr gelungen ist, ein einheitliches, mathematisch scharfes, in Zahlen oder Strecken angebbares Maß der Veränderlichkeit der Geschwindigkeit aufzustellen. Dieses

Maß ist die Beschleunigung im wissenschaftlichen Sinne, der hier von gewöhnlichen Sinne sehr erheblich abweicht, was hier mit Nachdruck hervorgehoben sei [28].

324. Hierzu sei zunächst zweierlei bemerkt:

1. Die Mechanik schließt in der Beschleunigung begrifflich die V e r z ö g e r u n g mit ein, da eins aus dem andern durch einen Wechsel der Richtung oder des Vorzeichens hervorgeht.

2. Die Beschleunigung soll begrifflich sich sowohl auf die Änderung der **Größe** als auch auf die Änderung der **Richtung** der Geschwindigkeit beziehen, so daß z. B. eine Bewegung im Kreise auch beschleunigt heißt, selbst wenn sie gleichförmig ist. Es soll die Veränderlichkeit der Geschwindigkeit im geometrischen Sinne, im Sinne der Strecken-lehre betrachtet werden, welche Länge und Richtung in eins zu-sammenfaßt [170].

325. Galilei'sche Beschleunigung. Um das zweite Merkmal, die Ver-änderlichkeit der Richtung, welche erst später in den Begriff der Beschleunigung aufgenommen worden ist [348], vorläufig auszuschließen, soll in diesem Paragraphen nur die geradlinige Bewegung behandelt werden.

Es empfiehlt sich, die Beschleunigung unter dieser Einschränkung eine G a l i l e i 'sche Beschleunigung zu nennen, weil G a l i l e i zuerst ihre tiefe Bedeutung für die Fallgesetze, aber auch für die gesamte Mechanik erkannt hat.

326. Die mittlere Beschleunigung. Man mache die gerade Linie, in welcher sich P bewegt, zur x-Achse und behalte auch sonst alle früheren Bezeichnungen bei. Die Bewegungsgleichung sei:

$$x = f(t), \text{ also:}$$

$$v = \frac{dx}{dt} = f'(t).$$

Es seien t, x, v und t_1, x_1, v_1 Zeit, Abszisse und Geschwindigkeit zu irgend zwei Zeitpunkten. Ferner werde unter Benutzung des Symbols $\triangle$ für eine Differenz gesetzt:

$$\triangle t = t_1 - t, \quad \triangle x = x_1 - x, \quad \triangle v = v_1 - v.$$

Dann ist der Bruch:

$$g_m = \frac{v_1 - v}{t_1 - t} = \frac{\triangle v}{\triangle t} = \frac{\text{Geschwindigkeitsänderung}}{\text{Zeit}}$$

die mittlere Beschleunigung in dieser Zeit $\triangle t$.

327. Einheit und Dimension. Ist g_m konstant $= g = \frac{\triangle v}{\triangle t}$, so ergibt sich für $\triangle t = 1$, $\triangle v = 1$:

Einheit der Beschleunigung ist eine solche Beschleunigung, bei welcher sich die Geschwindigkeit v in der Zeiteinheit um die Geschwindigkeitseinheit ändert. Peirce hat (1894) Galilei zu Ehren für sie das Zeichen gal vorgeschlagen, doch pflegt man sie nach [163] durch Längeneinheit und Zeiteinheit auszudrücken; z. B.

$$1 \frac{cm}{(sec)^2} \text{ im C-G-S-System, und:}$$

$$1 \frac{m}{(sec)^2} \text{ im technischen Maßsystem.}$$

Die Dimensionsformel der Beschleunigung lautet:

$$[g] = \frac{[v]}{[t]} = [v][t]^{-1} = [l][t]^{-2}.$$

328. Die augenblickliche Beschleunigung. Die Formel:

$$g_m = \frac{\triangle v}{\triangle t}$$

ergibt, wenn sich v nicht gleichförmig ändert, nur die mittlere Beschleunigung. Die wahre oder augenblickliche Beschleunigung folgt erst durch den gleichen Grenzübergang, der im vorigen Paragraphen von v_m zu v geführt hat. Es ist:

$$g = \frac{dv}{dt} = \frac{\text{Geschwindigkeitsdifferential}}{\text{Zeitdifferential}}$$

In Worten: Die Beschleunigung ist der (erste) Differentialquotient oder die (erste) Ableitung der Geschwindigkeit nach der Zeit.

Man sieht: g wird genau so aus v abgeleitet, wie v aus x. Es können die entsprechenden Erläuterungen [299] usw. wörtlich übertragen werden, nur ist statt Abszisse überall zu sagen Geschwindigkeit und statt Geschwindigkeit überall zu sagen Beschleunigung.

329. Weg, Geschwindigkeit, Beschleunigung. Wenn die Bewegungsgleichung gegeben ist:

a) $\qquad\qquad x = f(t)$

so entsteht durch einmaliges Differentiieren die Geschwindigkeit:

b) $\qquad\qquad v = \frac{dx}{dt} \text{ oder: } dx = v\, dt$

und durch nochmaliges Differentiieren die Beschleunigung:

c) $\qquad\qquad$ c) $g = \frac{dv}{dt} \text{ oder: } dv = g \cdot dt.$

So aufgefaßt steht die Beschleunigung zur Geschwindigkeit in unmittelbarer, aber zum Weg erst in mittelbarer Beziehung. g

ändert v, v ändert x. Also hat g e r s t durch seine Wirkung auf v
einen Einfluß auf x, d. h. auf den Ort des beweglichen Punktes.

Dieses Verhältnis zwischen x, v, g kann nicht nachdrücklich genug
hervorgehoben werden.

330. Weg und Beschleunigung. Um wenigstens der Form nach g
auch direkt mit x zu verbinden, setze man b) in c) ein, um v fort-
zuschaffen. Es folgt:

$$g = \frac{d\left(\frac{dx}{dt}\right)}{dt}$$

oder, wie man zu schreiben pflegt: [344]

$$g = \frac{d^2 x}{(dt)^2}$$

oder auch, wenn man a) einsetzt:

$$g = \frac{d\left(\frac{df(t)}{dt}\right)}{dt} = \frac{d^2 f(t)}{(dt)^2}.$$

Man sagt auch: Die Beschleunigung ist der z w e i t e Differentialquotient des Weges nach der Zeit [297].

331. In der L a g r a n g e 'schen Ausdrucksweise gibt man folgerichtig
dem zweiten Differentialquotienten zwei Striche und schreibt:

$$\frac{df(t)}{dt} = f'(t), \quad \text{aber} \quad \frac{d^2 f(t)}{(dt)^2} = f''(t).$$

Stellt man [329], [330] und [331] zusammen, so ergeben sich die
folgenden sieben Ausdrücke für g, welche alle denselben Sachverhalt
angeben:

$$g = \frac{dv}{dt} = \frac{d\left(\frac{dx}{dt}\right)}{dt} = \frac{d^2 x}{(dt)^2} = \frac{d\left(\frac{df(t)}{dt}\right)}{dt} = \frac{d^2 f(t)}{(dt)^2} = \frac{d[f'(t)]}{dt} = f''(t).$$

332. Das Vorzeichen der Beschleunigung. Da t, x, v algebraische
Zahlen sind, so ist g auch eine solche und hat, als Strecke gedeutet,
entweder die Positiv- oder die Negativrichtung.

Ist g positiv, so nimmt v zu, ist g negativ, so nimmt v ab. Aber
beides im algebraischen Sinne, der durch die folgenden vier Kom-
binationen klar hervortreten wird.

1. v ist positiv, g ist positiv. Die Geschwindigkeit wächst im
algebraischen u n d im absoluten Sinne.

2. v ist negativ, g ist positiv. Die Geschwindigkeit wächst zwar
im algebraischen Sinne, nimmt aber ab im absoluten Sinne. (Eine
negative Größe wächst, wenn ihr absoluter Wert abnimmt.)

3. v ist negativ, g ist negativ. Die Geschwindigkeit nimmt zwar ab im algebraischen Sinne, wächst aber im absoluten Sinne. (Eine negative Größe nimmt ab, wenn ihr absoluter Wert wächst.)

4. v ist positiv, g ist negativ. Die Geschwindigkeit nimmt ab im algebraischen und im absoluten Sinne.

333. Haben also g und v gleiche Vorzeichen, d. h. gleiche Richtung, so wächst v im absoluten Sinne, haben sie entgegengesetzte Richtung, so nimmt v ab im absoluten Sinne. Im ersteren Falle daher Beschleunigung, im letzteren Verzögerung nach gewöhnlicher Sprechweise [324].

Aus dem Werte, den v in irgendeinem Augenblick hat, läßt sich, wenn weiter nichts bekannt ist, gar kein Schluß ziehen weder auf die Größe, noch auf die Richtung von g. Es kann v groß und zugleich g klein sein und umgekehrt. Es kann v (wie im Scheitel des senkrechten Wurfes) verschwinden, ohne daß g verschwindet und umgekehrt.

Genug; die Beschleunigung ist zwar ein Maß der Veränderlichkeit der Geschwindigkeit, aber doch von ihr gänzlich verschieden. Es sind g und v mit äußerster Schärfe begrifflich auseinander zu halten.

334. **Beschleunigung und Hodograph.** Die Beschleunigung ist trotzdem im übertragenen Sinne [310] auch eine Geschwindigkeit, nämlich diejenige Geschwindigkeit, mit der sich die Geschwindigkeit v ändert.

Macht man aber v durch Abtragen von einem festen Punkte zu einer Abszisse, wie es bei der Konstruktion des Hodographen geschieht [303], so wird g sogar zu einer wirklichen Geschwindigkeit, nämlich zu derjenigen, mit der sich der Geschwindigkeitspunkt im Hodographen bewegt.

Begrifflich steht eben g zu v, wie v zu x.

335. **Euler's Deviation** oder „Mehr an Weg" ist der Überschuß (algebraisch) des Weges, den der bewegliche Punkt in einer gewissen Zeit wirklich zurückgelegt hat über den Weg, den er bei derselben Anfangsgeschwindigkeit ohne Beschleunigung zurückgelegt haben würde.

Diese Deviation ist ein vortrefflicher phoronomischer Hilfsbegriff, durch welchen der Weg zum zweitenmale zur Beschleunigung in unmittelbare Beziehung gesetzt wird, aber ganz anders als in [330].

336. Es seien t und t_1 irgend zwei Augenblicke, x und x_1 die zugehörigen wirklichen Abszissen, v und v_1 die zugehörigen Geschwindigkeiten. Dann sind:

$$\triangle t = t_1 - t, \quad \triangle x = x_1 - x$$

die Zwischenzeit und der wirklich zurückgelegte Weg. Für letzteren
gilt nach [293] die Formel:

$$\triangle x = v_m \triangle t,$$

wo v_m die mittlere Geschwindigkeit bezeichnet.

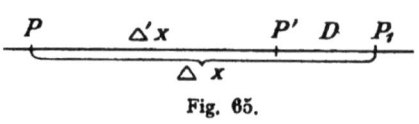

$P \qquad \triangle'x \qquad P' \;\; D \;\; P_1$

$\triangle x$

Fig. 65.

Dagegen ist der zweite, nur
gedachte Weg [335], welcher mit
unveränderter Anfangsgeschwindigkeit v beschrieben werden
sollte:

$$\triangle' x = v \triangle t.$$

Mithin folgt für die Deviation D die Formel:

$$D = \triangle x - \triangle' x = (v_m - v) \triangle t.$$

337. Deviation, Beschleunigung, Zeit. Nach [301] ist bei konstantem g:

$$v_m = \frac{v + v_1}{2}, \text{ daher:}$$

$$D = \left(\frac{v + v_1}{2} - v\right) \triangle t = \frac{v_1 - v}{2} \triangle t.$$

$v_1 - v$ ist nichts anderes als die in der Zeit $\triangle t$ eingetretene
Geschwindigkeitsänderung, also [326]:

$$v_1 - v = \triangle v = g \cdot \triangle t.$$

Daher endlich:

a) $$D = \frac{\triangle v \cdot \triangle t}{2} = \frac{g}{2} (\triangle t)^2 \text{ und umgekehrt:}$$

b) $$g = \frac{2 D}{(\triangle t)^2}.$$

Die Deviation ist gleich dem halben Produkt aus der Beschleunigung und dem Quadrate der Zeit.

Übrigens ist dieser Satz auch richtig, wenn die Beschleunigung
nicht konstant bleibt. Nur muß dann statt g ein Mittelwert gesetzt
werden.

338. Deviation und Weg. Aus [336] ergibt sich durch Umkehrung:

$$\triangle x = \triangle' x + D = v \triangle t + \frac{g}{2} (\triangle t)^2$$

oder bei kürzerer Schreibweise:

$$s = v t + \frac{g}{2} t^2,$$

also der Weg, ausgedrückt durch die anfängliche Geschwindigkeit v, die Beschleunigung g und die Zeit t. Verschwindet v (freier Fall), so wird die Deviation zum Weg selbst:

$$s = D = \frac{g}{2} t^2.$$

Diese Formel ist das bekannte Gesetz Galilei's, daß beim freien Fall die Wege sich verhalten, wie die Quadrate der Zeiten. Also bei doppelter Zeit vierfacher Weg, bei dreifacher Zeit neunfacher Weg usw.

339. Die unendlich kleine Deviation, das eben entstehende „Mehr an Weg" folgt durch Ersetzen von $\triangle t$ durch $d t$:

$$D = \frac{g}{2} (d t)^2.$$

Sie ist unendlich klein von der **zweiten** Ordnung, worin sich wieder zu erkennen gibt, daß die Beschleunigung nicht unmittelbar auf den Weg wirkt, sondern durch die allmälige Änderung der Geschwindigkeit [329].

340. Um den Begriff der Beschleunigung möglichst allseitig zu betrachten, seien noch die folgenden zwei Aufgaben gelöst.

Erste Aufgabe. Gegeben ist ein Weg $\triangle x$ und die Geschwindigkeiten v und v_1 zu Anfang und zu Ende des Weges. Wie groß ist die Beschleunigung g (als konstant angenommen)?

Lösung: Es ist [326]:

$$g = \frac{\triangle v}{\triangle t} = \frac{v_1 - v}{\triangle t}.$$

Der Nenner $\triangle t$ ist zwar nicht gegeben, kann aber sofort berechnet werden [293]:

$$\triangle t = \frac{\triangle x}{v_m} = \frac{2 \triangle x}{v_1 + v}, \text{ daher:}$$

$$g = \frac{(v_1 - v)(v_1 + v)}{2 \triangle x} = \frac{v_1^2 - v^2}{2 \triangle x} \text{ oder:}$$

a) $g \cdot \triangle x = \frac{v_1^2 - v^2}{2} = \frac{(v + \triangle v)^2 - v^2}{2} = v \triangle v + \frac{(\triangle v)^2}{2}.$

Ist der Weg unendlich klein $= d x$, also auch $\triangle v$ unendlich klein $= d v$, so wird:

b) $g \cdot d x = \frac{(v + d v)^2 - v^2}{2} = \frac{d (v^2)}{2} = v \, dv.$

Später wird diese Gleichung äußerst wichtig werden (§ 28). Sehr einfach ist auch folgende Ableitung:

$$g \cdot dx = \frac{d v}{d t} \cdot dx = dv \cdot \frac{d x}{d t} = v \, dv = d \left(\frac{v^2}{2} \right).$$

8*

341. Beschleunigung aus drei Ortsbestimmungen. Zweite Aufgabe: Gegeben in irgend drei Augenblicken t, t_1, t_2, die Orte x, x_1, x_2 des beweglichen Punktes. Wie berechnet man die (als konstant angenommene) Beschleunigung g?

Lösung: Man berechne Zeiten und Wege:

$$t_1 - t = \Delta t, \quad t_2 - t_1 = \Delta t_1, \quad x_1 - x = \Delta x, \quad x_2 - x_1 = \Delta x_1$$

so ergeben sich zunächst die mittleren Geschwindigkeiten v_m und v_{m1} während der Zeiten Δt und Δt_1:

$$v_m = \frac{\Delta x}{\Delta t}, \quad v_{m1} = \frac{\Delta x_1}{\Delta t_1}$$

oder nach [301], wenn v, v_1, v_2 die augenblicklichen Geschwindigkeiten in den Zeitpunkten t, t_1, t_2 bezeichnen:

$$\frac{v + v_1}{2} = \frac{\Delta x}{\Delta t}, \quad \frac{v_1 + v_2}{2} = \frac{\Delta x_1}{\Delta t_1}$$

und hieraus durch Subtraktion:

$$v_2 - v = 2 \left[\frac{\Delta x_1}{\Delta t_1} - \frac{\Delta x}{\Delta t} \right]$$

$v_2 - v$ ist die in der Zeit $t_2 - t = (t_2 - t_1) + (t_1 - t) = \Delta t_1 + \Delta t$ erlangte Geschwindigkeitsänderung, also $= g (\Delta t_1 + \Delta t)$.

Daher die verlangte Formel:

$$g = \frac{v_2 - v}{\Delta t_1 + \Delta t} = \frac{\dfrac{\Delta x_1}{\Delta t_1} - \dfrac{\Delta x}{\Delta t}}{\dfrac{\Delta t + \Delta t_1}{2}}.$$

342. Sie wird besonders einfach bei **gleichen Zwischenzeiten**, $\Delta t_1 = \Delta t$:

$$g = \frac{\Delta x_1 - \Delta x}{(\Delta t)^2},$$

d. h. die Beschleunigung wird erhalten, wenn man den Unterschied der beiden Wege, die in zwei **unmittelbar folgenden gleichen** Zeiten zurückgelegt werden, durch das Quadrat des gemeinsamen Wertes dieser Zeiten dividiert.

Eine einfachere Zurückführung der Beschleunigung auf meßbare Wege und Zeiten gibt es nicht.

343. Die zweite Differenz. Die Differenz $\Delta x_1 - \Delta x$ ist der Unterschied zweier Wege, wie die Deviation auch. Aber dort handelte es sich um zwei in **derselben** Zeit beschriebene Wege, von denen der eine wirklich, der andere nur hinzugedacht war. Hier jedoch sind beide Wege wirklich und nicht in derselben Zeit, wohl aber in gleichen, unmittelbar folgenden Zeiten beschrieben.

Da jeder von ihnen schon als Differenz zweier Abszissen erscheint, so nennt man $\triangle x_1 - \triangle x$ auch eine zweite Differenz:

$$\triangle^2 x = \triangle (\triangle x) = \triangle x_1 - \triangle x, \text{ also:}$$

$$g = \frac{\triangle^2 x}{(\triangle t)^2}, \text{ oder: } \triangle^2 x = g \cdot (\triangle t)^2.$$

344. Das zweite Differential. Wird $\triangle t$ unendlich klein $= dt$, so wird auch $\triangle^2 x$ unendlich klein $= d^2 x$. Die zweite Differenz wird zum zweiten Differential, welches unendlich klein von der zweiten Ordnung ist. Damit ist auch hinterher die Abkürzung in [330] erklärt:

$$\frac{\cdot d^2 x}{(d t)^2} \text{ für } \frac{d\left(\frac{dx}{dt}\right)}{dt}; \text{ es wird:}$$

$$\frac{d^2 x}{(d t)^2} = g, \text{ oder } d^2 x = g \cdot (d t)^2.$$

345. In den drei früheren Beispielen [295]:

$$\begin{array}{ccc} \text{I} & \text{II} & \text{III} \end{array}$$

$$x = f(t) = a + bt; \quad a + bt + ct^2; \quad a + bt + ct^2 + et^3$$

entsteht durch einmaliges Differentiieren:

$$v = f'(t) = \quad b; \quad b + 2ct; \quad b + 2ct + 3et^2$$

und durch nochmaliges Differentiieren:

$$g = f''(t) = \quad 0; \quad 2c; \quad \cdot 2c + 6et.$$

I ist eine gleichförmige Bewegung, v ist konstant, g verschwindet; II ist eine gleichförmig beschleunigte Bewegung, v wächst proportional zur Zeit, g ist konstant; III ist eine ungleichförmig beschleunigte Bewegung, g wächst proportional zur Zeit.

346. Als Hauptformeln dieses Paragraphen sind zu betrachten:

1. $\triangle v = g \triangle t; \quad dv = g\,dt$

2. $\triangle^2 x = g(\triangle t)^2; \quad d^2 x = g(d t)^2$

3. $D = \frac{g}{2}(\triangle t)^2; \quad D = \frac{g}{2}(d t)^2$

4. $\frac{v_1^2 - v^2}{2} = g \triangle x; \quad d\left(\frac{v^2}{2}\right) = v\,dv = g\,dx.$

Diese Gleichungen hängen zwar innig zusammen, aber jede zeigt eine andere Bedeutung der Beschleunigung auf. Die erste gibt den Zuwachs an Geschwindigkeit, die zweite den Unterschied zweier Wege in zwei aufeinanderfolgenden gleichen Zeiten, die dritte die Euler'sche

Deviation und die vierte endlich den Zuwachs des Quadrates der Geschwindigkeit, sowohl während einer beliebigen, als auch während einer unendlich kleinen Zeit; nur muß im ersteren Fall statt g, wenn es nicht konstant sein sollte, ein mittlerer Wert g_m gesetzt werden. Welcher, das steht freilich dahin.

347. Höhere Beschleunigungen. Da die Geschwindigkeit ein Maß der Veränderlichkeit des Ortes und die Beschleunigung wieder ein Maß der Veränderlichkeit der Geschwindigkeit ist, so liegt es nahe, eine dritte Hilfsgröße einzuführen als ein Maß der Veränderlichkeit der Beschleunigung. Dann wieder eine vierte als Maß der Veränderlichkeit der dritten usw.

Wie sie zu bilden wären, kann gar nicht zweifelhaft sein. Denn da v der erste, g der zweite, so würde die dritte Hilfsgröße der dritte, die vierte Hilfsgröße der vierte Differentialquotient des Weges nach der Zeit sein usw. Selbstverständlich können die außer v und g neu einzuführenden Maße, welche Schell als Beschleunigungen höherer Ordnung bezeichnet hat, zuweilen nützlich sein; zum Verständnis der Grundlagen der Mechanik sind sie aber nicht erforderlich.

Denn in der Grundgleichung und in dem Trägheitsgesetz ist nur von v und g die Rede. Diese beiden aber, Geschwindigkeit und Beschleunigung, sind für die Mechanik schlechterdings unentbehrlich.

§ 17. Die Beschleunigung einer krummlinigen Bewegung.

348. Erweiterung des Begriffes: Beschleunigung. Drei Forderungen sind zu stellen:

1. Die Beschleunigung der geradlinigen Bewegung muß in der allgemeinen Beschleunigung enthalten sein.

2. Es soll als neues Merkmal die Veränderlichkeit der Richtung der Geschwindigkeit hinzukommen [324].

3. Die Erweiterung soll natürlich und angemessen sein und sich dem ursprünglichen Begriff möglichst eng anschließen.

Geschichtlich sei erwähnt, daß Huyghens durch seine Untersuchungen über die Zentripetalbeschleunigung [358] die zweite Forderung in den Vordergrund gerückt und daß dann Newton die erste und dritte mit der zweiten verbunden hat. Man kann also füglich unterscheiden: 1. den Galilei'schen Begriff, der nur die Veränderlichkeit der Größe der Geschwindigkeit berücksichtigt; 2. den Huyghens'schen Begriff, der nur die Veränderlichkeit ihrer R i c h t u n g berücksichtigt; 3. den N e w t o n'schen Begriff, der b e i d e s berücksichtigt.

349. Die alte Definition hat gelautet [326]:

$$g = \frac{\triangle v}{\triangle t}, \text{ bzw. } g = \frac{dv}{dt}$$

$$\text{Beschleunigung } = \frac{\text{Geschwindigkeitsänderung}}{\text{Zeit}}.$$

Dabei war $\triangle v = v_1 - v$ die Geschwindigkeitsänderung im algebraischen Sinne. Hier aber, da v und v_1 nicht mehr einerlei Richtung haben, wird man offenbar ihre Differenz im geometrischen Sinne nach [187] nehmen müssen, wenn man den vorigen drei Forderungen gerecht werden will.

So entsteht die allgemeinste schon in [62] vorweggenommene Definition der Beschleunigung. Fügt man zur Vermeidung von Mißverständnissen den Richtungsstrich hinzu, so folgt:

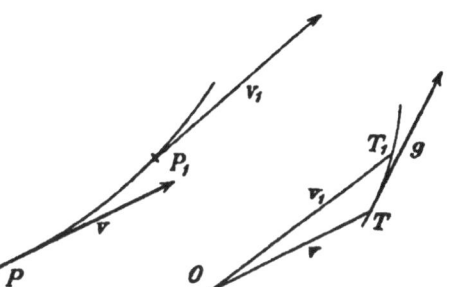

Fig. 66 a.   Fig. 66 b.

$$\overline{g} = \overline{\frac{\triangle v}{\triangle t}}, \text{ bzw. } \overline{g} = \frac{\overline{dv}}{dt}$$

$$\text{Beschleunigung } = \frac{\text{geometrische Geschwindigkeitsänderung}}{\text{Zeit}}.$$

Es ist dabei $\overline{\triangle v} = v_1 - \overline{v}$ [187]. Außerdem hat $\overline{g}$ selbstverständlich dieselbe Richtung wie $\overline{\triangle v}$ ($\triangle t$ als positiv vorausgesetzt).

350. Projektionen der Beschleunigung. Aus der so erweiterten Definition ergeben sich mühelos drei äußerst wichtige Folgerungen:

E r s t e F o l g e r u n g. Zerlegt man [290] eine beliebige Bewegung nach den Achsen eines Koordinatensystems, so wird die Beschleunigung zur Resultante der Beschleunigungen der komponierenden Bewegungen.

Beweis (für ein ebenes System). Der Satz gilt zunächst, wenn man statt Beschleunigung setzt: Geschwindigkeit. Es ist v die Resultante von v_x und v_y (Geschwindigkeitsdreieck [307]).

Also ist auch $\overline{dv}$ die Resultante von dv_x und dv_y oder:

$\frac{\overline{dv}}{dt}$ die Resultante von $\frac{dv_x}{dt}$ und von $\frac{dv_y}{dt}$, d. h. es ist:

$\overline{g}$ die Resultante von g_x und g_y.

Wie $\overline{v}$ aus v_x und v_y, so ergibt sich $\overline{g}$ aus g_x und g_y. Aus dem Geschwindigkeitsdreieck wird ein Beschleunigungsdreieck.

351. Die Bewegungsgleichungen:
$$x = f(t), \quad y = \varphi(t)$$
ergeben durch einmaliges Differentiieren die Komponenten der Geschwindigkeit:
$$v_x = f'(t), \quad v_y = \varphi'(t)$$
und durch nochmaliges Differentiieren die Komponenten der Beschleunigung:
$$g_x = \frac{d v_x}{d t} = f''(t), \quad g_y = \frac{d v_y}{d t} = \varphi''(t).$$

Analytisch ist hiermit die Auffindung von $\overline{g}$ erledigt.

352. Zweite Folgerung. **Beschleunigung und Hodograph.** Die Beschleunigung $\overline{g}$ ist der Größe und Richtung nach gleich derjenigen Geschwindigkeit, mit welcher sich der Geschwindigkeitspunkt im Hodographen bewegt. (Oder kurz: Beschleunigung = Geschwindigkeit im Hodographen) [334].

Beweis. Es ist (Fig. 66 b):
$$\overline{T T_1} = \overline{d v} = \overline{v_1} - \overline{v}, \text{ also:}$$
$$\overline{T T_1} = \overline{g} \, d t, \text{ oder:}$$
$$\overline{g} = \frac{\overline{T T_1}}{d t}.$$

Damit ist der Satz bewiesen, denn $\overline{T T_1}$ ist der unendlich kleine Weg, den der Geschwindigkeitspunkt in der unendlich kleinen Zeit $d t$ beschreibt. Nach [307] hat daher g die Richtung der Tangente in T an den Hodographen.

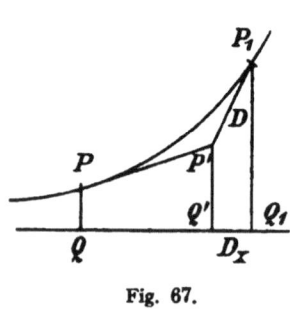

Fig. 67.

353. Dritte Folgerung. **Beschleunigung und Deviation.** Die Euler'sche Deviation hat dieselbe Richtung wie die Beschleunigung und ist gleich dem halben Produkt aus ihr und dem Quadrate der Zeit [337].

Beweis. Es sei $\overline{P P_1}$ der wirklich zurückgelegte Weg und $\overline{P P'}$ derjenige geradlinige, in der Bahntangente in P liegende Weg, der bei unveränderter Geschwindigkeit zurückgelegt worden wäre. Dann ist $\overline{P' P_1} = \overline{D}$ die Deviation.

Projiziert man auf die x-Achse, so ist offenbar $Q' Q_1 = D_x$ die Deviation der projizierten Bewegung; denn $Q Q_1$ ist der wirkliche

Weg und QQ' der einer unveränderlichen Geschwindigkeit v_x entsprechende Weg. Ein gleiches gilt für die Projektion D_y auf die y-Achse. Es ist [337]:

$$D_x = \frac{1}{2} g_x (\triangle t)^2, \quad D_y = \frac{1}{2} g_y (\triangle t)^2.$$

Da nun sowohl $\overline{g}$ die Resultante von g_x und g_y, als auch $\overline{D}$ die Resultante von D_x und D_y ist, so folgt [182]:

$$\overline{D} = \frac{1}{2} \overline{g} (\triangle t)^2.$$

Handelt es sich um die eben beginnende Deviation (vgl. [339]), so wird:

$$\overline{D} = \frac{\overline{g}}{2} (dt)^2, \quad \overline{g} = \frac{2 \overline{D}}{(d t)^2}.$$

354. Den drei nachgewiesenen Folgerungen entsprechen drei Möglichkeiten, in einem gegebenen Falle die Beschleunigung $\overline{g}$ zu bestimmen:

1. Man stelle die Bewegungsgleichungen auf und ermittele durch zweimaliges Differentiieren g_x und g_y.

2. Man konstruiere den Hodographen und bestimme die Geschwindigkeit in ihm.

3. Man berechne die Deviation und gehe von ihr zur Beschleunigung über.

Es ist wohl gut, wenn an dem einfachsten Beispiel, der gleichförmigen Bewegung im Kreise, gezeigt wird, daß alle drei Methoden zu derselben Beschleunigung führen, welche in diesem Falle Zentripetalbeschleunigung heißt.

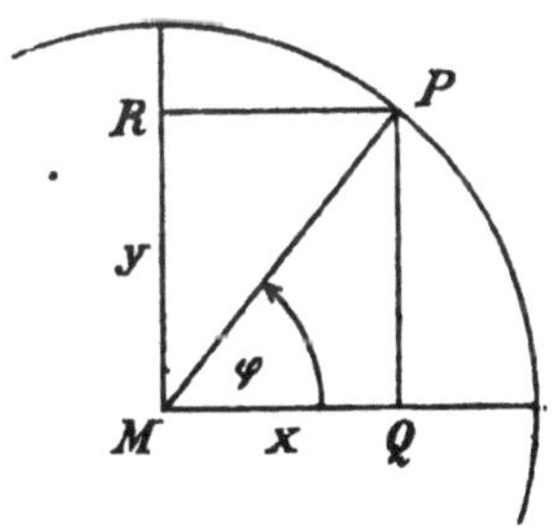

355. Die Zentripetalbeschleunigung. Erste Berechnung. Man lege durch M zwei Achsen, bezeichne den Wert von φ zur Zeit $t=0$ mit α und führe die Winkelgeschwindigkeit ω ein, so daß:

$$\varphi = \alpha + \omega t.$$

Fig. 68.

Die Bewegungsgleichungen werden:

$$x = r \cos \varphi = r \cos (\alpha + \omega t); \quad y = r \sin \varphi = r \sin (\alpha + \omega t).$$

Durch einmaliges Differentiieren entsteht:

$$v_x = - r \sin (\alpha + \omega t) \cdot \omega = - y \omega; \quad v_y = + r \cos (\alpha + \omega t) \cdot \omega = + x \omega,$$

vgl. [317]. Durch nochmaliges Differentiieren entsteht:

$$g_x = -\omega \frac{d\,y}{d\,t} = -\omega^2 x; \quad g_y = +\omega \frac{d\,x}{d\,t} = -\omega^2 y.$$

Da nun sowohl $\overline{g}$ die Resultante von g_x und g_y, als auch $\overline{MP} = r$ die Resultante von x und y ist, so folgt [182]

$$\overline{g} = -\omega^2 \cdot \overline{r}$$

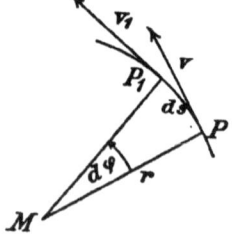

oder wenn man $v = \omega r$ [314] einführt und den absoluten Wert nimmt:

$$g = \frac{v^2}{r}.$$

Also: Die Zentripetalbeschleunigung hat die Richtung des Radius nach dem Mittelpunkt hin. Ihr absoluter Wert ist gleich einem Bruch, in dessen Zähler das

Fig. 69a.   Fig. 69b.

Quadrat der Bahngeschwindigkeit und in dessen Nenner der Radius steht.

356. Zweite Berechnung. Da v konstant ist, wird der Hodograph auch zu einem Kreise. Also steht die Geschwindigkeit von T, d. h. g [352], auf v senkrecht. Da aber v selbst auf r senkrecht steht, so hat g die Richtung von r, und zwar nach innen, wie die Figur 69b zeigt.

Ferner: Die unendlich kleinen Wege $PP_1 = d\,s$ und $TT_1 = d\,s_1$ gehören zu gleichen Zentriwinkeln $= d\,\varphi$. Also:

$$d\,s_1 : d\,s = v : r, \text{ oder } \frac{d\,s_1}{d\,t} : \frac{d\,s}{d\,t} = v : r.$$

Nun ist $\frac{d\,s_1}{d\,t} = g$, $\frac{d\,s}{d\,t} = v$, mithin:

$$g : v = v : r, \text{ und hieraus:}$$

$$g = \frac{v^2}{r}.$$

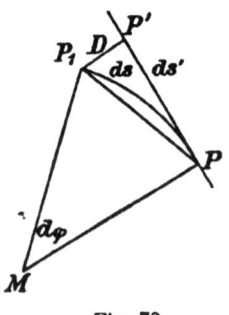

Fig. 70.

357. Dritte Berechnung. Da sich nur die Richtung von v ändert, so haben Bogen PP_1 und Strecke PP' [353] dieselbe Länge. Hieraus folgt (strenger Beweis führt durch Grenzbetrachtungen), daß die eben beginnende Deviation D, also auch g zu d s oder v senkrecht steht, d. h. die Richtung des Radius (nach innen) hat.

Da Winkel $P_1 PP' = \frac{d\,\varphi}{2}$ ist, so folgt:

$$D = d\,s \cdot \sin \frac{d\,\varphi}{2} = r \cdot d\,\varphi \cdot \sin \frac{d\,\varphi}{2}$$

oder, wenn Größen höherer Ordnung als die zweite vernachlässigt werden und $d\,\varphi = \omega\,d\,t$ gesetzt wird:

$$D = r \cdot \frac{(d\,\varphi)^2}{2} = r \cdot \frac{\omega^2 (d\,t)^2}{2}$$

und hieraus [353]:

$$g = \frac{2\,D}{(d\,t)^2} = \omega^2\,r = \frac{v^2}{r}.$$

358. Die so dreimal gefundene Formel für die Zentripetalbeschleunigung:

a) $$g = \frac{v^2}{r}$$

hat zuerst H u y g h e n s aufgestellt mittels einer Methode, die wesentlich mit der dritten Berechnungsart übereinstimmt [348].

Häufig wird die Huyghens'sche Formel auch in der Form angewendet:

b) $$g = \omega^2\,r$$

oder auch, nach Einführung der Umlaufszeit [311]:

c) $$g = \frac{4\,\pi^2\,r}{T^2}.$$

Am allereinfachsten aber ist die Schreibweise:

d) $$g = v \cdot \omega.$$

359. Richtung von g. Ist die Bewegung geradlinig, so hat g dieselbe Richtung wie v oder die entgegengesetzte. Ist die Bewegung gleichförmig im Kreise, so steht g senkrecht auf v. Im allgemeinen aber wird g weder in die Bahntangente, noch in die Bahnnormale fallen, sondern zerlegbar sein in eine Tangentialbeschleunigung g_t und in eine Normalbeschleunigung g_n.

g_t entspricht offenbar dem Galilei'schen, g_n dem Huyghenschen Begriff der Beschleunigung

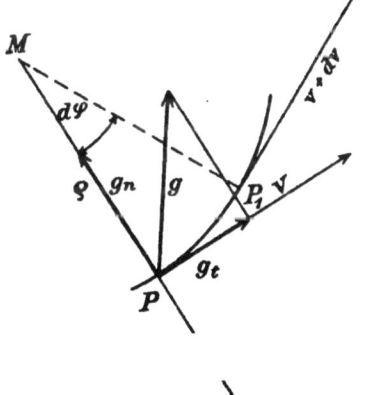

Fig. 71.

[348]. Doch g selbst ist die w a h r e, die e i g e n t l i c h e, die N e w t o n'sche Beschleunigung.

360. Die Tangentialbeschleunigung. Es sei wieder $TT_1 = g\,dt$ ein unendlich kleines Element des Hodographen. Die Projektion auf die (verlängerte) Richtung von v ist dann:

$$TQ = g_t\,dt.*)$$

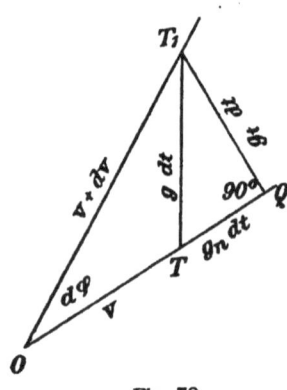

Fig. 72.

Da das Dreieck OQT_1 bei Q rechtwinklig ist, so stimmen OQ und OT_1 bis auf Größen zweiter Ordnung in ihrer Länge überein. Also ist:

$$v + dv = v + g_t\,dt, \text{ d. h. } dv = g_t\,dt.$$

Diese Formel, in der dv nur die Veränderung der Größe von v bedeutet, entspricht vollständig der alten Formel [328].

Da hier v absolut genommen wird, so muß g_t das negative Vorzeichen erhalten, wenn es die entgegengesetzte Richtung von v hat, weil dann dv negativ wird.

361. Die Normalbeschleunigung. Es ist ferner:

$$QT_1 = g_n\,dt = (v + dv)\sin d\varphi = v\sin d\varphi + dv\sin d\varphi$$

oder, wenn Glieder höherer Ordnung ausgelassen werden:

$$g_n\,dt = v\,d\varphi, \quad d\varphi = \frac{g_n\,dt}{v}.$$

Da v parallel zur Bahntangente ist, so gibt diese Formel den unendlich kleinen Winkel $d\varphi$, um den sich die Tangente, also auch die Normale in dem Zeitelement dt dreht (Fig. 71). Sie erweist also den Einfluß von g_n auf die **Bahnkrümmung**.

Aus [360] und [361] zusammen folgt: g_t hat allein Einfluß auf die Größe von v, aber gar keinen Einfluß auf die Richtung von v, d. h. auf die Krümmung der Bahn; dagegen hat g_n allein Einfluß auf die Richtung von v, d. h. auf die Krümmung der Bahn, aber gar keinen Einfluß auf die Größe von v.

362. Krümmungskreis. Von allen Kreisen, welche eine stetig gekrümmte Kurve in einem Punkte berühren, schmiegt sich ihr einer am innigsten an. Er heißt der **Krümmungskreis**.

Je größer sein Radius ϱ ist, desto kleiner ist die Krümmung und umgekehrt. Ist die Kurve selbst ein Kreis, so fällt sie mit ihrem eigenen Krümmungskreis zusammen. Sonst aber ändert sich letzterer und mit ihm die Krümmung stetig von Punkt zu Punkt.

---

*) In Fig. 72 sind $g_n\,dt$ und $g_t\,dt$ zu vertauschen.

363. Krümmungsradius und Normalbeschleunigung. Wenn P den unendlich kleinen Weg $PP_1 = ds$ zurücklegt (Fig. 71), so dreht sich die Tangente, also auch die Normale um den unendlich kleinen Winkel $d\varphi$, der mit unbegrenzter Annäherung den Zentriwinkel eines Kreisbogens von der Länge ds und dem Radius ϱ darstellt. Es ist daher:

$$ds = \varrho\, d\varphi, \quad d\varphi = \frac{ds}{\varrho} = \frac{v}{\varrho}.\, dt.$$

Setzt man in [361] ein, so folgt:

$$\frac{v}{\varrho}\, dt = \frac{g_n}{v}\, dt, \quad \text{und hieraus:}$$

$$g_n = \frac{v^2}{\varrho},$$

also ganz wie in der Huyghens'schen Formel [358], nur daß statt g und r zu setzen ist: g_n und ϱ.

364. Die beiden Formeln [360] und [363] können auch wie folgt analytisch abgeleitet werden, indem man auf g_x und g_y zurückgreift. Es sei φ der Richtungswinkel von v, also [306]:

$$\cos\varphi = \frac{v_x}{v}, \quad \sin\varphi = \frac{v_y}{v} \quad \text{und daher [249]:}$$

$$g_t = g_x \cos\varphi + g_y \sin\varphi = \frac{v_x\, g_x + v_y\, g_y}{v}. \qquad \text{a)}$$

Nun ist nach [351]:

$$g_x = \frac{dv_x}{dt}, \quad g_y = \frac{dv_y}{dt}, \quad \text{folglich:}$$

$$g_t\, dt = \frac{v_x\, dv_x + v_y\, dv_y}{v}.$$

Wie man durch Differentiieren der Gleichung $v^2 = v_x^2 + v_y^2$ findet, ist der Zähler $= v\, dv$ (dv in rein absolutem Sinne). Mithin:

$$g_t \cdot dt = dv.$$

365. Um die zweite Formel abzuleiten, beachte man, daß der Richtungswinkel der Normale $= 90^0 + \varphi$ ist. Daher:

$$g_n = g_x \cos(90^0 + \varphi) + g_y \sin(90^0 + \varphi) = -g_x \sin\varphi + g_y \cos\varphi, \quad \text{also:}$$

$$g_n = \frac{v_x\, g_y - v_y\, g_x}{v}. \qquad \text{b)}$$

Der rechtsstehende Bruch ist, was hier ohne Beweis aus der Theorie der Krümmung der Kurven entlehnt werden mag, $= \dfrac{v^2}{\varrho}$, daher:

$$g_n = \frac{v^2}{\varrho}.$$

366. Umkehrung einer Bewegung. Wenn der bewegliche Punkt in seiner Bahn plötzlich umkehrte und sie nun rückwärts durchliefe, genau in gleicher Weise, wie vorher vorwärts, so würden die Orte, also auch die Koordinaten wiederkehren, nur in umgekehrter Zeitfolge. Die Geschwindigkeiten aber würden offenbar ihre Richtungen oder Vorzeichen wechseln. Und die Beschleunigungen?

Diese wechseln **nicht** ihre Vorzeichen, sondern kehren genau so wieder, wie sie waren. Die ersten Differenzen $\triangle x = x_1 - x$ gehen zwar in ihr Gegenteil $(- \triangle x) = x - x_1$ über; aber die zweiten Differenzen bleiben, denn aus:

$$\triangle x_1 - \triangle x = \triangle^2 x \text{ wird: } (- \triangle x) - (- \triangle x_1) = \triangle x_1 - \triangle x.$$

Wenn ein senkrecht geworfener Körper erst steigt und dann fällt, so geht doch g immer nach unten. Ob ein Kreis in dem einen oder dem anderen Sinne durchlaufen wird, die Beschleunigung geht immer nach innen.

Vgl. § 29 über umkehrbare und nicht umkehrbare Bewegungen.

367. Durch Zerlegung von $\bar{g}$ in g_x und g_y läßt sich zuweilen sehr einfach von einer krummlinigen auf eine geradlinige Bewegung schließen. So folgt z. B. aus den Untersuchungen über die gleichförmige Bewegung im Kreise, daß die Beschleunigung in der Projektion einer solchen Kreisbewegung beständig nach einem festen Punkt hin gerichtet und dem Abstand von ihm direkt proportional ist. Dies geht ja auch aus [355] unmittelbar hervor, da:

$$g_x = - \omega^2 x.$$

Aber auch die Umkehrung (deren Beweis hier fehlt) ist richtig: Wenn ein Punkt sich so auf einer Geraden bewegt, daß die Beschleunigung immer nach einem festen Punkte hin gerichtet und dem Abstand von ihm proportional ist, so macht er eine Bewegung, welche als Projektion einer Kreisbewegung angesehen werden kann.

368. Schwingungen. Man nennt solche Bewegungen harmonische Schwingungen. Sie sind das Urbild aller schwingenden Bewegungen überhaupt, wie Schallschwingungen, Lichtschwingungen, Schwingungen der Saite, der Stimmgabel usw.

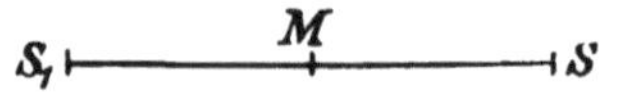

Fig. 73.

Der Abstand der beiden Umkehrpunkte S und S_1 heißt der Ausschlag, die Zeit, in welcher ein Ausschlag gemacht wird, die Schwingungsdauer (also die Hälfte der Umlaufszeit im Kreise), und der zugehörige Zentriwinkel φ heißt die augenblickliche Phase der Bewegung.

Es sei noch erwähnt, daß gerade bei solchen Schwingungen Geschwindigkeit und Beschleunigung sich auch in einer auffallenden Gegensätzlichkeit zeigen, freilich ganz anderer Art als [366]. In S und S_1 verschwindet v, während g dort seinen absolut größten Wert hat. In der Mitte M aber verschwindet g und ist umgekehrt $|v|$ ein Maximum. Und immer wenn $|v|$ abnimmt, wächst $|g|$, und wenn $|v|$ wächst, nimmt $|g|$ ab.

369. Die Sektorbeschleunigung. Genau wie in [310] mit der Geschwindigkeit geschehen, kann auch die Beschleunigung auf Winkel, Flächen und andere Größen übertragen werden, wenn sie sich mit der Zeit ändern.

Hier sei als Beispiel, an dem die Mechanik sehr großes Interesse hat, die Sektorbeschleunigung behandelt als die Geschwindigkeit, mit der sich die Sektorgeschwindigkeit ändert.

Nach [320] ist die Sektorgeschwindigkeit (für einen beliebigen Pol O) gleich dem halben Moment der Bahngeschwindigkeit, das mit A bezeichnet werden möge, also:

$$A = x\,v_y - y\,v_x.$$

Es ist dann:

$$\frac{dS}{dt} = \frac{1}{2}A = \frac{1}{2}(x\,v_y - y\,v_x),$$

folglich ist die Sektorbeschleunigung:

$$\frac{d^2 S}{dt^2} = \frac{d\left(\frac{dS}{dt}\right)}{dt} = \frac{1}{2}\frac{dA}{dt}.$$

370. Moment der Bahnbeschleunigung. Es ist zu bilden:

$$\frac{dA}{dt} = \frac{d(x\,v_y - y\,v_x)}{dt}$$

$$= x\frac{dv_y}{dt} + v_y\frac{dx}{dt} - y\frac{dv_x}{dt} - v_x\frac{dx}{dt}.$$

Setzt man hier für $\dfrac{dx}{dt}, \dfrac{dy}{dt}, \dfrac{dv_x}{dt}, \dfrac{dv_y}{dt}$ die Abkürzungen ein:

$$v_x,\quad v_y,\quad g_x,\quad g_y,$$

so heben sich zwei Glieder und es wird sehr einfach:

$$\frac{dA}{dt} = x\,g_y - y\,g_x.$$

Wie $x\,v_y - x\,v_x$ das Moment von v, so ist $x\,g_y - y\,g_x$ das Moment von g. Es werde B genannt, also:

$$B = x\,g_y - y\,g_x, \text{ daher:}$$
$$\frac{dA}{dt} = B = x\,g_y - y\,g_x.$$

Das Moment der Bahnbeschleunigung ist gleich dem nach der Zeit genommenen Differentialquotienten des Momentes der Bahngeschwindigkeit.

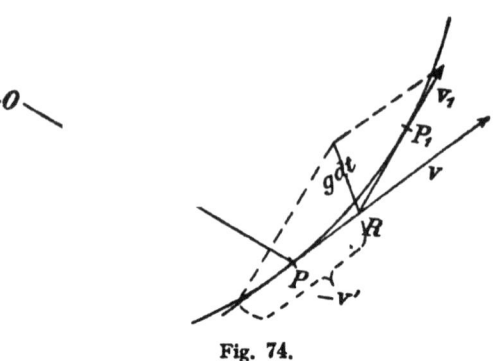

371. Man kann diesen wichtigen Satz auch aus der Momententheorie durch einen Grenzübergang ableiten. Es sei A das Moment von v und $A_1 = A + dA$ das Moment von v_1 in bezug auf O. Um die Differenz dA dieser Momente zu bilden, hat man nach [224] die Resultante von v_1 und

Fig. 74.

$(-v)$ aufzusuchen und im Schnittpunkt R der Tangenten abzutragen. Die genannte Resultante ist aber [349]:

$$\overline{dv} = \overline{v_1} - \overline{v} = \overline{g}\,dt, \text{ daher:}$$
$$dA = \text{Moment von } (g\,dt) = dt \times \text{Moment von } g, \text{ oder:}$$
$$\frac{dA}{dt} = \text{Moment von } g.$$

Allerdings geht $g\,dt$ in der Figur nicht durch P, wie es sein sollte, sondern durch R. Doch fallen zuletzt offenbar die drei Punkte P, P_1 und R zusammen, d. h. es ist:

$$\frac{dA}{dt} = B, \text{ q. e. d.}$$

372. Sektorbeschleunigung und Bahnbeschleunigung. Durch Einsetzen von $\dfrac{dA}{dt}$ in [369] ergibt sich:

$$\frac{d^2S}{(dt)^2} = \frac{1}{2}B = \frac{x\,g_y - y\,g_x}{2}.$$

In Worten: Die Sektorbeschleunigung ist gleich dem halben Moment der Bahnbeschleunigung g.

Also genau dieselbe Beziehung wie zwischen Sektorgeschwindigkeit und Bahngeschwindigkeit. Vgl. § 27 über Flächensätze.

373. Zentralbewegung heißt eine Bewegung, wenn die Beschleunigung g und mit ihr die bewegende Kraft K beständig nach einem festen Punkt O hin (oder von ihm fort) gerichtet ist. Dann verschwindet B, das Moment von g in bezug auf O. Also bleibt A und auch $\dfrac{dS}{dt}$ nach [370] unveränderlich. Der Radiusvektor O P beschreibt in gleichen Zeiten gleiche Flächen. (Zweites Kepler'sches Gesetz [954]).

Umgekehrt: Werden in gleichen Zeiten gleiche Flächen beschrieben, so ist die Sektorgeschwindigkeit unveränderlich. Die Sektorbeschleunigung verschwindet und mit ihr das Moment der Bahnbeschleunigung g. Also ist g nach dem festen Punkte hin oder von ihm fort gerichtet (was davon abhängt, ob die Bahn dem festen Punkte ihre hohle oder ihre gewölbte Seite zukehrt).

374. So hätte Kepler aus seinem zweiten Gesetz sofort schließen können, daß die Kraft, welche die Planeten um die Sonne treibt, nach ihr hin gerichtet, d. h. eine Anziehung ist.

Weshalb hat es der geniale Mann nicht getan, sondern sich mit allgemeinen Redewendungen über diese Kraft begnügt? Nun, weil die Mechanik noch gänzlich unentwickelt war, weil der Begriff der Beschleunigung kaum die Schwelle des Bewußtseins der Menschheit überschritten hatte, von den Huyghens'schen bahnbrechenden Betrachtungen über die Zentripetalbeschleunigung ganz zu schweigen.

Es war noch zu früh. Die Zeit der Entdeckung der allgemeinen Schwere war noch nicht gekommen § 39.

Fünfter Abschnitt.

§ 18. Bewegung eines starren Körpers.

375. Bewegungszustand eines starren Körpers. In diesem und dem nächsten Paragraphen soll festgestellt werden, was für Bewegungen starre Körper überhaupt machen können im rein phoronomischen Sinne, also ohne jede Bezugnahme auf die materiellen Begriffe Masse und Kraft.

Vorläufig wird dabei das Hauptgewicht auf den augenblicklichen Bewegungszustand gelegt, d. h. auf die Gesamtheit der augenblicklichen Geschwindigkeiten. Es gilt Gesetze hierüber aufzufinden.

376. Starre Verbindung mit einem starren Körper. Daß wirkliche feste Körper immer allseitig begrenzt sind, betrachtet die Phoronomie oft als nebensächlich, weil man sie nach Belieben erweitert vorstellen mag. Insbesondere kann jeder Punkt des Raums mit einem gegebenen starren Körper starr verbunden gedacht werden, so daß er an der Bewegung teilnehmen muß.

Ob z. B. ein Körper sich um eine Achse dreht, die, wie es meist der Fall ist, durch ihn hindurchgeht oder um eine Achse, die ganz außerhalb verläuft, ist in diesem Sinne ganz unwesentlich.

377. Die Translation oder Parallelverschiebung ist eine Bewegung, bei der alle Punkte gleiche und gleich gerichtete Bahnen beschreiben. Überall in dem Körper hat die Geschwindigkeit nach Größe und Richtung nur einen Wert; der Bewegungszustand wird durch den Satz gekennzeichnet: Es gibt überhaupt nur ein v.

Ein zweites wesentliches Merkmal ist das gänzliche Fehlen von Richtungsänderungen. Der ganze Körper wird zwar an einen anderen Ort gebracht, aber die Verbindungslinie irgend zweier seiner Punkte hat nach der Translation dieselbe Richtung wie vorher.

378. Die Drehung oder Rotation. Es beschreiben alle Punkte kreisförmige Bahnen, deren Ebenen auf der Drehungsachse senkrecht

stehen und deren Mittelpunkte auf ihr liegen. Es gibt nur eine
Winkelgeschwindigkeit ω, welche nach [313] als Strecke in l
abgetragen werden kann.

Der Bewegungszustand wird ferner durch
den Satz gekennzeichnet: Die Geschwindigkeit v
irgendeines Punktes P ist der Pfeil des Momentes
der Winkelgeschwindigkeit ω in bezug auf P
als Pol [315].:

v steht auf dem Radius ϱ, aber auch auf
der Drehungsachse l senkrecht. Ihr absoluter
Wert ist nach [315]:

$$v = \varrho \cdot \omega.$$

Macht man die Drehungsachse zur z-Achse
eines Koordinatensystems und zerlegt v, so
folgt [316]:

$$v_x = - y\,\omega, \quad v_y = + x\,\omega, \quad v_z = 0.$$

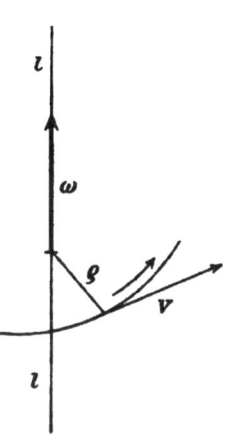

Fig. 75.

379. Zusammensetzung von Bewegungen. Erklärung: Eine Bewegung A eines Körpers soll
aus anderen Bewegungen B, C, ... zusammengesetzt heißen, wenn
die augenblickliche Geschwindigkeit, welche ein beliebiger Punkt P
des Körpers durch A erhält, gleich der Resultante derjenigen augenblicklichen Geschwindigkeiten ist, welche er durch B, C, ... erhalten würde.

Als sehr einfaches Beispiel sei erwähnt: A sei eine Schraubenbewegung, wie sie die Schraubenmutter um die Schraubenspindel
ausführt. Offenbar ist sie zusammengesetzt aus einer Drehung B um
die und eine Translation C längs der Schrauben-
achse. Es ist aber zu beweisen, daß durch Zusammensetzung von Translationen und Drehungen
jede Bewegung eines starren Körpers konstruiert
werden kann [393].

380. Das allgemeinste Geschwindigkeitsgesetz für
Bewegungen starrer Körper lautet:

Trägt man an irgend zwei Punkten P und
P_1 ihre Geschwindigkeiten v und v_1 als Strecken
an, so sind deren Projektionen v' und v'_1 auf die
Verbindungslinie PP_1 gleich lang und gleich
gerichtet.

Für die Translation stimmt der Satz ganz
offenbar, weil hier v und v_1 sogar selbst gleich

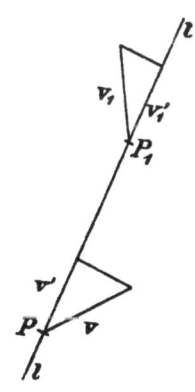

Fig. 76.

9*

lang und gleich gerichtet sind. Für die Drehung ist er auch richtig,
wenn auch nicht ganz so auf der Hand liegend. Der Beweis ergibt
sich aus [378] und dem allgemeinen Momentensatze [218], der eine
seltsame Ähnlichkeit mit unserem Satze hat.

381. Daß er aber auch allgemein richtig ist, läßt sich wie folgt
beweisen: Man gehe von v und v_1 über auf die unendlich kleinen
Wege $PQ = ds = v\,dt$; $P_1Q_1 = ds_1 = v_1\,dt$, ziehe $QP_2 =$ und $\|\,PP_1$
und zerlege $ds_1 = P_1Q_1$ in $ds_2 = P_1P_2$ und $ds_3 = P_2Q_1$.

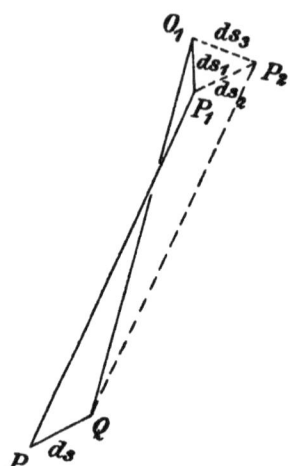

Fig. 77.

Dann ist die Projektion von $ds_1 =$ der
Summe der Projektionen von ds_2 und ds_3.
Die Projektion von ds_3 verschwindet aber, da
ds_3, wenn es wirklich unendlich klein wird,
auf QQ_1 oder QP_2 oder PP_1 senkrecht
steht. Und die Projektion von ds_2 ist
gleich derjenigen von ds, da ds_2 und ds
selbst gleich sind.

Also ist die Projektion von ds auf
PP_1 gleich der Projektion von ds_1 auf
PP_1. Dividiert man nun wieder durch dt,
so folgt daher der zu beweisende Satz:

$$v' = v_1'.$$

382. Man kann das Geschwindigkeitsgesetz auch rein analytisch wie folgt beweisen: Es werde ein rechtwinkliges Koordinatensystem eingeführt. Der Punkt P sei:
P (x, y, z) und der Punkt P_1 sei: P_1 (x_1, y_1, z_1). Dann ist ihr Abstand l
nach [241]

$$l = \sqrt{(x_1 - x)^2 + (y_1 - y)^2 + (z_1 - z)^2}.$$

Differentiiert man diese Gleichung total mit der Maßgabe, daß
l konstant sein, also dl verschwinden soll, so ergibt sich:

$$0 = \frac{x_1 - x}{l}(dx_1 - dx) + \frac{y_1 - y}{l}(dy_1 - dy) + \frac{z_1 - z}{l}(dz_1 - dz).$$

Die drei Brüche sind [242] gleich den Kosinus der drei Richtungswinkel α, β, γ von l. Die vorige Gleichung darf daher auch so
geschrieben werden:

$$\cos \alpha\,dx + \cos \beta\,dy + \cos \gamma\,dz = \cos \alpha\,dx_1 + \cos \beta\,dy_1 + \cos \gamma\,dz_1.$$

dx, dy, dz sind die Komponenten von ds nach den Koordinatenachsen. Also ist die linke Seite nach [248] die Projektion von ds

auf l. Ebenso ist die rechte Seite die Projektion von $d s_i$ auf l.
Der Satz ist bewiesen.

383. Das Geschwindigkeitsgesetz [380] ist umkehrbar. Denn es
stellt die Bedingung dar, daß die Entfernungen zwischen sämtlichen
Punkten unverändert bleiben; und wenn dies der Fall ist, so ändert
eben der Körper weder Größe noch Gestalt.

So ist also das Geschwindigkeitsgesetz der Kern, aus dem sich
die ganze Theorie der augenblicklichen Bewegungen starrer Körper
entwickeln läßt, wie folgt:

384. Beliebig viele augenblickliche Bewegungen eines starren
Körpers ergeben durch Zusammensetzung wieder eine mögliche
augenblickliche Bewegung desselben.

Denn befolgen die gegebenen Bewegungen das Geschwindigkeitsgesetz, so ist es mit der zusammengesetzten Bewegung auch der Fall,
da die Projektion der Resultante mit der geometrischen Summe der
Projektionen der Komponenten übereinstimmt.

385. Steht die Geschwindigkeit e i n e s Punktes einer Geraden
auf ihr senkrecht, so stehen die Geschwindigkeiten a l l e r Punkte auf
ihr senkrecht. Denn nach dem Geschwindigkeitsgesetz müssen alle
Projektionen dieser Geschwindigkeiten auf die Gerade einander gleich
sein; verschwindet also eine, so verschwinden sie alle.

Im besonderen: - Ist ein Punkt O des Körpers in augenblicklicher
Ruhe, so steht die Geschwindigkeit jedes anderen Punktes P auf
O P senkrecht.

386. Augenblickliche Ruhe. Sind drei Punkte A, B, C eines Körpers,
welche nicht in einer Geraden liegen, in augenblicklicher Ruhe, so
ist jeder seiner Punkte, so ist also der Körper selbst in augenblicklicher Ruhe.

Beweis: Man betrachte irgendeinen vierten Punkt P des Körpers
der mit A, B, C nicht in einer Ebene liegt. Seine Geschwindigkeit,
wenn er solche hätte, müßte nach [385] auf P A, P B und P C
senkrecht sein, was unmöglich ist, da diese drei Linien nicht in einer
Ebene liegen. P ist also in Ruhe. Nimmt man aber einen Punkt Q in
der Ebene A, B, C selbst, so füge man, was (auf unendlich viele Weisen)
möglich ist, drei Punkte P_1, P_2, P_3 hinzu, welche nicht mit Q in einer
Ebene und auch nicht in der Ebene A B C liegen. Da P_1, P_2, P_3 wie
eben gezeigt in Ruhe sind, muß es auch mit Q so sein.

Der Satz ist übrigens eigentlich selbstverständlich, da bekanntlich
die Lage eines starren Körpers durch die Lage von drei Punkten
bestimmt ist, welche nicht in einer Geraden liegen.

3 87. Identische augenblickliche Bewegungen. Der vorige Satz ist ein besonderer Fall des folgenden allgemeinen Satzes: Wenn drei Punkte A B C durch zwei augenblickliche Bewegungen die gleichen Geschwindigkeiten (nach Größe und Richtung) erhalten würden, so ist dies mit allen Punkten der Fall. Die augenblicklichen Bewegungen sind identisch.

Beweis: Es seien I und II zwei solche Bewegungen. Man betrachte die Bewegung (— II), d. h. diejenige Bewegung, welche aus II durch Umkehrung der Richtungen der Geschwindigkeiten hervorgehen würde. Dann werden durch Zusammensetzen von I und (— II) die drei Punkte A, B, C, also nach [386] alle Punkte zur Ruhe gebracht. Es heben sich I und (— II) auf, d. h. I und II sind identisch.

388. Folgerung aus [387]. Stimmen die Geschwindigkeiten dreier nicht in einer Geraden liegenden Punkte A, B, C der Größe und Richtung nach miteinander überein, so ist die augenblickliche Bewegung eine Translation, deren Geschwindigkeit diese Größe und Richtung hat.

Denn durch diese Translation erhalten A, B und C die gegebene Geschwindigkeit und nach [387] ist keine zweite Bewegung, welche ihnen dieselbe Geschwindigkeit geben würde, möglich.

389. Ferner: Sind zwei Punkte A und B des Körpers in augenblicklicher Ruhe, so ist die Bewegung identisch mit einer augenblicklichen Drehung um A B als Achse.

Beweis: Man betrachte irgendeinen dritten Punkt P, der nicht auf A B liegt, sondern den senkrechten Abstand r hat. Seine Geschwindigkeit v muß nach [385] auf P A und P B, also auch auf der Ebene P A B senkrecht stehen; folglich gibt es nach [378] eine augenblickliche Drehung um A B, durch welche P diese Geschwindigkeit v erhält. Da aber A und B auch ihre gegebenen Geschwindigkeiten (nämlich die Geschwindigkeiten Null) erhalten, so ist die gefundene Drehung mit der gesuchten Bewegung identisch.

390. Die Zusammensetzung von Translationen gibt stets wieder eine Translation, deren Geschwindigkeit gleich der Resultante der Geschwindigkeiten der gegebenen Translationen ist.

Folgt unmittelbar aus dem Begriff der Translation und dem Begriff der Zusammensetzung von Bewegungen. Man darf also Translationen zusammensetzen und zerlegen, wie man Strecken zusammensetzt und zerlegt, nämlich nach den in § 9 erläuterten Prinzipien der geometrischen Streckenlehre.

391. Die Zusammensetzung von Drehungen nach Poinsot um zwei sich in einem Punkte O schneidende Achsen ergibt eine dritte augenblickliche

Drehung, deren Achse auch durch O hindurchgeht und deren Winkelgeschwindigkeit die Resultante der gegebenen Winkelgeschwindigkeiten ist.

Dieser Satz erscheint nicht so auf den ersten Blick einleuchtend
wie der vorige; er ist auch erst von Poinsot entdeckt worden. Ein
sehr einfacher Beweis ergibt sich, wenn man nach [378] die Bahngeschwindigkeiten als Momente der Winkelgeschwindigkeiten ansieht
und dann den Satz von Varignon [224] aus der Theorie der geometrischen Momente anwendet.

Es seien nämlich ω_1 und l_1, sowie ω_2 und l_2 die gegebenen
Winkelgeschwindigkeiten und Achsen, und zwar seien ω_1 und ω_2 als
Strecken vom Schnittpunkt O aus in l_1 aus l_2 abgetragen. Es sei
ferner ω die resultierende Winkelgeschwindigkeit und l die durch O
gehende Achse, in welcher sie liegt. Sodann werde ein beliebiger
Punkt P im Raume angenommen, der durch die erste Drehung die
Geschwindigkeit v_1 und durch die zweite Drehung die Geschwindigkeit v_2 erhalten möge. Endlich sei v die Resultante von v_1 und v_2,
welche von P aus abgetragen sei, wie v_1 und v_2. Dann ist nach [378]
v_1 das Moment von ω_1; v_2 das Moment von ω_2. Also ist nach [224]
auch v das Moment von ω, d. h. v ist diejenige Geschwindigkeit,
welche P durch die Drehung um l mit der Winkelgeschwindigkeit ω
erhalten würde. Der Satz ist bewiesen.

392. Augenblickliche Bewegung um einen Punkt. Satz von Euler. Eine
augenblickliche Bewegung eines Körpers um einen Punkt O kann
nur eine augenblickliche Drehung um irgendeine durch O gehende
Achse l sein.

Beweis: Man bezeichne die Bewegung des Körpers mit I und
die Geschwindigkeit, welche irgendein nicht mit O zusammenfallender
Punkt P besitzt, mit v. Da v nach [385] auf O P senkrecht steht,
gibt es eine augenblickliche Drehung um eine zu v und O P senkrechte Achse, durch welche P auch die Geschwindigkeit v erhält.
Sie heiße II.

Man denke sich I zerlegt in II und eine dritte Bewegung III.
Dann entsteht III durch Zusammensetzen von I mit (— II). Da aber
hierdurch auch P zur Ruhe kommt, so ist III eine Drehung um O P.
Folglich entsteht I durch Zusammensetzung zweier Drehungen um
zwei durch O gehende Achsen. Also ist nach [391] auch I eine
Drehung um irgendeine durch O gehende Achse, w. z. b. w.

393. Zerlegung in Translation und Drehung. Jede augenblickliche
Bewegung eines starren Körpers kann zerlegt werden in

eine Translation und in eine Drehung. Es ist dies sogar auf unendlich viele Arten möglich, da man es so einrichten kann, daß die Drehungsachse durch irgendeinen Punkt O des Körpers hindurchgeht.

Beweis: Man bezeichne die Geschwindigkeit von O mit v und zerlege die Bewegung —sie heiße I— in eine Translation — sie heiße II — mit der Geschwindigkeit v und in eine dritte Bewegung — sie heiße III. Dann entsteht III durch Zusammensetzung von I und (— II). Da aber I und (— II) dem Punkte O entgegengesetzt gleiche Geschwindigkeiten geben, so bleibt dieser Punkt durch III in Ruhe. Also ist III nach [392] eine Drehung um eine durch O gehende Achse.

I ist zerlegt in die Translation II und die Drehung III.

394. Zerlegung nach den Achsen eines Koordinatensystems. Macht man O zum Anfangspunkt eines rechtwinkligen Koordinatensystems und zerlegt die Translation v nach den Achsen desselben in v_x, v_y und v_z und die Drehung ebenfalls [391] nach den Achsen in drei Drehungen, deren Winkelgeschwindigkeiten üblicherweise p, q, r heißen mögen, so ergibt sich:

Die allgemeinste Bewegung eines starren Körpers kann in jedem Augenblick nach den Koordinatenachsen in **sechs** Komponenten zerlegt werden, nämlich:

1. in drei Translationen längs den Achsen mit den beliebigen Geschwindigkeiten v_x, v_y und v_z;

2. in drei Drehungen um die Achsen mit den beliebigen Geschwindigkeiten p, q, r.

Man sagt daher: Der vollkommen frei bewegliche starre Körper habe sechs Grade der Freiheit [425].

395. Drehungen um parallele Achsen ergeben durch Zusammensetzung wieder eine Drehung um eine dritte parallele Achse. Dabei ist es gleichgültig, ob die Winkelgeschwindigkeiten gleiche Richtung (bzw. die Drehungen gleichen Sinn) oder entgegengesetzte Richtung haben. Nur dürfen im letzteren Falle die Winkelgeschwindigkeiten **nicht** entgegengesetzt gleich sein.

Parallele Gerade schneiden sich, wie man sagt, in der Unendlichkeit, d. h. sie sind ein Grenzfall sich schneidender Geraden, für welche der entsprechende Satz schon abgetan ist [391]. Dieser Grenzfall soll aber hier herausgehoben werden, so daß er eines besonderen Beweises bedarf.

396. Es mögen ω_1 und ω_2 gleiche Richtung haben und (Fig. 78) in der Ebene des Papiers liegen. Man nehme einen Punkt P zwischen den Achsen an. Er erhält durch die erste Drehung eine Geschwindigkeit $v_1 = a_1 \omega_1$ nach unten und durch die zweite Drehung eine Geschwindigkeit $v_2 = a_2 \omega_2$ nach oben. Beide heben sich auf, wenn:

a) $$a_1 \omega_1 = a_2 \omega_2, \text{ d. h.}$$
$$a_1 : a_2 = \omega_2 : \omega_1.$$

Ist diese Bedingung erfüllt, so bleibt P und mit ihm die ganze Gerade l in Ruhe. d. h. beide Drehungen ergeben zusammen eine dritte Drehung um die parallele Gerade l. Die resultierende Winkel-Geschwindigkeit sei ω. Man betrachte einen Punkt Q auf l_1. Durch ω_1 erhält er gar keine Geschwindigkeit, durch ω_2 die Geschwindigkeit $\omega_2 (a_1 + a_2)$ und durch ω die Geschwindigkeit $\omega \cdot a_2$. Daher:

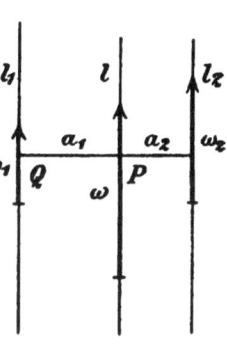

Fig. 78.

$$\omega_1 \cdot 0 + \omega_2 \cdot (a_1 + a_2) = \omega \cdot a_2,$$

$$\omega = \omega_2 \cdot \frac{a_1}{a_2} + \omega_2, \text{ also nach a)}$$

b) $$\omega = \omega_1 + \omega_2.$$

Man vergleiche hierzu [933] in § 38. Welch merkwürdige Analogie!

397. Sind ω_1 und ω_2 entgegengesetzt gerichtet, so bleibt sowohl die Proportion:

$$a_1 : a_2 = \omega_2 : \omega_1$$

als auch die Gleichung:

$$\omega = \omega_1 + \omega_2$$

bestehen. Aber l liegt zwar auch mit ω_1 und ω_2 in derselben Ebene, jedoch nicht zwischen ihnen, sondern jenseits der absolut größeren, etwa ω_1. Außerdem ist $\omega_1 + \omega_2$ geometrisch oder algebraisch zu verstehen, etwa ω_1 positiv, ω_2 negativ, so daß $\omega_1 + \omega_2$ im absoluten Sinne keine Summe, sondern eine Differenz ist.

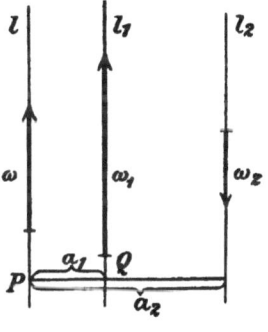

Fig. 79.

398. Das Drehungspaar. Wenn aber $\omega_2 = -\omega_1$ ist, so versagt die Konstruktion. Denn ω wird $= 0$ und der Abstand der Geraden l wird unendlich. Es liegt offenbar ein Grenzfall vor, der besonders behandelt werden muß.

Man nennt ihn ein Drehungspaar, das also, geometrisch betrachtet, nichts anderes bedeutet, als ein Streckenpaar [225]. Um sich deutlich zu machen, was an ihm ist, nehme man zunächst an, daß $\omega_2 + \omega_1$ sehr klein, also der Abstand der Geraden l sehr groß sei.

Was aber wird aus einer Drehung, wenn die Drehungsachse weiter und weiter entfernt angenommen wird? Offenbar eine Translation!

399. Drehungspaar und Translation. Das Moment des Drehungspaares in bezug auf irgendeinen Punkt P ist nach [378] die Geschwindigkeit v. Aber dieses v ist konstant [225], d. h. es ist wirklich eine Translation entstanden.

Umgekehrt: Jede Translation kann in ein Drehungspaar verwandelt werden, das in einer zur Translationsgeschwindigkeit v senkrechten Ebene liegt und dessen Moment mit v übereinstimmt.

400. Umformung eines Drehungspaares. Da es nach [399] nur auf das Moment des Drehungspaares ankommt, das geometrisch dargestellt wird durch den Flächeninhalt des aus den beiden Winkelgeschwindigkeiten als Seiten gebildeten Parallelogramms [225], so ist klar, daß man mit ihm die folgenden vier Umformungen machen kann:

1. Verschiebung in der eigenen Ebene, 2. Drehung in der eigenen Ebene, 3. Vergrößerung oder Verkleinerung der Winkelgeschwindigkeiten bei umgekehrt proportionaler Verkleinerung und Vergrößerung ihres Abstandes, 4. Verschiebung in irgendeine Parallelebene.

Und immer bleibt das Drehungspaar ein und derselben augenblicklichen Translation gleichwertig. Vgl. [939].

401. Allgemeinste Bewegung und Drehung. Wenn man so will, verliert also die Translation auf diese Weise ihren Charakter als Elementarbewegung, da sie in zwei Drehungen zerlegbar ist. Weil nun ferner die allgemeinste Bewegung nach [393] in Translation und Drehung zerfällt, so folgt:

Wie auch ein starrer Körper sich bewegen mag, so kann doch seine Bewegung in jedem Augenblick in Drehungen zerlegt werden.

Nach diesem Satz erscheint die Drehung als die einzige Elementarbewegung im dreidimensionalen Raum. Doch ist die ursprüngliche Auffassung, daß Drehung und Translation Elementarbewegungen seien, auch berechtigt. Eine dritte Auffassung siehe [405].

402. Zerlegung in zwei Drehungen. Irgendeine Bewegung sei zerlegt in eine Drehung mit der Winkelgeschwindigkeit ω und in eine Translation. Man verwandle letztere in ein Drehungspaar (ω_1, ω_2) und richte es dabei nach [400] so ein, daß ω_2 und ω sich schneiden. Dann können diese beiden nach [391] zu einer Drehung ω' vereinigt werden. Es bleiben dann nur zwei Drehungen ω' und ω_1. Also:

Jede augenblickliche Bewegung kann in zwei Drehungen zerlegt werden. Vgl. [946].

Im allgemeinen sind die Achsen dieser beiden Drehungen windschief zueinander, so daß sie nicht zu einer einzigen Drehung vereinigt werden können. Aus dem Beweisverfahren geht hervor, daß die Zerlegung in zwei Drehungen sogar auf unendlich viele Arten möglich ist.

403. Eine wesentliche Vereinfachung tritt ein, wenn die Translation v auf der Drehungsachse ω senkrecht steht. Dann nämlich ist letztere parallel zur Ebene des Drehungspaares (ω_1, ω_2), so daß ω nach [400] auch unmittelbar in dieser Ebene angenommen werden kann. Man richte es dann nach [400] ferner so ein, daß ω_2 entgegengesetzt gleich ω ist und beide in dieselbe Achse fallen, d. h. einander aufheben. Es bleibt dann nur ω_1 übrig. Also:

Eine Drehung und eine zu ihrer Achse senkrechte Translation geben zusammen wieder eine Drehung um eine parallele Achse mit derselben Winkelgeschwindigkeit. Vgl. [943].

404. Die Schraubenbewegung, der Satz von Chasles. Bildet die Translation v mit der Drehung ω einen beliebigen Winkel, so zerlege man erstere in eine Komponente v_2 senkrecht und eine Komponente v_1 parallel zu ω. Mit ω und v_2 verfahre man nach [403]. Es bleibt dann übrig: Eine Drehung ω_1 und eine Translation v_1, deren Richtung parallel zur Drehungsachse ist.

Daher nach [393]:

Die allgemeinste Bewegung, welche ein starrer Körper ausführen kann, ist in jedem Augenblick eine Schraubenbewegung.

Dies ist der Satz von Chasles, nach welchem die Schraubenbewegung die eigentlichste Elementarbewegung starrer Körper ist. Vgl. [944]. Translation und Drehung sind ihre beiden Grenzfälle, die entstehen, wenn entweder die Winkelgeschwindigkeit verschwindet (unendlich steile Schraube), oder wenn die Translationsgeschwindigkeit verschwindet (unendlich flache Schraube).

405. Der Aufstieg vom ein- zum zwei- und zum dreidimensionalen Raum geht also in der Phoronomie starrer Körper so vor sich: Im eindimensionalen Raum, d. h. in einer Geraden ist nur Verschiebung, d. h. Translation nach zwei entgegengesetzten Richtungen, möglich. Drehungen existieren nicht. Im zweidimensionalen Raum, d. h. in einer Ebene, ist nur Drehung in zwei verschiedenen Sinnen um beliebige Punkte möglich. Translationen erscheinen als Grenzfälle, nämlich als Drehungen um unendlich ferne Punkte der Ebene. Im dreidimensionalen Raum ist nur Schraubenbewegung in zwei verschiedenen Zuordnungen möglich (rechtsgängige und linksgängige Schrauben um Achsen). Drehungen und Translationen erscheinen als Grenzfälle.

406. Aus dem Chasles'schen Satz, der übrigens den Euler'schen Satz als besonderen Fall einschließt, ergeben sich manche einfache Folgerungen, z. B.:

1. Alle Punkte, deren Geschwindigkeiten der Größe und Richtung nach übereinstimmen, liegen auf einer Parallelen zur Schraubenachse.

2. Alle Geschwindigkeiten haben auf die Schraubenachse gleiche Projektionen, welche mit der Translationsgeschwindigkeit übereinstimmen.

3. Im allgemeinen ist kein Punkt in augenblicklicher Ruhe, selbst wenn man den Körper unbegrenzt erweitert denkt [376].

4. Punkte auf der Schraubenachse nehmen nur an der Translation teil. Sie verschieben sich in der Schraubenachse. Alle anderen Punkte bewegen sich schräg zur Schraubenachse in einer zum Abstand von ihr senkrechten Richtung. Ist der Abstand sehr groß, so überwiegt die der Drehung entsprechende, zur Schraubenachse senkrechte Geschwindigkeit die Translationsgeschwindigkeit. Die Winkel, welche die Geschwindigkeiten mit der Achse bilden, nähern sich daher unbegrenzt dem rechten Winkel.

---

§ 19. Die Bewegung eines starren Körpers (Schluß).

407. Das Rollen. Im vorigen Paragraph ist nur der augenblickliche Bewegungszustand eines bewegten starren Körpers untersucht worden; jetzt aber sollen Bewegungen von beliebig langer Dauer vorausgesetzt werden.

Einfache und allbekannte Vorbilder sind: Die gleichmäßige Drehung um einen festen Punkt oder eine feste Achse, die gleichmäßige Translation nach unveränderlicher Richtung und die gleichmäßige Schraubenbewegung. Zu ihnen tritt aber noch eine vierte uns wohl vertraute Bewegungsform, das Rollen (oder Wälzen).

Das rollende Rad, die rollende Kugel, die rollende Walze sind die bekanntesten Beispiele. Trotzdem soll hier aus anderen Gründen [413] hauptsächlich das Rollen eines Kegels auf einem anderen Kegel betrachtet werden, das man auch kurz als Kegelbewegung bezeichnen kann.

408. Die Kegelbewegung. Die Kegel, die man sich (indem jede Kante über die Spitze nach der anderen Seite verlängert wird) als „Doppelkegel" denken kann, mögen zunächst Kreiskegel sein. Der

Kegel II rolle „auf", oder „in" oder „um I herum". Fig. 80 a, b, c. Beide Kegel denke man sich etwa als die Oberflächen starrer Körper, von denen der erste ruht, unbeweglich ist und der zweite eben die Bewegung macht, welche man „Rollen" nennt.

Die wesentlichen Merkmale des Rollens sind aber: 1) II bewegt sich so, daß die Kegel stets längs einer Kante in Berührung sind und daß die Spitzen stets zusammenfallen. 2) Linien oder Flächen auf den Mänteln der beiden Kegel, welche sich während der Bewegung all-mälig Punkt für Punkt decken, haben gleiche Länge oder gleichen Inhalt.

Schneidet man z. B. die Kegel durch Kreise so ab, daß die Kanten gleiche Länge haben, so müssen nach 2) entsprechende Kreisbögen einander gleich sein.

409. Das Rollen zusammengesetzt aus zwei Drehungen. Offenbar kann das Rollen aufgelöst werden in eine Drehung von II um die Achse A des Kegels I (die dann mit II starr verbunden gedacht werden muß [376]) und in eine Drehung von II um die eigene Kegelachse B.

Durch die erste Drehung wird II um I herumgeführt. Wäre sie allein vorhanden, so würde stets dieselbe Kante von II Berührungs-kante bleiben. II würde nicht auf I rollen, sondern nur gleiten.

Bei der zweiten Drehung dreht sich II in sich selbst. Wäre sie allein vorhanden, so würde stets dieselbe Kante von I Berührungs-kante bleiben. II würde nicht auf I rollen, sondern beständig an derselben Kante von I vorbeigleiten.

Es sind also beide Drehungen nötig, und ihre Winkelgeschwindig-keiten werden sogar in einem ganz bestimmten Verhältnis stehen müssen, weil sonst eine Mischung von Rollen und Gleiten eintreten würde.

410. II rolle auf I außen herum (Fig. 80 a). Es seien ω_1 und ω_2 die Winkelgeschwindigkeiten der Drehungen um A und B, also:

$$\omega_1 = \frac{d\varphi}{dt}, \quad \omega_2 = \frac{d\psi}{dt}.$$

Nach [408] soll $ds = ds_1$, d. h. $\varrho\, d\varphi = \varrho_1\, d\psi$ sein. Daher:

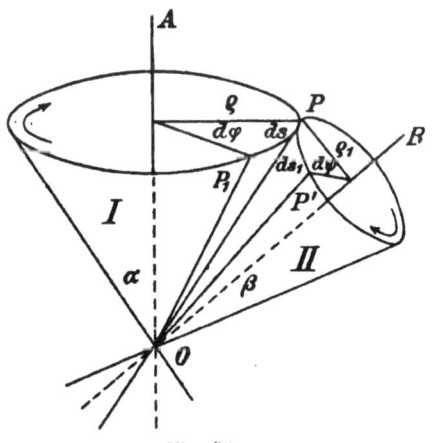

Fig. 80 a.

$$\mathrm{d}\,\varphi : \mathrm{d}\,\psi = \varrho_1 : \varrho$$

oder auch, da $\varrho = \mathrm{O\,P} \sin \alpha$, $\varrho_1 = \mathrm{O\,P} \sin \beta$ ist:

$$\mathrm{d}\,\varphi : \mathrm{d}\,\psi = \sin \beta : \sin \alpha$$

und somit auch:

$$\omega_1 : \omega_2 = \sin \beta : \sin \alpha = \frac{1}{\sin \alpha} : \frac{1}{\sin \beta},$$

d. h. die Winkelgeschwindigkeiten müssen sich verhalten umgekehrt wie die Sinus der Öffnungswinkel der Kegel.

411. Berührungskante als augenblickliche Drehungsachse. Trägt man ω_1 und ω_2 als Strecken in den Achsen A und B auf und konstruiert ihre Resultante, so erhält man nach dem Satz von Poinsot [391] Achse und Winkelgeschwindigkeit ω derjenigen Drehung, welche in dem betrachteten Augenblicke beide Drehungen, also das Rollen ersetzt.

Nach dem Sinussatz teilt daher ω den Winkel zwischen ω_1 und ω_2, d. h. den Winkel $\alpha + \beta$ zwischen A und B so, daß die Sinus der Teile sich umgekehrt wie ω_1 und ω_2, also direkt wie $\sin \alpha$ und $\sin \beta$ verhalten. Nun teilt aber die augenblickliche Berührungskante O P in dem geforderten Verhältnis, und da es unmöglich ist, daß zwei verschiedene Gerade denselben Winkel in demselben Sinusverhältnis teilen, so folgt:

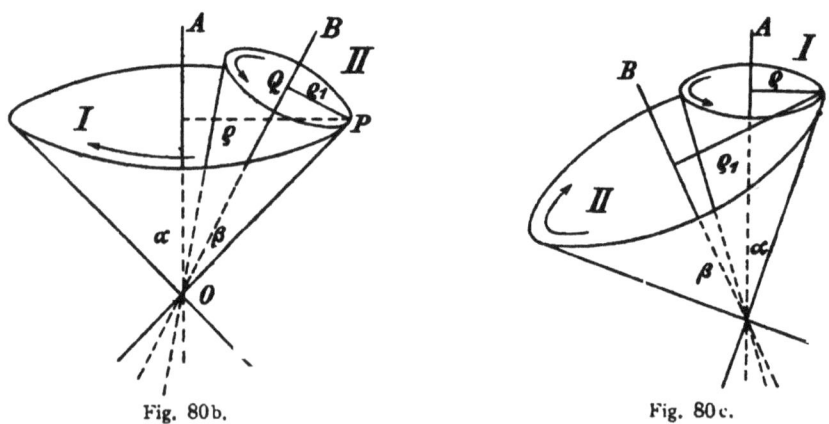

Fig. 80b.   Fig. 80c.

Die Achse, um welche der Kegel II sich beim Rollen augenblicklich dreht, fällt mit der augenblicklichen Berührungskante zusammen.

Dies leuchtet aber auch wohl ohne den eben geführten strengen Beweis ein. Es ist ohne jeden Zweifel klar: Längs der Berührungskante herrscht Ruhe, allerdings nur „augenblicklich". Also ist die

·Berührungskante diejenige Gerade, um welche sich II beim Rollen „augenblicklich" dreht.

412. Rollt II innerhalb I, Fig. 80 b, was nur möglich ist, wenn $\beta < \alpha$, so wird der Beweis ganz ebenso geführt. Nur erscheinen die Drehungen um A und B jetzt im entgegengesetzten Sinne, während sie vorhin gleichen Sinn hatten. Außerdem ist $\omega_1 < \omega_2$.

Rollt aber II um I herum, dabei I einschließend (Fig. 80 c), was nur möglich ist wenn $\beta > \alpha$, so ändert sich auch an dem Beweis nichts wesentliches. Die Drehungen um A und B erscheinen auch im entgegengesetzten Sinne. Es ist indessen jetzt $\omega_1 > \omega_2$.

413. Allgemeinste Kegelbewegung nach Poinsot. Es steht nichts im Wege, das Kegelrollen ganz zu verallgemeinern, indem man erstens für die Kreiskegel irgend zwei Kegel nimmt, von denen der eine auf dem anderen rollt und zweitens die Geschwindigkeit des Rollens als beliebig veränderlich betrachtet.

Diese beiden Kegel brauchen durchaus nicht Oberflächen wirklicher Körper zu sein; man kann sie auch einführen als rein geometrische Gebilde, von denen das eine im Raum ruht, während das andere in dem bewegten Körper fest ist und ihn beim Rollen mit sich führt. Alsdann ist eben nur der Körper wirklich da, während die beiden Kegel erst hinterher hinzugedacht werden, um die Art seiner Bewegung phoronomisch auf die einfachste Weise zu beschreiben.

414. Bewegung um einen festen Punkt. Die entscheidende Hauptsache hierbei ist aber, daß man so nicht nur unendlich viele, sondern **alle** möglichen Bewegungen eines starren Körpers um einen Punkt darstellen kann. Denn eine augenblickliche Drehungsachse muß nach [392] immer vorhanden sein, also müssen die Geraden im Raum, mit denen sie nach und nach zusammenfällt, einen Kegel I, und die Geraden im Körper, mit denen sie nach und nach zusammenfällt, einen Kegel II bilden.

Nun sollen durch die fortwährend veränderliche Drehung die so zusammengehörigen Kanten der beiden Kegel in dem betreffenden Augenblick zusammengebracht werden, d. h. der Kegel II muß auf Kegel I rollen. Also:

Die allgemeinste Bewegung, welche ein Körper überhaupt um einen festen Punkt ausführen kann, ist phoronomisch dasselbe, wie das Rollen eines mit dem Körper starr verbunden gedachten Kegels II auf einem im Raum ruhend gedachten Kegel I.

Da dieser Satz von Poinsot herrührt, so nennt man die beiden Kegel, welche im allgemeinen, wie gesagt, nur hinzugedacht werden,

auch wohl die Poinsotkegel. Der eine I ist im Raum, der andere
II ist im Körper fest.

415. Bisher ist angenommen worden, daß ein Punkt O des Körpers
sich nicht bewege, daß er ruhe oder „fest" sei. Diese Voraussetzung
stimmt aber nach [406] im allgemeinen für keinen Punkt, nicht einmal
für nur einen Augenblick. Man muß dann, um zu den Poinsotkegeln
zu gelangen, nach [393] folgendermaßen verfahren.

Man nehme in [393] für den Punkt O während der ganzen Bewegung ein und denselben Punkt des Körpers (z. B. den Schwerpunkt),
so zerfällt die augenblickliche Bewegung in eine Translation, deren
Geschwindigkeit mit der Geschwindigkeit von O übereinstimmt, und
in eine augenblickliche Drehung um O. Also:

Die allgemeinste Bewegung eines starren Körpers besteht in einer
beliebigen Bewegung eines seiner Punkte O (Schwerpunkt) und in
einer Kegelbewegung derart, daß ein mit dem Körper starr ver-
bundener Kegel II mit O als Spitze auf einem Kegel I rollt, der dabei
parallel zu sich selbst im Raum so fortgeführt wird, daß seine Spitze
beständig mit O zusammenfällt.

Oder auch in aller Kürze: Die Bewegung wird aufgelöst in eine
Bewegung des Schwerpunktes und eine Bewegung um den Schwerpunkt. So pflegt die rationelle Mechanik zu verfahren in Ansehung
der Schwerpunktsätze. § 25.

416. Man kann aber auch die Bewegung im allgemeinsten Falle nach
dem Satze von Chasles [404] betrachten als eine stetig veränderliche
Schraubenbewegung, bei der Schraubenachse, Winkelgeschwindigkeit
und Translationsgeschwindigkeit von Augenblick zu Augenblick durch
die unmerklichsten Übergänge sich verändern.

An Stelle der Poinsot-Kegel treten dann zwei allgemeine Regel-
flächen (d. h. Flächen, die durch stetige Bewegung einer geraden Linie
entstehen); eine I, welche im Raum ruht, und eine II, welche mit
dem Körper starr verbunden ist und sich mit ihm mitbewegt. Aber
II rollt dann nicht nur auf I, sondern gleitet auch an I entlang in der
Richtung der augenblicklichen Berührungskante.

417. Pendeln und Schaukeln. Es sind noch einige Grenzfälle der
Kegelbewegung zu erläutern, die häufig genug vorkommen. Schrumpft
der eine der beiden Kegel oder schrumpfen beide zu einer mathematischen Linie zusammen, so geht das Kegelrollen wieder in eine
Drehung um eine feste Achse über, die gleichförmig oder ungleichförmig sein kann, je nachdem ω konstant oder veränderlich ist.

Kehrt ω abwechselnd seine Richtung um, so geht das Drehen in ein Pendeln über, wie wir es unzähligemal am Uhrpendel gesehen haben. Ihm entspricht im allgemeinen Falle ein Schaukeln, wenn der Kegel II bald hin-, bald zurückrollt.

418. Wenn der Kegel II zwar nicht mathematisch genau zu einer Geraden wird, aber doch äußerst spitz bleibt, so scheint es, als ob der Körper sich um eine unveränderliche Achse drehe, die dabei verhältnismäßig langsam einen Kegel im Raum beschreibt, nämlich den Kegel I.

Man kann dies leicht an einem gewöhnlichen Kreisel sehen, dessen Spitze sich etwas in Sand eingebohrt hat, aber noch besser an einem in sehr schnelle Umdrehung versetzten Präzisionskreisel, wie er in physikalischen Experimentalvorträgen gezeigt wird. Es ist unmöglich, zu bemerken, daß die augenblickliche Drehungsachse stets äußerst wenig von der Symmetrieachse abweicht. Erst die langsam fortschreitende Kegelbewegung belehrt eines besseren.

Denn wenn die Drehungsachse ihre Lage im Körper schlechterdings nicht ändern würde, so müßte auch ihre Lage im Raum stets dieselbe bleiben. Wird also im Raum ein Kegel I beschrieben, so muß im Körper ein Kegel II beschrieben werden, mag er so spitz sein, wie er wolle.

419. Präzession der Erdachse. Ein klassisches Beispiel hierfür ist die mit der täglichen Drehung der Erde verbundene, sich erst in rund 26 000 Jahren einmal vollendende luni-solare Präzession, welche im großen und ganzen so vor sich geht:

I ist ein Kreiskegel, dessen Achse auf der Ekliptik senkrecht steht. Sein Öffnungswinkel α ist gleich der Schiefe der Ekliptik, gleich $23\frac{1}{2}^0$; II ist auch ein Kreiskegel, der in I herumrollt (also Fig. 80 b); aber er ist so spitz, daß es eben rund 26 000 Jahre dauert, ehe er einmal um I (den Präzessionskegel) ganz herum ist.

Wie äußerst klein hiernach sein Öffnungswinkel β ist, zeigt folgende Rechnung. Da das Jahr 365 Tage hat, muß II $365 \cdot 26\,000 = 9\,490\,000$ ganze Umdrehungen machen, d. h. ebenso oft in I sich abrollen, ehe I einmal überstrichen ist; daher:

$$\varrho_1 = \frac{\varrho}{9\,490\,000}, \quad \sin \beta = \frac{\sin 23\frac{1}{2}^0}{9\,490\,000}$$

$$\beta = 0{,}00\,000\,004\,202 = 0{,}00\,866''.$$

Setzt man $OP = $ Erdradius, so wird $\varrho_1 = 0{,}267$ m; d. h. der augenblickliche Pol beschreibt täglich um den mittleren Pol einen Kreis von zwei bis drei Dezimeter Radius.

420. Nutationen der Erdachse. Dies ist, wie gesagt, nur im großen und ganzen richtig, wie Theorie und Messung übereinstimmend dartun. Der angegebene Wert von β ist nur ein Durchschnittswert, weil die Präzession je nach Stellung der Erde zu Mond und Sonne (erst kommt der Mond [1013]) bald rascher, bald langsamer fortschreitet, ja manchmal sogar auf wenige Tage umkehrt (II rollt dann nicht innen, sondern außen).

Ferner: I, der Präzessionskegel, hat wellenartige Ausbuchtungen. Der Kreis ist also nur die Grundfigur, von der sich die wirkliche Linie in schlangenartigen Windungen bald nach innen, bald nach außen entfernt. Es sind, wie man sagt, „Schwankungen", „Nutationen" vorhanden, deren größte einst Bradley entdeckt hat. Sie kehrt alle 19 Jahre wieder (Periode der Mondknoten).

Aber auch sonst weicht der Präzessionskegel sehr erheblich von einem Kreiskegel ab.

421. Konische Pendelungen der Geschosse. Die Drehung um die Längsachse, welche die Geschosse durch den Drall erhalten haben, verwandelt sich durch den Luftwiderstand in eine Kegelbewegung, die auch zum Fall [418] gehört, obgleich der kleine Winkel β wahrscheinlich schon riesengroß gegen das vorige β wird. Der Präzessionskegel I wird also auch nur recht langsam durchlaufen.

Doch über seine Gestalt hat sich bisher weder durch Theorie, noch durch Versuche bestimmtes feststellen lassen, weil einerseits zur Berechnung des Drehungsmomentes des Luftwiderstandes Annahmen nötig sind, die man bisher noch nicht hat prüfen können und andererseits Momentphotographien noch verschiedene Deutungen zulassen. Wahrscheinlich sind auch größere und kleinere Nutationen vorhanden.

422. Rollende Zylinderflächen. Ein anderer Grenzfall der Kegelbewegung entsteht, wenn sich die Spitze unbegrenzt weit entfernt. Die Kegel werden dann zu Zylindern, von denen der eine auf dem anderen rollt.

Nimmt man einen Schnitt senkrecht zu den Kanten, so entsteht das Rollen einer ebenen Kurve auf einer anderen als phoronomische Darstellung der allgemeinsten Bewegung eines ebenen Gebildes in seiner eigenen Ebene.

Man denke an das rollende Rad als einfachstes Beispiel. Der augenblickliche Berührungspunkt ist zugleich augenblicklicher Ruhepunkt oder Pol. Und die augenblickliche Geschwindigkeit jedes anderen Punktes ist dem Abstand vom Pol proportional und senkrecht zu ihm.

423. Koordinatensystem statt Körper. Von Gestalt und Größe des bewegten starren Körpers ist sowohl in diesem, wie in dem vorigen Paragraphen nur sehr wenig die Rede gewesen, weil man ihn sich [376] beliebig vergrößert denken kann. Sie werden aber am nachdrücklichsten verleugnet, wenn man den Körper ersetzt denkt durch ein rein geometrisches, mit ihm starr verbundenes Gebilde.

Die analytische Mechanik nimmt hierfür meist ein rechtwinkliges Koordinatensystem, dessen Anfangspunkt stets mit demselben Punkt des Körpers (Schwerpunkt) zusammenfällt und dessen Achsen stets durch dieselben Geraden im Körper gebildet werden. Dieses Koordinatensystem ist also im Körper fest und ersetzt ihn für die phoronomische Beschreibung der Bewegung durchaus. Es sei das System II der x', y', z'.

424. Bewegung eines Koordinatensystems gegen ein anderes. Das so erläuterte Koordinatensystem ist also beweglich wie der Körper, den es ersetzen soll. Selbstverständlich wird man neben ihm das im Raum ruhende oder im Raume feste Koordinatensystem beibehalten. Es sei das System I der x, y, z.

Damit ist die analytische Grundlage für die Theorie der Bewegung starrer Körper gewonnen. Zwei Koordinatensysteme, eines das „im Raum ruht", und eines, das „im Körper ruht", d. h. starr mit ihm verbunden ist und sich mit ihm bewegt, mehr braucht man nicht!

425. Sechs Grade der Freiheit. Die Lage eines Koordinatensystems gegen ein anderes wird nach [270] durch sechs voneinander unabhängige Größen:

$$a, \ b, \ c, \ \varphi, \ \delta, \ \psi$$

bestimmt, deren Bedeutung dort angegeben worden ist. Bewegt sich II, so ändern sich also diese sechs Größen, sie werden Funktionen der Zeit. Und umgekehrt: Setzt man sie gleich beliebig gegebenen Funktionen der Zeit, so wird eine beliebige Bewegung eines starren Körpers beschrieben.

Es ist hier die zweite Gelegenheit, zu bemerken, daß der vollkommen frei bewegliche starre Körper sechs Grade der Freiheit besitze [394].

426. Daß es gerade die sechs eben angegebenen Größen sein müßten, ist durchaus nicht behauptet. Es könnten auch sechs andere sein, als deren Vertreter. Aber sechs müssen es sein, wie sich auch folgendermaßen zeigen läßt:

Die Lage eines starren Körpers ist durch die Lage von drei nicht

10*

in einer Geraden liegenden Punkten bestimmt. Könnten sie sich unabhängig voneinander bewegen, so wären ihre $3 \times 3 = 9$ Koordinaten
in bezug auf I willkürlich. Doch es sind drei Bedingungen zu er-
füllen, nämlich, daß ihre drei Entfernungen sich nicht ändern dürfen.
Folglich bleiben $9 - 3 = 6$ voneinander unabhängige Größen zur
Bestimmung der Lage eines starren Körpers, q. e. d.

427. Die Bahnen der Punkte des Körpers. Mit den sechs Größen
[425] sind zugleich die neun Koeffizienten der Koordinatentransformation von I auf II (oder umgekehrt) bestimmt [270]. Aus ihnen
ergibt sich ein letztes, was bisher noch nicht betrachtet worden ist,
nämlich die Gesamtheit der Bewegungen der Punkte des Körpers.

Es sei P ein solcher Punkt, über den doppelt Buch geführt wird,
im System I, wo er P (x, y, z), und im System II, wo er P (x′, y′, z′)
heißen möge. Dann sind x′, y′, z′ für denselben Punkt P gegebene
Größen; aber x, y, z werden Funktionen der Zeit, durch welche
nach [290] die drei Bewegungsgleichungen bestimmt werden.

So aufgefaßt, ergeben die Transformationsformeln [270] unmittelbar die Gesamtheit der Bewegungen aller Punkte des Körpers. Denn
links stehen die Koordinaten in bezug auf I, und rechts stehen gegebene Funktionen der Zeit, da x′, y′, z′, wie gesagt, für denselben
Punkt des Körpers konstant und die zwölf Koeffizienten durch:

$$a, \ b, \ c, \ \varphi, \ \vartheta, \ \psi$$

bestimmt sind. Mit der Ermittelung dieser sechs Größen ist also im
gegebenen Falle das Bewegungsproblem erschöpfend gelöst.

428. Daraus ergibt sich, daß man die Transformationsformeln [270]
auch als Ausgangspunkt benutzen kann, um die phoronomische
Theorie der Bewegung starrer Körper bis ins kleinste auszuarbeiten
und zunächst die bisherigen Ergebnisse auch rein analytisch zu gewinnen.

Darauf ist aber hier verzichtet worden, wie auf so vieles andere
aus diesem außerordentlich weiten Gebiet, dessen ausführliche Darstellung leicht den dreifachen Umfang dieses Buches einnehmen könnte.

Dies ist auch wohl erklärlich, denn Lage und Bewegung der
starren Körper sind vorbildlich für Lage und Bewegung überhaupt.
Mehr noch! An den starren Körpern allein kann sich Raumanschauung
bilden. Ohne sie gäbe es keine Geometrie.

§ 20. Die Deformation.

429. Dilatationen. Die elementarsten Hilfsbegriffe der Deformation, d. h. der stetigen und insbesondere der gleichförmigen oder, wie man sagt, affinen Deformation sind sowohl auf feste, wie flüssige, wie luftförmige Körper anwendbar. Sie sollen sich nicht auf den Bewegungsvorgang beziehen, der die Deformation zur Folge gehabt hat, sondern ausschließlich auf die geschehene Deformation selbst. Hierzu werden Winkel, Längen, Flächen, Volumina vor und nach derselben verglichen, um die Abweichungen, die sog. Dilatationen, festzustellen.

430. Spezifische Längenänderung. Es seien A und B irgend zwei Punkte des Körpers vor, A_1 und B_1 dieselben beiden Punkte nach der Deformation, also $A_1 B_1 - A B = l_1 - l = (l + \triangle l) - l = \triangle l$ die eingetretene Änderung des Abstandes. Dann heißt der Bruch:

$$\lambda = \frac{\triangle l}{l}$$

die zugehörige spezifische Längenänderung. λ ist positiv bei einer Dehnung oder Verlängerung, negativ bei einer Zusammenziehung oder Verkürzung. Bei gleichförmiger Dilatation hat λ für alle in derselben Geraden liegende Strecken denselben Wert.

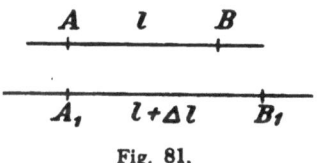

Fig. 81.

Die Umkehrung:

$$\triangle l = \lambda \cdot l$$

sagt aus: Die Längenänderung einer Strecke ist gleich dem Produkt aus ihrer ursprünglichen Länge und der spezifischen Längenänderung.

431. Die affine Deformation. Die gleichförmige Längenänderung kann zur allgemeinen affinen Deformation erweitert werden, wobei verschiedene Definitionen möglich sind. Eine der einfachsten ist folgende:

Erklärung: Eine Deformation heißt affin, wenn Mitte stets Mitte bleibt. Sind A, B, C drei Punkte vor und A_1, B_1, C_1 dieselben drei Punkte nach der Deformation und ist B Mitte von A C, so soll B_1 auch Mitte von $A_1 C_1$ sein.

Der Einfachheit wegen werden hier zuerst nur ebene, keine räumlichen Gebilde betrachtet werden.

432. Kollinearität. Aus der eben gegebenen Erklärung folgt:

1. Ist eine Deformation affin, so ist sie auch kollinear, d. h. eine

Linie, die ursprünglich gerade war, bleibt gerade. (Die Umkehrung wäre aber falsch, denn kollinear ist allgemeiner als affin.)

2. Die spezifische Verlängerung λ hat für alle Strecken einer gegebenen Geraden denselben Wert. Denn Strecken, die auf ihr vorher gleich lang waren, bleiben gleich lang.

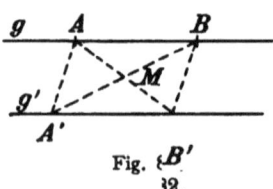

Fig. 32.

3. Aus einem Parallelogramm wird wieder ein Parallelogramm. Denn im Parallelogramm halbieren sich die Diagonalen, und umgekehrt, wenn sich die Diagonalen halbieren, so ist das Viereck ein Parallelogramm.

4. Parallele Gerade g und g' bleiben parallel, und λ hat für sie einen und denselben Wert. Folgt unmittelbar aus 3.

433. Ferner ergibt sich:

5. Zwei Parallelogramme, die ursprünglich gleichen Flächeninhalt hatten, sind auch nach der Deformation inhaltsgleich. Denn verwandelt man durch Anwendung der Schiebung [202] das eine der ursprünglichen Parallelogramme in das andere, so machen die deformierten Parallelogramme entsprechende Schiebungen durch.

6. Zwei Dreiecke, die ursprünglich inhaltsgleich waren, sind auch nach der Deformation inhaltsgleich. Denn man ergänze sie zu doppelt so großen Parallelogrammen.

7. Irgend zwei Flächen, die ursprünglich inhaltsgleich waren, bleiben inhaltsgleich. Denn werden sie von geradlinigen Strecken begrenzt, so zerlege man sie in Dreiecke (was immer möglich ist). Werden sie aber von krummen Linien begrenzt, so betrachte man diese als Polygone mit unendlich vielen unendlich kleinen Seiten.

434. Die spezifische Flächenänderung. Hieraus folgt unmittelbar, daß das Verhältniß $F : F_1$ des Flächeninhaltes vor und nach der Deformation für alle Flächen in dem ebenen Gebilde denselben Wert hat. Mit anderen Worten:

Es gibt nur **eine** spezifische Flächendilatation:

$$\mu = \frac{F_1 - F}{F} = \frac{(F + \triangle F) - F}{F} = \frac{\triangle F}{F}.$$

Ist μ positiv, so sind die Flächen größer geworden, ist μ negativ, so kleiner. Ist aber $\mu = 0$, so ändern die Flächen durch die Deformation zwar ihre Gestalt, aber nicht ihren Inhalt.

Übrigens: Solange das ebene Gebilde in seiner Ebene bleibt, muß trotz der Flächendilatation der Möbius'sche Umlaufssinn [198] derselbe bleiben. Denn da die Deformation allmälig entstanden ist, so müßte ein plötzlicher Wechsel des Umlaufssinnes eingetreten sein, was der Stetigkeit gänzlich entgegen wäre.

435. Konstruktion einer affinen Deformation. Soll ein gegebenes Parallelogramm A B C D in irgendein anderes gegebenes Parallelogramm $A_1 B_1 C_1 D_1$ deformiert werden, so ziehe man etwa durch P die Parallelen zu 1 und l_1, bestimme so Q und R, übertrage dann diese Punkte gemäß den Längendilatationen:

$$\lambda = \frac{l_1 - 1}{l} = \frac{\triangle l}{l}, \quad \lambda' = \frac{l'_1 - l'}{l'} = \frac{\triangle l'}{l'}$$

nach Q_1 und R_1 und suche dann durch Ziehen der Parallelen zu l_1 und l'_1 den Punkt P_1 auf. Er entspricht dem Punkt P.

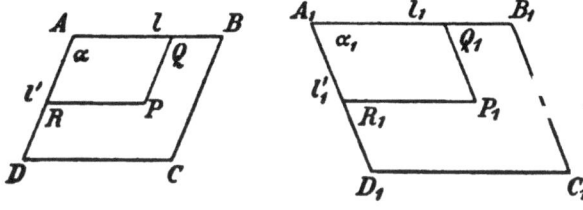

Fig. 83.

In der Tat zeigen die Proportionalitätssätze der Elementargeometrie ohne Schwierigkeit, daß die Affinitätsbedingung [431] erfüllt ist.

436. Winkeländerung oder Verzerrung. Aus [435] folgt sofort, daß auch die Winkel Änderungen erleiden können, da es möglich ist, dem beliebigen Winkel α den beliebigen Winkel α_1 entsprechen zu lassen.

Nach [432] werden Winkel mit parallelen Schenkeln in Winke mit parallelen Schenkeln deformiert. Und hieraus ergibt sich, daß zwar ein beliebig gegebenes Polygon im allgemeinen nach der Deformation eine andere Gestalt angenommen hat, daß aber doch zwei ursprünglich ähnliche Polygone mit parallelen Seiten auch nach der Deformation ähnlich bleiben und parallele Seiten haben.

437. Die Deformationsellipse ist eine Ellipse welche ursprünglich ein Kreis war. Daß aber wirklich aus einem Kreise eine Ellipse wird, mag hier ohne Beweis als richtig angenommen werden; ebenso wie der Satz, daß senkrechten Durchmessern des Kreises konjugierte Durchmesser der Ellipse entsprechen.

Es sind die zugehörigen Entwicklungen aus Lehrbüchern der Geometrie zu ergänzen.

438. Die Hauptdilatationen. Die Hauptachsen $A_1 B_1 = 2a$ und $C_1 D_1 = 2b$ sind auch einander konjugiert und waren also ebenfalls senkrechte Durchmesser A B und C D des Kreises gewesen. Da

$A_1 B_1$ der größte und $C_1 D_1$ der kleinste aller Durchmesser der Ellipse sind, so ergibt sich, daß AB die größte und CD die kleinste spezifische Längendilatation erlitten haben.

$$\lambda_1 = \frac{a - r}{r}, \quad \lambda_2 = \frac{b - r}{r}$$
$$[a = r\,(1 + \lambda_1), \quad b = r\,(1 + \lambda_2)].$$

In Fig. 84 ist λ_1 positiv, λ_2 negativ. Die eine Hauptdilatation ist Dehnung, die andere Zusammenziehung.

439. Hauptdilatationen und Flächendilatation. Die Fläche des Kreises ist: $F = \pi\,r^2$ und der Ellipse ist: $F_1 = \pi\,a\,b = \pi\,r^2\,(1 + \lambda_1)\,(1 + \lambda_2)$. Daher ist die Flächendilatation, welche nach [434] überhaupt nur einen Wert hat:

$$\mu = \frac{F_1 - F}{F} = (1 + \lambda_1)\,(1 + \lambda_2) - 1 = \lambda_1 + \lambda_2 - \lambda_1\,\lambda_2.$$

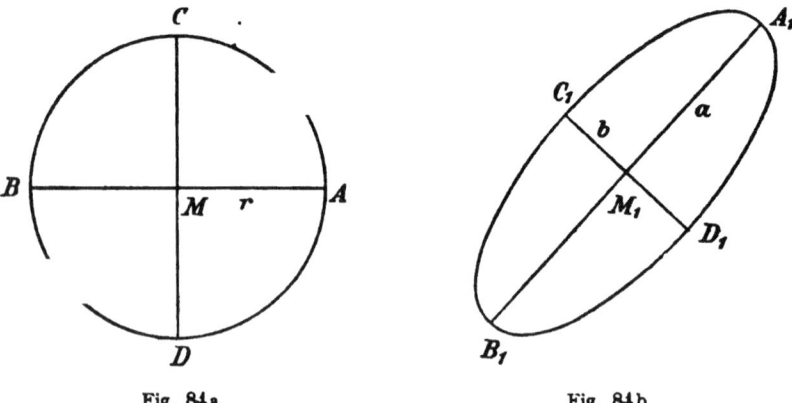

Fig. 84a   Fig. 84b

Ist die Deformation nur gering, wie man in der Elastizitätslehre meist annimmt, so kann $\lambda_1\,\lambda_2$ gegen $\lambda_1 + \lambda_2$ fortgelassen werden (als Größe zweiter Ordnung). Man erhält dann:

$$\mu = \lambda_1 + \lambda_2.$$

Die Flächendilatation ist gleich der Summe der beiden Hauptdilatationen.

440. Die größte Winkeländerung. Die Hauptachsen AB und CD als Vertreter aller zu ihnen parallelen Richtungen sind die einzigen Durchmesser, welche zueinander senkrecht geblieben sind. Ihr Winkel hat sich nicht geändert. Dagegen haben diejenigen beiden senkrechten Durchmesser des Kreises gegeneinander die größte Winkeländerung erfahren, welche die Winkel zwischen AB und CD halbieren.

Man nehme den stumpfen Winkel zwischen den entsprechenden gleich langen Durchmessern der Ellipse (nicht gezeichnet) und bezeichne ihn mit $2\,\psi$. Dann ist die größte Winkelverzerrung $= 2\,\psi - 90^0 = 2\,(\psi - 45^0)$.

Es ist:
$$t\,g\,\psi = \frac{a}{b} = \frac{1 + \lambda_1}{1 + \lambda_2}, \text{ also:}$$

$$t\,g\,(\psi - 45^0) = \frac{t\,g\,\psi - 1}{t\,g\,\psi + 1} = \frac{a - b}{a + b} = \frac{\lambda_1 - \lambda_2}{2 + \lambda_1 + \lambda_2}.$$

Ist die Deformation wieder sehr klein, so kann statt der Tangente der Winkel selbst (als arcus) gesetzt werden. Wird dann noch $\lambda_1 + \lambda$ gegen 2 fortgelassen, so ergibt sich:

$$2\,\psi - 90^0 = \lambda_1 - \lambda_2$$

als sehr einfacher Ausdruck für die größte Winkeländerung. Sie ist gleich der Differenz der Hauptdilatationen.

441. Die einseitige Längendilatation. Verschwindet die eine Hauptdilatation und denkt man sich Kreis und Ellipse so mit den Mittelpunkten zusammengelegt, daß die Hauptachsen der Ellipse in die

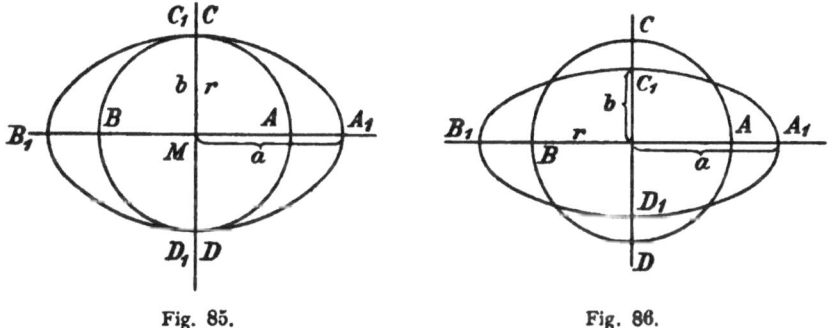

Fig. 85.   Fig. 86.

Richtungen der ihnen entsprechenden Durchmesser des Kreises fallen, so entsteht die „einseitige Längendilatation", die Dehnung oder Zusammenziehung nach einer Richtung ohne Änderung des Querschnittes. Fig. 85.

Der allgemeinste Fall kann also zerlegt werden: 1. in eine Parallelverschiebung, durch welche M nach M_1 kommt; 2. in eine Drehung, durch welche die Durchmesser A B und C D die Richtungen von $A_1\,B_1$ und von $C_1\,D_1$ erhalten und 3. in zwei einseitige Längendilatationen nach diesen zueinander senkrechten Richtungen.

· Offenbar darf man die drei Operationen in ihrer Reihenfolge vertauschen, also auch zuerst die Längendilatationen vornehmen (Fig. 86).

442. Ähnlichkeit und Kongruenz. Ist $a = b$, d. h. ist die Deformationsellipse auch ein Kreis, so ist jede Längendilatation eine Hauptdilatation,
und es gibt nur ein λ. Die Winkeländerungen oder Verzerrungen
fallen ganz fort.

Es wird nur die Größe, aber nicht die Gestalt geändert. Die
Ähnlichkeit bleibt bestehen.

Die Kongruenz ist wieder ein besonderer Fall der Ähnlichkeit,
Es verschwinden alle Dilatationen. Ein starrer Körper bewegt sich
so, daß er sich in allen Lagen kongruent bleibt.

443. Affinität und Parallelperspektive. Da λ_1 die größte, λ_2 die
kleinste Längenänderung bestimmt, müssen alle anderen zwischen
ihnen liegen. Sind daher λ_1 und λ_2 beide positiv oder beide negativ,
so ist nach allen Richtungen Dehnung oder nach allen Richtungen
Zusammenziehung. Ist aber λ_1 positiv und λ_2 negativ, so ist teils
Dehnung, teils Zusammenziehung.

Es muß dann zwei zu den Hauptachsen symmetrische Durchmesser
geben, die gar keine Längenänderungen erfahren. Legt man dann
Ellipse und Kreis mit den Mittelpunkten zusammen, aber so, daß sie
mit einem dieser Durchmesser zusammenfallen, so entsteht in ihm die
sog. Kollineationsachse.

Dreht man schließlich noch das deformierte Gebilde um diese
Kollineationsachse aus der Ebene um irgendeinen Winkel heraus, so
wird es, wie geometrisch leicht gezeigt werden kann, ein Abbild des
ursprünglichen Gebildes, das durch Parallelperspektive erlangt werden
kann.

444. Der Schub. Verschwindet die Flächendilatation μ, so tritt bei
dem genannten Zusammenlegen, wenn man wieder in derselben Ebene
bleibt, der „Schub" ein. Alle zu
der Kollineationsachse parallelen
Geraden verschieben sich „in sich
selbst".

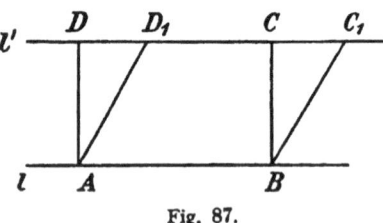

Fig. 87.

Aus dem Rechteck $ABCD$
wird ein Parallelogramm ABC_1D_1
von derselben Grundlinie und Höhe.
Der Winkel $DAD_1 = $ Winkel CBC_1
und sein Sinn messen spezifische Größe und Sinn des Schubes. Statt
seiner nimmt man meist seine trigonometrische Tangente:

$$k = \operatorname{tg} \varphi = \frac{DD_1}{AD} = \frac{CC_1}{BC}.$$

Setzt man hier $AD = BC = 1$, so wird:

$$k = DD_1 = CC_1, \text{ d. h.}$$

Größe des Schubes ist die Verschiebung im Abstande 1.

445. Da nach [443] zwei Durchmesser vorhanden sind, welche keine Längenänderung erfahren, so folgt aus einem Schub sofort noch ein zweiter. Um in Fig. 87 den zweiten Schub zu erlangen, nehme man (Fig. 88) statt des Rechteckes ein Parallelogramm $ABC'D'$, dessen Ecken C' und D' von C und D um die Hälfte von CC_1 oder DD_1 nach der anderen Seite hin liegen. Dann wird $ABC'D'$ in ein kongruentes Parallelogramm $ABC_1'D_1'$ deformiert, aber in eines, das „verkehrt" kongruent ist, weil den spitzen die stumpfen und den stumpfen die spitzen Winkel entsprechen.

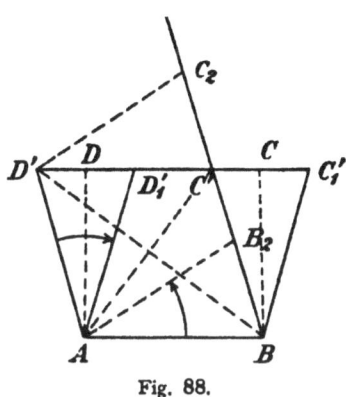

Fig. 88.

Dreht man nun $ABC_1'D_1'$ um den Punkt A, bis D_1' nach D' zu liegen kommt, so erhält es die Lage AB_2C_2D', welche aus $ABC'D'$ auch unmittelbar durch einen Schub hervorgeht. Aber wie merkwürdig! Dieser zweite Schub hat zwar dieselbe absolute Größe, jedoch (man sehe genau hin) den entgegengesetzten Sinn.

446. Macht man $AD' = AB$, so werden die Parallelogramme zu Rhomben, in denen bekanntlich die Diagonalen aufeinander senkrecht stehen. Ihre Richtungen bestimmen daher die Hauptdilatationen, von denen eine die Dehnung der kleineren zur größeren und die andere eine Zusammenziehung der größeren zur kleineren ist.

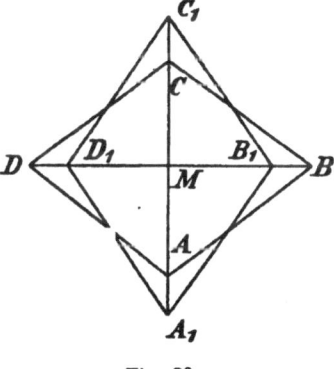

Fig. 89.

Legt man die Rhomben mit den Mittelpunkten und den entsprechenden Diagonalen zusammen, so entsteht in Fig. 89 eine besondere Abart der Dilatationen nach zwei zueinander senkrechten Richtungen (Fig. 86), aus der das Verschwinden von μ unmittelbar ersichtlich ist.

447. Analytische Behandlung der Deformation. Nimmt man ein rechtwinkliges Koordinatensystem an, das für das ursprüngliche und das deformierte Gebilde ein und dasselbe sein soll und bezeichnet entsprechende Punkte P und P_1 als P (x, y) und P_1 (x_1, y_1), so kommt es darauf an, x_1 und y_1 durch x und y auszudrücken.

Macht man z. B. in Fig. 85 A B zur x-Achse, so werden die Formeln für die einseitige Längenänderung:

$$x_1 = x(1 + \lambda), \quad y_1 = y.$$

Denn jedes x wird um λx vermehrt, und jedes y bleibt unverändert. Ebenso in Fig. 86:

$$x_1 = x(1 + \lambda_1), \quad y_1 = y(1 + \lambda_2).$$

Für den Schub aber lauten die beiden Gleichungen, wenn 1 zur x-Achse wird: Fig. 87:

$$x_1 = x + k y, \quad y_1 = y.$$

448. Allgemeine Gleichungen der affinen Deformation. Betrachtet man diese einfachen Formeln, nimmt zu ihnen die früheren Formeln [256] und [259] für Verschiebung und Drehung in dem Sinne [424], so erkennt man sofort, daß die Gleichungen für jede affine Deformation [441] auch vom ersten Grade sein müssen, wie all diese besonderen Gleichungen es sind. Sie müssen die Gestalt haben:

$$x_1 = a_1 x + a_2 y + a$$
$$y_1 = b_1 x + b_2 y + b.$$

449. Aber auch umgekehrt: Wenn man irgend zwei solche Gleichungen ersten Grades aufstellt, in denen die sechs Koeffizienten:

$$a_1, a_2, a, b_1, b_2, b$$

beliebige Werte haben, so ergibt sich eine mögliche Deformation. (Nur darf die Determinante $a_1 b_2 - b_1 a_2$ nicht verschwinden, weil sonst in der einen Hauptrichtung die Längen durch die Deformation zusammenschrumpfen würden. Die Deformationsellipse würde zu einem Strich werden.)

Um dies zu beweisen, könnte man zeigen, daß Mitte Mitte bleibt [431], was jedem Leser überlassen werden kann, der die Elemente der analytischen Geometrie kennt.

So werden dann die einfachen Gleichungen [448] zum Ausgangspunkt der analytischen Behandlung des Deformationsproblems. Von hier aus lassen sich die erhaltenen Sätze wieder gewinnen durch rein algebraische Operationen.

450. Räumliche affine Deformation. Bei der Übertragung auf den Raum erhalten die Sätze dieses Paragraphen eine angemessene Erweiterung. So tritt z. B. noch die räumliche Dilatation:

$$\nu = \frac{\triangle v}{v}$$

hinzu. Aus der Deformationsellipse wird ein Deformationsellipsoid, dessen drei Hauptachsen drei Hauptdilatationen bestimmen. Es gibt nur ein ν, aber unendlich viele λ und ebenso unendlich viele μ usw.

451. Beliebige stetige Deformation. Die überall gleichartige oder affine Deformation reicht für die Formänderungen, welche die Körper w i r k l i c h erfahren, bei weitem nicht aus. Wenn ein Stab gebogen wird, so verwandelt sich gerade in krumm und wenn ein Draht mit ungleichen Querschnitten gezogen wird, so verlängert er sich an den dünneren Stellen verhältnismäßig mehr.

Aber dies schließt nicht aus, daß die Deformation in einem unendlich kleinen Körperelement doch gleichförmig sei. Freilich von Element zu Element stetig veränderlich, derart, daß z. B. Größe und Richtung der Hauptdilatationen sich durch den ganzen Körper hindurch stetig ändern.

Von diesem Gesichtspunkt greift man z. B. alle Aufgaben der Elastizitätslehre an (Biegung des Balkens, Torsion des Stabes, Theorie der Säulen, der Platten usw.).

452. Aufhören der Stetigkeit. Wenn der Zusammenhang unterbrochen wird, der Körper zerreißt, zerspringt oder auf andere Weise in getrennte Teile zerfällt, so hört wenigstens an den Trennungsstellen der Zusammenhang auf, und man muß sich begnügen, die Teile als stetig anzusehen.

Wenn aber diese Teile kleiner und kleiner werden, wenn z. B. eine Flüssigkeit in unzählbare Tropfen zerstiebt oder zwei Flüssigkeiten sich vermischen oder gar chemisch verbinden, dann allerdings versagt der Begriff der Stetigkeit vollständig. Der Körper wird atomisiert und die Mechanik muß sich in Molekularmechanik verwandeln, um den Bewegungsvorgängen weiter nachgehen zu können.

453. Scheinbare Stetigkeit. Hier erscheint jede Bewegung, Geschwindigkeit, Beschleunigung, wie sie wahrnehmbar und meßbar sind, als Durchschnittswert sehr vieler vielleicht regellos durcheinandergehender molekularer Bewegungen, Geschwindigkeiten und Beschleunigungen, die sich der Wahrnehmung entziehen.

So könnte wohl auch die Stetigkeit der Körper nur scheinbar sein und sich in Unstetigkeit verwandeln, wie eine scheinbar gleichförmig graue Fläche, die sich beim Näherkommen in ungezählte weiße und schwarze Stellen auflöst.

Die Molekularmechanik steht vor der schwierigen Aufgabe, das Zustandekommen dieser durchschnittlichen Stetigkeit zu erklären, was ihr ja für die Gase schon durch die kinetische Gastheorie leidlich gelungen ist. Mögen aber ihre weiteren Erfolge noch so groß werden, die rationelle Mechanik wird trotzdem den Begriff des stetig ausgedehnten, stetig bewegten, stetig deformierten Körpers festhalten, selbst wenn sie die Möglichkeit zugibt, daß es sich um Durchschnittswerte handelt. (Vgl. 95.)

§ 21. Absolute und relative Bewegung.

454. Der Bewegungsbegriff. „Nichts ist älter als die Bewegung, und über dieselbe gibt es weder wenig, noch geringe Schriften der Philosophen." Dieser Satz Galilei's [26] gilt heute noch mehr als damals, denn bis in die neueste Zeit haben Philosophen und Mathematiker wie Huyghens, Leibniz, Euler die Bewegung von allen Seiten betrachtet.

So ist auch die doppelte Auffassung des Bewegungsbegriffes, die absolute und die relative, bis zur äußersten Schärfe entwickelt worden, weniger für den alltäglichen Gebrauch, der mehr auf Bildsamkeit als auf Bestimmtheit sieht, als für die Wissenschaft, wo sie größte Bedeutung erlangt hat.

455. Absolute Bewegung. Da abstrakte Begriffe um so eher erfaßt werden, je abstrakter sie sind, d. h. je weniger Merkmale sie enthalten, so geht die absolute Bewegung begrifflich voran. Sie ist die Bewegung eines Körpers schlechthin oder die Bewegung, durch welche er und seine Teile an andere Orte im Raume gelangen.

Absolute Bewegung ist also zeitliche Änderung der Lage eines Körpers im Raum. Sie setzt voraus 1. die absolute Zeit, 2. den absoluten Raum, 3. die absolute Materie.

456. Relative Bewegung. Viel zurückhaltender ist der relative Bewegungsbegriff, welcher von dem Urteil ausgeht, daß der Sinneseindruck einer Bewegung nicht sowohl von der absoluten Änderung der Lage, sondern von der Änderung der Lage zu dem Wahrnehmenden abhängt.

Relative Bewegung ist also zu allererst Änderung der Lage im Gesichtsfeld. Ich sehe, daß der Vogel fliegt, der Stein fällt, der Hase läuft. Ich sehe aber auch, daß während der Fahrt die Landschaft an mir vorüberzieht.

457. Der Bezugskörper. Doch da immer oder fast immer zugleich ein anderer Körper — die Erde, der Wagen, das Schiff — im Gesichtsfeld ruht und meist sogar einen großen Teil desselben einnimmt, so wird dieser andere Körper wie von selbst statt des Gesichtsfeldes als Bezugskörper genommen.

Der Stein fällt zur Erde, der Mann ging auf Deck spazieren. Also Änderung der Lage zu einem Bezugskörper, von dessen etwaiger Bewegung dabei abgesehen wird.

458. Der Bezugskörper wird im Gesichtsfeld ruhend gedacht und muß also als fest oder mathematisch streng als starr vorausgesetzt werden. Denn wenn er andere Gestalten annehmen würde, könnten nicht alle seine Teile ihre Lage im Gesichtsfeld behalten.

Umgekehrt kann jeder wirkliche oder angenommene feste Körper zum Bezugskörper für Relativbewegungen gemacht werden. Man kann sich z. B. von der Erde auf die Sonne oder den Mond oder einen Planeten versetzt denken und fragen, wie von dort aus die Bewegungen im Sonnensysten erscheinen würden.

459. Das Bezugssystem. Statt des Bezugskörpers, den einst Euler als Körper A und später C. Neumann als Körper α in die Mechanik eingeführt hat, kann man auch [423] ein mit ihm starr verbunden gedachtes Koordinatensystem nehmen, um auf dasselbe die Bewegungen zu beziehen. Sie können dann nach § 14 in mathematischen Formeln oder Gleichungen beschrieben werden als Änderungen der Koordinaten, sei es eines Punktes, sei es aller Punkte des Körpers. Ändern sich aber seine Koordinaten nicht, nun so ist er eben in relativer Ruhe zum System.

Übrigens haben wir ja [254] im Gesichtsfeld selbst in natürlichster Weise ein solches Koordinatensystem.

460. Allseitig relative Bewegungen. Die Bewegungen der Körper gegen einen Bezugskörper A sind zwar relativ, aber recht einseitig relativ, da jeder andere wirkliche oder gedachte feste Körper auch hätte genommen werden können.

Allseitig relativ wird erst die Auffassung, wenn man sich auf das beschränkt, was all diesen möglichen Bezugsbewegungen gemeinsam ist, nämlich die aus ihnen folgende Änderung der gegenseitigen Lage der Körper. Die Schiffe kommen einander beängstigend nahe. Die Billardbälle prallen aufeinander. Sonne, Mond und Planeten bewegen sich gegeneinander. Ihre Abstände ändern sich und sie wenden einander allmälig andere Teile ihrer Oberflächen zu.

Das sind zweifellos Relativbewegungen, doch von einem Bezugskörper ist dabei keine Rede. Zum mindesten wird er ganz unbestimmt gelassen.

461. So kommt die **volle** Gegenseitigkeit reiner zur Geltung als durch Zuhilfenahme eines Bezugskörpers oder eines Bezugssystems. Doch sind die Vorteile eines solchen zu groß, als daß die Mechanik je von ihm lassen würde.

Auch bringt die willkürliche Annahme eines Bezugskörpers nur scheinbar eine Beschränkung mit sich. Denn die Lage von Körpern gegeneinander ist offenbar durch ihre Lage gegen den Bezugskörper bestimmt.

Hat man daher eine einseitige Relativbewegung, so hat man auch, wenigstens implizite, die allseitige Relativbewegung.

462. Absolute Ruhe. Die absoluten Bewegungen sollen begrifflich nicht relative, sondern wahre Ortsveränderungen sein. Trotzdem kann man sie auch als Relativbewegungen auffassen, nämlich als solche gegen einen wirklichen oder gedachten Bezugskörper, der sich in absoluter Ruhe befindet.

Somit sind die absoluten Bewegungen unter den einseitigrelativen Bewegungen als ein besonderer Fall eingeschlossen. Die Frage aber, wie man gerade **diesen** Fall herausfinden könnte, kommt auf die Frage zurück: Welcher wirkliche Körper oder, wenn kein solcher angegeben werden kann, welches durch seine Lage zu wirklichen Körpern angebbare Koordinatensystem ist in absoluter Ruhe?

463. Geometrische Axiome. Daß die geometrischen Axiome des (euklidischen) Raumes bei Erledigung dieser grundlegenden Frage gänzlich versagen müssen, ist leicht einzusehen. Denn nach ihnen ist der Raum überall gleichförmig, so daß sie gar keine Handhabe zur Bestimmung der absoluten Lage bieten können.

Alle geometrischen Messungen beziehen sich auf relative, niemals auf absolute Lage. Gesetzt, man kenne seit Jahrtausenden auf das genaueste alle Entfernungen zwischen den Körpern des sichtbaren Weltalls, so folgt aus dieser Kenntnis wohl die genaueste Kenntnis aller relativen Bewegungen, aber unmittelbar gar nichts über die absoluten Bewegungen.

464. Das Ptolemäische Weltsystem. Bekanntlich beginnt der Almagest des Ptolemaeus, welcher etwa anderthalb Jahrtausende die Astronomie beherrscht hat, mit dem Satze, daß die Erde in absoluter Ruhe verharre, also weder eine Translation, noch eine Drehung im Raume ausführe. Die Bewegungen der übrigen Weltkörper, wie wir sie von der Erde aus sehen, sind dann auch ihre wirklichen, ihre absoluten Bewegungen. Terrestrische Bewegung ist absolute Bewegung.

Es war schon immerhin ein Fortschritt, daß im Almagest die absolute Ruhe der Erde überhaupt ausdrücklich behauptet und sogar

„bewiesen" worden ist. Dies ist wohl darauf zurückzuführen, daß einige griechische Astronomen, besonders Aristarch, als Vorläufer des Kopernikus, bereits die Möglichkeit einer Bewegung der Erde erwogen hatten; diesen „Sophisten" sollte entgegengetreten werden.

465. Das Kopernikanische Weltsystem. Die Sonne oder vielmehr ein Koordinatensystem, dessen Anfangspunkt in den Mittelpunkt der Sonne fällt und dessen Achsen nach der Fixsternkugel orientiert sind, soll in absoluter Ruhe sein.

Man hat es Kopernikus als eine bescheidene Zurückhaltung angerechnet, daß er sein System nur eine „Hypothese" genannt hat. Es spricht sich aber wahrscheinlich in diesem Wort die feste Überzeugung des großen Denkers aus, daß die Frage nach den absoluten Bewegungen (nach [463]) überhaupt nur hypothetisch beantwortet werden könne.

Newton hat aus Prinzipien der Mechanik heraus statt des Mittelpunktes der Sonne den Schwerpunkt des ganzen Sonnensystems gesetzt, aber auch ausdrücklich noch die absolute Ruhe dieses Schwerpunktes behauptet.

466. Das Kopernikanisch-Herschel'sche Weltsystem. Jetzt nimmt man nach Herschel an, daß die Sonne oder vielmehr der Schwerpunkt des Sonnensystems eine Eigenbewegung im Raume habe, weil es sich als wahrscheinlich ergeben hat, daß die sog. Eigenbewegungen der Fixsterne durch Abziehen einer Eigenbewegung der Sonne von ihren wirklichen Bewegungen entstehen.

Die Eigenbewegung der Sonne soll nach dem Sternbild des Herkules gerichtet sein. Sie wird als (beinahe) gleichförmig angenommen, aber ihre Geschwindigkeit ist noch nicht genau bekannt [713].

467. Verleugnung der absoluten Bewegung. Wie eben erwähnt, kann die Frage nach den absoluten Bewegungen überhaupt nur hypothetisch beantwortet werden. Man hat daher diese Bewegungen in neuerer Zeit oft verleugnet, um von vornherein nur relative Bewegungen anzunehmen.

Gewiß ist diese Auffassung auch berechtigt. Nur soll sie nicht einseitig sein, sondern dann ganze Arbeit machen und **alle** absoluten Begriffe aus der Mechanik entfernen, wie Zeit, Raum, Kraft, Masse, die nur unter Heranziehung von teils offenbaren, teils tief versteckten Hypothesen, Axiomen, Postulaten zueinander in Beziehung treten können.

468. Voraussetzungslose Mechanik. So verhält es sich aber mit aller menschlichen Erkenntnis. Ihre Begriffe und Urteile haben nur aufeinander Bezug, wenn sie auch in sprachlicher Form meist absolut und unbedingt aussehen. Wenigstens kann niemand aus Gründen beweisen, daß es anders sei.

Wenn man dies ein für allemal und rückhaltlos zugegeben hat, so ist es für elementare Darstellungen einer Wissenschaft genug [99]. Auch soll eine sog. voraussetzungslose Mechanik, wie sie jetzt so oft als Ideal gepriesen wird, erst noch geschrieben werden. Noch immer haben sich hinter einer „Hypothese", an welcher man Anstoß nahm, andere gezeigt. Was ohne sie übrig bleibt, ist — so scheint es — in menschlicher Sprache nicht mehr ausdrückbar.

469. Die **K o p e r n i k a n i s c h - H e r s c h e l**'sche Hypothese ist nicht von mathematischer Bestimmtheit. Aber ihre Genauigkeit reicht zur Anwendung vollständig aus, bis auf weiteres.

Erstens kennt man die Eigenbewegung des Sonnensystems nicht genau, was aber für die astronomische und umsomehr für die terrestrische Mechanik gleichgültig ist [479]. Zweitens bewegen sich die Fixsterne auf der Himmelskugel gegeneinander, wenn auch sehr langsam. Die Orientierung der Richtungen nach ihnen wird aber doch im Laufe von Jahrtausenden etwas unsicher, bzw. von den hierzu gewählten Fixsternen abhängig. Doch muß der Zukunft überlassen werden, was dann zu geschehen hat.

470. Vergleichung von Relativbewegungen. Wenn man von der absoluten zu irgendeiner Relativbewegung oder von einer solchen zu einer anderen übergeht, so ändern sich die Bahnen, die Geschwindigkeiten, die Beschleunigungen, kurz die phoronomischen Elemente der Bewegung.

Dabei verhält sich die absolute Bewegung genau so wie eine relative. Es kann daher die Frage so gestellt werden: Wie kann man von einer Relativbewegung auf eine andere schließen? Wie z. B. von den astronomischen Erscheinungen, wie wir sie auf der Erde wahrnehmen, auf diejenigen, welche wir auf dem Mars wahrnehmen würden.

471. Die Umkehrung einer Relativbewegung. Wenn ein Körper B sich relativ gegen A bewegt, so bewegt sich auch A relativ gegen B. Beide Bewegungen bedingen einander.

Ruht aber B gegen A, so ruht auch A gegen B. Relative Ruhe ist immer gegenseitig. Im besonderen sind alle Teile eines starren Körpers zueinander in relativer Ruhe.

472. Zwei Punkte auf einer Geraden. Man mache die Gerade zur x-Achse; dann ist $\overline{AB} = x$ die Abszisse von B in bezug auf A, also $\overline{BA} = x_1 = -x$ die Abszisse von A in bezug auf B. Bezeichnet man

also mit v und g Geschwindigkeit und Beschleunigung von B in bezug
auf A und mit v_1 und g_1 entsprechend von A in bezug auf B, so wird

$$v = \frac{dx}{dt}, \quad g = \frac{d^2x}{(dt)^2}, \quad v_1 = \frac{dx_1}{dt}, \quad g_1 = \frac{d^2x_1}{(dt)^2},$$

also, da $x_1 = -x$, auch:

$$v_1 = -v, \quad g_1 = -g,$$

d. h. die relativen Geschwindigkeiten
und ebenso die relativen Beschleunigungen sind einander entgegengesetzt
gleich.

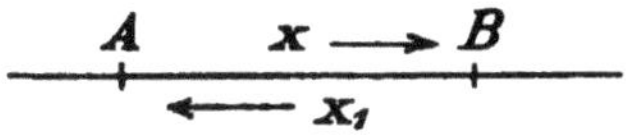

Fig. 90.

473. Relative Translationen. Sind A und B dreidimensionale (starre)
Körper und macht B gegen A nur eine Translation, so macht auch
A gegen B nur eine Translation durch. Die Geschwindigkeiten und
Beschleunigungen sind auch einander entgegengesetzt gleich:

$$\overline{v}_1 = -\overline{v}, \quad \overline{g}_1 = -\overline{g}.$$

Dies wird am klarsten, wenn man A und B durch zwei mit ihnen
starr verbundene und anfänglich parallele Koordinatensysteme ersetzt.
Dann bleiben die Koordinatensysteme parallel [377] und die Relativbewegungen kommen auf Bewegungen der Anfangspunkte gegeneinander zurück, die man nach den Achsenrichtungen projizieren kann.
Man nehme z. B., um von Drehungen ganz abzusehen, zwei parallele,
nach den Fixsternen orientierte Koordinatensysteme mit Mittelpunkt
von Sonne und Erde als Anfangspunkte. Dann beschreibt die Sonne
um die Erde (also auch die Erde um die Sonne) eine Ellipse, in deren
einem Brennpunkt die Erde (die Sonne) steht. Erstes Kepler'sches
Gesetz [954].

474. Wenn A und B beliebige Bewegungen gegeneinander
machen, so können v und g gar nicht schlechtweg mit v_1 und g_1 verglichen werden. Man muß vielmehr angeben, welche Punkte von A
und B gemeint sind.

Hierzu stelle man sich nach [376] A und B beide unbegrenzt
erweitert vor, so daß ihre Bewegung gegeneinander sich in Bewegung
in und durcheinander verwandelt. Dann ist jeder Punkt des Raumes
P zugleich ein Punkt P_a des Körpers A und ein Punkt P_b des Körpers B.

Es sind Geschwindigkeiten und Beschleunigungen zweier so
augenblicklich zusammenfallenden Punkte zu vergleichen.

475. Relative Drehungen. Dreht sich B gegen A gleichförmig um
eine unveränderliche Achse, so ist ein gleiches mit A gegen B der
Fall. Nur sind die Winkelgeschwindigkeiten entgegengesetzt gleich:

$$\omega_1 = -\omega.$$

11*

Also auch in dem eben erläuterten Sinne:
$$v_1 = - v.$$
P_b beschreibt in A und P_a in B einen Kreis, beide mit absolut
gleicher Geschwindigkeit, aber in entgegengesetztem Sinne. Dreht sich
die Himmelskugel mit all ihren Sternen relativ zur Erde um die verlängerte Erdachse (Weltachse) von Ost nach West, so dreht sich die
Erde relativ zum Himmel von West nach Ost. Die erste Drehung
kann man in jeder heiteren Nacht an jedem Stern erkennen, die
zweite Drehung hat noch kein Sterblicher mit leiblichen Augen gesehen.

476. Die Gleichung $g_1 = - g$ für die Beschleunigungen stimmt
aber hier nicht. Es ist vielmehr jetzt:
$$g_1 = + g.$$
Denn beide sind als Zentripetalbeschleunigungen nach der Achse hin
gerichtet.

Handelt es sich um ganz allgemeine, also aus Translationen und
Drehungen zusammengesetzte Relativbewegungen, so ist zwar stets,
wie in [473] und [475]:
$$v_1 = - v,$$
dagegen ist in der Regel:
$$\text{weder: } g_1 = - g, \text{ noch: } g_1 = + g.$$
Die allgemeine Formel lautet vielmehr ganz anders. Sie folgt
aus der Coriolis'schen Formel [483] durch Anwendung auf den vorliegenden Fall.

477. Relativbewegungen dreier Körper. Gegeben sind drei Körper
A, B, C. Es sind bekannt die Bewegungen von B gegen A und von
C gegen A. Gesucht wird die Bewegung von C gegen B.

Läßt man C mit A zusammenfallen, so fällt die zweite der gegebenen Bewegungen fort und die dritte wird zur bereits behandelten
Umkehrung der ersten. Sind aber die drei Körper beliebig, so enthält
die gestellte Frage in allgemeinster Form das gesamte Problem der
Verwandlung von Relativbewegungen ineinander.

478. Drei Punkte in einer Geraden. Es sei x_1 die Abszisse von B
gegen A, x_2 die Abszisse von C gegen A und x die Abszisse von
C gegen B. Dann folgt:

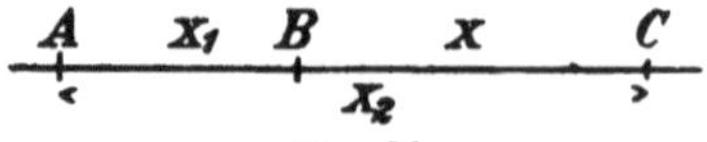

$$x = x_2 - x_1$$

und durch Differentiieren:

$$v = v_2 - v_1; \quad g = g_2 - g_1,$$

Fig. 91.

d. h. die Geschwindigkeit von C gegen
B ist die Differenz der Geschwindigkeiten von C gegen A und
von B gegen A. Ein gleiches für die Beschleunigungen.

479. Ist A in absoluter Ruhe, so werden v_1 und v_2 absolute Geschwindigkeiten. Daher: Bewegen sich zwei Punkte B und C in einer Geraden, so ist ihre relative Geschwindigkeit (oder Beschleunigung) gleich dem Unterschied ihrer absoluten Geschwindigkeiten (Beschleunigungen).

Bewegt sich B gleichförmig, so verschwindet g_1 und es wird:

$$g = g_2,$$

d. h. die Beschleunigung eines Punktes C relativ zu einem Punkte B, welcher sich gleichförmig fortbewegt, stimmt mit seiner absoluten Beschleunigung überein.

480. Translationen zwischen drei Körpern. Sind A, B, C drei Körper und machen B und C gegen A Translationen, so macht auch C gegen B eine Translation. Man erhält, wie vorhin:

$$\overline{v} = \overline{v_2} - \overline{v_1}; \quad \overline{g} = \overline{g_2} - \overline{g_1}.$$

Beweis ganz wie in [473].

Man ersetze die drei Körper durch Punkte und zerlege die Translationen nach den Achsen eines mit A starr verbundenen Koordinatensystems.

481. Beliebige Bewegungen zwischen drei Körpern. Machen A, B und C auch Drehungen gegeneinander, so bleibt trotzdem die erste Formel:

$$\overline{v} = \overline{v_2} - \overline{v_1}$$

richtig, wenn man nur nach [474] daran festhält, daß $\overline{v}$, $\overline{v_1}$, $\overline{v_2}$ augenblickliche Geschwindigkeiten solcher Punkte der Körper A, B, C bedeuten, die in diesem Augenblick der Lage nach zusammenfallen.

Die zweite Formel aber, welche sich auf die Beschleunigungen bezieht, wird falsch und muß durch eine allgemeine Formel ersezt werden, welche zuerst von Cauchy aufgestellt worden sein soll, dann aber später von Coriolis nochmals entdeckt worden ist und nach ihm die Coriolis'sche Formel heißt.

482. Diese Formel ist:

$$\overline{g} = \overline{g_2} - \overline{g_1} + \overline{g_0}$$

Hierin bedeuten $\overline{g_1}$, $\overline{g_2}$ und $\overline{g}$, die augenblicklichen Beschleunigungen dreier augenblicklich zusammenfallender Punkte, und zwar: $\overline{g}$ die Beschleunigung von C gegen B, $\overline{g_2}$ die Beschleunigung von C gegen A, $\overline{g_1}$ die Beschleunigung von B gegen A. $\overline{g_0}$ aber ist gar keine eigentliche Beschleunigung, sondern ein Ausdruck von gleicher Dimension, welchen man die zusammengesetzte Zentripetalbeschleunigung nennt, oder auch, was viel besser ist, die Coriolis'sche Beschleunigung.

483. Die Coriolis'sche Beschleunigung. Der absolute Wert von $\overline{g_0}$ ist das Produkt der folgenden vier Faktoren:

1. die Zahl 2;

2. die Winkelgeschwindigkeit ω der augenblicklichen Drehung von B gegen A;

3. die Geschwindigkeit v von C gegen B;

4. der Sinus des Winkels, den ω und v miteinander bilden.

Ferner: $\overline{g_c}$ steht sowohl auf $\overline{v}$ als auch auf $\overline{\omega}$ senkrecht, man bestimmt die Richtung von $\overline{g_c}$, indem man $\overline{v}$ auf eine Ebene projiziert, die auf $\overline{\omega}$ senkrecht steht und die Projektion in dieser Ebene um 90^0 in entgegengesetztem Drehungssinn von $\overline{\omega}$ herumdreht.

484. Die Coriolis'sche Formel soll hier nicht bewiesen, aber doch in zwei einfachen Fällen erprobt werden. Setzt man $\overline{\omega} = 0$, d. h. nimmt man an, daß B gegen A nur Translationen macht, so verschwindet $\overline{g_c}$ und man erhält:

$$\overline{g} = \overline{g_2} - \overline{g_1}.$$

Also wie in [480]. Dies war vorauszusehen, denn von dem Körper C ist in der Coriolis'schen Formel nur wie von einem Punkt die Rede. Es genügt also zur Anwendung von [480], wenn A und B gegeneinander keine Drehung ausführen.

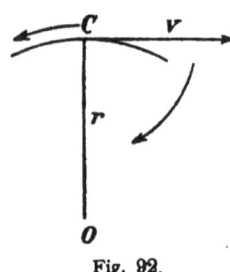

Fig. 92.

485. Oder es beschreibe B gegen A eine gleichförmige Drehung um O im Sinne des Pfeils mit der Winkelgeschwindigkeit ω und C sei relativ zu A in Ruhe, also $\overline{g_2} = 0$. Es ist [358]: $\overline{g_1} = \omega^2 r$ und geht nach innen. Und da C sich zu B mit der Winkelgeschwindigkeit $(= \omega)$ dreht, so ist auch $\overline{g} = \omega^2 r$ und geht nach innen.

Ferner ist $v = r\,\omega$, entgegen dem Sinne des Pfeiles und der Winkel zwischen r und $\omega = 90^0$. Daher nach [483]

$$\overline{g_c} = 2\,\omega^2\,r$$

und geht auch nach innen. Folglich:

$$\overline{g_2} - \overline{g_1} + \overline{g_c} = \omega^2 r$$

und geht auch nach innen. Also schließlich:

$$\overline{g} = \overline{g_2} - \overline{g_1} + \overline{g_c}.$$

§ 22. Die terrestrische Mechanik.

486. Die Theorie der Relativbewegungen, welche im vorigen Paragraphen in ihren ersten Elementen erklärt worden ist, hat zahlreiche und wichtige Anwendungen. Bei der Gewalt eines Zusammenstoßes kommt es nur auf die Relativgeschwindigkeit der Annäherung an. Die Bewegungen der Teile eines aus starren Körpern gebildeten Mechanismus gegeneinander sind aus dieser Theorie heraus zu untersuchen. In der Astronomie kommt es darauf an, aus den geozentrischen Bewegungen der Weltkörper, d. h. den Bewegungen, wie wir sie wahrnehmen, die heliocentrischen Bewegungen abzuleiten.

Doch ganz besondere Bedeutung hat sie bei der Grundlegung der terrestrischen Mechanik.

487. Die terrestrische Mechanik ist für uns Erdenbewohner beinahe die ganze Mechanik. Sie hat es mit irdischer Ruhe und irdischen Bewegungen zu tun. Das Haus soll auf der Erde feststehen; das Geschoß soll ein auf der Erde befindliches Ziel treffen.

Diese Ruhe und Bewegung sind nach dem Kopernikanischen Weltsystem nicht absolut, sondern durchaus relativ. Relativ zur Erde, also zu einem Körper, der sich täglich einmal dreht und dessen Schwerpunkt eine absolute Bahn im Raume beschreibt.

488. Die absolute Mechanik setzt aber Ruhe und Bewegung an sich, d. h. absolute Ruhe und Bewegung voraus. Nur so haben das Galilei'sche Trägheitsgesetz und die Grundgleichung der Mechanik überhaupt einen Sinn, da die Art einer Relativbewegung gänzlich von dem Bezugskörper abhängt.

Und doch wendet man diese beiden Gesetze bewußt und unbewußt auch in der terrestrischen Mechanik an, gleich als ob noch das Ptolemäische Weltsystem bestände. Wie der Erfolg beweist, sogar mit Recht; wie aber die Nachprüfung durch die absolute Mechanik beweist, nur deshalb mit Erfolg, weil der Fehler nicht sehr erheblich ist.

489. Hierüber muß die Coriolis'sche Formel [483] Aufschluß geben können, wenn man für A einen absolut ruhenden Körper (oder Koordinatensystem), für B die Erde und für C irgendeinen irdischen Körper setzt. Dann ist $\overline{g}$ die relative Beschleunigung von C zu B, also kurz die terrestrische Beschleunigung, $\overline{g_2}$ die absolute Beschleunigung von C und $\overline{g_1}$ die absolute Beschleunigung des Punktes der Erde, mit welchem C augenblicklich zusammenfällt. Es ist

$$\overline{g} = \overline{g_2} - \overline{g_1} + \overline{g_c}.$$

Die Grundgleichung der Mechanik fordert $\overline{g_2}$. Die terrestrische Mechanik nimmt statt dessen $\overline{g}$. Der Unterschied zerfällt, wie man sieht, in zwei Bestandteile, in $-g_1$ und in $\overline{g_c}$, welche nun genauer zu betrachten sind.

490. Man kann weiter zerlegen. $\overline{g_1}$ zerfällt nach [484] in die absolute Beschleunigung $\overline{g_1'}$ des Erdmittelpunktes und in die Zentripetalbeschleunigung $\overline{g'''_1}$ des betreffenden Punktes der Erde relativ zu einem Koordinatensystem, dessen Anfangspunkt sich im Mittelpunkt der Erde befindet und dessen Achsen ihre absoluten Richtungen im Raume beibehalten.

Es ist also:

$$\overline{g} = \overline{g_2} - \overline{g'_1} - \overline{g''_1} + \overline{g_c}$$

und für die Abweichung zwischen der terrestrischen Beschleunigung $\overline{g}$ von der absoluten Beschleunigung $\overline{g_2}$ kommen daher die drei Größen $\overline{g'_1}$, $\overline{g''_1}$ und $\overline{g_c}$ in Betracht.

491. Bestimmung von g'_1. Man darf nach [479] von der gleichförmigen Bewegung des ganzen Sonnensystems absehen und also die Kopernikanisch-Newton'sche Hypothese nehmen [465]. Dann wird bekanntlich die Erdbahn fast kreisförmig und die Bewegung der Erde in ihr ungefähr gleichförmig. Setzt man den Abstand der Erde von der Sonne $= 149 \cdot 10^{11}$ cm und die Umlaufszeit $= 365$ Tage $= 365 \cdot 86400$ sec, so ergibt die Huyghens'sche Formel [358] c

$$g'_1 = 0,596 \frac{cm}{(sec)^2},$$

also wenig, verglichen mit terrestrischen Beschleunigungen, z. B. der Fallbeschleunigung $g_e = 981 \frac{cm}{(sec)^2}$.

492. Doch dieses kleine g'_1 wird noch beinahe aufgehoben durch diejenige absolute Beschleunigung — sie heiße g'_2 —, welche C selbst durch die Anziehung der Weltkörper unseres Sonnensystems **ausschließlich** der Erde, also durch **nicht** terrestrische Kräfte erhält. g'_1 und g'_2 rühren beide von diesen Anziehungen her, einmal ausgeübt auf die ganze Erde, die hierzu in ihrem Mittelpunkt M vereinigt gedacht werden kann und das andere mal ausgeübt auf den Körper C, der von M ungefähr um den Erdradius r entfernt ist. Da r, verglichen mit den Entfernungen der Weltkörper, nur klein ist, so stimmen g'_1 und g'_2 der Größe und Richtung nach beinahe überein und der Unterschied $\overline{g'_1} - \overline{g'_2}$ wird nur ein Bruchteil von g'_1.

Der größte Teil dieses Unterschiedes rührt vom Monde her. Er ist im Maximum [1010]:

$$= 0,000116 \frac{cm}{(sec)^2}.$$

493. Ebbe und Flut. Man sollte meinen, dies sei gar zu wenig, um sich je Geltung zu verschaffen. Und doch gibt es eine gewaltige Erscheinung auf der Erde, die gänzlich von der Anziehung des Mondes (und in zweiter Linie der Sonne) abhängt und sofort mit ihr verschwinden würde. Es ist die tägliche Ebbe und Flut des Weltmeeres. Dies hat schon Newton scharf erkannt und auch die ersten Umrisse einer entsprechenden Theorie gezeichnet, welche dann später besonders von Laplace ausgeführt worden ist.

494. Sicherlich erleidet auch die ganze feste Erdkruste entsprechende und im ganzen sogar vielleicht viel größere periodische Deformationen durch Anziehung von Sonne und Mond. Nur entziehen sie sich der Wahrnehmung, wie wir ja auch auf offener See von den Gezeiten nichts bemerken.

In gleicher Weise ebbt und flutet wohl auch der feurig-flüssige Erdkern und prallt bald hier, bald dort stärker gegen die umspannende starre Kugelschale. Ob aber, wie Falb meint, dies überhaupt nachweisbar für Erdbeben und vulkanische Ausbrüche in Betracht kommt, kann gegenüber den unbekannten Kräften im Erdinnern nur eine umfassende Statistik entscheiden, welche bisher nichts zu seinen Gunsten enthalten soll.

Aber auch das Luftmeer hebt und senkt sich rhythmisch durch Anziehung von Mond und Sonne. Allerdings ist diese Bewegung so schwach, daß sie in den Winden und Stürmen, welche durch die ungleiche Sonnenstrahlung hervorgerufen werden, ganz untergeht. Die Statistik hat einen Einfluß des Mondes weder auf den Barometerstand, noch auf das Wetter erkennen lassen.

495. Ablenkung der Lotlinie durch den Mond. Sonst hat man nur durch sehr genaue Messungen dem Einfluß außerirdischer Kräfte auf terrestrische Bewegungen nachspüren können. So ist es z. B. v. Rebeur-Paschwitz gelungen, mit dem äußerst empfindlichen Zöllner'schen Horizontalpendel die Ablenkung der Lotlinie durch den Mond festzustellen [1011].

Im übrigen kann man getrost sagen: Dieser Einfluß ist unmeßbar klein. Es verschwindet g'_1 (namentlich in Verbindung mit g'_2). Formel [490] wird daher einfacher:

$$\overline{g} = \overline{g_2} - \overline{g''_1} + \overline{g_c}.$$

496. Die Zentripetalbeschleunigung g''_1 hat schon mehr zu sagen. Um ihren größten Wert zu finden, setze man den Körper C auf dem Erdäquator, also den Abstand von der Erdachse = Erdradius = r = $638 \cdot 10^6$ cm voraus. Die Umdrehungszeit ist ein Sterntag = 86 164 sec, also [358] c:

$$g''_1 = 3{,}39 \, \frac{\text{cm}}{(\text{sec})^2}.$$

Verglichen mit der Fallbeschleunigung $g_e = 981 \dfrac{cm}{(sec)^2}$ ist dies zwar gering, aber doch mehr als $\overline{g'_1}$ und erst recht mehr als $\overline{g'_1} - \overline{g'_2}$ [492].

497. Gewicht und reine Erdanziehung. Ein Körper S von der Masse m liege irgendwo ruhig auf der Erde. Dann verschwindet seine terrestrische Beschleunigung $\overline{g}$ und auch die Coriolis'sche Beschleunigung $\overline{g_e}$ [483]. Nach [495] ist also seine absolute Beschleunigung gleich der Zentripetalbeschleunigung. Also:

$$g_2 = g_1'' = \omega^2 \varrho.$$

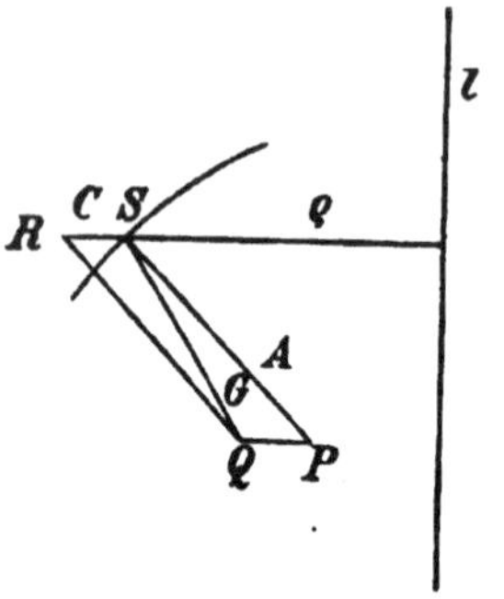

Fig. 98.

Auf ihn mögen nur zwei w i r k l i c h e oder absolute Kräfte wirken, die reine Schwere und der Druck, den er von der Unterlage erhält. Erstere sei der Größe und Richtung nach $= A$. Letzterer ist nach Aktio und Reaktio entgegengesetzt gleich dem Druck, den S selbst auf die Unterlage ausübt, d. h. entgegengesetzt gleich dem Gewicht $\overline{G}$. Nach der Grundgleichung ist daher:

$$\overline{A} - \overline{G} = m \overline{g_2} = m \overline{g''_1}, \text{ also:}$$
$$\overline{G} = \overline{A} - m \overline{g''_1} = \overline{A} - m \omega^2 \varrho.$$

D a s   G e w i c h t $\overline{G}$,   g e m e s s e n   d u r c h   d e n   D r u c k   a u f   d i e   U n t e r l a g e ,   s t i m m t   d a h e r   nicht   v o l l s t ä n d i g   m i t   d e r   r e i n e n   S c h w e r e $\overline{A}$ ü b e r e i n.

498. Zentrifugalkraft, Gewicht, Schwere. Der Ausdruck $- m \overline{g''_1}$ ist die sog. Zentrifugalkraft [567]:

$$\overline{C} = - m \overline{g''_1} = - m \omega^2 \varrho.$$

$\overline{C}$ ist also keine wirkliche, absolute Kraft, sondern ein Produkt aus Masse und der Zentrifugalbeschleunigung $- g''_1$, die von der Erdachse fort gerichtet ist. Nach ihrer Einführung wird:

$$\overline{G} = \overline{A} + \overline{C}$$

G e w i c h t = R e s u l t a n t e   a u s   S c h w e r e   u n d   Z e n t r i f u g a l -
k r a f t.

Da letztere beiden Kräfte einen stumpfen Winkel bilden, **der zwischen 90° an den Polen und 180° auf dem Äquator liegen kann,** so ist das Gewicht etwas kleiner als die reine Schwere; im Maximum etwa $^1/_3$ %, wie die Vergleichung von g_e und g''_1 [496] zeigt.

499. Hat man so ein für allemal den Unterschied zwischen reiner Schwere $\overline{A}$ und Gewicht $\overline{G}$ eines Körpers begriffen, so erkennt man nach [495] auf der Stelle, daß die terrestrische Mechanik stets $\overline{G}$ nehmen muß, wo die absolute Mechanik $\overline{A}$ nehmen würde.

Gesetzt z. B. auf den Körper wirke nur die reine Schwere $\overline{A}$. Dann ist seine absolute Beschleunigung nach der Grundgleichung:

$$\overline{g}_2 = \frac{\overline{A}}{m} = \frac{\text{Schwere}}{\text{Masse}}.$$

Daraus folgt die Beschleunigung relativ zur Erde, d. h. die eigentliche Fallbeschleunigung (wenn $\overline{g}_0$ außer acht gelassen wird):

$$\overline{g}_0 = \overline{g}_2 - \overline{g}''_1 = \frac{\overline{A}}{m} - \overline{g}''_1 = \frac{\overline{A} - m\,\overline{g}''_1}{m} = \frac{\overline{G}}{m} = \frac{\text{Gewicht}}{\text{Masse}}.$$

500. Also noch einmal: Nimmt man stets $\overline{G}$ statt $\overline{A}$, so ist damit der Zentripetalbeschleunigung der Erddrehung implizite Rechnung getragen. Man macht dann sozusagen zwei Fehler, die sich gegenseitig aufheben. Denn $\overline{G}$ ist von $\overline{A}$, aber auch die terrestrische von der absoluten Beschleunigung verschieden, so daß die Grundgleichung Kraft = Masse × Beschleunigung doch wieder stimmt.

Im besonderen ist äußerst wichtig, daß die terrestrische Statik genau so behandelt werden kann, wie die absolute Statik, weil hier der letzte der drei Unterschiede, die Coriolis'sche Beschleunigung g_0, verschwindet. Wenn nämlich $\overline{v}$, d. h. jetzt die terrestrische Geschwindigkeit, gleich Null ist, so ist nach [483] auch $\overline{g}_0 = 0$.

Sei daher der Anspruch an Schärfe auch noch so groß, wie z. B. bei Wägungen mit Präzisionswagen, es ist überflüssig, an die Erddrehung zu denken.

501. Die terrestrische Beschleunigung von Coriolis. Anders aber ist es bei scharfen dynamischen Bestimmungen der terrestrischen Mechanik, weil dann die Coriolis'sche Beschleunigung g_0 oder die Coriolis'sche Kraft $m \cdot g_0$ hineinspielt.

Überträgt man [483], so ergibt sich $\overline{g}_0$ jetzt als Produkt der folgenden vier Faktoren. Erstens die Zahl 2, zweitens die Winkelgeschwindigkeit $\overline{\omega}$ der Erddrehung $= 0{,}00\,007\,292$, drittens die terrestrische Geschwindigkeit $\overline{v}$ des betrachteten Körpers, viertens der Sinus des Winkels zwischen $\overline{v}$ und $\overline{\omega}$. Es steht $\overline{g}_0$ auf $\overline{v}$ und auf $\overline{\omega}$ senkrecht; man bestimmt die Richtung von $\overline{g}_0$ durch Projizieren von $\overline{v}$ auf eine Ebene parallel zur Äquatorebene und Drehung der Projektion um 90^0 im entgegengesetzten Sinne der Erddrehung.

502. Ablenkung bei freiem Fall nach Osten. Schon Hooke und Newton haben auf den ersten hierher gehörenden Fall aufmerksam gemacht. Es war einst ein beliebter Einwurf gegen das Kopernikanische Weltsystem, daß Körper, welche man ohne Anfangsgeschwindigkeit fallen läßt, scheinbar nach Westen zurückweichen und sofort dem Blick verschwinden müßten, weil die Erde sich unter ihnen fortdreht.

Als ob „ohne Anfangsgeschwindigkeit" im terrestrischen Sinne nicht etwas ganz anderes wäre, als im absoluten Sinne. In Wahrheit wird sogar wegen der größeren Höhe ein kleiner Überschuß von absoluter Bewegung nach Osten vorhanden sein und der Körper ein klein wenig östlich von der Lotlinie niederfallen.

503. In der Tat ist die Coriolis'sche Beschleunigung bei vertikalem Fallen nach Osten gerichtet. Die Ablenkung muß also östlich sein und ihre Größe läßt sich durch Integration leicht im voraus berechnen.

Ältere experimentelle Versuche von Hooke und Anderen waren nicht genau. Erst diejenigen von Benzenberg setzten sie außer Zweifel und noch später ist von Reich bei Fallversuchen in einem 160 m tiefen Schacht zu Freiberg in Sachsen fast völlige Übereinstimmung zwischen Berechnung und Beobachtung (28,3 gegen 27,5 mm) erzielt worden.

Damit war der erste experimentelle Nachweis der Coriolis'schen Kraft und im rückwärtigen Schluß der Erddrehung erbracht. Ein neuer Sieg des Kopernikanischen Weltsystems! (Übrigens sei bemerkt, daß die Reich'schen Versuche auch eine kleine Abweichung nach Süden ergeben haben, die darauf beruht, daß sich während des Fallens die Richtung der Fallbeschleunigung ein wenig nach Süden krümmt. Die Lotlinie ist nicht genau gerade.)

504. Rechtsabweichung der Geschosse. Auch für den schiefen Wurf hat man den Einfluß der Coriolis'schen Beschleunigung berechnet (Poisson). Er zeigt sich außer in einer Änderung der Wurfweite in einer Ablenkung von der ursprünglichen Vertikalebene der Bahn, die auf der nördlichen Erdhälfte nach rechts, auf der südlichen nach links geht und bei den heutigen Geschwindigkeiten der Geschosse mehrere Meter betragen kann.

Sie ist aber doch nicht groß genug, um bei der nicht ganz kleinen Unsicherheit der Anfangsrichtung und bei den zu befürchtenden anderen Ablenkungen durch Drall und seitliche Winde in Betracht zu kommen. Die Ballistiker pflegen sie nicht zu berücksichtigen.

505. Der Foucault'sche Pendelversuch. Wenn ein Fadenpendel in einer vertikalen Ebene schwingt, so treten das Gewicht, welches immer vertikal bleibt und die Fadenspannung, welche immer die Richtung des Fadens hat, nie aus dieser Schwingungsebene heraus. Wohl aber ist dies mit der Coriolis'schen Beschleunigung der Fall!

Man denke sich das Pendel über dem Nordpol schwingend, wo die Lotrichtung nicht nur terrestrisch, sondern auch absolut dieselbe, nämlich die Richtung der Erdachse bleibt. Folglich muß die Schwingungsebene im absoluten Sinne ihre Stellung behalten. Sie muß sich nach den Sternen orientieren, die Erde muß sich unter ihr fortdrehen. Die Schwingungsebene muß daher im terrestrischen Sinne sich über der Erde drehen, wie die Himmelskugel, also mit der Uhr und darf erst (von der Steifigkeit des Fadens wird abgesehen) nach einer halben Umdrehung, also nach zwölf Stunden, wieder in ihre ursprüngliche Ebene (relativ zur Erde) geraten.

506. Auf dem Südpol wäre das gleiche, nur entgegen der Uhr [203]. An anderen Orten ist die Sache aber nicht so einfach, weil die Lotrichtung zwar terrestrisch, aber nicht absolut dieselbe bleibt, sondern in 24 Stunden einen Kegel um die Erdachse beschreibt.

Man hat vielmehr die Differentialgleichungen der Pendelschwingungen unter Hinzunahme der Coriolis'schen Beschleunigung nach mathematischen Methoden zu integrieren. Es gibt zwar auch eine elementare Ableitung, die man in vielen Lehrbüchern der Physik und mathematischen Geographie vorfindet. Sie ist aber ein Zerrbild populärer Beweise, wie es glücklicherweise nicht oft vorkommt.

507. Elementarmathematik und Elementarmechanik genügen nicht mehr für manche Aufgaben. Sie können nicht zeigen, daß die Pendelebene sich durch die Coriolis'sche Beschleunigung an jedem Orte gleichmäßig drehen muß, aber langsamer als an den Polen, weil die Winkelgeschwindigkeit dem Sinus der geographischen Breite proportional ist.

Dies ist durch den berühmten Pendelversuch Foucault's 1850 in Paris vollauf bestätigt worden. Fürwahr ein herrlicher und rein terrestrisch geführter experimenteller Beweis für die Drehung der Erde.

508. Als zwei weitere Beispiele für die Coriolis'sche Beschleunigung seien noch angeführt: Das Foucault'sche schnell gedrehte Gyroskop in der Cardanischen Aufhängung, dessen Drehungsachse im absoluten Sinne seine Richtung behält, also im terrestrischen Sinne einen Kegel um die Erdachse beschreibt und die Rechtsablenkung der Winde [504] von Nord nach Nordost und von Süd nach Südwest.

In den meisten Fällen aber hat die Coriolis'sche Beschleunigung nichts zu bedeuten. Setzt man z. B $v = 60000 \frac{cm}{sec}$, also eine sehr große terrestrische Geschwindigkeit, so wird höchstens:

$$g_0 = 8{,}75 \, \frac{\text{cm}}{(\text{sec})^2}$$

$$= \frac{1}{112} \text{ der Fallbeschleunigung } g_e.$$

509. Alles in allem hat sich gezeigt:

1. Obgleich die planetarischen Geschwindigkeiten ungeheuer groß sind im Vergleich zu den terrestrischen Geschwindigkeiten, sind doch die planetarischen Beschleunigungen verhältnismäßig klein zu den terrestrischen Beschleunigungen.

2. Die terrestrische Beschleunigung eines irdischen Körpers ist von seiner absoluten Beschleunigung nur verhältnismäßig wenig verschieden.

3. Die terrestrische Mechanik darf sich meist auf das uralte Ptolemäische Weltsystem stützen, d. h. sie darf Ruhe und Bewegung der Körper auf der Erde nach den Grundgesetzen der absoluten Mechanik behandeln.

Diese Erkenntnis verscheucht auch die Skrupel, welche hinterher entstehen könnten, weil man sich bei Erläuterung der Grundlagen der Mechanik auf die terrestrischen Bewegungen berufen habe, als ob sie absolute wären.

Sechster Abschnitt.

§ 23. Dichte, Schwerpunkt und Massenmoment.

510. Außer den bisher abgeleiteten geometrischen und phoronomischen gebraucht die Mechanik auch noch gar manche Hilfsbegriffe, bei denen auch ihre materiellen Grundbegriffe, Masse und Kraft, verwendet werden.

Durch sie sollen wichtige Erkenntnisse kurz und einfach ausgedrückt werden, Erkenntnisse, die zwar, sofern sie allgemein sind, bereits in den Grundgesetzen [44] implizite stecken, aber doch aus ihnen erst entwickelt werden müssen, wie rein geometrische Lehrsätze.

511. Massengeometrie. Von den aus Masse und Raum gebildeten Begriffen sind einige sehr alt, wie Dichte und Schwerpunkt. Andere aber, wie das Massenmoment, das Trägheitsmoment, hat man erst verhältnismäßig spät als termini technici eingeführt.

Trotz ihrer Wichtigkeit waren sie lange unter den übrigen Hilfsbegriffen verstreut, bis Haton de la Goupillière sie (1857) unter dem Namen „Géométrie des masses" gesammelt und ihnen die richtige Stellung gegeben hat.

512. Dichte. In einem absoluten Maßsystem definiert man die Maßzahl γ der Dichte eines Körpers durch die Gleichung:

$$\gamma = \frac{m}{V},$$

Dichte = Masse durch Volumen.

Setzt man $m = 1$, $V = 1$, so wird auch $\gamma = 1$, d. h.:

Einheit der Dichte ist die Dichte eines Körpers, der in der Volumeneinheit die Masseneinheit enthält.

Die Dimensionsformel der Dichte ist:

$$[\gamma] = \frac{[m]}{[V]} = [m]\,[l]^{-3}.$$

513. Einheit der Dichte. Im C-G-S-System und den entsprechenden Systemen [123] ist die Masseneinheit identisch [122] mit der Menge Wasser, die in die Volumeneinheit hineingeht. Folglich kann man hier sagen:

Einheit der Dichte ist die Dichte des Wassers (bei 4⁰ C).

Im technischen Maßsystem gilt diese Erklärung auch. Dann muß aber in [512] ein Proportionalitätsfaktor λ eingeführt, d. h. es muß gesetzt werden:

$$\gamma = \frac{\lambda\,m}{V}.$$

Setzt man $V = 1$ cbm, so wird die Masse $m = 1000\ \text{kg} = \dfrac{1000}{g_e}$ technische Einheiten [146]. Also:

$$1 = \frac{\lambda \cdot 1000}{g_e}, \quad \lambda = \frac{g_e}{1000} = 0{,}00981.$$

Dieser Faktor λ ist im technischen Maßsystem stets hinzuzufügen; er ändert aber an den folgenden Betrachtungen nichts Wesentliches. Siehe auch [124].

514. Durch Umkehrung von [512] folgt:

$$m = \gamma\,V, \quad V = \frac{m}{\gamma}$$

zur Berechnung von Masse aus Volumen und Dichte oder des Volumens aus Masse und Dichte.

Newton hat die Dichte als Grundbegriff genommen und aus ihr nach der Formel $m = \gamma\,V$ die Masse erst definiert. Später indessen hat man das Begriffsverhältnis umgekehrt und die Masse als Grundbegriff, die Dichte aber als Hilfsbegriff gesetzt. Es ist dies wegen des ersten Grundgesetzes der Mechanik, des Satzes von der Unveränderlichkeit der Masse geschehen.

Für die Dichte fehlt ein solches Grundgesetz. Sie kann durch Erwärmung, durch Änderung des Aggregatzustandes, durch chemische Prozesse usw. ihren Wert ändern.

515. Mittlere Dichte. Formel [512] gibt die mittlere Dichte. Teilt man den Körper beliebig, nennt m_1, $m_2 \ldots$ die Massen, V_1, $V_2, \ldots$ die Volumina, γ_1, $\gamma_2 \ldots$ die Dichten der Teile, so wird einerseits:

$$\gamma = \frac{m}{V} = \frac{m_1 + m_2 + \cdots}{V_1 + V_2}$$

und andererseits:

$$m_1 = \gamma_1\,V_1, \quad m_2 = \gamma_2\,V_2, \ldots$$

Daher nach Einsetzen:

$$\gamma = \frac{\gamma_1 V_1 + \gamma_2 V_2 + \cdots}{V_1 + V_2 + \cdots}$$

Da V_1, V_2, ... positiv sind, so ist γ ein Durchschnittswert von γ_1, γ_2 ... Sind letztere stets einander gleich, wie man auch den Körper teilt, so ist γ ebensogroß wie sie. Der Körper wird dann homogen genannt.

516. Der materielle Punkt. Der Punkthaufen. Bei einem stetigen Körper kann die Teilung unbegrenzt gedacht werden, bis die Teile unendlich klein geworden sind. Er besteht, wie man sagt, aus unendlich vielen materiellen Punkten, welche stetig aufeinander folgen. Es verschlägt aber nichts, wenn man ihn nach der in der Chemie herrschenden Atomtheorie als einen Haufen getrennter materieller Punkte ansieht, von denen jeder eine sehr kleine Masse hat.

Durch einen Grenzprozeß, der von der höheren Mathematik ein für allemal vorgeschrieben ist, geht man dann von dem Punkthaufen wieder zum stetigen Körper über [95].

517. Das spezifische Gewicht. Mit der Dichte äußerst verwandt ist das spezifische Gewicht als das Gewicht eines gegebenen Volumens. Nimmt man Gewicht als Masse [128], so sind beide sogar einerlei. Nimmt man aber Gewicht als Schwere, so sind sie einander proportional, wie Masse und Schwere.

In beiden Fällen ist aber das spezifische Gewicht ein durchaus für die Wissenschaft entbehrlicher Begriff, den man nur da verwenden sollte, wo es nicht darauf ankommt, Masse, Schwere und Gewicht auseinanderzuhalten. Sonst soll man lieber nur Dichte oder Dichtigkeit sagen.

518. Schwerpunkt oder Massenmittelpunkt. Die Lehre vom Schwerpunkt als dem Punkt, in welchem die Schwere angreift, geht bis auf Archimedes und noch weiter zurück. Jetzt pflegt man ihn nicht auf die Schwere, sondern auf die Masse zu beziehen als einen Punkt, in welchem man (in vielen Fällen) die gesamte Masse eines Körpers vereinigt denken darf.

Daher entspricht das von Bernoulli und Euler gewählte Wort Massenmittelpunkt oder Massenzentrum der heutigen Auffassung viel besser, als das Wort Schwerpunkt. Doch ist letzteres so fest gewurzelt, daß es kaum entbehrt werden kann. Auch ist es kürzer.

519. Erste Erklärung. Der Schwerpunkt eines materiellen Punktes wird definiert als dieser Punkt selbst.

Zweite Erklärung. Der Schwerpunkt zweier materieller Punkte

mit den Massen m_1 und m_2 wird definiert als ein Punkt zwischen ihnen, der ihren Abstand in umgekehrtem Verhältnis dieser Massen teilt. Es soll also sein:

$$\overline{P_1 S} : \overline{S P_2} = m_2 : m_1, \text{ oder:}$$

$m_1 \overline{P_1 S} = m_2 \overline{S P_2}$, oder auch, da $\overline{P_1 S} = - \overline{S P_1}$ ist]172]:

$$m_1 \overline{S P_1} + m_2 \overline{S P_2} = 0.$$

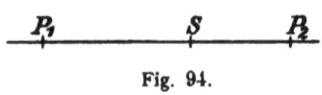

Fig. 94.

Sind die Massen gleich, so liegt S in der Mitte. Sind sie ungleich, so liegt S der größeren Masse näher als der kleineren. Verschwindet letztere ganz, so fällt S mit dem anderen materiellen Punkt zusammen. Siehe die erste Erklärung.

520. Das Massenmoment. Um die zweite Erklärung so zu verallgemeinern, daß sie für beliebig viele Punkte gilt, bedarf man eines Hilfsbegriffes, den Varignon durch eine wesentliche Umformung des uralten archimedischen Kraftmomentes erhalten hat [196]. Er ist das Massenmoment oder genauer das Massenmoment ersten Grades oder das lineare Massenmoment.

Leider hat es noch keine feste Buchstabenbezeichnung erhalten. Hier soll es, da der Buchstabe M schon anderweitig zuviel beansprucht wird, mit N bezeichnet werden.

521. Erklärung. Das Massenmoment N eines materiellen Punktes P mit der (einstweilen beliebig großen) Masse m in bezug auf einen

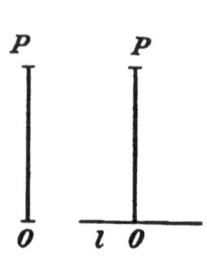

Fig. 95a.   Fig. 95b.

Punkt O oder eine Gerade l oder eine Ebene E ist das Produkt aus m und dem kürzesten Abstand zwischen P und O, oder P und l, oder P und E. Es wird als Strecke, als Vektor aufgefaßt in der Richtung von O nach P, welcher die Länge hat [184]:

$$N = m\, O P.$$

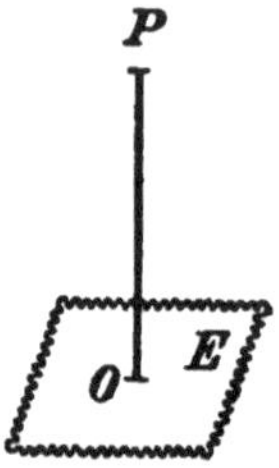

Fig. 95c.

Dabei ist O entweder der gegebene Punkt selbst oder der Fußpunkt des kürzesten Abstandes von l oder E. Im ersten Falle heißt das Massenmoment **polar**, im zweiten **axial**, im dritten **planar**.

Als Strecke kann es auch den Richtungsstrich erhalten, z. B.:

$$N = m\, \overline{O P}.$$

522. Einheit und Dimension. Das Moment einer Masse ist also sowohl der Masse, als ihrem Abstand von dem Pol O oder der Achse l oder der Ebene E proportional. Ihre Dimensionsformel lautet:

$$[N] = [m] [l].$$

Denn es wird eine Masse mit einer Länge multipliziert. Setzt man $m = 1$, $OP = 1$, so folgt $N = 1$, d. h.:

Einheit des Massenmomentes ist das Moment der Masse 1 im Abstand 1. Im C-G-S-System ist sie also das Moment einer Masse $= 1$ g im Abstand $= 1$ cm.

523. Erklärung. Das Massenmoment eines Körpers oder Punkthaufens in bezug auf einen Punkt O (polar), oder eine Gerade l (axial), oder eine Ebene E (planar) ist die Resultante, d. h. die geometrische (bzw. algebraische) Summe der Momente seiner materiellen Punkte.

Es soll sein, wenn man in üblicher Weise den Buchstaben Σ als Zeichen für eine Summe nimmt:

$$\overline{N} = \Sigma \, m \, \overline{OP}.$$

Die einzelnen Momente sind nach § 9 als Strecken geometrisch zu addieren. Das Ergebnis ist eine resultierende Strecke, die der Größe und Richtung nach mit $\overline{N}$ übereinstimmt.

524. Polare, axiale und planare Momente. 1. Ein polares Moment in bezug auf einen gegebenen Punkt O ist gleich der Resultante dreier planarer Momente in bezug auf drei zueinander senkrechte, durch O gehende Ebenen.

2. Ein axiales Moment in bezug auf eine gegebene Gerade l ist gleich der Resultante zweier planarer Momente in bezug auf zwei zueinander senkrechte, durch l gehende Ebenen.

3. Ein axiales Moment in bezug auf eine gegebene Gerade l ist gleich der Projektion irgendeines polaren Momentes auf eine zu l senkrechte Ebene, wenn man den Pol beliebig auf l annimmt.

4. Ein planares Moment in bezug auf eine gegebene Ebene E ist gleich der Projektion irgendeines polaren Momentes auf eine zu E senkrechte Gerade, wenn man den Pol beliebig auf E annimmt.

525. Nach [193] usw. gelten diese vier Sätze, wenn man statt der Momente die kürzesten Abstände von den betreffenden Punkten, Geraden und Ebenen setzt. Nach Multiplikation mit m gelten sie also auch für das Moment eines Massenpunktes und nach geometrischer Addition gemäß [523] auch für das Moment irgendeines Körpers oder Punkthaufens.

Nach 1 und 2 kann man axiale oder polare Momente aus den planaren sofort durch Zusammensetzung ermitteln. Nach 3 und 4 aber kann man die axialen und die planaren Momente aus den polaren

sofort durch Projizieren finden. Es genügt also, wenn man nur die
planaren oder wenn man nur die polaren Momente betrachtet.

Fig. 96.

526. Polare Momente. Es seien N und N_1 die
polaren Momente eines gegebenen Körpers mit der
Gesamtmasse $M = \Sigma m$ in bezug auf zwei beliebige
Punkte O und O_1. Zwischen ihnen besteht die Gleichung:

$$\overline{N_1} = \overline{N} - M \cdot \overline{O\,O_1} \text{ oder } \overline{N} = \overline{N_1} - M \cdot \overline{O_1\,O}.$$

Beweis: Für jeden Punkt P ist [187]:

$$\overline{O_1\,P} = \overline{O\,P} - \overline{O\,O_1}, \text{ also auch [184]:}$$

$$m \cdot \overline{O_1\,P} = m \cdot \overline{O\,P} - m \cdot \overline{O\,O_1},$$

daher nach geometrischer Addition über alle materiellen Punkte:

$$\Sigma m \cdot \overline{O_1\,P} = \Sigma m \cdot \overline{O\,P} - \Sigma m \cdot \overline{O\,O_1}, \text{ d. h.}$$

$$\overline{N_1} = \overline{N} - M \cdot \overline{O\,O_1}, \text{ q. e. d.}$$

Kennt man also die Gesamtmasse und irgendein polares Moment,
so lassen sich hiernach **alle** polaren Momente sofort finden.

527. Es folgt ferner: Niemals kann es zwei Punkte O und
O_1 geben, für welche der Körper dasselbe Moment hat, der Größe
und Richtung nach. Denn setzt man $\overline{N_1} = \overline{N}$, so folgt $M \cdot \overline{O\,O_1} = 0$,
also, da M als Gesamtmasse nicht verschwinden kann: $\overline{O\,O_1} = 0$, d. h.
O muß mit O_1 zusammenfallen.

Und ferner: Es ist stets möglich, einen Punkt O_1 so zu bestimmen,
daß der Körper in bezug auf ihn ein der Größe und Richtung nach
gegebenes Massenmoment N_1 hat. Denn durch Umkehrung folgt:

$$\overline{O\,O_1} = \frac{\overline{N} - \overline{N_1}}{M}$$

und damit $O\,O_1$ der Größe und Richtung nach, also die Lage von O_1.

528. Allgemeine Definition des Schwerpunktes. Im besonderen ergibt sich:
Es gibt immer einen und nur einen Punkt S, in bezug auf welchen
das polare Moment eines gegebenen Körpers vollständig verschwindet,
d. h. für welchen sich die Produkte aus Masse und Abstand gegenseitig aufheben. Dieser Punkt S heißt der Massenmittelpunkt
oder der Schwerpunkt.

Man überzeuge sich, daß diese allgemeine Definition des Schwerpunktes die besonderen Erklärungen [519] offenbar einschließt. Denn
für einen Punkt sagt die Bedingung $\overline{N} = m\,S\,P = 0$ aus, daß S und P
zusammenfallen und für zwei Punkte soll sein:

$$m_1\,\overline{S\,P_1} + m_2\,\overline{S\,P_2} = 0.$$

529. Auffindung des Schwerpunktes. Setzt man in die allgemeine
Gleichung [526]:

$$\overline{N_1} = \overline{N} - M \cdot \overline{O\,O_1}$$

für O_1 den Schwerpunkt S, so soll $\overline{N_1} = 0$ werden. Also:

a) $\overline{N} = M \cdot \overline{O\,S}$, oder: b) $\overline{O\,S} = \dfrac{\overline{N}}{M}$.

Zur Auffindung des Schwerpunktes genügt also nach b) die Kenntnis der Gesamtmasse M und eines einzigen polaren Momentes $\overline{N}$. Umgekehrt folgt nach a) aus der Lage des Schwerpunktes und der Gesamtmasse sofort das polare Moment in bezug auf jeden beliebigen Punkt O des Raumes.

530. Die Formel a) ergibt in Verbindung mit den vier Sätzen [524] den folgenden Hauptsatz dieser Theorie: Für alle Massenmomente ersten Grades, polar, axial oder planar, kann der Körper ersetzt werden durch seinen Schwerpunkt, wenn man in ihm die Gesamtmasse M vereinigt denkt.

Moment der Masse = Gesamtmasse $\times$ Abstand des Schwerpunktes.

Es ist dies ein erstes Beispiel für den Schwerpunkt als berufenen Vertreter des ganzen Körpers [518]. Andere Beispiele werden folgen.

531. Analytische Berechnung der Momente. Es seien P_1 (x_1, y_1, z_1), P_2 (x_2, y_2, z_2) . . . die gegebenen materiellen Punkte, m_1, m_2 . . . ihre Massen. Dann sind die planaren Momente in bezug auf die y z-, die z x- und die x y-Ebene:

a) $\begin{cases} N_x = \Sigma m \cdot x = m_1\, x_1 + m_2\, x_2 + \cdots \\ N_y = \Sigma m \cdot y = m_1\, y_1 + m_2\, y_2 + \cdots \\ N_z = \Sigma m \cdot z = m_1\, z_1 + m_2\, z_2 + \cdots \end{cases}$

Ferner ist die Gesamtmasse:

b) $\qquad M = \Sigma m = m_1 + m_2 + \cdots$

532. Die Koordinaten des Schwerpunktes. Aus diesen vier Größen:

$$N_x, \quad N_y, \quad N_z, \quad M$$

ergeben sich sofort die Koordinaten x_s, y_s, z_s des Schwerpunktes S. Denn es muß sein [530]:

a) $\qquad N_x = M \cdot x_s, \quad N_y = M \cdot y_s, \quad N_z = M \cdot z_s$

und hieraus:

b) $\qquad x_s = \dfrac{N_x}{M}, \quad y_s = \dfrac{N_y}{M}, \quad z_s = \dfrac{N_z}{M}.$

Diese Formeln sollen zuerst in Varignon's Statik stehen [49]. Seitdem sind nach ihnen unzähligemal Schwerpunkte errechnet worden.

533. Schwerpunktsberechnung für einen stetigen Körper. Es ist an den Formeln [531] eine entsprechende Änderung vorzunehmen. Da der

Körper in unendlich viele materielle Punkte mit unendlich kleinen Massen zerlegt zu denken ist, so schreibt man nach Leibniz dm statt m [296] und auch nach Leibniz das Integralzeichen $\int$ statt des Summenzeichens Σ. So folgt:

$$N_x = \int x\,dm, \quad N_y = \int y\,dm, \quad N_z = \int z\,dm, \quad M = \int dm.$$

An [532] ändert sich jedoch nichts. Die Berechnung von Integralen aber ist Sache der Integralrechnung. Mit dem Anschreiben obiger Formeln ist daher für die Elementarmechanik ihre Aufgabe vollbracht.

534. In besonderen Fällen kann die Auffindung des Schwerpunktes erleichtert werden.

1. Liegen alle Punkte P_1, P_2 ... ganz (oder nahezu) in einer Ebene, so liegt der Schwerpunkt in derselben Ebene. Denn macht man sie zur x y-Ebene, so verschwinden z_1, z_2, ... Es verschwindet daher N_z und somit auch z_s. Ebenso: Liegen alle Punkte in einer Geraden, so liegt der Schwerpunkt in derselben Geraden.

2. Hat der Körper eine Symmetrieebene, so liegt der Schwerpunkt in ihr. Man nehme sie zur x y-Ebene, so haben die symmetrisch zu ihr liegenden Punkte gleiche m, aber entgegengesetzt gleiche z. Die Bestandteile von N_z heben sich auf. N_z verschwindet, also auch z_s.

Ebenso: Hat der Körper eine Symmetrieachse, so liegt der Schwerpunkt in ihr. Bei Umdrehungskörpern z. B. liegt er in der Umdrehungsachse. Sind mehrere Symmetrieachsen vorhanden, so fällt der Schwerpunkt mit ihrem Durchschnittspunkt zusammen. Bei einer homogenen Kugel liegt er im Mittelpunkt.

535. 3. Wenn der Körper in mehrere Teile zerlegbar ist, deren Schwerpunkte bereits bekannt sind, so kann man die Masse jeden Teils in dem zugehörigen Schwerpunkt vereinigt annehmen.

Es mögen sich die Indizes 1, 2, . . . auf die Teile beziehen, während bei dem ganzen Körper kein Index stehen soll. Dann ist offenbar:

$$M = M_1 + M_2 + \ldots, \quad N_x = N_{x_1} + N_{x_2} + \ldots$$

$$x_s = \frac{N_x}{M}, \quad x_{s_1} = \frac{N_{x_1}}{M_1}, \quad x_{s_2} = \frac{N_{x_2}}{M_2}, \ldots$$

und hieraus sofort:

$$x_s = \frac{x_{s_1} M_1 + x_{s_2} M_2 + \ldots}{M_1 + M_2 + \ldots}$$

ebenso folgen y_s und z_s. Der Satz ist bewiesen.

536. Experimentelle Bestimmung des Schwerpunktes ist nur bei einem festen Körper möglich. Hängt man ihn an einem Faden auf, so muß dessen Richtung durch den Schwerpunkt gehen. Denn die Fadenspannung muß die Schwere aufheben, und der Schwerpunkt ist zugleich „Angriffspunkt der Schwere" [934].

Der Faden bezeichnet eine gerade Linie, in welcher der Schwerpunkt liegt.

537. Geometrischer Schwerpunkt. Setzt man nach [514] γV statt m, also $\gamma\, dV$ statt dm, so wird:

$$x_s = \frac{\int x\, \gamma\, dV}{\int \gamma\, dV}.$$

Entsprechend y_s und z_s. Ist der Körper homogen, also die Dichte durch den ganzen Körper hindurch konstant, so kann γ fortgehoben werden. Es wird:

$$x_s = \frac{\int x\, dV}{\int dV}$$

usw. Man nennt einen solchen Schwerpunkt einen Volumenschwerpunkt. Bei nicht homogenen Körpern hat man also wohl zu unterscheiden zwischen Schwerpunkt seines Volumens und dem Schwerpunkt seiner Masse.

Statt eines Volumens kann auch eine Fläche oder eine Linie gegeben sein, deren Schwerpunkt gesucht wird. An Stelle von dV tritt dann das Flächenelement dF oder das Linienelement dl.

538. Geometrische Schwerpunkte können häufig durch einfache Konstruktionen gefunden werden, welche die Integrationen ersparen. Ist z. B. ein Dreieck ABC gegeben, so zerlege man es durch sehr nahe Parallelen zu einer Seite in sehr schmale Streifen. Der Schwerpunkt jedes Streifens liegt in seiner Mitte, und da alle Mitten auf der Mittellinie liegen, so der Schwerpunkt auch [534]. Er ist der Durchschnittspunkt der drei Mittellinien.

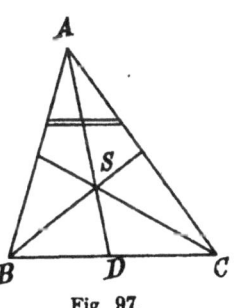

Fig. 97.

Damit ist in der Hauptsache die Bestimmung der Schwerpunkte aller ebenen Polygone vorgezeichnet, da man sie in Dreiecke zerlegen und dann [535] anwenden kann.

539. Mittelpunkt geometrischer Punkte. Nimmt man beliebig viele Punkte $P_1, P_2 \ldots$ an, legt ihnen allen dieselbe Masse, etwa die Masse 1 bei, so ergibt [531] und [532], wenn man die Anzahl der Punkte mit n bezeichnet:

$$x_s = \frac{x_1 + x_2 + \ldots + x_n}{n}$$

ebenso y, und z,.

Für n = 2 ist dieser geometrische Mittelpunkt die Mitte selbst. Für n = 3 fällt er mit dem Schwerpunkt der Dreiecksfläche zusammen, deren Ecken die drei Punkte sind.

540. Zur Übung sind solche Betrachtungen sehr nützlich. Für die Grundlegung der Mechanik aber kommt es hauptsächlich auf Schärfe der Begriffsbestimmung an, daß man sich Rechenschaft darüber gibt, was der Schwerpunkt nach seiner Definition sein soll, und wie seine Theorie mit der Theorie der (linearen) Massenmomente zusammenfällt.

Auch soll man nicht vorzugsweise an feste Körper oder gar homogene feste Körper denken, sondern auch an Flüssigkeiten und Gase, an beliebige Punkthaufen, kurz an beliebige materielle Systeme, wie z. B. das Sonnensystem. Man soll sich gegenwärtig halten, daß immer ein und nur ein Massenmittelpunkt vorhanden ist, der gar nicht mit einem der materiellen Punkte zusammenzufallen braucht, wie z. B. bei der Hohlkugel, wo er in die leere Mitte fällt.

Namentlich aber soll man sich klar werden, in welchen Fällen der Schwerpunkt als Vertreter des ganzen Körpers gelten darf [530].

§ 24. Trägheitsmoment und verwandte Begriffe.

541. Die Massenmomente zweiten Grades. In diesem Paragraphen soll es nur darauf ankommen, was man unter diesen Hilfsgrößen versteht, aber noch nicht darauf, wann und wozu sie angewendet werden und woher sie ihre Namen haben. Dies wird alles nachgeholt werden.

Die Massenmomente zweiten Grades sind wie diejenigen ersten Grades Hilfsgrößen der Massengeometrie. Nur sind sie geometrisch von der zweiten Dimension.

542. Das Trägheitsmoment ist das wichtigste unter ihnen. Sein Begriff beruht auf folgender Erklärung:

Das Trägheitsmoment T eines materiellen Punktes P (Fig. 95 a, b, c) in bezug auf einen Punkt O oder eine Gerade l oder eine Ebene E ist das Produkt aus seiner Masse und dem Quadrat des kürzesten Abstandes.

$$T = m \cdot (O\,P)^2.$$

Es gibt also polare, axiale und planare Trägheitsmomente [521].
Doch ragen die axialen, welche Euler eingeführt hat, wegen ihrer
Verwendung bei der Drehung an Bedeutung hervor [644].

543. Im Gegensatz zum linearen Moment erhält T keine Richtung.
Es hat nicht einmal ein Vorzeichen oder doch, wenn man ihm eines
geben will, nur das Vorzeichen $+$. Es ist also skalar.

Setzt man $m = 1$, $OP = 1$, so wird auch $T = 1$, d. h.: Einheit
des Trägheitsmomentes ist das Trägheitsmoment der Masse 1 im
Abstand 1.

Die Dimensionsformel lautet:

$$[T] = [m] \cdot [l]^2.$$

544. Das Trägheitsmoment eines Körpers wird erklärt als die Summe
der Trägheitsmomente seiner materiellen Punkte. Diesmal ist aber
die absolute Summe, die Summe schlechthin, gemeint.

$$T = \Sigma\, m \cdot (OP)^2.$$

Das Trägheitsmoment eines dreidimensionalen Körpers kann nie
verschwinden. Es hat vielmehr einen kleinsten Wert, ein Minimum,
unter das es nicht herabsinken kann, wo man auch Pol O, Achse l
oder Ebene E annimmt.

545. Zurückführung auf planare Momente. 1. Ein axiales Trägheitsmoment ist die Summe zweier planaren in bezug auf irgend zwei sich
in der Achse l senkrecht schneidende Ebenen.

Es ist: $c^2 = a^2 + b^2$, also $m\,c^2 = m\,a^2 + m\,b^2$, also auch:

$$\Sigma\, m\, c^2 = \Sigma\, m\, a^2 + \Sigma\, m\, b^2, \quad q.\,e.\,d.$$

2. Ein polares Trägheitsmoment ist die
Summe dreier planaren in bezug auf irgend
drei sich im Pol O senkrecht schneidende
Ebenen.

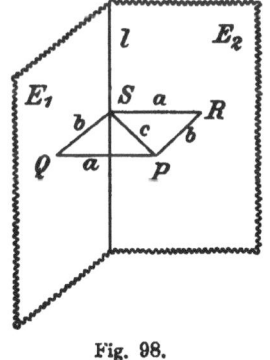

Beweis ganz wie vorhin. Die beiden
Sätze entsprechen [524] 1. und 2., mit dem in
[544] genannten Unterschied. Dagegen fallen
3. und 4. hier aus, da man Trägheitsmomente
nicht projizieren kann, weil sie keine
Strecken sind.

546. Gegeben sei ein rechtwinkliges Koordinatensystem. Man bezeichne mit T_1, T_2, T_3

Fig. 98.

die planaren Trägheitsmomente für die yz-, zx-, xy-Ebene, mit T_x,
T_y, T_z die Trägheitsmomente für die x-, y-, z-Achse und mit T das
polare Trägheitsmoment für O. Dann ist:

$$T_1 = \Sigma m x^2, \quad T_2 = \Sigma m y^2, \quad T_8 = \Sigma m z^2.$$

$$T_x = \Sigma m \varrho_x^2, \quad T_y = \Sigma m \varrho_y^2, \quad T_z = \Sigma m \varrho_z^2, \quad T = \Sigma m l^2.$$

und:

$$T_x = T_2 + T_8, \quad T_y = T_8 + T_1, \quad T_z = T_1 + T_2, \quad T = T_1 + T_2 + T_8.$$

Man kann aber auch von den axialen Momenten ausgehen. Denn durch Umkehrung ergibt sich:

$$T = \frac{T_x + T_y + T_z}{2}, \quad T_1 = \frac{-T_x + T_y + T_z}{2}.$$

$$T_2 = \frac{T_x - T_y + T_z}{2}, \quad T_8 = \frac{T_x + T_y - T_z}{2}.$$

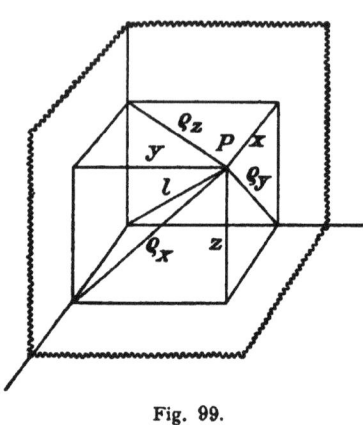

Fig. 99.

547. Trägheitsmoment und Schwerpunkt. Die Trägheitsmomente verschwinden nicht für den Schwerpunkt und für Schwerpunktsachsen und Schwerpunktsebenen. Wohl aber sind sie kleiner als für andere Punkte, Achsen und Ebenen. Sie sind kleinste Werte oder Minima.

Was aber am wichtigsten ist: Alle übrigen Trägheitsmomente können auf sie zurückgeführt werden, vermittels einer Formel, die im wesentlichen schon **Huyghens** benutzt hat:

$$T = T_0 + M \triangle^2.$$

Hier bedeuten:

T ein polares Moment, bezogen auf irgendeinen Pol O, oder ein axiales Moment, bezogen auf irgendeine Gerade l, oder

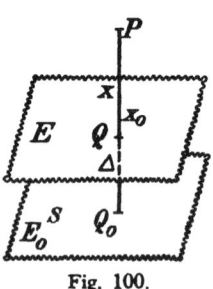

Fig. 100.

ein planares Moment, bezogen auf irgendeine Ebene E;

T_0 das polare Moment, bezogen auf den Schwerpunkt S, oder das axiale Moment, bezogen auf die zu l parallele Schwerpunktsachse l_0, oder das planare Moment, bezogen auf die zu E parallele Schwerpunktsebene E_0;

$\triangle$ den kürzesten Abstand beider Pole, oder beider Achsen, oder beider Ebenen.

548. Beweis für planare Momente. Es sei E zur y z-Ebene gemacht und dann das Koordinatensystem in der Richtung der x-Achse um den Abstand $\triangle$ so verschoben, daß E_0 zur neuen y z-Ebene wird. Dann ist für einen beliebigen Punkt P:

$$x = x_0 + \triangle, \quad x^2 = x_0^2 + 2 \triangle \cdot x_0 + \triangle^2, \text{ also auch:}$$
$$\Sigma m x^2 = \Sigma m x_0^2 + 2 \triangle \Sigma m x_0 + \triangle^2 \Sigma m.$$

Links steht T; das erste Glied rechts ist T_0. das zweite verschwindet, da $\Sigma m x_0$ das lineare Moment in bezug auf die Schwerpunktsebene E_0 bedeutet. Das dritte ist $\triangle^2 M$, daher:

$$T = T_0 + M \triangle^2, \quad \text{q. e. d.}$$

Entsprechend wird der Beweis für achsiale und polare Momente erbracht. Eine vorzügliche Anwendung in [892].

549. Die Gesamtheit aller Trägheitsmomente eines Körpers wird hiernach auf die Gesamtheit der Trägheitsmomente für den Schwerpunkt, für Schwerpunktsachsen und Schwerpunktsebenen zurückgebracht. Es ist also nur noch für diese eine besondere Theorie erforderlich.

Sie rührt von Euler her, der ihretwegen noch eine zweite Art von Massenmomenten zweiten Grades eingeführt hat, ohne sie besonders zu bezeichnen. Später sind sie von Rankine Deviationsmomente und von Coriolis Zentrifugalmomente genannt worden. Letztere Benennung ist wohl besser [623].

550. Das Coriolis'sche Zentrifugalmoment setzt irgendein senkrechtes Ebenenpaar E_1. E_2 (Fig. 98) und eine Festsetzung voraus, nach welcher die Lote a und b auf der einen Seite von E_1 und E_2 positiv und auf der anderen Seite negativ zu nehmen sind. Dann ist das Coriolis'sche Zentrifugalmoment eines materiellen Punktes:

$$D = m a b.$$

D ist also positiv, wenn a und b gleiche, negativ, wenn sie ungleiche Vorzeichen haben. Eine Richtung erhält D nicht.

551. Das Coriolis'sche Zentrifugalmoment eines Körpers wird erklärt als die algebraische Summe der Momente seiner Punkte:

$$D = \Sigma m a b.$$

D kann positiv und negativ sein. D kann sogar bei geeigneter Wahl von E_1 und E_2 verschwinden. Dies ist z. B. stets der Fall, wenn E_1 oder E_2 Symmetrieebene des Körpers ist.

552. In bezug auf die Achsen und Ebenen eines Koordinatensystems, hat man bei jedem Körper sechs Momente zweiten Grades, nämlich drei Trägheitsmomente:

$$T_1, T_2, T_3 \text{ oder an ihrer Stelle } T_x, T_y, T_z \text{ [546]}$$

und drei Zentrifugalmomente in bezug auf zwei Koordinatenebenen:

$$D_1 = \Sigma m y z, \quad D_2 = \Sigma m z x, \quad D_3 = \Sigma m x y.$$

553. Euler's Theorie der Trägheitsmomente. Man nehme irgendeine Ebene E durch O (Fig. 39), und bezeichne die Richtungswinkel des auf ihr in O errichteten Lotes l mit α, β, γ. Dann ist die Länge a des Abstandes eines beliebigen Punktes P (x, y, z) von E oder, was dasselbe ist, der Projektion von O P auf das eben genannte Lot [195] nach [248]:

$$a = x \cos \alpha + y \cos \beta + z \cos \gamma, \text{ daher:}$$
$$a^2 = x^2 \cos^2 \alpha + y^2 \cos^2 \beta + z^2 \cos^2 \gamma + 2 y z \cos \beta \cos \gamma + 2 z x \cos \gamma \cos \alpha$$
$$+ 2 x y \cos \alpha \cos \beta.$$

Multipliziert man mit m und addiert, so folgt das planare Trägheitsmoment für die Ebene E:

$$T_E = \Sigma m\, a^2 = \cos^2 \alpha\, T_1 + \cos^2 \beta\, T_2 + \cos^2 \gamma\, T_3 + 2 D_1 \cos \beta \cos \gamma$$
$$+ 2 D_2 \cos \gamma \cos \alpha + 2 D_3 \cos \alpha \cos \beta.$$

Es genügen also wirklich die sechs in [552] genannten Momente zur Berechnung jedes T_E.

554. Nimmt man das vorhin genannte Lot l als Achse eines axialen Trägheitsmomentes T_1, so sind T_1 und T_E zusammen gleich dem polaren Trägheitsmoment, also $= T_1 + T_2 + T_3$ [546]. Daher:

$$T_l = T_1 + T_2 + T_3 - T_E.$$

Setzt man hier für T_E den vorigen Wert ein, berücksichtigt die Gleichung [238]:

$$\cos^2 \alpha + \cos^2 \beta + \cos^2 \gamma = 1$$

und ersetzt nach [546] zuletzt T_1, T_2, T_3 durch T_x, T_y und T_z, so entsteht nach kleinen Umrechnungen die Euler'sche Formel:

$$T_l = T_x \cos^2 \alpha + T_y \cos^2 \beta + T_z \cos^2 \gamma - 2 D_1 \cos \beta \cos \gamma - 2 D_2 \cos \gamma \cos \alpha$$
$$- 2 D_3 \cos \alpha \cos \beta.$$

555. Die Formeln für T_l und T_E lassen sich noch erheblich vereinfachen, wenn man das Koordinatensystem um O dreht und die Transformationsformeln [264] anwendet.

Euler hat gezeigt, daß man so D_1, D_2, D_3 zum Verschwinden bringen kann. (Der Beweis fehlt hier.) Es sei also:

$$D_1 = 0, \quad D_2 = 0, \quad D_3 = 0,$$

so wird kürzer:

$$T_l = T_x \cos^2 \alpha + T_y \cos^2 \beta + T_z \cos^2 \gamma.$$

556. Die drei freien Achsen. Bisher (von [553] bis [555]) war der Anfangspunkt O beliebig gewesen. Man wird ihn aber wegen [549] meist mit dem Schwerpunkt S zusammenfallen lassen. Euler bezeichnet dann die eben eingeführten Achsen, für welche D_1, D_2 D_3

verschwinden, als freie Achsen (vgl. [624]) und die zugehörigen Trägheitsmomente als Hauptträgheitsmomente. Sie seien:

$$A, \; B, \; C.$$

Es ist dann das Trägheitsmoment für eine beliebige (also im allgemeinen unfreie) Schwerpunktsachse l mit den Richtungswinkeln α, β, γ:

$$T_l = A \cos^2 \alpha + B \cos^2 \beta + C \cos^2 \gamma.$$

Diese Formeln von Euler und die Formel [547] von Huyghens sind die Grundlagen zur Berechnung von Trägheitsmomenten für beliebige Achsen.

557. Die drei Hauptträgheitsmomente. Im allgemeinen sind A, B und C alle drei voneinander verschieden. Es sei:

$$A > B > C.$$

Dann ist A nicht allein größer als B und C, sondern es ist das größte unter allen Trägheitsmomenten T_l überhaupt. Denn es ergibt sich:

$$A - T_l = A (1 - \cos^2 \alpha) - B \cos^2 \beta - C \cos^2 \gamma$$

oder nach [238]:

$$A - T_l = (A - B) \cos^2 \beta + (A - C) \cos^2 \gamma,$$

also nach Voraussetzung positiv. Ebenso ergibt C das kleinste Trägheitsmoment. B, das mittlere Hauptträgheitsmoment ist ein sog. Maximum-Minimum.

558. Zwei gleiche Hauptträgheitsmomente. Aus [557] folgt, daß es im allgemeinen nur drei freie Achsen geben kann. Anders, wo zwei Hauptträgheitsmomente gleich sind, etwa:

$$C = B.$$

Dann wird:

$$T_l = A \cos^2 \alpha + B (\cos^2 \beta + \cos^2 \gamma), \text{ also } [238]:$$
$$= A \cos^2 \alpha + B (1 - \cos^2 \alpha)$$
$$= A \cos^2 \alpha + B \sin^2 \alpha.$$

T_l hängt nur von α, d. h. von der Neigung gegen die x-Achse ab. Der Körper ist ein Rotationskörper um die x-Achse (z. B. abgeplattete Erde oder Geschoß) oder er verhält sich doch für die Trägheitsmomente wie ein solcher.

Also erstens eine vereinzelte freie Achse mit dem Hauptträgheitsmoment A und zweitens unendlich viele freie Achsen, welche alle in der zu ihr senkrechten Ebene liegen und gleiche Trägheitsmomente B haben.

559. Drei gleiche Hauptträgheitsmomente. Ist:

$$A = B = C,$$

so wird:

$$T_1 = A \left(\cos^2 \alpha + \cos^2 \beta + \cos^2 \gamma\right), \text{ also [238]:}$$
$$T_1 = A.$$

Alle Trägheitsmomente sind einander gleich. Jede Schwerpunktsachse ist eine freie Achse. Der Körper ist eine Kugel oder verhält sich doch für die Trägheitsmomente wie eine solche.

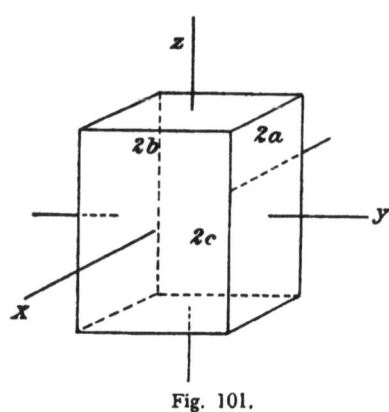

Fig. 101.

560. Hat der Körper beliebige Gestalt und Massenverteilung, dann ist die Auffindung seiner freien Achsen recht umständlich [555]. Ist er aber homogen und auch symmetrisch, so braucht man nach ihnen nicht lange zu suchen. Für ein homogenes Rechtflach z. B. mit den Seiten 2a, 2b, 2c liegt der Schwerpunkt offenbar in der Mitte und fallen die freien Achsen mit den Parallelen zu den Kanten zusammen.

Bezeichnet man noch die Dichte mit γ und führt die Gesamtmasse $M = 8\,a\,b\,c\,\gamma$ ein, so ergeben die Summationen oder vielmehr Integrationen:

$$T_1 = M\,\frac{a^2}{3}, \quad T_2 = M\,\frac{b^2}{3}, \quad T_3 = M\,\frac{c^2}{3}.$$

Aus T_1, T_2, T_3 folgen nun die Hauptträgheitsmomente T_x, T_y, T_z [546] oder A, B, C:

$$A = M\,\frac{b^2 + c^2}{3}, \quad B = M\,\frac{c^2 + a^2}{3}, \quad C = M\,\frac{a^2 + b^2}{3}.$$

Sind zwei Kanten gleich, etwa $b = c$, so wird $B = C$. Ein Stab mit quadratischem Querschnitt verhält sich für Trägheitsmomente wie ein Umdrehungskörper. Sind alle drei Kanten gleich, so wird $A = B = C$. Ein Würfel verhält sich für Trägheitsmomente wie eine Kugel. Jede Achse ist eine freie Achse.

561. Das Poinsot'sche Zentralellipsoid. Poinsot hat diesen Entwicklungen Euler's einen ausgezeichneten geometrischen Abschluß gegeben durch Einführung des Zentralellipsoides oder zentralen Trägheitsellipsoides.

Es entsteht, wenn man auf jeder Schwerpunktsachse 1 von S aus (nach beiden Seiten) eine Strecke aufträgt, welche der Quadratwurzel aus T_1 umgekehrt proportional ist.

Auf den freien Achsen sind also aufzutragen:

$$a = \frac{\lambda}{\sqrt{A}}, \quad b = \frac{\lambda}{\sqrt{B}}, \quad c = \frac{\lambda}{\sqrt{C}}$$

und auf einer beliebigen Achse 1 eine Strecke:

$$r = \frac{\lambda}{\sqrt{T_1}}$$

λ ist dabei eine beliebig angenommene Zahl. Quadriert man diese vier Gleichungen und eliminiert dann λ, so folgt:

$$A = \frac{T_1 r^2}{a^2}, \quad B = \frac{T_1 r^2}{b^2}, \quad C = \frac{T_1 r^2}{c^2}.$$

Setzt man in [556] ein und dividiert durch T_1, so folgt weiter:

$$1 = \frac{r^2 \cos^2 \alpha}{a^2} + \frac{r^2 \cos^2 \beta}{b^2} + \frac{r^2 \cos^2 \gamma}{c^2}.$$

Und hieraus endlich, wenn man die Koordinaten des Endpunktes von r mit x, y, z bezeichnet, nach [242]:

$$\frac{x^2}{a^2} + \frac{y^2}{b^2} + \frac{z^2}{c^2} = 1.$$

Dies ist die Gleichung eines dreiachsigen Ellipsoids. Es wird im Fall [558] zum Rotationsellipsoid und im Fall [559] zur Kugel.

562. Der Trägheitsradius wird fast nur bei axialen Momenten angewendet. Man definiert ihn als denjenigen Abstand R von der Achse 1, in welchem man die gesamte Masse vereinigt denken müßte, wenn sie dasselbe Trägheitsmoment ergeben sollte, wie der Körper selbst. Also:

a)
$$T = M R^2, \quad R = \sqrt{\frac{T}{M}}.$$

Führt man, wie in [547], die parallele Schwerpunktsachse 1_0 und das zugehörige Trägheitsmoment T_0, sowie den entsprechenden Trägheitsradius R_0 und den Abstand $\triangle$ ein, so folgt:

b)
$$T_0 = M R_0^2, \quad R_0 = \sqrt{\frac{T_0}{M}}.$$

Nun ist [547]:
$$T = T_0 + M \triangle^2$$

also, wenn a) und b) eingesetzt und R berechnet wird:

c)
$$R = \sqrt{R_0^2 + \triangle^2}.$$

Der Trägheitsradius ist also stets **größer** als der Abstand $\triangle$ des Schwerpunktes. Der Unterschied wird aber um so kleiner, je größer $\triangle$ ist.

563. Geometrische Trägheitsmomente. Trägheitsmomente von Volumina, von Flächen, von Linien können genau so eingeführt werden, wie die entsprechenden linearen Momente [537]. Man hat dann statt der Massenelemente nur Volumenelemente oder Flächenelemente oder Linienelemente zu nehmen und die vorgeschriebenen Integrationen zu leisten.

So ist z. B. das Trägheitsmoment eines Kreises für einen Durchmesser $= \dfrac{\pi\, r^4}{4}$, einer Kugel für einen Durchmesser $= \dfrac{2\,\pi\, r^5}{15}$ und eines Rechteckes mit der Grundlinie a und der Höhe h für eine Parallele zur Grundlinie durch den Schwerpunkt $= \dfrac{a\, h^3}{12}$.

564. Anwendungen der Trägheitsmomente. Es sei nochmals wiederholt, was zu Anfang dieses Paragraphen betont worden ist. Wozu Trägheitsmomente, freie Achsen, Zentrifugalmomente usw. gebraucht werden, darauf sollte es hier noch gar nicht ankommen, sondern nur, was man unter ihnen auf Grund von Definitionen verstehen will.

Die Anwendungen werden folgen. Dort wird sich auch Gelegenheit finden, die Namen zu erklären, welche nur im Zusammenhange mit diesen Anwendungen verständlich sind.

---

§ 25. Massenbeschleunigung und Trägheitskraft, Schwerpunktssätze.

565. Die Massenbeschleunigung ist von Schell eingeführt worden als Abkürzung für Produkt aus Masse und Beschleunigung, aber doch in der Absicht, einen neuen und wertvollen Hilfsbegriff zu schaffen. Eine besondere Bezeichnung hat sie nicht erhalten. Selbstverständlich ist sie eine Richtungsgröße, welche dieselbe Richtung hat wie die Beschleunigung.

Aus der Gleichung:

$$\text{Massenbeschleunigung} = m \cdot g$$

folgt:

1. Einheit der Massenbeschleunigung ist die Massenbeschleunigung der Masse 1 bei der Beschleunigung 1.

2. Die Dimensionsformel der Massenbeschleunigung ist:

$$[m]\,|g| = [m]\,[l]\,|t|^{-2}.$$

566. Massenbeschleunigung und Kraft. Das vierte Grundgesetz der Mechanik [44] sagt aus: Die Massenbeschleunigung hat stets eine Kraft bzw. die Resultante von Kräften zur unmittelbaren Ursache und ist ihr proportional, so daß beide bei geeigneter Wahl der Einheiten gleiche Maßzahlen haben:

$$\text{Kraft} = \text{Massenbeschleunigung}$$
$$K = m \cdot g.$$

Selbstverständlich wird w a h r e oder a b s o l u t e Bewegung oder doch eine solche Relativbewegung vorausgesetzt, in welcher die Beschleunigung gleich der absoluten Beschleunigung ist [479]. Für Massenbeschleunigungen bei beliebigen Relativbewegungen gilt die Gleichung durchaus nicht; siehe § 22 über terrestrische Mechanik und C o r i o l i s'sche Beschleunigung.

567. Trägheitskraft. d'A l e m b e r t hat statt der Massenbeschleunigung ihren entgegengesetzten Wert als Effektivkraft oder Trägheitskraft eingeführt. Die Trägheitskraft entsteht also aus der M a s s e n - b e s c h l e u n i g u n g durch U m k e h r u n g der R i c h t u n g.

$$\text{T r ä g h e i t s k r a f t} = - \text{M a s s e n b e s c h l e u n i g u n g} = - m \cdot g$$

d'A l e m b e r t wollte nicht schreiben $K = m\,g$, sondern um der Form nach Dynamik auf Statik zurückzuführen (vgl. [181]):

$$K + (- m\,g) = 0.$$

Und nun konnte er sagen: Die Kräfte sind i m m e r im Gleichgewicht, nur muß man bei der Bewegung zu den w i r k e n d e n Kräften noch die Trägheitskräfte hinzunehmen, welche bei der Ruhe verschwinden.

568. Trägheitskräfte und Reaktio. Da die Trägheitskräfte diejenigen Kräfte sein sollen, welche den auf den Körper oder das materielle System w i r k e n d e n Kräften das Gleichgewicht halten würden, so stimmen sie nach Größe und Richtung vollständig mit denjenigen Kräften überein, welche der Körper seinerseits als Reaktionen ausübt nach dem Prinzip der Aktio und Reaktio.

Diese Reaktionen sind es ja, die wir als Widerstände fühlen, wenn wir den Körper in Bewegung setzen wollen [36]. Sie sind die Kräfte, mit denen der Körper sofort seine Trägheit bezeugt, wenn äußere Kräfte auf ihn einwirken.

569. Zentrifugalkraft. Die bei einer Drehung auftretenden Trägheitskräfte nennt man Zentrifugalkräfte, von denen man zu sagen pflegt, sie wirken auf den Körper, welcher sich dreht, während man richtiger sagen sollte, sie wirken v o n dem Körper, welcher sich dreht, auf diejenigen Körper zurück, welche auf ihn Kräfte ausüben,

daß er sich dreht [oder auch, sie wirken von einem Teil des sich
drehenden Körpers auf die umgebenden Teile].

Wird z. B. ein Stein an einem Faden herumgeschleudert, so wirkt
der Zug des Fadens auf den Stein nach in n en als Zentripetalkraft. Die Zentrifugalkraft aber ist die Reaktio, die von dem
Stein auf den Faden ausgeübt wird in der Richtung nach au ß en.

570. Zerlegung von Massenbeschleunigungen. Da Massenbeschleunigungen (oder Trägheitskräfte) Richtungsgrößen sind, so können sie
geometrisch zerlegt werden. Nach den Koordinatenachsen entstehen
so die Komponenten [350]:

$$m\,g_x, \quad m\,g_y, \quad m\,g_z$$

oder, was dasselbe ist [330]:

$$m\,\frac{d^2 x}{(dt)^2}, \quad m\,\frac{d^2 y}{(d\,t)^2}, \quad m\,\frac{d^2 z}{(dt)^2},$$

Zerlegt man ebenso die Kraft K in die Komponenten X, Y, Z,
so zerfällt die geometrische Gleichung:

$$\overline{K} = m \cdot \overline{g}$$

in die drei algebraischen Gleichungen:

a) $$X = m \cdot \frac{d^2 x}{(d\,t)^2}, \quad Y = m \cdot \frac{d^2 y}{(d\,t)^2}, \quad Z = m \cdot \frac{d^2 z}{(d\,t)^2},$$

571. Die Zusammensetzung von Massenbeschleunigungen kann auch erfolgen, wenn sie sich nicht auf denselben Körper oder materiellen
Punkt beziehen; nur müssen sie alsdann parallel verschoben gedacht
werden können.

Auf diese Weise entstehen die drei Komponenten der „gesamten"
Massenbeschleunigung eines Körpers oder materiellen Systems:

$$\Sigma\,m\,\frac{d^2 x}{(d\,t)^2}, \quad \Sigma\,m\,\frac{d^2 y}{(d\,t)^2}, \quad \Sigma\,m\,\frac{d^2 z}{(d\,t)^2}.$$

572. Bewegung des Schwerpunktes. Wenn ein Körper oder ein
materielles System sich bewegt, so bewegt sich sein Schwerpunkt im
allgemeinen mit ihm. Wie jeder der materiellen Punkte hat auch er
seine Bahn, seine Geschwindigkeit und seine Beschleunigung.

Man muß sich dabei vergegenwärtigen, daß der Schwerpunkt
seiner Definition nach nichts anderes sein soll als der Massenmittelpunkt [540], ein ganz bestimmter Punkt inmitten der materiellen
Punkte. Ändern letztere ihre Lage, so wird er meist auch nicht an
derselben Stelle bleiben.

573. Massenbeschleunigung des Schwerpunktes wird erklärt als das
Produkt aus der Beschleunigung des Schwerpunktes und der Gesamt-

masse des bewegten Körpers oder materiellen Systems, die man hierzu im Schwerpunkt vereinigt annehmen müßte.

Nennt man wie in [532] die Koordinaten des Schwerpunkts x_s, y_s, z_s und M die Gesamtmasse, so sind hiernach die Komponenten der Massenbeschleunigung des Schwerpunktes:

$$M \cdot \frac{d^2 x_s}{(d\,t)^2}, \quad M \frac{d^2 y_s}{(d\,t)^2}, \quad M \frac{d^2 z_s}{(d\,t)^2}.$$

574. Die Massenbeschleunigung des Schwerpunktes stimmt nach Größe und Richtung vollständig überein mit der gesamten Massenbeschleunigung oder der Resultante der Massenbeschleunigungen der einzelnen Punkte [571].

Der Beweis ist sehr einfach. Man gehe von den Varignon'schen Gleichungen [532] aus:

$$M x_s = \Sigma m\,x, \quad M y_s = \Sigma m\,y, \quad M z_s = \Sigma m\,z$$

und differentiiere zweimal nach der Zeit. So folgt:

a) $\quad M \dfrac{d^2 x_s}{(d\,t)^2} = \Sigma m \dfrac{d^2 x}{(d\,t)^2}; \quad M \dfrac{d^2 y_s}{(d\,t)^2} = \Sigma m \dfrac{d^2 y}{(d\,t)^2}; \quad M \dfrac{d^2 z_s}{(d\,t)^2} = \Sigma m \dfrac{d^2 z}{(d\,t)^2}.$

Der Satz ist bewiesen.

575. Newton's Schwerpunktssatz lautet: Der Schwerpunkt eines Körpers oder materiellen Systems bewegt sich so, als ob in ihm die Gesamtmasse vereinigt wäre und als ob an ihm sämtliche Kräfte (parallel verschoben) angriffen.

Das soll heißen, er bewegt sich gemäß der Grundgleichung der Mechanik:

Kraft — Massenbeschleunigung,

wenn statt Kraft die Resultante aller angreifenden Kräfte (parallel verschoben) und statt Massenbeschleunigung diejenige des Schwerpunktes gesetzt wird.

Beweis: Man denke sich die Gleichungen [570] a für alle materiellen Punkte gebildet und addiere:

$$\Sigma X = \Sigma m \frac{d^2 x}{(d\,t)^2}, \quad \Sigma Y = \Sigma m \frac{d^2 y}{(d\,t)^2}, \quad \Sigma Z = \Sigma m \frac{d^2 z}{(d\,t)^2}.$$

Also nach [574]a:

$$M \frac{d^2 x_s}{(d\,t)^2} = \Sigma X, \quad M \frac{d^2 y_s}{(d\,t)^2} = \Sigma Y, \quad M \frac{d^2 z_s}{(d\,t)^2} = \Sigma Z.$$

Links stehen die Komponenten der Massenbeschleunigung des Schwerpunktes und rechts die Summen der Komponenten aller Kräfte nach den zugehörigen Achsen. Der Satz ist bewiesen.

13*

576. Der Newton'sche Schwerpunktssatz erweitert das vierte Grundgesetz von einem materiellen Punkt auf einen beliebigen Körper oder System von Körpern. Er ist zugleich der Ausgangspunkt aller anderen Sätze, welche man sonst noch über die Bewegung des Schwerpunktes aufgestellt hat.

Seine große Bedeutung tritt besonders hervor, wenn man ihn mit dem dritten Grundgesetz, dem Newton'schen Satz von der Aktio und Reaktio, in Verbindung bringt, was jetzt geschehen soll.

577. Innere und äußere Kräfte. Diese Unterscheidung setzt irgendein materielles System voraus. Eine Kraft, welche von einem Teil desselben auf einen andern Teil ausgeübt wird, heißt dann eine innere Kraft. Eine Kraft aber, die von einem dem System nicht angehörenden Körper auf dieses oder einen Teil desselben ausgeübt wird, heißt eine äußere Kraft.

Oder bei schärfster Begriffsbestimmung [57]: Wirkt eine Elementarkraft von einem Punkte des Systems auf einen andern Punkt des Systems, so heißt sie eine innere Kraft. Wirkt sie aber von einem nicht dem System angehörenden Punkte auf einen Punkt des Systems, so heißt sie eine äußere Kraft.

578. Leider ist noch eine andere Art Einteilung in innere und äußere Kräfte verbreitet, die lange nicht so viele Vorteile bietet. Nach ihr nennt man innere Kraft eine solche, die auf das Innere eines stetigen Körpers wirkt, wie z. B. die Schwere oder magnetische Anziehung und Abstoßung und äußere Kraft eine solche, die nur auf die Oberfläche ausgeübt wird, wie z. B. Zug oder Druck der Hand.

Diese Einteilung ist nicht so zweckmäßig, weil auch die Teile eines Körpers im Innern solche Zug- und Druckkräfte (als elastische Spannungen) ausüben. Hier soll sie nicht gelten, sondern nur die in [577] gegebene.

579. Die Erklärung [577] ist relativ, nämlich relativ zu dem gegebenen System. Es kommt darauf an, welche Körper man in ihm einbegriffen hat und welche nicht. Und gerade so soll es sein.

Man nehme die äußersten Grenzen: Im Weltall als einem einzigen System gibt es nur innere Kräfte. Löst man es aber auf in seine Atome oder materiellen Punkte, so gibt es nur äußere Kräfte.

580. Soll eine äußere Kraft zu einer inneren werden, so muß man das gegebene System um den Körper, von dem sie ausgeht, vergrößern. Die Schwere eines Steines ist für ihn als ein System eine äußere Kraft, da sie von der Erde ausgeht. Sie wird zu einer inneren Kraft, wenn Stein + Erde als ein System betrachtet werden.

Soll umgekehrt eine innere Kraft zu einer äußeren werden, so muß man das gegebene System um den Körper, von dem sie ausgeübt wird, verringern. Die inneren Spannungen eines elastischen Körpers A sind für ihn sicherlich innere Kräfte, molekulare Anziehungen und Abstoßungen seiner kleinsten Teile. Denkt man sich aber A durch eine Schnittfläche in zwei Teile B und C geteilt, so werden die elastischen Spannungen, welche B auf C durch die Schnittfläche hindurch [94] ausübt, für C äußere Kräfte.

Es muß eben das System vorher genau bestimmt sein. Dann aber ist vollkommen klar, welche Kräfte äußere, welche innere sind.

581. Innere Kräfte und Aktio und Reaktio. Nach der Aktio und Reaktio hat jede Kraft ihre Gegenkraft, bei der die beiden Körper ihre Rollen vertauschen. Ist eine der beiden Kräfte für ein gegebenes System eine innere Kraft, so gehören beide Körper dem System an. Also ist die Gegenkraft dann **auch** eine innere Kraft. Die Gesamtheit der inneren Kräfte eines Systems ist folglich auflösbar in beliebig viele Paare gleich großer, aber entgegengesetzter Kräfte. Daher:

Die inneren Kräfte heben sich, nachdem sie so parallel verschoben sind, daß sie alle im Schwerpunkt angreifen, gegenseitig auf.

Bezieht sich der Index i auf innere Kräfte, so kann diese Folgerung analytisch durch die Gleichungen ausgedrückt werden:

$$\varSigma X_i = 0, \quad \varSigma Y_i = 0, \quad \varSigma Z_i = 0.$$

582. Innere Kräfte und Newton's Schwerpunktssatz. Die inneren Kräfte eines Systems haben auf die Bewegung seines Schwerpunktes gar keinen Einfluß, und, da es nur innere und äußere Kräfte gibt:

Nur die äußeren Kräfte können auf die Bewegung des Schwerpunktes einen Einfluß haben.

Bezieht sich der Index a auf die äußeren Kräfte, so ist:

$$\varSigma X = \varSigma X_a + \varSigma X_i = \varSigma X_a + 0 = \varSigma X_a, \text{ daher [574]a:}$$

$$M \frac{d^2 x_s}{(d\,t)^2} = \varSigma X = \varSigma X_a$$

und entsprechend für die y-Achse und die z-Achse.

583. Trägheitsgesetz für materielle Systeme. Wirken **nur** innere Kräfte, ist das System, wie man sagt, „sich selbst überlassen", so verschwindet hiernach die Beschleunigung des Schwerpunktes. War er in Ruhe, so bleibt er in Ruhe. War er aber in Bewegung, so bleibt er in Bewegung (gleichförmig und geradlinig).

Damit ist das Trägheitsgesetz auf materielle Systeme erweitert. Wenn äußere Kräfte fehlen, so können die einzelnen Teile wohl

krumme Bahnen mit wechselnden Geschwindigkeiten beschreiben, aber
der Gesamtschwerpunkt **verharrt** in seinem Zustand der Ruhe oder
Bewegung.

584. Schwerpunkt des Sonnensystems. Das beste uns bekannte Beispiel hierfür ist unser Sonnensystem, bestehend aus Sonne, Planeten,
Monden, Kometen, Meteoriten usw. Wenn man von dem sicherlich
sehr kleinen Widerstand des Äthers und von den wahrscheinlich auch
sehr kleinen Anziehungen der Billionen Meilen entfernten Fixsterne
absieht, so muß der Schwerpunkt des Sonnensystems (welcher
übrigens meist im Sonnenkörper selbst liegt), so muß, kurz gesagt,
die Sonne entweder ruhen oder geradlinig und gleichförmig den
Weltenraum durchmessen.

Kepler nahm das erstere an und auch Newton bezweifelte es
nicht [465]. Erst die gewonnene Erkenntnis, daß viele, vielleicht alle
Fixsterne, welche auch Sonnen sind, langsam ihre Lage gegeneinander ändern, legte Herschel die Hypothese nahe von der Eigenbewegung unserer Sonne. Nach Wahrscheinlichkeitsberechnungen
ist sie auf das Sternbild des Herkules gerichtet [466].

585. Schwerpunktsintegrale. Wenn sich der Schwerpunkt gleichförmig und geradlinig bewegt, so werden seine Koordinaten nach
[290] ganze Funktionen ersten Grades der Zeit:

$$x_s = a_1 + b_1\, t; \quad y_s = a_2 + b_2\, t; \quad z_s = a_3 + b_3\, t.$$

Die sechs Koeffizienten:

$$a_1, \quad b_1, \quad a_2, \quad b_2, \quad a_3, \quad b_3,$$

spielen die Rolle von sog. Integrationskonstanten. Sie treten immer
auf, wenn keine äußeren, sondern nur innere Kräfte wirken und ver-
mindern die Schwierigkeiten der Lösung eines derartigen Bewegungsproblems um sechs Einheiten.

Es sind, wenn äußere Kräfte fehlen, durch den Newton'schen
Schwerpunktssatz von vornherein, wie man sagt, sechs Integrale
gegeben. (Vgl. [617] und [690].)

586. Bewegung um den Schwerpunkt. Man führe außer dem im
Raume ruhenden Koordinatensystem, das I heißen möge, noch ein
anderes zu I paralleles, II ein, dessen Anfangspunkt beständig mit
dem Schwerpunkt zusammenfällt und bezeichne zur Unterscheidung
die Koordinaten im System II durch rechts oben angebrachte Striche.
Dann ist für jeden Punkt P [262]:

$$x = x_s + x', \quad y = y_s + y', \quad z = z_s + z'$$

und umgekehrt:

$$x' = x - x_s, \quad y' = y - y_s, \quad z' = z - z_s.$$

Es folgt zunächst nach zweimaligem Differentiieren, Multiplizieren mit m und Addieren:

$$\Sigma m \frac{d^2 x'}{(d\,t)^2} = \Sigma m \frac{d^2 x}{(d\,t)^2} - M \frac{d^2 x_s}{(d\,t)^2}, \quad \text{d. h. [574]a}$$

$$\Sigma m \frac{d^2 x'}{(d\,t)^2} = 0, \quad \Sigma m \frac{d^2 y'}{(d\,t)^2} = 0, \quad \Sigma m \frac{d^2 z'}{(d\,t)^2} = 0.$$

Die Massenbeschleunigungen der Bewegungen um den Schwerpunkt heben einander auf.

587. Es ist für nur einen Punkt:

$$\frac{d^2 x'}{(d\,t)^2} = \frac{d^2 x}{(d\,t)^2} - \frac{d^2 x_s}{(d\,t)^2}, \quad \text{oder nach [570]a und [574]:}$$

$$\frac{d^2 x'}{(d\,t)^2} = \frac{X}{m} - \frac{\Sigma X}{M}.$$

Die inneren Kräfte heben sich im ganzen fort, aber **nicht** für einen einzelnen Punkt. Es ist zwar: $\Sigma X_i = 0$, aber nicht $X_i = 0$, und es ist $\Sigma X = \Sigma X_a$, dagegen: $X = X_a + X_i$. Also:

$$\frac{d^2 x'}{(d\,t)^2} = \frac{X_i}{m} + \left\{ \frac{X_a}{m} - \frac{\Sigma X_a}{M} \right\}$$

und entsprechend für die anderen Koordinaten. Das erste Glied $\dfrac{X_i}{m}$ zeigt (in der Richtung der x-Achse) den Einfluß der inneren Kräfte auf die Bewegung von P relativ zum Gesamtschwerpunkt.

588. Das zweite Glied rechts:

$$\frac{X_a}{m} - \frac{\Sigma X_a}{M}$$

zeigt den entsprechenden Einfluß der äußeren Kräfte an. Da er im allgemeinen nicht verschwindet, so kommen die äußeren Kräfte s o w o h l für die Bewegung des Schwerpunktes, als a u c h in Verbindung mit den inneren Kräften für die Bewegung um den Schwerpunkt in Betracht.

Wenn aber die äußeren Kräfte parallel und den Massen, auf welche sie wirken, proportional sind, so verschwindet für jeden Punkt das zweite Glied. Dieser Fall tritt z. B. ein bei einem Körper, auf den als äußere Kraft nur sein Gewicht wirkt. Sein Schwerpunkt beschreibt alsdann die Galilei'sche Wurfparabel [26], aber seine Bewegung um den Schwerpunkt geht so vor sich, als ob die Schwere gar nicht vorhanden wäre.

589. Angenähert ist es so auch bei der Relativbewegung von Erde und Mond um ihren gemeinsamen Schwerpunkt oder, was auf dasselbe herauskommt, bei dem Lauf des Mondes um die Erde [622]. Der

Mond wird von der Sonne etwa $2^1/_2$ mal so stark angezogen, wie von der Erde; aber die Erde wird auch von der Sonne angezogen, und wegen der großen Entfernung sind beide Anziehungen nahezu gleich gerichtet und den Massen von Erde und Mond proportional. So ist trotzdem der Teil der Beschleunigung des Mondes relativ zur Erde, welcher von der Sonne herrührt, recht klein im Verhältnis zur ganzen Beschleunigung (etwa $1^0/_0$).

§ 26. Bewegungsgröße und Kraftantrieb.

590. Die Bewegungsgröße ist ein von Cartesius eingeführtes Maß der Bewegung (quantité de mouvement), bei welchem nicht allein die Geschwindigkeit, sondern auch die Größe des bewegten Körpers, seine Masse, veranschlagt wird.

Newton hat sie später als „Moment der Bewegung" bezeichnet und in England heißt sie auch jetzt noch so. Sonst aber hat sich der ältere Name Bewegungsgröße (eigentlich Bewegungsmenge) erhalten.

591. Bewegungsgröße eines Punktes. Im absoluten Maßsystem setzt man die Maßzahl der Bewegungsgröße gleich dem Produkt aus den Maßzahlen der Masse und der Geschwindigkeit.

Bewegungsgröße $= \mathrm{m} \times \mathrm{v} =$ Masse $\times$ Geschwindigkeit.

Eine besondere Buchstabenbezeichnung hat sie nicht erhalten. In diesem Buch heißt sie B. Aus ihrer Definition folgt:

Einheit der Bewegungsgröße ist die Bewegungsgröße der Masse 1 bei der Geschwindigkeit 1.

Ihre Dimensionsformel ist:

$$[B] = [m] \cdot [v] = [m] [l] [t]^{-1}$$

592. Massengeschwindigkeit. Cartesius hat die Bewegungsgröße wohl nur im absoluten Sinne aufgefaßt. Jetzt legt man ihr auch eine Richtung bei, selbstverständlich die Richtung von v.

Die Bewegungsgröße (welche „Massengeschwindigkeit" heißen müßte [565], wenn sie nicht eben seit Jahrhunderten Bewegungsgröße hieße) kann daher geometrisch zerlegt werden wie die Massenbeschleunigung. So sind ihre Komponenten nach den Achsen eines Koordinatensystems:

$$\mathrm{m} \cdot \mathrm{v_x} = \mathrm{m} \cdot \frac{\mathrm{d\,x}}{\mathrm{d\,t}}; \quad \mathrm{m} \cdot \mathrm{v_y} = \mathrm{m} \cdot \frac{\mathrm{d\,y}}{\mathrm{d\,t}}; \quad \mathrm{m} \cdot \mathrm{v_z} = \mathrm{m} \cdot \frac{\mathrm{d\,z}}{\mathrm{d\,t}}.$$

593. Bewegungsgröße eines Körpers oder Systems ist die Resultante der Bewegungsgrößen seiner materiellen Punkte. Ihre Komponenten sind:

$$\Sigma\, m\, v_x, \quad \Sigma\, m\, v_y, \quad \Sigma\, m\, v_z,$$

oder, wenn es sich um einen stetigen Körper handelt:

$$\int v_x\, d\, m, \quad \int v_y\, d\, m, \quad \int v_z\, d\, m.$$

Bei der Zusammensetzung der Bewegungsgrößen kommt es nicht darauf an, daß sie sich auf verschiedene materielle Punkte beziehen. Sie werden algebraisch oder geometrisch addiert [571].

594. Bewegungsgröße und Schwerpunkt. Die gesamte Bewegungsgröße eines Systems ist gleich der Bewegungsgröße seines Schwerpunktes, d. h. gleich dem Produkt aus der Gesamtmasse und der Geschwindigkeit des Schwerpunktes.

Beweis wie in [574]. Nur hat man die drei Gleichungen:

$$M\, x_s = \Sigma\, m\, x, \quad M\, y_s = \Sigma\, m\, y, \quad M\, z_s = \Sigma\, m\, z$$

bloß einmal zu differentiiren. Es folgt:

$$M\, \frac{d\, x_s}{d\, t} = \Sigma\, m\, v_x, \quad M\, \frac{d\, y_s}{d\, t} = \Sigma\, m\, v_y, \quad M\, \frac{d\, z_s}{d\, t} = \Sigma\, m\, v_z.$$

Links stehen die Komponenten der Bewegungsgröße des Schwerpunktes und rechts die Komponenten der gesamten Bewegungsgröße.

595. Bewegungsgrößen um den Schwerpunkt. Zerlegt man ganz wie in [586] die Bewegung in eine solche des Schwerpunktes und in eine solche um den Schwerpunkt, so ist, wie eben gezeigt, die gesamte Bewegungsgröße in der ersten Bewegung enthalten. Die Bewegungsgrößen der zweiten Bewegung um den Schwerpunkt heben einander auf, ihre Resultante verschwindet.

Es ist in der Bezeichnung von [586]:

$$\Sigma\, m\, v_x' = 0, \quad \Sigma\, m\, v_y' = 0, \quad \Sigma\, m\, v_z' = 0.$$

596. Bewegungsgröße und Trägheitsgesetz. Das Galilei'sche Trägheitsgesetz kann (da m konstant ist) jetzt auch ausgedrückt werden wie folgt: Wenn auf einen Körper oder auf ein beliebiges System [576] keine Kraft wirkt, so bleibt seine Bewegungsgröße B nach Maß und Richtung unveränderlich dieselbe.

Damit B also irgendeine Änderung erleiden könne, muß eine äußere Kraft vorhanden sein. Man bedarf aber in dieser Hinsicht eines aus Kraft und Zeit zusammengesetzten Hilfsmaßes, das jetzt abzuleiten ist.

597. Der Kraftantrieb ist (1847) von Belanger in die Elementarmechanik als „Impulsion" eingeführt worden. Zu seiner abkürzenden Bezeichnung diene der Buchstabe J.

Der Antrieb einer konstanten Kraft ist proportional ihrer Stärke
K und der Zeit t, während welcher sie wirkt. Im absoluten Maßsystem setzt man hiernach:

$$J = K \cdot t$$

Antrieb = Kraft × Zeit.

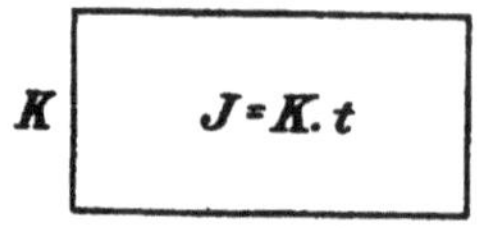

Fig. 102.

Hieraus folgt:

1. Einheit des Antriebes ist der Antrieb
der Kraft 1 in der Zeit 1.

2. Die Dimensionsformel des Antriebes
lautet:

$$[J] = [K][t] = [m][l][t]^{-2} \cdot t$$
$$[J] = [m][l][t]^{-1}.$$

598. Antrieb und Bewegungsgröße. Einer konstanten Kraft, wie sie
zunächst vorausgesetzt wurde, entspricht eine gleichförmig beschleunigte Bewegung. Bei anfänglicher Ruhe ist nach der Zeit t die
Geschwindigkeit [326]:

$$v = g\,t, \text{ also auch: } m \cdot v = m \cdot g \cdot t$$

oder nach der Grundgleichung: $K = m \cdot g$:

a) $K\,t = m\,v$, d. h. $J = B$

Kraftantrieb = Bewegungsgröße.

Man beachte, daß diese Gleichung ganz der Grundgleichung entspricht: Kraft = Massenbeschleunigung,
aus der sie ja auch durch Integration nach der Zeit entsteht. War
zu Anfang der betreffenden Zeit schon eine Geschwindigkeit v_0 vorhanden, so muß in der vorigen Gleichung statt v gesetzt werden
$\triangle v = v - v_0$. Es wird:

$$J = m \triangle v = m\,v - m\,v_0 = \triangle B.$$

Kraftantrieb während einer beliebigen Zeit gleich der (algebraischen oder geometrischen) Änderung der Bewegungsgröße.

599. Zusammensetzung und Zerlegung von Antrieben. Der Antrieb ist
eine Richtungsgröße, eine Strecke von derselben Richtung wie die
Kraft. Man kann daher gleichzeitige Antriebe verschiedener Kräfte
so zusammensetzen, wie diese selbst; es kommt auf dasselbe hinaus,
ob man erst die Kräfte zusammensetzt und dann den Antrieb der
Resultanten nimmt oder ob man erst die Antriebe der Kräfte nimmt
und letztere dann zusammensetzt.

Umgekehrt kann jeder Antrieb zerlegt werden. Hat K die Komponenten X, Y, Z, so hat J die Komponenten:

$$J_x = X\,t, \quad J_y = Y\,t, \quad J_z = Z\,t.$$

600. Antrieb als Zeitintegral der Kraft. Ändert die Kraft bei gegebener Richtung ihre Stärke, so denke man sich die Zeit in Differentiale d t zerlegt und für jedes d t den unendlich kleinen Antrieb:

$$d J = K d t$$

gebildet. Durch Integrieren entsteht dann der Antrieb selbst:

$$J = \int K d t$$

als „Zeitintegral der Kraft".

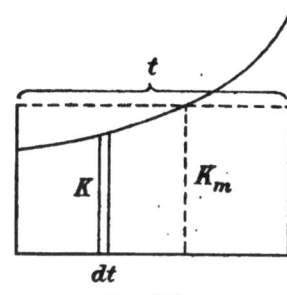

Fig. 108.

Nach dem einfachen Mittelwertsatz ist auch dann:

$$J = K_m \cdot t,$$

nur muß statt K_m ein (allgemein nicht näher bekannter) Mittelwert der Kraft K gesetzt werden.

601. Ändert sich auch die Richtung von K, so bilde man nach [599] die Antriebe nach jeder Achse:

$$J_x = \int X d t, \quad J_y = \int Y d t, \quad J_z = \int Z d t$$

und setze dann J_x, J_y, J_z zu ihrer Resultante J zusammen.

Somit ist der Antrieb selbst im allgemeinsten Falle begrifflich scharf bestimmt. Denn die Ausführung der Integrationen ist eine rein mathematische Angelegenheit.

602. Nach dieser erweiterten Erklärung gilt der Satz:

Antrieb = Änderung der Bewegungsgröße

ganz allgemein. Für die x-Achse ist:

$$g_x = \frac{d v_x}{d t}, \quad g_x d t = d v_x$$

$$m \cdot g_x d t = m \cdot d v_x, \quad X d t = d (m \cdot v_x).$$

Integriert man nach der Zeit, so folgt:

$$J_x = \int X d t = m v_x - m (v_x)_0.$$

Entsprechend für die anderen Achsen.

603. Antrieb und Aktio und Reaktio. Wirkung und Gegenwirkung überträgt sich von den Kräften auf ihre Antriebe. Ein Körper kann nur von anderen Körpern Antriebe empfangen, wenn er solche an sie in gleicher Größe, aber entgegengesetzter Richtung austeilt.

Sind die Antriebe der Bewegung entgegen (im gewöhnlichen Sprachgebrauch würde man sie dann etwa Hemmungen nennen), so kommt der Körper schließlich zur Ruhe. Indem sich seine Bewegungsgröße erschöpft, muß nach [602] anderswo Bewegungsgröße entstehen. Man sagt: Ein Körper könne Bewegung nur verlieren, indem er sie

an andere Körper weitergibt, oder gewinnen, indem er sie von anderen
Körpern nimmt. Eben diese untrügliche Erfahrung war es, die
Cartesius zur Aufstellung der quantité de mouvement veranlaßt hat.
Er hat mit ihrer Unveränderlichkeit vollkommen recht, nur ist die
Bewegungsgröße nicht absolut, sondern algebraisch-geometrisch zu
nehmen.

604. Antrieb und Schwerpunkt. Bei irgendeinem materiellen System
ist der Gesamtantrieb gleich der Änderung der gesamten Bewegungsgröße. Folglich nach [594]:

Der Gesamtantrieb ist gleich der Änderung der Bewegungsgröße
des Schwerpunktes.

Nach [582] kommen dabei nur die äußeren Antriebe in Betracht.
Denn die inneren heben sich in der Gesamtheit auf [581]. Sie können
also nur die Bewegungsgrößen der Teile des Systems um den Schwerpunkt beeinflussen.

605. Der Impuls. Sehr nahe verwandt, aber doch nicht völlig
identisch mit dem Antrieb ist der Impuls oder die Momentankraft
oder die Stoßkraft. Ein Schlag oder Stoß haben dem Anscheine
nach gar keine Dauer. Sie sind für die Sinne plötzliche Vorgänge,
bei denen der geschlagene oder gestoßene Körper plötzlich seine
Bewegung ändert und z. B. plötzlich zur Ruhe kommt oder plötzlich
in Bewegung gerät.

Eine solche Momentankraft ist begrifflich etwas anderes, als die
gewöhnliche, die stetig wirkende Kraft, welche die Geschwindigkeit
allmälig, „mit der Zeit", ändert, während die Momentankraft hierzu
gar keine Zeit gebrauchen soll, wie ihr Name sagt. Doch erst Galilei
hat in unvergleichlicher Meisterschaft an einem alltäglichen Beispiel,
dem Einrammen von Pfählen, gezeigt, daß es ganz unmöglich sei, die
Kraft des Aufschlagens zu vergleichen mit einem beliebigen auf den
Pfahl gelegten Gewicht.

606. Impuls und Antrieb. Heute pflegt man den Impuls als einen
Kraftantrieb anzusehen, aber als einen solchen, bei dem die Kraft
sehr groß und die Zeit nur sehr klein ist. Jeder Stoß währt doch eine
gewisse Zeit, wenn auch nur den Bruchteil einer Sekunde. In diesem
Bruchteil wächst der Druck, den die stoßenden Körper ausüben, also
der „Stoßdruck", vom Nullwert bis zu seinem Maximum und nimmt
von da wieder bis zum Nullwert ab.

Die Stärke J des Impulses ist also nichts anderes als das Produkt
aus der Zeitdauer t und dem mittleren Stoßdruck K_m [600]:

$$J = K_m\, t.$$

Nur ist t sehr klein und K_m sehr groß, so daß der Impuls veranschaulicht werden kann durch ein Rechteck mit einer sehr kurzen und einer sehr langen Seite.

607. Je härter die Körper sind, desto schneller spielt sich der Stoß ab, desto stärker wird der Stoßdruck. Galilei ist zwar oft getadelt worden, daß er die Kraft des Stoßes unendlich groß gesetzt hat, aber das Richtige hat er unzweifelhaft gemeint.

Da jedoch in der Lehre vom Stoß [§ 37] wesentlich nur die Stärke des Impulses, nicht aber Zeit und Kraft selbst in Betracht kommen, da außerdem die beiden letzteren nur sehr schwer zu haben sind, nämlich durch äußerst umständliche Berechnungen aus der Dynamik elastischer Körper, so verzichtet man auf sie. Man begnügt sich mit dem Produkt, ohne die Faktoren zu kennen.

Nur soll, so nimmt man an, die Zeit zu kurz sein, als daß der Körper, während er den Impuls erhält, sich merklich von seinem Orte fortbewegt haben könnte.

608. Impuls und Bewegungsgröße. Da der Impuls hiernach plötzlicher Kraftantrieb ist, so setzt man seine Stärke gleich der plötzlichen Änderung der Bewegungsgröße, welche er veranlaßt. Er steht zu dieser, zu $m \cdot v$, in derselben begrifflichen Beziehung wie die stetig wirkende Kraft K zur Massenbeschleunigung, zu $m \cdot g$.

Wenn die Weltkörper plötzlich zum Stillstand gebracht werden sollten, so müßte es durch Impulse geschehen, die ihre Bewegungsgrößen aufheben. Umgekehrt kann man sich vorstellen, daß ein Körper diejenige Geschwindigkeit, welche er augenblicklich hat, erst in diesem Augenblick durch einen Impuls erhalten haben könnte.

---

§ 27. Die Momente von Kräften, von Massenbeschleunigungen, von Antrieben und von Bewegungsgrößen. Die Flächensätze.

609. Die vier in der Überschrift genannten Richtungsgrößen beziehen sich auf ein gegebenes materielles System oder, wenn man es in kleinste Teile zerlegt denkt, auf materielle Punkte. Jede Kraft K greift an einem solchen an, gibt ihm Massenbeschleunigung $m \cdot g$ und ändert so durch den Antrieb J in einer gewissen Zeit seine Bewegungsgröße $B = m \cdot v$.

Allerdings tritt hinterher oft bei der Zusammensetzung Parallelverschiebung ein, wie der vorige Paragraph gezeigt hat. In diesem
Paragraphen aber, da es sich um ihre **Momente** in bezug auf beliebige
Pole und Achsen im Sinne des § 11 handelt, sollen sie durchaus an
den zugehörigen materiellen Punkten haften bleiben als Strecken,
die man sich zur Darstellung von Größe und Richtung von **diesen**
Punkten aus gezogen zu denken hat [216].

610. Momentensatz für innere Kräfte und Antriebe. In jedem materiellen
System verschwindet das Gesamtmoment der inneren Kräfte in bezug
auf jeden Pol und jede Gerade. Denn sie zerfallen in Paare gleicher
Elementarkräfte, die nicht allein entgegengesetzt gerichtet sind, sondern
auch in derselben geraden Linie wirken [57]. Für jedes Paar heben
sich also die Momente auf, folglich auch für alle zusammen.

Derselbe Satz gilt nach [603] auch für die Antriebe. Es kommt
also für das Gesamtmoment nur auf äußere Kräfte oder äußere
Antriebe an.

611. Momente der Kräfte und der Massenbeschleunigungen. Da die Resultante der an einem Punkte angreifenden Kräfte nach Größe und
Richtung mit seiner Massenbeschleunigung übereinstimmt, so folgt
[224]:

Das Gesamtmoment der Kräfte, welche an einem materiellen
System angreifen, bezogen auf irgendeinen Pol oder irgendeine
Gerade, ist gleich der geometrischen Summe der Momente der
Massenbeschleunigungen, bezogen auf denselben Pol oder dieselbe
Achse.

Also haben innere Kräfte weder auf die Bewegung des Schwerpunktes [582], noch auf das Gesamtmoment der Massenbeschleunigungen
irgendwelchen Einfluß.

612. Der vorige Satz kann zwei andere Formen annehmen.
Ersetzt man die Massenbeschleunigungen durch die ihnen entgegengesetzt gleichen Trägheitskräfte [567], so lautet er:

Die Momente der wirkenden (äußeren) Kräfte und die Momente
der Trägheitskräfte eines materiellen Systems heben sich auf, wo man
auch den Pol oder die Achse annimmt.

613. Das Prinzip der Flächen. Ersetzt man aber die Momente der
Massenbeschleunigungen nach [572] durch die doppelten Produkte
aus den Massen und den Flächenbeschleunigungen, so lautet er:

Das Gesamtmoment der wirkenden (äußeren) Kräfte ist gleich
der doppelten geometrischen Summe aus den Massen und den Flächenbeschleunigungen.

In dieser Form heißt der Satz das Prinzip der Flächen oder der Flächensatz. Seine allgemeine Bedeutung für die Mechanik ist zuerst von Euler, Daniel Bernoulli und d'Arcy hervorgehoben worden.

614. Bezeichnet man mit m die Masse eines der materiellen Punkte P, mit x, y, z seine Koordinaten, mit X, Y, Z die Komponenten einer auf ihn wirkenden Kraft, so ist nach [245] das Gesamtmoment der Kräfte in bezug auf die x-Achse:

$$\Sigma (y\,Z - z\,Y).$$

Ferner ist nach [370] das entsprechende Moment der Massenbeschleunigungen:

$$\Sigma m\,(y\,g_z - z\,g_y).$$

Das Prinzip der Flächen besteht also, bezogen auf irgendeine zur x-Achse gemachte Gerade, analytisch ausgedrückt in der Gleichung:

$$\Sigma m\,(y\,g_z - z\,g_y) = \Sigma (y\,Z - z\,Y).$$

Entsprechende Gleichungen gelten für die y- und z-Achse.

615. Der Flächensatz und der Schwerpunkt. Das Prinzip der Flächen gilt auch für die Bewegungen um den Schwerpunkt, wenn man diesen zum Pol, oder eine durch ihn gehende Gerade zur Achse macht.

Beweis: Man mache den Schwerpunkt zum Anfangspunkt eines Koordinatensystems mit unveränderlicher Achsenrichtung, bezeichne mit g_x, g_y, g_z die Komponenten der Relativbeschleunigung von P und mit a, b, c die Komponenten der absoluten Beschleunigung des Schwerpunktes. Dann sind die Komponenten der absoluten Beschleunigung von P nach [586]:

$$a + g_x, \quad b + g_y, \quad c + g_z.$$

Für diese gilt der Flächensatz: Es ist also:

$$\Sigma m\,\big(y\,(c + g_z) - z\,(b + g_y)\big) = \Sigma (y\,Z - z\,Y).$$

Die linke Seite ergibt:

$$c\,\Sigma m\,y - b\,\Sigma m\,z + \Sigma m\,(y\,g_z - z\,g_y)$$

Die beiden ersten Glieder verschwinden, da nach Voraussetzung der Anfangspunkt mit dem Schwerpunkt zusammenfällt. Es ist daher:

$$\Sigma m\,(y\,g_z - z\,g_y) = \Sigma (y\,Z - z\,Y), \quad \text{q. e. d.}$$

616. Flächensatz ohne äußere Kräfte. Von besonderer Wichtigkeit wird der Flächensatz für solche Systeme, die sich selbst überlassen sind, d. h. in welchen n u r innere Kräfte wirken. Dann verschwindet nämlich das gesamte Kraftmoment. Also:

Wirken gar keine äußeren Kräfte, so heben sich die Momente der Massenbeschleunigungen auf (oder, so heben sich die Momente der Trägheitskräfte auf, oder so heben sich die Produkte aus Masse und Flächenbeschleunigung auf). Es wird:

$$\Sigma m (y g_z - z g_y) = 0, \quad \Sigma m (z g_x - x g_z) = 0, \quad \Sigma m (x g_y - y g_x) = 0.$$

617. Die drei Flächenintegrale. Nach [370] ist das Moment der Beschleunigung gleich dem nach der Zeit genommenen Differentialquotienten des Momentes der Geschwindigkeit. Also ist auch das Moment der Massenbeschleunigung gleich dem Differentialquotienten des Momentes der Bewegungsgröße. Verschwindet daher das erste Moment, so kann das letztere weder zu-, noch abnehmen; es muß konstant sein. Folglich: Wirken keine äußeren Kräfte, so bleibt das Gesamtmoment der Bewegungsgrößen unveränderlich (oder so bleibt die Summe der Produkte aus Masse und Flächengeschwindigkeit unveränderlich).

Für die Koordinatenachsen entstehen so die drei Gleichungen:

$$\Sigma m (y v_z - z v_y) = C_1, \quad \Sigma m (z v_x - x v_y) = C_2, \quad \Sigma m (x v_y - y v_x) = C_3$$

mit den drei Integrationskonstanten C_1, C_2, C_3.

Man nennt sie die drei Flächenintegrale. Sie treten zu den sechs Schwerpunktsintegralen hinzu [585].

618. Die Zentralbewegung: Der Flächensatz hat so zahlreiche Anwendungen, daß Beschränkung auf die vortretendsten geboten ist. Als erste sei die Zentralbewegung genannt, d. h. die Bewegung, welche entsteht, wenn ein materieller Punkt P beständig von einem festen Punkt O angezogen oder abgestoßen wird. (Fig. 64 Seite 107).

Es verschwindet das Kraftmoment in bezug auf O. Macht man O zum Anfangspunkt, so gelten daher die drei Flächenintegrale mit der Vereinfachung, daß das Zeichen Σ fortfällt, da es sich nur um einen Punkt P handelt. Außerdem kann der Faktor m durch Division entfernt werden, worauf in [617] der Einfachheit wegen statt $\dfrac{C_1}{m}$ wieder C_1 usw. stehen mag. Mithin:

1) $y v_z - z v_y = C_1$,   2) $z v_x - x v_z = C_2$,   3) $x v_y - y v_x = C_3$.

619. Multipliziert man der Reihe nach mit x, y, z und addiert, so ergibt sich sehr einfach:

$$C_1 x + C_2 y + C_3 z = 0,$$

also die Gleichung einer Ebene, welche durch O hindurchgeht. Daher:

Jede Zentralbewegung findet in einer ebenen Bahn statt. Die Ebene geht durch das Zentrum O der Anziehung oder Abstoßung.

Ferner: Bei jeder Zentralbewegung ist die Flächengeschwindigkeit konstant. Oder, was dasselbe ist, es werden vom Radiusvektor nach dem Zentrum in gleichen Zeiten gleiche Flächen beschrieben. (Zweites Kepler'sches Gesetz [943].)

620. Macht man die Ebene der Bahn zur xy-Ebene, so verschwinden z und v_z, also auch C_1 und C_2. Es bleibt nur **eine** Gleichung:

$$x\, v_y - y\, v_x = C.$$

Differentiiert man sie nach der Zeit, so folgt [370]:

$$x\, g_y - y\, g_x = 0, \text{ oder auch: } x\, m \cdot g_y - y\, m \cdot g_x = 0,$$

d. h. $\quad x\, Y - y\, X = 0$, oder $X : Y = x : y$,

d. h. die Kraftlinie geht durch O. Also auch umgekehrt: Ist die Bahn eben und beschreibt der Radiusvektor von einem festen Punkte O in gleichen Zeiten gleiche Flächen, so ist die Bewegung eine Zentralbewegung um O als Zentrum [374].

621. Zentralbewegung zweier Punkte um ihren Schwerpunkt. Das System bestehe aus zwei materiellen Punkten P_1 und P_2, die **nur** ihren gegenseitigen Anziehungen oder Abstoßungen unterliegen. Man unterscheide sie durch die Indizes 1 und 2, mache ihren Schwerpunkt zum Koordinatenanfang und nehme die Flächenintegrale, aber nach [615]. Dann lassen sich die Gleichungen [617]:

$$m_1 (y_1 v_{z_1} - z_1 v_{y_1}) + m_2 (y_2 v_{z_2} - z_2 v_{y_2}) = C_1$$

usw. erheblich vereinfachen. Denn [531]a ergibt hier:

$$m_1 x_1 + m_2 x_2 = 0, \quad m_1 y_1 + m_2 y_2 = 0, \quad m_1 z_1 + m_2 z_2 = 0,$$

da $x_s = 0$, also [532]b auch $N_x = 0$ sein soll usw. Mithin ist:

$$x_2 = - \frac{m_1}{m_2} x_1, \text{ also auch: } v_{x_2} = - \frac{m_1}{m_2} v_{x_1} \text{ usw.}$$

Man setze ein. Es wird:

$$\frac{m}{m_2} (m_1 + m_2)(y_1 v_{z_1} - z_1 v_{y_1}) = C_1$$

usw. Man sieht: ganz wie in [618]. Folglich: Zwei Massenpunkte, welche nur ihren gegenseitigen Anziehungen unterliegen, beschreiben um ihren gemeinsamen Schwerpunkt Zentralbewegungen. Dieser selbst bewegt sich dabei geradlinig und gleichförmig durch den Raum [583].

622. Statt der Zentralbewegungen um den Schwerpunkt kann man sich an die Zentralbewegung eines der beiden Punkte, etwa P_1 um den anderen P_2 halten. Man mache P_2 zum Anfangspunkt. Dann sind die Koordinaten von P_1:

$$x = x_1 - x_2, \quad y = y_1 - y_2, \quad z = z_1 - z_2$$

oder nach Einsetzen von [621]:

$$x = x_1 \frac{m_1 + m_2}{m_2}, \quad y = y_1 \frac{m_1 + m_2}{m_2}, \quad z = z_1 \frac{m_1 + m_2}{m_2}.$$

Die Koordinaten werden, wie man sieht, im Verhältnis der Summe der Massen zur Masse des relativ ruhenden Punktes vergrößert. In demselben Verhältnis werden auch die Geschwindigkeiten und Beschleunigungen vergrößert.

Durch die Umkehrungen:

$$\mathrm{x}_1 = \mathrm{x} \cdot \frac{m_2}{m_1 + m_2}, \quad y_1 = y \cdot \frac{m_2}{m_1 + m_2}, \quad z_1 = z \cdot \frac{m_2}{m_1 + m_2}$$

geht man von den Koordinaten von P_1 in bezug auf P zu den Koordinaten von P_1 in bezug auf den Schwerpunkt über.

623. Momente der Zentrifugalkräfte. Ein fester Körper drehe sich gleichförmig mit der Winkelgeschwindigkeit ω um eine beliebige durch den Schwerpunkt gehende Gerade. Fig. 104. Man mache sie zur z-Achse. Dann ist die Massenbeschleunigung irgendeines Punkts P Fig. 99 Seite 166 nach [358]:

$$= m \cdot \omega^2 \varrho_\mathrm{z}.$$

Sie geht nach der z-Achse hin. Die Zentrifugalkraft ist daher ebensogroß und geht von der z-Achse fort in der Richtung von ϱ_z. Da ϱ_z die Projektionen hat:

$$\mathrm{x}, \quad y, \quad 0,$$

so hat die Zentrifugalkraft die Projektionen:

$$\mathrm{X} = m \, \omega^2 \mathrm{x}, \quad \mathrm{Y} = m \, \omega^2 y, \quad \mathrm{Z} = 0.$$

Mithin sind die Gesamtmomente der Zentrifugalkräfte in bezug auf die x-Achse, die y-Achse, die z-Achse nach [245].

$$\Sigma(y \cdot 0 - z \, m \, \omega^2 y), \quad \Sigma(z \, m \, \omega^2 \mathrm{x} - \mathrm{x} \cdot 0), \quad \Sigma(\mathrm{x} \, m \, \omega^2 y - y \, m \, \omega^2 \mathrm{x}),$$

oder nach Einführung der Zentrifugalmomente [550] (welche übrigens hiernach ihren Namen haben):

$$- \omega^2 D_1, \quad + \omega^2 D_2, \quad 0.$$

624. Drehung um eine freie Achse. Ist die z-Achse eine Euler'sche freie Achse, so verschwinden D_1 und D_2. Also heben die Momente der Zentrifugalkräfte einander auf und brauchen nicht erst durch Momente äußerer Kräfte aufgehoben zu werden. Der Körper dreht sich **frei.** Doch vergleiche man [769].

Umgekehrt: Wenn ein fester Körper sich ohne äußere Kräfte um eine unveränderliche Achse dreht, so ist diese Achse eine freie Achse.

625. Drehung um eine unfreie Achse. D_1 und D_2 verschwinden nicht (wenigstens nicht beide). Die beiden axialen Momente:

$$- \omega^2 D_1, \quad + \omega^2 D_2$$

haben ein resultierendes Moment, dessen Pfeil auf der z-Achse senkrecht steht und die Drehung mitmacht. Es muß, falls die Drehung gleichförmig bleiben und im besonderen nicht in eine Kegelbewegung [413] übergehen soll, durch Momente äußerer Kräfte fortwährend aufgehoben werden.

Der Körper muß durch äußere Kräfte **gezwungen** werden, in einer Drehung um eine unfreie Achse zu verharren.

626. Der Stab A B sei fest verbunden mit der vertikalen Achse, welche in zwei Lagern P und Q ruht, so daß das untere Lager P zunächst das Gewicht des Stabes zu tragen hat. Wenn aber der Stab sich um die Achse dreht, so ist klar, daß die beiden Lager auch seitlich, das obere nach rechts und das untere nach links, einen Druck auszuhalten haben. Und die Reaktionen dieser Drucke bilden ein an der Achse angreifendes Kräftepaar p, p, dessen Moment dem Moment der Zentrifugalkräfte fortdauernd das Gleichgewicht halten muß.

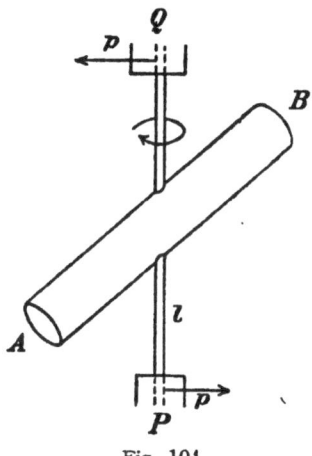

Fig. 104.

Durch das Heranpressen während der Drehung schleifen sich Achse und Lager bald aneinander ab. Die Lager werden zu weit und die Achse wird zu dünn. Durch den zu großen Spielraum entsteht das äußerst unangenehme Schleudern.

Man sieht daher bei allen Maschinen darauf, daß die Achsen, um welche Maschinenteile sich drehen sollen, freie Achsen sind und muß, sobald die Schleudererscheinung eintritt, sofort Gegenmaßregeln ergreifen durch entsprechende Änderungen an den Massenverteilungen.

627. Daß eine augenblickliche Drehung um eine unfreie Achse nur durch äußere Kräfte zu einer fortdauernden Drehung werden kann, ergibt sich auch durch die Momente der Bewegungsgrößen statt der Zentrifugalkräfte.

Die Bahngeschwindigkeit v eines Punktes hat [316] die Komponenten:

$$v_x = - \omega y, \quad v_y = + \omega x, \quad v_z = 0.$$

Daher sind die Momente der Bewegungsgrößen in bezug auf die x-Achse, die y-Achse, die z-Achse:

$$\Sigma m (y v_z - z v_y) = - \omega \Sigma m x z = - D_2 \omega$$
$$\Sigma m (z v_x - x v_z) = - \omega \Sigma m y z = - D_1 \omega$$
$$\Sigma m (x v_y - y v_x) = + \omega \Sigma m (x^2 + y^2) = + T_z \omega.$$

14*

Nimmt man das x y z-System im Körper fest an, so bleiben diese drei Momente:

$$-D_2\,\omega, \quad -D_1\,\omega, \quad +T_z\,\omega\;.$$

konstant. Sie haben also auch ein im Körper konstantes Hauptmoment [220], dessen Pfeil aber, wenn D_1 und D_2 nicht beide verschwinden, gegen die z-Achse geneigt ist und daher an der Drehung teilnimmt. Folglich sind für ein im Raum festes Koordinatensystem die Momente nicht alle drei konstant; d. h. die Flächenintegrale sind nicht erfüllt, wie es der Fall sein müßte, wenn keine äußeren Kräfte wirkten.

628. Die unveränderliche Ebene der Bewegung. Die drei Flächenintegrale [617] sagen nach Einführung des eben genannten Hauptmomentes aus, daß dieses der Größe und Richtung nach unveränderlich bleibt, solange keine äußeren Kräfte wirken.

Es gibt also alsdann eine unveränderliche Achse und die zu ihr senkrechte unveränderliche Ebene des Hauptmoments der Bewegungsgröße. Nur wenn C_1, C_2, C_3 alle drei verschwinden, verschwindet auch das Hauptmoment C und die Stellung der unveränderlichen Ebene wird dann gänzlich unbestimmt, wie z. B., wenn das System anfänglich in Ruhe gewesen und nur durch innere Kräfte allmälig in Bewegung geraten wäre.

629. Meist werden bei Betrachtung der unveränderlichen Ebene nur die Bewegungen um den Schwerpunkt genommen, vgl. [615]. Für zwei materielle Punkte fällt sie dann mit der gemeinschaftlichen Bahnebene zusammen [621]; ebenso für beliebig viele Punkte, falls sie alle in derselben Ebene bleiben.

Dreht sich ein fester Körper um eine freie Achse, so ist diese selbst die unveränderliche Achse und die zu ihr senkrechte Ebene ist die unveränderliche Ebene. (Nicht aber ist es so, wenn die augenblickliche Drehung um eine unfreie Achse geschieht [627].)

630. Kant-Laplace'sche Hypothese. Alle Planeten laufen, abgesehen von den geringen Neigungen ihrer Bahnebenen, in demselben Sinne um die Sonne. Und in demselben Sinne drehen sie sich um ihre Achsen, die Sonne mit einbegriffen. Folglich können sich die Momente ihrer Bewegungsgrößen nicht zerstören; es muß C von Null verschieden sein.

Das Sonnensystem hat daher eine unveränderliche Ebene und muß sie „von Anfang an" gehabt haben, d. h. schon zur Zeit, als es noch ein Urnebel war, wie man nach der Kant-Laplace'schen Theorie annimmt. Damals allerdings war es wahrscheinlich mehr chaotische

Bewegung durcheinander, als regelmäßiger Umlauf und Drehung. Aber das jetzige Hauptmoment muß diese Bewegung auch schon gehabt haben.

631. Die Flächenintegrale behaupten durchschnittliche Unveränderlichkeit der **Flächen**geschwindigkeiten. Sie können nicht alle zunehmen oder nicht alle abnehmen, da die Summe der Produkte aus ihnen und den Massen konstant bleiben soll. Wie es aber mit den Bahngeschwindigkeiten oder Winkelgeschwindigkeiten steht, muß man erst durch deren Beziehungen zu den Flächengeschwindigkeiten ausmachen [319] und [321].

Wenn z. B. der Urnebel, wie man annimmt, ursprünglich viel weiter ausgedehnt war, als das jetzige Sonnensystem, so muß seine durchschnittliche Winkelgeschwindigkeit damals erheblich kleiner gewesen sein, da nach [321] die Winkelgeschwindigkeit bei gegebener Flächengeschwindigkeit dem Quadrat des Abstandes umgekehrt proportional ist.

632. **Veränderlichkeit der Erddrehung.** Wenn die Erkaltung der Erde langsam fortschreitet und sie sich entsprechend zusammenzieht, so muß hiernach ihre tägliche Drehung allmälig schneller werden. Die Unveränderlichkeit des Tages ist gefährdet, mögen auch Jahrtausende vergehen, ehe die Vergleichung mit anderen astronomischen Zeitmaßen, mit Jahr und Monat, eine Spur davon erkennen läßt.

Dabei ist von äußeren Kraftmomenten ganz abgesehen, die aber durchaus nicht fehlen und, wie der geniale Robert Mayer erkannt hat, im Durchschnitt die Drehung der Erde wieder verlangsamen (wegen der Flutreibung), was hier nicht genauer erörtert werden mag. Mögen die Beschleunigung durch Erkalten und die Verzögerung durch Flutreibung sich ungefähr aufheben oder mögen beide an sich zu klein sein; genug, bisher hat man vergebens nach Spuren einer Veränderlichkeit des Tages geforscht. Er soll in geschichtlichen Zeiten noch nicht um $1/_{100}$ Sekunde länger oder kürzer geworden sein.

633. **Erhaltung der Rotationsebene.** Die Änderung des Momentes der Bewegungsgröße ist dem Moment des Antriebes der äußeren Kräfte proportional. Je größer ersteres Moment daher ist, desto weniger hat im Verhältnis ein gegebenes Kraftmoment zu bedeuten. Je schneller also die Bewegung, um so langsamer erfolgt die Änderung der Achse und Ebene des Hauptmomentes der Bewegungsgröße.

In diesem Sinne schreibt man z. B. sehr schnell sich drehenden Körpern ein sehr starkes Bestreben zu, die **absolute** Richtung der

Drehungsachse gegen einwirkende Kraftmomente zu verteidigen. Man spricht von dem Gesetz der Erhaltung der Rotationsebene.

634. Beispiele: 1. Die Längsgeschosse erhalten durch den Drall eine schnelle Drehung, damit sie sich nicht so leicht wegen des seitlichen Schlages, dem sie noch zuletzt beim Verlassen des Rohres ausgesetzt sein können, überschlagen. 2. Die Achse des Foucaultschen Gyroskops in der kardanischen Aufhängung beschreibt bei sehr schneller Rotation langsam einen Kegel um die Richtung der Erdachse; dies ist aber im relativen Sinne zu verstehen, denn im absoluten Sinne behält sie ihre Richtung bei (zweiter experimenteller Beweis Foucault's für die Drehung der Erde) [508].

3. Der gewöhnliche Kreisel fällt ohne Drehung sofort um unter dem Einfluß des aus der Schwere und dem Druck auf die Spitze bestehenden Kräftepaares. In Drehung versetzt, fällt er nicht um, sondern macht, schräg gestellt, Kegelbewegungen. 4. Wenn man einen schnell gedrehten Brummkreisel an der Achse festhält und ihn beliebig hier und dorthin neigen will, so spürt man einen viel größeren „Widerstand“, als wenn er sich nicht dreht.

§ 28. Lebendige Kraft und Arbeit.

635. Die lebendige Kraft oder vis viva hat Leibniz der Bewegungsmenge des Cartesius gegenübergestellt als dasjenige Maß der Bewegung, welches zwar auch der Masse, aber nicht der Geschwindigkeit selbst, sondern ihrem Quadrat proportional sein sollte. Sie werde hier mit L bezeichnet.

Allerdings ist sie schon früher, namentlich von Huyghens, benutzt worden. Aber doch nur in besonderen Fällen und nicht als allgemein brauchbares Maß der Bewegung.

636. Der Proportionalitätsfaktor λ wird hier (seit Coriolis) nicht $= 1$, sondern $= 1/2$ angenommen. Man setzt [140]:

$$L = \frac{m \cdot v^2}{2}$$

Lebendige Kraft = (Masse $\times$ Quadrat der Geschwindigkeit) durch zwei. Hieraus folgt:

1. Einheit der lebendigen Kraft ist die lebendige Kraft der Masse 2 bei der Geschwindigkeit 1.

2. Die Dimensionsformel lautet:

$$[L] = [m] [v]^2 = [m] [l]^2 [t]^{-2}.$$

Ferner ist nachdrücklich hervorzuheben, daß L im Gegensatz zur Bewegungsgröße keine Richtung haben soll. L wird als absoluter Zahlenwert aufgefaßt, L ist skalar [112].

637. Energie. Die Bezeichnung „lebendige Kraft", welche den Gegensatz zu einer „toten Kraft", z. B. dem bloßen Druck, hervorheben sollte, wird jetzt vielfach beanstandet als gar zu metaphysisch und obendrein leicht Verwechslungen mit der Kraft schlechthin oder der bewegenden Kraft, der „vis motrix" herbeiführend. Man nennt sie dann Energie.

Th. Young sagt in seinen „course of lectures": The term energy may be applied with great propriety to the product of the mass or weight of a body into the square of the number expressing the velocity.

638. Kinetische Energie. Dieser Vorschlag hat sich in der Neuzeit weit über seine ursprünglichen Grenzen durchgesetzt, denn die Energie ist allmälig ein sehr allgemeiner naturwissenschaftlicher Begriff geworden [§ 29]. Zur näheren Unterscheidung nennt man daher die Leibniz'sche lebendige Kraft auch Energie der Bewegung oder nach Rankine kinetische Energie, oder auch aktuelle, sichtbare, dynamische Energie. Sehr treffend ist auch „Wucht". In der technischen Mechanik heißt sie auch „Arbeitsvorrat".

So wird die Bedeutung dieses Begriffs schon durch die Mannigfaltigkeit der Namen angezeigt. Seltsamerweise unterscheiden englische Schriftsteller noch die alte vis viva $= m v^2$ von der halb so großen

$$\text{Kinetic energy} = \frac{m v^2}{2}.$$

639. Bewegungsenergie und Bewegungsgröße. Es sei m die Masse, v die Geschwindigkeit eines materiellen Punktes (oder materiellen Körpers, der nur eine Translation durchmacht, also nur ein v hat). Dann sind seine Bewegungsgröße B und seine Bewegungsenergie L:

$$B = m v, \quad L = m \frac{v^2}{2}.$$

Eliminiert man erstens m und zweitens v, so folgt:

$$L = \frac{B \cdot v}{2}, \quad L = \frac{B^2}{2 m}.$$

Hieraus ist dreierlei zu entnehmen:

1. Bei gegebener Geschwindigkeit sind Bewegungsenergie und Bewegungsgröße einander proportional.

2. Bei gegebener Masse ist die Bewegungsenergie dem Quadrat der Bewegungsgröße proportional.

3. Bei gegebener Bewegungsgröße ist die Bewegungsenergie der Masse umgekehrt proportional.

640. Kleinere Körper haben also bei gegebener Bewegungsgröße **mehr** Bewegungsenergie. Durch den Antrieb der Pulvergase erhalten Geschoß und Geschütz annähernd (entgegengesetzt) gleiche Bewegungsgrößen. Aber die Bewegungsenergie des Geschosses ist sehr viel größer als diejenige, welche das Geschütz durch den „Rückstoß" erhält.

Also man beachte wohl: Wenn die größere Masse durch die kleinere Geschwindigkeit gerade so ausgeglichen wird, daß die Bewegungsgrößen einander gleich sind, erhält die kleinere Masse trotzdem die größere Bewegungsenergie.

Es handelt sich eben um zweierlei Maß der Bewegung.

641. Lebendige Kraft eines Systems ist nicht die geometrische, sondern die gewöhnliche oder absolute Summe der lebendigen Kräfte seiner Teile:

$$L = \Sigma\, m \cdot \frac{v^2}{2}.$$

Es ist also unmöglich, daß die lebendigen Kräfte der Teile einander aufheben, selbst wenn ihre Bewegungen die verschiedensten Richtungen haben. Denn diese Richtungen kommen dabei gar nicht in Betracht.

Zerlegt man die Geschwindigkeiten geometrisch nach drei senkrechten Achsen, so zerfällt L in drei absolute Summanden. Denn es ist [241]:

$$v^2 = v_x^2 + v_y^2 + v_z^2, \text{ also:}$$

$$L = \Sigma\, m\, \frac{v_x^2}{2} + \Sigma\, m\, \frac{v_y^2}{2} + \Sigma\, m\, \frac{v_z^2}{2}.$$

Jeder Summand ist, wie man sieht, gleich derjenigen lebendigen Kraft, welche den zugehörigen Projektionen der Geschwindigkeiten entsprechen würde.

642. Bewegungsenergie und Schwerpunkt. Zerlegt man die Bewegung eines Systems wie in [586] in die Bewegung des Schwerpunktes und in die Bewegung um ihn, so verschwindet zwar nach [586] die Bewegungsgröße der letzteren, aber nicht ihre Energie. Es gilt vielmehr der Satz (vgl. auch [547]):

Die gesamte kinetische Energie L eines Systems kann in zwei Teile L_0 und L_1 zerlegt werden, welche bedeuten:

1. die kinetische Energie der Bewegung des Schwerpunkts:

$$L_0 = M\, \frac{v_s^2}{2},$$

2. die kinetische Energie der relativen Bewegungen um den Schwerpunkt:

$$L_1 = \Sigma\, m \frac{(v')^2}{2}.$$

So ist z. B. die Energie eines Geschosses gleich der Summe der Energien seiner Bewegung in der Luft und der Drehungsenergie.

643. Zum Beweise setze man wie in [586]:

$$x = x_s + x', \text{ also: } v_x = \frac{d\,x_s}{d\,t} + v'_x, \text{ folglich:}$$

$$\Sigma \frac{m}{2}\, v_x{}^2 = \Sigma \frac{m}{2} \left(\frac{d\,x_s}{d\,t}\right)^2 + \Sigma\, m \frac{d\,x_s}{d\,t} \cdot v'_x + \Sigma \frac{m}{2}\, (v'_x)^2$$

$$= \frac{M}{2} \left(\frac{d\,x_s}{d\,t}\right)^2 + \frac{d\,x_s}{d\,t}\, \Sigma\, m\, v'_x + \Sigma \frac{m}{2}\, (v'_x)^2.$$

Das mittlere Glied rechts verschwindet. Bildet man die entsprechenden Gleichungen für die y-Achse und die z-Achse, addiert und wendet [641] an, so folgt:

$$\Sigma \frac{m}{2}\, v^2 = M \frac{v_s{}^2}{2} + \Sigma\, m \frac{(v')^2}{2}, \text{ d. h.}$$

$$L = L_0 + L_1, \text{ q. e. d.}$$

644. Drehungsenergie. Ein Körper drehe sich um eine beliebige Achse l mit der Winkelgeschwindigkeit ω. Es sei T das Trägheitsmoment um diese Achse, so ist die Bewegungsenergie:

$$L = T \frac{\omega^2}{2}.$$

Beweis: Nach [314] ist die Geschwindigkeit v eines beliebigen Punktes P im Abstand r von der Achse:

$$v = r\,\omega, \text{ daher:}$$

$$L = \Sigma \frac{m}{2}\, v^2 = \Sigma \frac{m}{2}\, r^2\, \omega^2 = \frac{\omega^2}{2} \cdot \Sigma\, m\, r^2,$$

also nach [544]:

$$L = T \frac{\omega^2}{2}.$$

Schon diese eine Formel rechtfertigt die Einführung des Trägheitsmomentes in die Mechanik.

645. Trägheitsmoment und reduzierte Masse. Man achte auf die Analogie mit der ursprünglichen Formel [636] für L. Es steht ω für v und T für m. Insofern kann man sagen: Das Trägheitsmoment ist für die Drehung, was sonst Masse ist (für Translation).

Da die Geschwindigkeit v im Abstande 1 gleich ω wird, so nennt man T auch die auf den Abstand 1 reduzierte Masse, und so erklärt sich nach [37] die von Euler gewählte Bezeichnung momentum inertiae oder Trägheitsmoment.

646. Drehungsenergie und Trägheitsradius. Um bei gegebener Winkelgeschwindigkeit möglichst viel Energie zu erhalten, muß man also sehen, nicht die Masse selbst, sondern ihr Trägheitsmoment T möglichst groß zu machen. Die Hauptmenge des Stoffes ist möglichst weit von der Achse anzubringen. Schwungräder der Dampfmaschinen zur Aufspeicherung von Energie oder Arbeitsvorrat.

Man kann auch sagen: Der Trägheitsradius R muß möglichst groß werden. Denn es ist nach [562]:

$$L = T\,\frac{\omega^2}{2} = M\,\frac{R^2\,\omega^2}{2} = M\,\frac{(R\,\omega)^2}{2}, \quad \text{oder:}$$

$$L = M \cdot \frac{v^2}{2},$$

also wieder wie zu Anfang, nur daß v die Geschwindigkeit im Abstand R bezeichnet.

647. Die mechanische Arbeit. Massenbeschleunigung, Bewegungsgröße und lebendige Kraft stehen alle drei in innigster Beziehung zu den bewegenden Kräften, zu den Kräften schlechthin. Die Massenbeschleunigung ist der Kraft unmittelbar und die Bewegungsgröße (oder deren Änderung) ihrem Antrieb (Kraft $\times$ Zeit) proportional.

Die kinetische Energie aber bedarf in dieser Hinsicht eines neuen Hilfsbegriffes, der Kraftarbeit (Kraft $\times$ Weg), die hier den Buchstaben A erhalten möge. Es gehören also zusammen: 1. Massenbeschleunigung und Kraft K; 2. Bewegungsgröße und Kraftantrieb J; 3. Bewegungsenergie und Kraftarbeit A.

648. Entstehung des Arbeitsbegriffes. Die große Wichtigkeit des Produktes aus Kraft und Weg für die Statik hat man schon früh erkannt. Johann Bernoulli, der die hierauf gerichteten Vorarbeiten Leonardo da Vinci's, Galilei's usw. zusammengefaßt hat [720], bezeichnet es als virtuelles Kraftmoment, wofür man heute zutreffender virtuelle Arbeit zu sagen hat.

Auch der dynamischen Bedeutung der Arbeit war man bald auf der Spur. So sagte Pascal: „Es ist offenbar dasselbe, ob man 100 Pfund 1 Zoll, oder 1 Pfund 100 Zoll hebt." Er meinte für die zu leistende Arbeit, welche ihm begrifflich vorschwebte, wenn sie auch erst sehr viel später von Coriolis und dann von Poncelet als

Kunstausdruck besonders für die technische Mechanik eingeführt worden ist.

649. Definition der Arbeit. Wenn der Angriffspunkt einer nach Größe und Richtung konstanten Kraft K einen Weg s in der Richtung der Kraft oder in der entgegengesetzten Richtung zurücklegt, so nennt man Arbeit das positive und negative Produkt aus den absoluten Werten von K und s. Sie ist positiv bei gleicher, negativ bei entgegengesetzter Richtung von K und s.

Fig. 105. Fig. 106.

Daher, wenn K und s ohne Vorzeichen genommen werden:

A = + K·s, bei gleicher Richtung von K und s;

A = — K·s, bei entgegengesetzter Richtung von K und s.

Für K = 1 und s = 1 wird auch A = 1; d. h.:

Arbeitseinheit ist die Arbeit der Kraft 1 auf dem Wege 1.

Die Dimensionsformel ist:

$$[A] = [K][l] = [m][l]^2 [t]^{-2}.$$

650. Erg und Joule. Im C-G-S-System ist daher die Arbeitseinheit gleich derjenigen Arbeit, welche das Dyn auf einem Zentimeter Weg verrichtet. Man nennt sie mit einem besonderen Namen das Erg. Also:

1 Erg = 1 Dyn × 1 Zentimeter = 1 Dynzentimeter.

Da 1 Dyn so ziemlich dem Gewicht eines Milligramms gleichkommt [145], so ist das Erg für die Technik offenbar viel zu klein. Man hat daher noch das 10^7fache des Erg als besondere Einheit, das Joule eingeführt. (Joule war ein bedeutender englischer Physiker.) Daher:

1 Joule = 10^7 Erg = 10^7 Dynzentimeter.

Auf den Faktor 10^7 = zehnmillion ist man verfallen, indem man in möglichster Rücksicht auf das technische Maßsystem das kg als Masseneinheit und das Meter als Längeneinheit genommen hat. Es ist nämlich 1 kg = 10^3 gramm und 1 m = 10^2 cm, daher nach der Dimensionsformel [649] und [167]:

1 Joule = $10^3 \cdot (10^2)^2 \cdot 1 \cdot$ Erg = 10^7 Erg.

651. Das Kilogrammeter. Im technischen Maßsystem ist (von Poncelet) diejenige Arbeit als Einheit genommen worden, welche man aufwenden muß, um einen Körper von 1 kg Masse, also 1 kg*

Gewicht einen Meter hochzuheben. Sie heißt: das Meterkilogramm oder Kilogrammeter, abgekürzt: mkg*.

Da die technische Masseneinheit $= 9810$ g [146] und das Meter $= 10^2$ cm ist, so folgt:

1 mkg* $= 9810 \,(10^2)^2$ Erg $= 98\,100\,000$ Erg $= 9{,}81$ Joule, d. h. ungefähr:

$$1 \text{ mkg*} = \text{hundert Millionen Erg} = \text{zehn Joule.}$$

652. Arbeitsstärke. Aus Arbeit und Zeit hat die technische Mechanik die Arbeitsstärke oder die Leistungsfähigkeit oder den Wirkungsgrad (einer Maschine) zusammengesetzt. Sie ist das Verhältnis der Arbeit zur Zeit. Sie möge W heißen. Es ist dann:

$$W = \frac{A}{t} = \frac{\text{Arbeit}}{\text{Zeit}}.$$

Hieraus folgt:

1. Einheit der Arbeitsstärke kommt einer solchen Maschine zu, welche in der Zeiteinheit die Einheit der Arbeit leisten kann.

2. Die Dimensionsformel lautet:

$$[W] = [A] \cdot [t]^{-1} = [m]\,[l]^2\,[t]^{-3}.$$

653. Das Watt und das Kilowatt. Im C-G-S-System ist die Einheit des Wirkungsgrades das Sekunden-Erg oder für die elektrotechnische Praxis das zehnmillionenmal so große Sekunden-Joule [650]. Letzteres wird auch ein Watt genannt, nach dem großen englischen Ingenieur.

Obgleich dieses Watt hiernach schon das 10^7fache der eigentlichen Einheit der Arbeitsstärke beträgt, ist es doch für die Technik noch zu klein. Sie gebraucht das „Kilowatt" gleich tausend Watt. Es ist also:

$$1 \text{ Kilowatt} = 10^{10} \text{ Sekunden-Erg.}$$

654. Die Pferdestärke und das Poncelet. Viel älter als das Kilowatt ist die Pferdekraft oder Pferdestärke als das heute noch außer bei elektrischem Betriebe übliche Maß der Maschinenkraft. Die Pferdestärke, abgekürzt P S oder die Horse Power, abgekürzt H P, beträgt 75 mkg* in der Sekunde.

Die Zahl 75 soll Watt durch wiederholte Messungen der Arbeitsleistung von Pferden bei stundenlanger, nicht überanstrengender Arbeit gefunden haben. In Frankreich nimmt man neuerdings die Zahl 100, welche also einem sehr starken Pferd entsprechen würde und nennt die Einheit dann 1 Poncelet. Also:

$$1 \text{ Poncelet} = 100 \, \frac{\text{mkg*}}{\text{sec}} = \frac{4}{3} \, \text{P S.}$$

655. Um Kilowatts in P S oder Poncelets ausdrücken zu können, vergegenwärtige man sich, daß [651]:

$$1 \text{ mkg}^* = 98\,100\,000 \text{ Erg} = 9,81 \text{ Joule.}$$

Daher [654]:

$$1 \text{ P S} = 75 \frac{\text{mkg}^*}{\text{sec}} = 75 \cdot 9{,}81 \frac{\text{Joule}}{\text{sec}} = 736 \text{ Watt}$$

oder:

$$1 \text{ P S} = 0{,}736 \text{ Kilowatt} = \frac{3}{4} \text{ Poncelet.}$$

Umgekehrt:

$$1 \text{ Kilowatt} = 101{,}9 \cdot \frac{\text{mkg}^*}{\text{sec}} = 1{,}019 \text{ Poncelet} = 1{,}359 \text{ P S.}$$

Man merke also, daß bis auf 2 % genau das Kilowatt mit dem Poncelet $= \frac{4}{3}$ Pferdestärken übereinstimmt.

656. Pferdekraftstunde und Kilowattstunde. Ist Wirkungsgrad = Arbeit durch Zeit, so ist Arbeit = Wirkungsgrad mal Zeit. Hierauf sind zwei neue, in der modernen Technik vielgebrauchte Einheiten der Arbeit zurückzuführen, die Pferdekraftstunde oder Horse-Power-Hour, abgekürzt H P H und die Kilowattstunde als diejenigen Arbeiten, welche eine Pferdestärke oder ein Kilowatt in einer Stunde vollbringen kann.

$$1 \text{ H P H} = 75 \cdot 3600 \text{ mkg}^* = 270\,000 \text{ mkg}^*$$
$$1 \text{ Kilowattstunde} = 101{,}9 \cdot 3600 \text{ mkg}^* = 367\,000 \text{ mkg}^*.$$

Ebenso sind das Pferdekraftjahr und das Kilowattjahr gebildet.

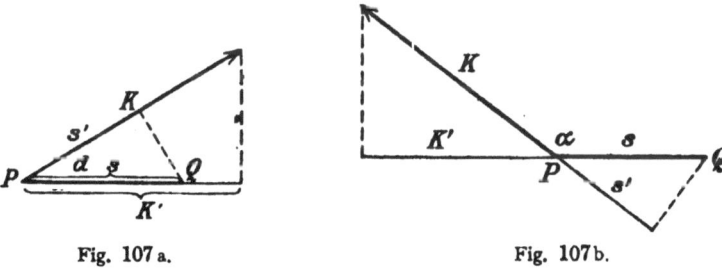

Fig. 107 a.   Fig. 107 b.

657. Erweiterung des Arbeitsbegriffes. Wenn Kraft K und Weg s einen beliebigen konkaven Winkel α bilden, so ist K, wie schon Bernoulli richtig erkannt hat, durch die Projektion K' auf die Richtung von s oder, wenn α stumpf ist, auf die entgegengesetzte Richtung zu ersetzen. Werden K und s ohne Vorzeichen genommen, so soll hiernach gesetzt werden:

$$A = + K' \cdot s, \text{ wenn } \alpha \text{ spitz ist,}$$
$$A = - K' \cdot s, \text{ wenn } \alpha \text{ stumpf ist.}$$

Statt K auf s kann man auch s auf K projizieren. Denn aus der Ähnlichkeit der Dreiecke folgt:

$$K : K' = s : s', \text{ daher:}$$
$$K' \cdot s = K \cdot s'.$$

Ist α spitz, so wird $K' = K \cos \alpha$, ist α stumpf, so wird $K' = K \cos (180^0 - \alpha) = - K \cos \alpha$, mithin in beiden Fällen:

$$A = K s \cos \alpha.$$

Das Vorzeichen ist dann in $\cos \alpha$ enthalten. Übrigens gibt $\alpha = 0$, $A = + K s$; $\alpha = 180^0$, $A = - K s$, wie es nach [649] sein muß.

658. Das Verschwinden der Arbeit. Stehen Kraft und Weg senkrecht aufeinander, so wird $\alpha = 90^0$, $\cos \alpha = 0$, $A = 0$. Die Arbeit verschwindet.

Eine „Normalkraft" arbeitet also nicht. Das ist z. B. der Fall mit der Coriolis'schen Kraft, da sie mit der augenblicklichen Geschwindigkeit einen rechten Winkel bildet [483].

659. Vertauschung von Kraft und Weg. K und s sind, wenn man sie rein geometrisch als Strecken nimmt, miteinander vertauschbar. A ist nach Graßmann das „innere Produkt" von K und s, welches von ihm dem „äußeren Produkt", nämlich dem Parallelogramm mit K und s als Seiten, gegenübergestellt wurde [229].

Der Arbeit A wird weder die Richtung von K, noch die Richtung von s beigelegt. A soll überhaupt keine Richtung erhalten, ja man soll in A nicht einmal die Ebene hineinnehmen, in welcher K und s liegen. Die Arbeit ist nur skalar [112] und unterscheidet sich hierin wesentlich von dem Antrieb, der ein Vektor ist [599].

660. Arbeit und Aktio und Reaktio. Hiermit im Zusammenhange steht, daß das Prinzip der Aktio und Reaktio zwar von den Kräften auf ihre Antriebe, aber (im allgemeinen) nicht auf ihre Arbeiten übergeht. Es ist durchaus nicht notwendig, daß die Arbeiten der Kräfte, welche zwei Körper aufeinander ausüben,

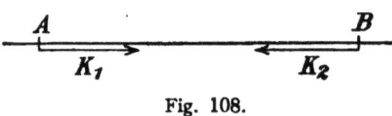

Fig. 108.

entgegengesetzt gleich sind und sich in der algebraischen Summe aufheben.

Man nehme z. B. zwei Körper A und B in anfänglicher Ruhe, welche sich gegenseitig anziehen. Sie nähern sich und beschreiben also Wege in der Richtung der Kräfte. Also sind beide Arbeiten positiv und heben sich nicht auf.

661. Innere Arbeit. Daraus folgt, daß die Gesamtarbeit der inneren Kräfte eines Systems im allgemeinen **nicht** verschwindet. Sie kann verschwinden, sie kann aber auch positiv oder negativ sein [604].

Sie verschwindet z. B. für die inneren elastischen Kräfte eines starren Körpers. Es seien A und B zwei Punkte desselben und $A A_1$ $= d s_1$, $B B_1 = d s$ die unendlich kleinen Wege. Nach [381] sind die Projektionen $d s'_1$ und $d s'$ auf die Richtung AB ein-ander gleich. Nach der Aktio und Reaktio sind aber die Kräfte, welche A und B aufeinander ausüben,

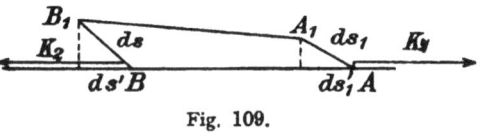

Fig. 109.

entgegengesetzt gleich. Folglich heben sich die Arbeiten auf.

Es wird sich in § 31 zeigen, daß dieser Fall in einem allgemeinen Satze eingeschlossen ist, welcher lautet: „Zwangskräfte können nicht arbeiten".

662. Arbeit der Resultanten. Es seien K_1, K_2 . . . beliebig viele Kräfte, R ihre Resultante und s der Weg des gemeinsamen Angriffs-punktes. Man projiziere sie alle auf die unbegrenzte Weglinie und bilde durch Multiplizieren mit s nach [657] die entsprechenden Arbeiten. Da die Projektion von R gleich der Summe der Projektionen von K_1, K_2 . . . ist, so folgt:

Die Arbeit der Resultanten ist gleich der algebraischen Summe der Arbeiten der Kräfte selbst.

Aus der Vertauschbarkeit von K und s ergibt sich ferner: Die Arbeit einer Kraft für einen Weg, welcher die Resultante beliebig vieler anderer Wege ist, stimmt überein mit der Summe der Arbeiten für diese komponierenden Wege.

663. Faßt man beides zusammen, so entsteht der folgende sehr allgemeine Satz:

Die Arbeit einer Kraft, welche Resultante anderer Kräfte ist, für einen Weg, welcher Resultante anderer Wege ist, stimmt überein mit der algebraischen Summe der Einzelarbeiten, welche jede Einzel-kraft auf jedem der Einzelwege leisten würde.

Es ist einerlei, ob man die Kräfte zur Resultante und die Wege zur Resultante vereinigt und dann erst die Arbeit sucht oder ob man nacheinander jede Kraft mit jedem Weg zur Berechnung der ent-sprechenden Arbeiten zusammennimmt und nachher addiert. (Distri-butives Gesetz [184]).

664. Analytischer Ausdruck der Arbeit. Dieser Satz erlaubt eine

äußerst einfache Berechnung der Arbeit einer Kraft K für einen Weg
s, wenn beide nicht unmittelbar, sondern die erste durch ihre drei
Projektionen:

$$X, Y, Z$$

und der letztere durch seine drei Projektionen:

$$x, y, z$$

auf die Koordinatenachsen gegeben sind. Von den $3 \times 3 = 9$ Einzelarbeiten verschwinden nämlich 6, da z. B. X auf y senkrecht steht,
während die anderen drei sofort nach [649] als:

$$X \cdot x, \quad Y \cdot y, \quad Z \cdot z$$

gefunden werden (Vorzeichen schon in diesen Ausdrücken!). Also
ist die gesuchte Arbeit:

$$A = K \cdot s \cdot \cos \alpha = X \cdot x + Y \cdot y + Z \cdot z.$$

665. Arbeit als Wegintegral der Kraft. Wenn s krumm ist, oder K
sich allmälig ändert, so zerlege man s in Wegdifferentiale d s, bestimme für jedes d s den Wert von K und den Winkel α, bilde die
entsprechende unendlich kleine Arbeit [657]:

$$d A = K \, d s \cos \alpha$$

oder auch im Koordinatensystem [664]:

$$d A = X \, d x + Y \, d y + Z \, d z$$

und berechne die Gesamtarbeit für den ganzen Weg s als „Wegintegral der Kraft"

$$A = \int d A = \int K \, d s \cos \alpha = \int (X \, d x + Y \, d y + Z \, d z).$$

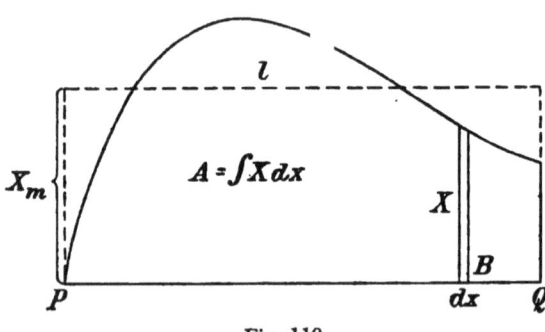

Es sei P Q die
Achse eines Kanonen-
rohres vom Geschütz-
boden bis zur Mün-
dung. Der Druck X
des Pulvergases auf
den   Geschoßboden
wächst, je nachdem
das   Pulver   brennt,
rascher   oder   lang-
samer zu einem Maxi-
malwert an und nimmt

Fig. 110.

dann allmälig ab. Trägt man ihn als Ordinate auf, so entsteht
die „Gasdruckkurve". Ihr Flächeninhalt mißt die gesamte Arbeit,
welche das Geschoß im Rohre empfängt.
Nach dem einfachen Mittelwertsatz ist:

$$A = l \cdot X_m, \quad \text{also} \quad X_m = \frac{A}{l},$$

wo X_m den „mittleren" Gasdruck bezeichnet.

666. Handelt es sich nicht um einen materiellen Punkt, sondern um ein materielles System, so bezieht sich das Integralzeichen in [665] selbstverständlich auch auf alle Punkte desselben, d. h. es ist die Arbeit für jeden Weg und durch abermalige Integration über das ganze System die Gesamtarbeit A festzustellen.

Kommen überhaupt nur unendlich kleine Wege in Betracht, dann bezieht sich das Integralzeichen nur noch auf das Integrieren über das ganze System. Setzt man dann, wie hier fast immer geschehen, statt des Integralzeichens das Summenzeichen, so folgt:

$$A = \Sigma (X \, dx + Y \, dy + Z \, dz).$$

667. Arbeit bei Translation. Alle Punkte legen gleiche Wege zurück. Nimmt man ihre Richtung zur Richtung der x-Achse, so verschwinden dy und dz, während dx als konstant vor das Summenzeichen gesetzt werden kann. Es wird also:

$$A = dx \, \Sigma X,$$

d. h. die Gesamtarbeit ist gleich dem Produkt aus der Größe der Translation und der in ihre Richtung fallenden Projektion der Resultante des gesamten Kraftsystems.

668. Arbeit bei Drehung. Die Winkelgeschwindigkeit sei ω, also der unendlich kleine Drehwinkel $d\varphi = \omega \, dt$. Macht man die Drehungsachse zur x-Achse, so sind nach [317] die Projektionen des Wegelementes eines beliebigen Punktes

$$dx = 0, \quad dy = v_y \, dt = - z \, d\varphi, \quad dz = v_z \, dt = + y \, d\varphi.$$

Daher:

$$A = \Sigma (- Y z \, d\varphi + Z y \, d\varphi) = d\varphi \, \Sigma (y Z - z Y)$$

oder auch [245]:

$$A = d\varphi \, \Sigma M_x,$$

d. h. die Gesamtarbeit der Kräfte ist gleich dem Produkt aus dem unendlich kleinen Drehwinkel und dem Gesamtdrehungsmoment der Kräfte.

Übrigens folgt aus dieser und der vorigen Nummer, da einerseits aus den Gesamtprojektionen und Gesamtmomenten eines Kraftsystems die inneren Kräfte ganz herausfallen und andererseits jede Bewegung eines starren Körpers in Translationen und Drehungen zerlegt werden kann, zum zweiten Male [660], daß bei einem solchen Körper die Gesamtarbeit der inneren Kräfte verschwinden muß.

669. Arbeit und Bewegungsenergie stehen in sehr inniger Beziehung zueinander, wie schon Galilei im einfachsten Beispiele erkannt hat, nämlich dem freien Fall im luftleeren Raum ohne Anfangsgeschwindigkeit. Es ist dann [338]:

$$v = g\,t, \quad s = \frac{g}{2}\,t^2, \text{ also auch, wenn t entfernt wird:}$$

$$s = \frac{v^2}{2\,g}, \text{ oder auch:}$$

$$m \cdot g \cdot s = \frac{m\,v^2}{2}.$$

$m \cdot g$ ist die Schwere, also die Kraft K. Links steht daher die Arbeit A der Schwere und rechts steht die erlangte lebendige Kraft L. Es ist:

$$A = L.$$

$$\text{Arbeit} = \text{Lebendige Kraft.}$$

670. Der Satz von der lebendigen Kraft ist die allgemeinste Erweiterung dieses ersten Galilei'schen Falles. Sie lautet:

Die Gesamtarbeit aller (äußeren und inneren!) Kräfte eines materiellen Systems in einer beliebigen Zeit ist gleich dem Unterschiede der lebendigen Kräfte zu Ende und zu Anfang dieser Zeit.

Es sei A die Gesamtarbeit, L die erreichte, L_0 die unfängliche Bewegungsenergie. So soll also sein:

$$A = L - L_0.$$

671. Man nehme zunächst ein Zeitdifferential d t an und berechne nach [666] die unendlich kleine Arbeit:

$$d\,A = \Sigma(X\,d\,x + Y\,d\,y + Z\,d\,z).$$

Nach der Grundgleichung ist $X = m \cdot g_x$, also:

$$X\,d\,x = m\,g_x\,d\,x,$$

oder auch $[346]_4$:

$$X\,d\,x = m\,v_x\,d\,v_x = d\left(m \cdot \frac{v_x^2}{2}\right).$$

Ebenso lassen sich die beiden anderen Glieder umformen. Man erhält:

$$d\,A = \Sigma\,d\left(m\,\frac{v_x^2 + v_y^2 + v_z^2}{2}\right), \text{ d. h. [641]}$$

$$d\,A = d\left(\Sigma m\,\frac{v^2}{2}\right) \text{ oder:}$$

$$d\,A = d\,L$$

und wenn man integriert:

$$A = L - L_0, \text{ q. e. d.}$$

672. Es entsprechen einander:

I. Kraft und Massenbeschleunigung;

II. Kraftantrieb und Bewegungsgröße;

III. Kraftarbeit und kinetische Energie.

I wird durch die Grundgleichung erhärtet, II durch Gleichung [598] und III durch die eben bewiesene Gleichung.

Man achte aber wohl darauf, daß die beiden letzteren Gleichungen **mathematische Folgerungen** aus der Grundgleichung sind, die hierzu nach der Zeit oder nach dem Wege integriert werden mußte.

673. In den Gleichungen der Mechanik stehen die Maßzahlen der Größen, nicht diese selbst [108]. Wenn man daher, wie es üblich ist, nicht allein die Arbeit, sondern auch die lebendige Kraft in Erg oder Joule, oder mkg* oder H P H oder Kilowattstunden angibt, so geschieht es in dem Sinne, daß die angegebene Zahl zugleich die Arbeit mißt, durch welche die lebendige Kraft erzeugt werden kann.

Ein Eisenbahnzug von 100 000 kg* Gewicht habe eine Geschwindigkeit: $v = 20 \dfrac{m}{sec}$. Seine Bewegungsenergie ist dann $\left(m = \dfrac{G}{g_0}! \ [151] \right)$

$$L = \frac{100\,000}{g_0} \cdot \frac{400}{2} = \text{rund } 2\,000\,000 \text{ mkg*}.$$

Es müssen also 2 000 000 kg einen Meter fallen, um dieselbe Energie zu erhalten. Oder es müßte ein Pferd 7,4 Stunden arbeiten, um dem Zug die erlangte Geschwindigkeit zu erteilen, Widerstände dabei ausgeschlossen.

674. Ein Geschoß von 100 kg* Gewicht habe beim Austritt aus dem Rohr eine Geschwindigkeit $v = 700 \dfrac{m}{sec}$. Dann ist seine kinetische Energie:

$$L = \frac{100}{g_0} \cdot \frac{700^2}{2} = 2\,450\,000 \text{ mkg*} = 9,1 \text{ H P H}.$$

Daraus ergibt sich, wenn $l = 3,2$ m die Länge des Rohres ist, der mittlere Gasdruck [665]:

$$X_m = \frac{L}{l} = 766\,000 \text{ kg*}$$

und, wenn $d = 20$ cm den Durchmesser des Geschosses bezeichnet, der mittlere spezifische Gasdruck (für den Quadratzentimeter):

$$= \frac{X_m}{\pi \dfrac{d^2}{4}} = 2440 \frac{kg*}{(cm)^2} = \text{rund } 2400 \text{ Atmosphären.}$$

669. Arbeit (

zueinander, wie

nämlich dem fr

keit. Es ist d.

$$v = \varrho$$

m · g ist di

A der Sch

Es ist:

670.

dieses e

Die

riellen

der le

E

Bewe

(

nac

N

o

unter ihnen gehören **nicht** der Mechanik an (Energie der Wärme, des Lichtes, magnetische und elektrische Energie, chemische Energie).

Alle diese Energien können ineinander umgewandelt werden, wobei Gewinn und Verlust einander aufheben, d. h. in einem unveränderlichen Zahlenverhältnis stehen, wenn man jede von ihnen durch eine besondere Einheit mißt. Man denke an das bekannte, zuerst von R o b e r t M a y e r berechnete mechanische Wärmeäquivalent, 1 Kalorie = 425 mkg*.

678. Potentielle Energie. Aber auch die Mechanik ist bei der Erweiterung des Energiebegriffes nicht untätig geblieben, denn sie hat außer der Bewegungsenergie noch eine zweite mechanische eingeführt, nämlich die statische oder potentielle Energie, auch Spannungsenergie oder Energie der Lage.

Man ist da, wie jetzt gründlich erläutert werden wird, nach G r e e n, G a u ß und Anderen von den Kräften zu ihren Kräftefunktionen oder Potentialen und dann nach M a y e r und H e l m h o l t z durch Umkehrung des Vorzeichens zu den potentiellen Energien vorgedrungen.

679. Das Potential der Schwere ist das einfachste Beispiel hierfür. Es mögen ein nicht zu großer Teil der Erde und kleine Abweichungen in der Höhenlage angenommen werden, so daß die Fallbeschleunigung g_e der Größe und Richtung nach konstant gesetzt werden darf.

Was versteht man dann unter Potential der Schwere und zu welchen Absichten wird es eingeführt?

680. Die Arbeit der Schwere. Wenn ein Körper mit der Masse m lotrecht von P nach Q herabfällt, so leistet sein Gewicht $G = m \cdot g_e$ die Arbeit:

$$A = m \cdot g_e \cdot h = G \cdot h.$$

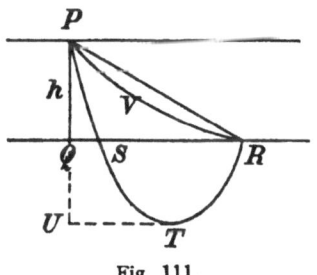

Fig. 111.

Dieselbe Arbeit entsteht aber auch beim schiefen Fall von P nach R, wenn R mit Q auf gleicher Horizontalebene, auf gleichem „Niveau" liegt. Dann ist die lotrechte Komponente des Fallens auch = h, und nur auf diese kommt es bei der Arbeit an [657].

Aber auch bei i r g e n d e i n e r Bewegung, etwa auf vorgeschriebener Bahn P S T R wird dieselbe Arbeit von der Schwere geleistet. Denn von P nach T ist sie $= G \cdot P U$ und von T nach R $= - G \cdot Q U$, folglich von P nach R:

$$A = G (P U - Q U) = G \cdot P Q = G \cdot h.$$

681. Diese Überlegungen sind im wesentlichen schon von G a l i l e i,

im vollen Bewußtsein ihrer Tragweite aber dann von Huyghens angestellt worden. Man kann sie zu folgendem Satz zusammenfassen:
Auf welchem Wege, in welcher Zeit und unter Mitwirkung welcher
anderen Kräfte (Druck, Reibung) ein Körper von einem Ort P nach
einem Ort R gelangt, die dabei von **der Schwere** zu leistende Arbeit
ist stets die gleiche. Ihr absoluter Betrag ist das Produkt aus dem
Gewicht und dem Höhenunterschied h. Sie ist positiv, wenn P höher,
negativ, wenn P tiefer liegt als R.

682. Das Gefälle. Es kommt also auf die Lage, auf' den Höhenunterschied, auf das Gefälle h an. Verschwindet es, d. h. liegen P
und R auf gleichem Niveau, so verschwindet auch die mögliche oder
„potentielle" Arbeit. Kommt im besonderen der Körper wieder in
seine Anfangslage zurück, so kann durch das Gewicht niemals Arbeit
gewonnen oder verloren werden.

Dies leuchtet aus tausendfältigen Erfahrungen ein. Instinktiv
halten wir uns an das Gefälle.

683. Die volle Bedeutung gewinnen diese so klaren und einfachen
Betrachtungen erst, wenn man sie mit dem Satz von der lebendigen
Kraft [670] verknüpft. Denn nun folgt:

Der Gewinn oder Verlust an Bewegungsenergie, den man durch
Arbeit der Schwere erhalten kann, hängt **nur** von dem Gefälle ab.
Er ist diesem proportional und verschwindet mit ihm.

684. Bewegung auf vollkommen glatter Bahn. Es soll keine Reibung
vorhanden sein, sondern nur die Schwere und der Normaldruck von
der Bahn auf den Körper. Letzterer
kann nicht arbeiten [658], also arbeitet in der Tat nur die Schwere.

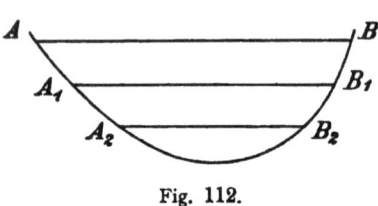

Fig. 112.

Eine Kugel z. B., die unter den
gemachten Annahmen von A nach
B rollen würde, hätte in B dieselbe
Geschwindigkeit wie in A, in B_1
wie in A_1, in B_2 wie in A_2,
welche Gestalt auch sonst die Bahn haben mag.

685. Das Potential der Schwere. Nimmt man von den beiden Punkten
P und R (Fig. 111) einen, etwa R, als fest an, legt durch ihn die
x y-Ebene als das „Niveau Null", richtet die $+z$-Achse vertikal nach
oben und bezeichnet P mit P (x, y, z), so wird bei der Bewegung von
R nach P das Gefälle h $= -z$, also die Arbeit:

$$A = - G z.$$

Der Ausdruck $- G z$ heißt das Potential der Schwere, welches also mögliche positive oder negative Arbeit ist, Arbeit, welche von der Schwere geleistet wird, wenn der Körper von einer angenommenen Anfangslage auf irgendeinem Wege in eine beliebige Lage P übergeht. Es werde mit U bezeichnet, also:

$$U = -\,G\,z,$$

dann ist:

$$A = .\,U.$$

686. Die Potentialdifferenz. Nimmt man den Anfang der Bewegung nicht im Niveau Null, sondern in einer beliebigen Höhe z_0 an, so wird die mögliche Arbeit:

$$A = G\,(z_0 - z) = -\,G\,z - (-\,G\,z_0), \text{ oder:}$$
$$A = U - U_0.$$

Es kommt also nur auf die Potentialdifferenz an, die ganz und gar der Niveaudifferenz entspricht und ihr proportional ist. Man kann überhaupt sagen, daß das Potential selbst nur bis auf eine additive Konstante bestimmbar ist, weil das Niveau Null in jeder Höhenlage liegen kann. Und diese additive Konstante, sie heiße C, geht beim Subtrahieren verloren, denn es ist:

$$(U + C) - (U_0 + C) = U - U_0.$$

687. Es seien v die Geschwindigkeit in P, v_0 die Geschwindigkeit in R, mithin:

$$L = m \cdot \frac{v^2}{2}, \quad L_0 = \frac{m\,v_0{}^2}{2}.$$

die zugehörigen Werte der lebendigen Kraft. Dann ist nach [670]:

$$L - L_0 = A = U - U_0,$$

d. h. der Unterschied der Bewegungsenergien ist gleich dem Potentialunterschied am Anfang und Ende und also völlig unabhängig von dem Wege, der von einem Ort zum andern geführt hat.

688. Potentielle Energie. Mayer und Helmholtz haben den entgegengesetzten Wert von U:

$$V = -\,U,$$

also im vorliegenden Falle:

$$V = +\,G\,z$$

als potentielle Energie eingeführt (Helmholtz nennt sie „Spannkraft" [709]).

Sie heißt auch statische Energie oder Energie der Lage. Dadurch, daß ein Körper höher liegt, hat er schon einen Vorrat von möglicher, von potentieller Energie, die sich in wirkliche, in dynamische Energie, in lebendige Kraft verwandelt, sobald er in tiefere Lagen kommt.

689. Andere Energieformen als lebendige Kraft und Energie der Lage kennt die reine Mechanik nicht, denn die übrigen sind wenigstens zur Zeit noch nicht mechanische Energien.

Die Summe der dynamischen und statischen Energien:

$$E = L + V$$

ist daher die gesamte mechanische Energie eines Körpers — vorläufig unter Einschränkung auf die Schwerkraft.

$L = m \dfrac{v^2}{2}$ ist völlig bestimmt, V dagegen enthält noch eine additive Konstante [686], die also auch in E übergeht und deren Wert von der Wahl des Niveau Null abhängt.

690. Die Erhaltung der Energie. Stellt man in [687] die Glieder um und schreibt:

$$L - U = L_0 - U_0$$

oder nach [688]:

$$L + V = L_0 + V_0$$

oder endlich nach [689]:

$$E = E_0,$$

so folgt:

Auf welcher Bahn sich auch ein Körper unter dem Einfluß der Schwere bewegt, seine Gesamtenergie ändert sich nicht.

Steigt er (gerade oder schräg), so nimmt L ab und V zu; E behält seinen Wert. Fällt er, so nimmt L zu und V ab; E behält seinen Wert. Bewegt er sich horizontal, so ändert sich weder L noch V; E behält seinen Wert.

691. Es wird dynamische in statische und statische in dynamische Energie „verwandelt". Ersteres geschieht durch negative Arbeit beim Steigen, letzteres durch positive Arbeit beim Fallen. Aber die Gesamtenergie bleibt erhalten.

Dies ist der jetzt so unermeßlich wichtig gewordene Satz von der Erhaltung der Energie in der Einschränkung auf reine Mechanik und auf die Schwerkraft. Es ist der alte Satz von der lebendigen Kraft [670], aber in neuer und vorzüglicher Form.

692. Die Maximalhöhe. Setzt man in die Gleichung:

$$E = E_0, \text{ oder } L + V = E_0$$

für V seinen Wert G · z ein, berechnet durch Umkehrung:

$$z = \frac{E_0 - L}{G}$$

und erwägt, daß L als lebendige Kraft an sich positiv ist und nur im äußersten Fall verschwinden kann, so ergiebt sich eine Maximalhöhe.

$$z_{max} = \frac{E_0}{G},$$

welche der Körper bei gegebener Anfangsenergie eben noch erreichen, aber nicht überschreiten kann.

Wird er in dieser Höhe ohne Anfangsgeschwindigkeit losgelassen, so kann er sie auch später nur eben noch erreichen (wenn Reibungswiderstände aus dem Wege geräumt werden, was aber nicht vollständig möglich ist).

693. Zu demselben Schluß gelangt man durch Berechnung von v. Es ist:

$$L = m \frac{v^2}{2} = E_0 - V = E_0 - G z$$

und hieraus:

$$v = \sqrt{\frac{2 (E_0 - G z)}{m}} = \sqrt{\frac{2 G}{m} \left(\frac{E_0}{G} - z \right)}.$$

Ein größerer Wert von z als $\frac{E_0}{G}$ würde einen imaginären Wert für v ergeben. Man sieht aber ferner, daß jedem z nur ein v entspricht, daß also der Körper, wenn er wieder in eine schon gehabte Höhenlage kommt, die damalige Geschwindigkeit (ihrem absoluten Betrage, nicht der Richtung nach) wieder erhalten muß.

694. Technische Anwendungen der Schwereenergie. Wasser, welches eingeschlossen ist, aber durch Öffnen eines Tores zu Tal fließen kann, hat einen sofort verfügbaren Vorrat an Energie. Gesetzt ein durch eine Talsperre künstlich erzeugter See habe 100 000 000 cbm Wasser und ein mittleres Gefälle von 10 m. So ist der Energievorrat:

$$= 100 000 000 \times 1000 \times 10 = 1 \text{ Billion mkg*}$$
$$= \text{ungefähr } 4 000 000 \text{ H P H [656]}.$$

Dies würde zum Betrieb einer hundertpferdigen Dampfmaschine, von Verlusten abgesehen, über vier Jahre ausreichen. Fließen aber aus dem höheren Gelände in der Sekunde 2 cbm zu, so fließen damit 20 000 mkg* Energie zu. Also könnte bei 60% Nutzeffekt eine 160pferdige Maschine Tag und Nacht getrieben werden, ohne daß der Energievorrat vermindert wird.

695. Erweiterung des Potentialbegriffes. Die Annahme einer konstanten Kraft gibt zwar das einfachste Potential, aber zur Aufstellung des Potentialbegriffes ist sie nicht notwendig. Es gilt vielmehr die erweiterte Erklärung [681]:

Eine auf einen Körper wirkende, mit seiner Lage beliebig veränderliche Kraft K hat ein Potential oder eine Kräftefunktion U, wenn die von K beim Übergang von einer Lage zu irgendeiner anderen Lage zu leistende Arbeit gänzlich unabhängig ist von dem Wege, auf welchem der Übergang erfolgte.

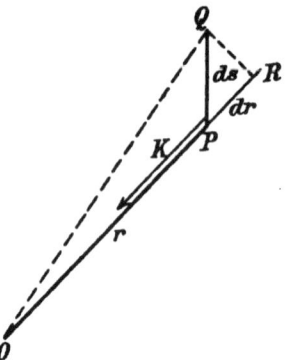

Fig. 113.

Selbstverständlich wird der negative Wert:

$$V = -U$$

auch hier die potentielle Energie genannt.

696. Das Newton'sche Potential. Es werde z. B. der Körper von einem festen Punkt O angezogen nach dem Newton'schen Gravitationsgesetz [964]:

$$K = \frac{c}{r^2}.$$

Es sei $PQ = ds$ das Wegelement und PR die Projektion desselben auf die Richtung OP. Dann ist das Differential der Arbeit (K ist Anziehung!):

$$dA = -K \cdot PR.$$

Für K setze man seinen Wert ein. PR ist:

$$= OR - OP = OQ - OP = r + dr - r = dr, \text{ daher:}$$

$$dA = -\frac{c}{r^2} dr.$$

Also die Arbeit von einer beliebigen Anfangs- bis zu einer beliebigen Endlage:

$$A = \int dA = \int -\frac{c}{r^2} dr$$

oder nach der zugehörigen Integralformel:

$$A = \frac{c}{r} - \frac{c}{r_0}.$$

697. Die Arbeit hängt, wie gefordert wird, in der Tat nur von der Anfangs- und Endlage ab. Wird r_0 als gegeben, r als veränderlich betrachtet, so folgt das Newton'sche Potential:

$$U = \frac{c}{r} - \frac{c}{r_0}.$$

Man pflegt hier r_0 unendlich groß, also eine unendlich ferne Anfangslage zu setzen. Dann wird noch einfacher:

$$U = \frac{c}{r},$$

oder nach Einführung eines Koordinatensystems mit O als Anfangspunkt:

$$U = \frac{c}{r} = \frac{c}{\sqrt{x^2 + y^2 + z^2}}.$$

Die potentielle Energie ist:

$$V = -U = -\frac{c}{r} = -\frac{c}{\sqrt{x^2 + y^2 + z^2}}.$$

698. In gleicher Weise sind auch die übrigen Entwicklungen vom Potential der terrestrischen Schwere auf das Newton'sche Potential übertragbar. Dort Niveauebenen, hier Niveaukugeln oder Kugelflächen konstanten Potentials. Statt höher ist zu sagen: weiter von O entfernt; statt tiefer: näher an O.

Die gesamte Energie:

$$E = L + V$$

bleibt ebenfalls unveränderlich. Je größer r wird, desto kleiner wird L und desto größer V (algebraisch); je kleiner r, desto größer L und desto kleiner V. Aber E bleibt dasselbe [690].

699. Die Potentialfunktion. Das Potential der Schwere und das Newton'sche Potential sind besondere Fälle des allgemeinen in [695] erklärten Potentials, das auch als Funktion der Koordinaten des Ortes darstellbar ist, was symbolisch durch die Gleichung:

$$U = U(x, y, z)$$

angedeutet werden kann.

Ob diese Funktion so einfach ist, wie bei der Schwere, nämlich $U = -Gz$ oder wie beim Newton'schen Potential nämlich nach [697]:

$U = \dfrac{c}{\sqrt{x^2 + y^2 + z^2}}$, spielt keine Rolle. Genug, daß man sich unter $U(x, y, z)$ irgendeine Funktion, die sog. Potentialfunktion, vorzustellen hat.

Es ist nun zu zeigen, daß und wie umgekehrt aus der Potentialfunktion die Niveauflächen, die Kräfte usw. bestimmbar sind.

700. Das Kraftfeld der Niveauflächen. Niveauflächen sind Flächen konstanten Potentials. Man setze also die Funktion $U(x, y, z) =$ irgendeiner Konstanten $= C$:

$$U(x, y, z) = C \quad (\text{oder } V(x, y, z) = -C)$$

so erhält man die Gleichungen der Niveauflächen, welche nach den Methoden der analytischen Geometrie hieraus ermittelt werden müssen, was eine rein mathematische Aufgabe ist.

Für die Mechanik aber sind so mit der Potentialfunktion die Niveauflächen „gegeben". Sie bilden das sog. „Kraftfeld".

701. Die Kraftlinien. Die Richtung der Kraft K in irgendeinem Punkte P steht auf der durch P gehenden Niveaufläche (d. h. auf der Berührungsebene in P) senkrecht. Denn wäre es nicht so, so würde es auf dieser Fläche unendlich kleine Wege von P aus geben, die nicht auf K senkrecht stehen. Für diese würde die Arbeit daher nicht verschwinden, was unmöglich ist, da keine Arbeit geleistet werden kann, wenn man auf derselben Niveaufläche bleibt.

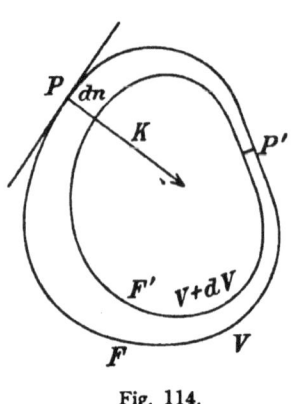

Fig. 114.

Die „Kraftlinien" sind also bestimmt. Es bleibt aber noch die Stärke der Kraft zu ermitteln.

702. Die Stärke der Kraft. Hierzu seien U und $U + dU$ zwei benachbarte Potentialwerte, F und F' die zugehörigen benachbarten Niveauflächen, P irgendein Punkt auf F und $PQ = dn$ der unendlich kleine senkrechte Abstand. Da K, wie eben gezeigt, die Richtung von dn (oder die entgegengesetzte Richtung hat), so ist die Arbeit auf dem Wege PQ:

$$dA = + K\,dn.$$

Andererseits ist dA nichts anderes als die Potentialdifferenz dU, daher:

$$dU = + K\,dn, \quad K = + \frac{dU}{dn} = + \frac{dV}{dn},$$

d. h. die Stärke der Kraft K in irgendeinem Punkte ist dem Potentialunterschied dU direkt, dem senkrechten Abstand dn aber umgekehrt proportional.

Es sei hierzu, um einem Irrtum vorzubeugen, noch bemerkt: In den beiden durchgeführten Beispielen der parallelen Ebenen und der konzentrischen Kugeln sind die Niveauflächen nicht allein Flächen gleichen Potentials, sondern auch Flächen konstanter Kraft (der Stärke nach), da dn für zwei benachbarte Flächen überall denselben Wert hat. Allgemein aber ist es nicht so. In P ist dn größer, folglich K kleiner, als in P'.

703. Analytische Berechnung der Kraft durch die Potentialfunktion. Es sei $P(x, y, z)$ irgendein Punkt, U der entsprechende Potentialwert. Man gehe von P zu irgendeinem Nachbarpunkte P_1 über und bezeichne mit dx, dy, dz die Projektionen von PP_1. Dann ist nach dem „Satz vom totalen Differential:"

a) $$d U = \frac{\partial U}{\partial x} d x + \frac{\partial U}{\partial y} d y + \frac{\partial U}{\partial z} d z.$$

Andererseits ist $d U$ nichts anderes als die geleistete Arbeit. Also [665]:

b) $$d U = X d x + Y d y + Z d z.$$

Diese beiden Werte müssen für alle unendlich kleinen Wege übereinstimmen. Folglich ist:

c) $$X = \frac{\partial U}{\partial x}, \quad Y = \frac{\partial U}{\partial y}, \quad Z = \frac{\partial U}{\partial z},$$

d. h. die drei Komponenten der Kraft K sind identisch mit den drei partiellen Differentialquotienten der Potentialfunktion nach den Koordinaten.

704. Analytische Bedingung für das Potential. Umgekehrt: Wenn sich eine Funktion U finden läßt, so beschaffen, daß ihre partiellen Differentialquotienten mit den Kraftkomponenten übereinstimmen, so haben die Kräfte ein Potential und U ist sein analytischer Ausdruck.

So steht und fällt für den Analytiker das Potential mit den drei Gleichungen [703] c. Doch würde es die Grenzen dieses Buches weit überschreiten, wenn dieser Znsammenhang weiter entwickelt werden sollte.

705. Zusammensetzung von Potentialen. Wenn auf einen Körper beliebig viele Kräfte $K_1, K_2 \ldots$ wirken und jede von ihnen ein Potential hat, $U_1, U_2 \ldots$, so hat auch die Resultante K ein Potential U. Es ist gleich der algebraischen Summe der Einzelpotentiale:

$$U = U_1 + U_2 + \ldots.$$

Denn das Potential ist mögliche Arbeit, und die Arbeit der Resultanten ist [662] gleich der Summe der Arbeiten der Komponenten.

706. Potential und materielles System. Ganz allgemein wird der Potentialbegriff aber erst, wenn man ihn von den Kräften $K_1, K_2 \ldots$, welche ein Körper von beliebig vielen anderen Körpern erhält, ausdehnt auf die Gesamtheit der Kräfte, welche alle Körper eines gegebenen Systems, z. B. des Sonnensystems, aufeinander ausüben. Sie ist eine Funktion der Koordinaten der Orte aller Körper, welche durch die Differenz ihrer Werte für zwei verschiedene Lagen des Systems die mögliche Arbeit ausdrückt, vorausgesetzt, daß diese für alle möglichen Übergänge aus der einen in die andere Lage nur einen Wert hat.

Diese Funktion ist die Kräftefunktion U und ihr entgegengesetzter Wert $V = -U$ ist die potentielle Energie des ganzen Systems.

707. Relative Potentiale. Im Grunde sind alle Potentiale solche relative, gegenseitige Potentiale. Das Potential der Schwere eines

Steines ist eigentlich ein Potential zwischen Stein und Erde oder zwischen Erde und Stein. Es hängt dies innigst mit der Aktio und Reaktio zusammen, da sich herausstellt, daß stets erst die Arbeit einer Kraft und die Arbeit ihrer Gegenkraft ein Potential ergeben.

Sehr zu beachten ist aber, daß nun die potentielle Energie eines Systems nur noch allen seinen Körpern zusammen angehört, ohne daß man sagen kann, wieviel davon auf den einen und wieviel auf den andern kommt. Also ganz im Gegensatz zur kinetischen Energie welche sich unmittelbar aus den lebendigen Kräften der einzelnen Körper zusammensetzt.

708. Das Energieintegral. Die Hauptsätze sind leicht übertragbar. Im besonderen der Satz von der Erhaltung der Energie. Wenn die Kräfte ein Potential haben, so behält die Summe:

$$E = L + V$$

der kinetischen und der potentiellen Energie während der Bewegung stets denselben Wert. Vergrößert sich die eine, so verringert sich die andere um denselben Betrag und umgekehrt [690].

Setzt man daher $E = C = Konstans$, so entsteht ein „Integral" der Differentialgleichungen der Bewegung, welches sich als zehntes zu den sechs Schwerpunktsintegralen und zu den drei Flächenintegralen gesellt [585] und [617].

709. Das Newton'sche Potential der Massenanziehung und der demselben Entfernungsgesetz unterstehenden magnetischen und elektrischen Kräfte sind nicht die einzigen Potentiale geblieben. So hat z. B. schon Green, dem man die Einführung der Potentialfunktion (1828) und überdies bahnbrechende Untersuchungen über sie verdankt, gezeigt, daß auch die elastischen Kräfte ein Potential U haben, dessen Existenz, wie man neuerdings bewiesen hat (Castigliano), viele Untersuchungen der technischen Elastizitätslehre sehr erleichtert.

Der entgegengesetzte Wert $V = -U$ wird hier Spannungsenergie genannt, z. B. Spannungsenergie einer gespannten Feder, die sich beim Losschnellen in Bewegungsenergie verwandelt. (Vgl. v. Helmholtz' Benennung Spannkräfte [688]).

Ein anderes Beispiel bieten die Kapillarkräfte, auf welche Gauß, in genialster Weise den Potentialbegriff ausgedehnt hat.

710. Kräfte ohne Potential. Aber nicht immer ist ein Potential vorhanden. Die Reibungsarbeit z. B. ist stets negativ und wird daher bei Umkehrung des Weges nicht aufgehoben. Desgleichen ist es unmöglich, eine Vorrichtung zu ersinnen, durch welche die positive Arbeit des Druckes der Pulvergase auf das Geschoß in genau umgekehrter Weise durch negative Arbeit des Druckes anderer Pulver-gase vernichtet werden könnte.

Im ersten Beispiel wird kinetische Energie verloren, im zweiten gewonnen, ohne entsprechenden Gewinn oder Verlust von potentieller Energie, von der hier überhaupt nicht die Rede sein kann, da das Potential fehlt (wenigstens im Sinne der reinen Mechanik). Die Summe der mechanischen Energien bleibt also nicht konstant.

711. Nicht mechanische Energien. Dafür ist erfahrungsmäßig, wenn das Potential fehlt, der Bewegungsvorgang mit anderen physikalischen oder chemischen Erscheinungen verknüpft, die bei umfassender naturwissenschaftlicher Betrachtung nicht beiseite geschoben werden dürfen.

Durch Reibung entsteht Wärme, deren Menge der Reibungs-arbeit proportional ist. Wenn sich die Pulvergase ausdehnen und dabei das Geschoß unter starkem Druck vor sich herschieben, so kühlen sie sich ab. Die verloren gegangene Wärme ist der Arbeit proportional.

Es kommen dann außer den äußeren, den mechanischen Energien (lebendige Kraft und potentielle Energie) noch die inneren nicht mechanischen Energien (Wärme, chemische Spannung usw.) in Betracht.

712. Möglicherweise gibt es in aller Strenge überhaupt keine reinen, nicht mit anderen Erscheinungen vermischten Bewegungs-vorgänge. Aber oft sind sie doch beinahe rein in einem Grade, daß sofort verständlich ist, was man hier unter rein und unter nicht rein versteht. Läßt man diesen Unterschied gelten, so stellt sich bei genauerer Prüfung heraus:

1. Bei reinen Bewegungsvorgängen haben alle Kräfte ein Potential. Die Summe:

$$E = L + V$$

bleibt konstant. Satz von der Erhaltung der Energie.

2. Bei nicht reinen Bewegungsvorgängen sind außer den Kräften, welche ein Potential $V = -U$ haben, noch andere Kräfte wirksam, bei denen das Potential fehlt. Die vorige Gleichung muß ersetzt werden durch

$$E = L + V + J,$$

wo das Zusatzglied J den Unterschied der inneren Energien (welche die Mechanik nicht kennt) bei Anfangs- und Endlage bedeutet.

Damit ist der Gegensatz noch nicht erschöpft, denn:

713. Reine Bewegungsvorgänge sind stets umkehrbar. Das soll heißen: Man kann, ohne am Kraftgesetz irgendwie zu ändern, zu jeder Bewegung eine andere herstellen, bei welcher die Lagen umgekehrt einander folgen (wie als ob im Kinematographen die Bilder rückwärts vorbeiziehen).

Das Fallen der Körper im leeren Raum ist Spiegelbild des Steigens. Das Pendel schwingt genau so nach rechts, wie nach links. Wenn alle Körper des Sonnensystems plötzlich durch einen Impuls [608] in ihren Bewegungen umkehrten, so würden sie nachher, wenn nur das Gesetz der Anziehung bliebe, in vollständig umgekehrter Folge ihre früheren Stellungen wieder einnehmen.

714. Nicht reine Bewegungen sind nicht vollständig umkehrbar. Das soll heißen: Man kann sie nur umkehren durch Änderung des Kraftgesetzes für diejenigen Kräfte, die kein Potential haben.

Ein in Drehung versetzter Kreisel dreht sich allmälig langsamer und fällt zuletzt um. Das Umgekehrte aber, daß ein liegender Kreisel sich aufrichtete und erst langsam, dann schneller und schneller in Drehung geriete, geschieht nie.

Es könnte nur eintreten, wenn die Reibung sich in ihr Gegenteil, in eine die Bewegung nicht hemmende, sondern fördernde Kraft verwandeln würde. Dies widerspricht so schroff aller Erfahrung, daß wir es „unbedingt" für unmöglich erklären. Wir können die Reibung durch Glätten und Ölen kleiner machen. Aber sie umkehren? **Niemals!**

715. Daß Vorgänge, bei denen Wärme und Temperatur mitspielen, in der Regel nicht umkehrbar sind, findet seinen klassischen Ausdruck im zweiten Hauptsatz der mechanischen Wärmetheorie (von Clausius), nach welchem es weder unmittelbar, noch auf irgendwelchen Umwegen möglich ist, Wärme von Körpern niederer Temperatur auf Körper höherer Temperatur überzuführen.

Die Mechanik hat nicht zu erörtern, wie dieser Satz zu verstehen ist, welcher in einfachen Fällen auf der Hand liegt, da bei der Berührung stets der wärmere Körper kälter und der kältere Körper wärmer wird, bis sich die Temperaturen ausgeglichen haben. Er gehört ja auch nur hierher, um ausdrücken zu können, daß ein entsprechender Satz in der reinen Mechanik fehlt.

716. Konservative Systeme. W. Thomson (Lord Kelvin) nennt ein System konservativ, wenn in ihm nur Potentialkräfte wirken, so daß die gesamte mechanische Energie erhalten bleibt.

Wahrscheinlich gibt es ein völlig konservatives System überhaupt nicht, da vielmehr die innere Energie, die sog. Entropie, bei dem Austausch der Energien immer gewinnt. Doch ist z. B. unser Sonnensystem anscheinend sehr lange in hohem Grade konservativ, wenn man die Weltkörper als materielle Punkte ansieht. Denn es ist in seinen Bewegungen bisher nur in einem einzigen und durchaus nicht einwandfreien Falle ein Reibungswiderstand nachweisbar gewesen. (Encke'scher Komet).

717. Das Potential hat nicht nur die hier kurz dargelegte naturwissenschaftliche, sondern auch eine äußerst wichtige mathematisch formale Bedeutung für die Mechanik. Daß man alle Kräfte aus einer Funktion U ableiten kann (durch Differentiieren), daß also nach der Grundgleichung diese eine Funktion zum Ansatz des Bewegungsproblems ausreicht, ist für die Einfachheit von größtem Vorteil.

Doch was Green, Gauß, Lagrange, Laplace, Poisson und andere große Mathematiker in dieser Hinsicht besonders für das Newton'sche Potential geleistet haben, gehört in ein vertieftes Studium.

718. Energetik. Helm, Ostwald und Andere haben in neuerer Zeit daran gearbeitet, den Energiebegriff, der geschichtlich durchaus zu den abgeleiteten Begriffen gehört [637], als Grundbegriff in den Mittelpunkt aller Naturwissenschaft zu stellen. Sie haben die Energetik geschaffen.

Alle Naturerscheinungen werden als Umwandlungen der Energie und alle Naturgesetze als Umwandlungsgesetze aufgefaßt. So z. B. der Ostwald'sche Maximalsatz, daß diejenige Umwandlung eintritt, welche den größten Umsatz ergibt.

Die Mechanik wird zur mechanischen Energetik, deren Begriffe der allgemeinen Energetik unterstellt werden.

719. Ob es gelingen wird, so einen wahrhaft befriedigenden Überblick über alle Naturerscheinungen einschließlich der Bewegungen zu gewinnen, darüber sind die Meinungen noch sehr geteilt. Es wäre aber nicht das erste mal, daß eine solche Verschiebung der Begriffe erheblichen Vorteil gebracht hätte.

Doch muß erst der durchschlagende Erfolg beweisen, daß es sich lohnt, den durch die geschichtliche Entwickelung vorgezeichneten Weg zu verlassen. Dasselbe gilt, wie hier kurz angedeutet werden mag, auch anderen Neubildungen gegenüber, die viel versprechen (z. B. [747]).

Siebenter Abschnitt.

§ 30. Freiheit und Zwang. Die virtuelle Bewegung.

720. Freiheit und Zwang sind Worte, die wir im alltäglichsten Gebrauch auf Bewegungen anwenden. Sie haben aber auch als wissenschaftliche Begriffe in der Mechanik eine solche Schärfe erhalten, daß sie zur Aufstellung so allgemeiner Sätze, wie des Gauß'schen Prinzipes des kleinsten Zwanges tauglich geworden sind.

Eng mit ihnen verknüpft ist der von Johann Bernoulli eingeführte terminus „virtuell" als etwas, was einem Zwange entspricht, was unter seiner Geltung noch möglich ist.

721. Der freie Punkt. Ein Punkt heißt vollkommen frei, wenn jede geometrisch denkbare Bewegung desselben auch für physisch möglich angesehen wird; wenn man ihm so zu sagen hierüber die Wahl ganz frei läßt.

Analytisch ist solche Freiheit in Stufen oder Graden abzählbar. Denn da jede Bewegung in drei Bewegungen nach den Achsen zerlegt werden kann, so wird man dem freien Punkt drei Freiheitsgrade zuerkennen. Der Vogel in der Luft z. B. kann sich beliebig nach oben oder unten, nach Nord oder Süd, nach Ost oder West bewegen.

722. Der unfreie Punkt. Wenn manche Bewegungen eines Punktes als unmöglich betrachtet werden, so wird er unfrei. Er unterliegt einem Zwange, einer Einschränkung, einer Bedingung und verliert so einen oder mehr Grade der Freiheit.

Er sei z. B. gezwungen in einer Ebene (oder Kugel oder beliebiger Fläche) zu bleiben, möge sich aber in ihr beliebig bewegen können. So ist er nicht mehr im Raume, wohl aber in der Ebene frei und hat noch zwei Grade der Freiheit. Oder er dürfe nur noch auf einer Geraden (oder Kreis oder beliebigen Linie) beliebig laufen, so bleibt ihm ein Freiheitsgrad.

Wird er aber „fest" gemacht, d. h. zur Ruhe gezwungen, so hat er gar keine Bewegungsfreiheit mehr. Auch nicht, wenn er gezwungen wird, eine ganz bestimmte Bewegung zu machen, so daß er in jedem Augenblick nur noch eine ganz bestimmte Lage haben darf.

723. Virtuelle Bewegungen heißen alle Bewegungen, welche dem vorausgesetzten Zwange entsprechen. Daher braucht eine virtuelle Bewegung durchaus nicht wirklich zu sein. Wohl aber ist die wirkliche Bewegung unter allen virtuellen Bewegungen als besonderer, als (nach Ostwald) „ausgezeichneter" Fall enthalten. (Eine Ausnahme in [745]).

Man hat also zu unterscheiden: 1. alle geometrisch denkbaren Bewegungen. 2. alle virtuellen Bewegungen. 3. die wirkliche Bewegung. Nur bei völliger Freiheit fällt 1 und 2 zusammen. Nur bei völliger Unfreiheit fällt 2 und 3 zusammen. Sonst ist 1 allgemeiner als 2 und 2 allgemeiner als 3.

724. Die virtuelle Verrückung. Oft werden nur virtuelle Bewegungen betrachtet, die sich der wirklichen Bewegung eng anschließen, so daß in jedem Augenblick der wirkliche Ort P von dem virtuellen Ort P_1 nur unendlich wenig verschieden ist.

$P P_1$ nennt man dann die augenblickliche virtuelle Verrückung. Ihre unendlich kleinen Projektionen bezeichnet man als:

$$\delta x, \quad \delta y, \quad \delta z.$$

So ist zu unterscheiden der wirkliche Ort $P(x, y, z)$ und der virtuell verrückte Ort $P_1(x + \delta x, \ y + \delta y, \ z + \delta z)$ der durchaus nicht mit dem in der wirklichen Bewegung benachbarten Ort $P'(x + dx, \ y + dy, \ z + dz)$ identisch ist. Beide fallen vielmehr nur dann zusammen, wenn P auf der Bahn selbst virtuell verrückt wird.

Zur deutlichen Unterscheidung nennt man $dx, \ dy, \ dz$ Differentiale, $\delta x, \ \delta y, \ \delta z$ aber auch Variationen.

725. Zwangskräfte. Physisch kann ein Zwang nur verwirklicht werden durch andere Körper, welche den gegebenen Körper durch „Zwangskräfte" an den nicht virtuellen Bewegungen verhindern.

Man denke sich z. B. einen materiellen Punkt P, an dem die Schwere oder andere Kräfte angreifen, auf der ebenen Oberfläche eines starren Körpers A befindlich. So übt A auf P einen Druck aus, nicht größer, nicht kleiner, sondern genau so groß, daß die normalen Komponenten der genannten Kräfte aufgehoben werden. Oder man hänge P mittelst eines Fadens an einem festen Punkt O auf. So tritt die Fadenspannung hinzu, welche die Entfernung von O verhindert und P zwingt, auf einer Kugel zu bleiben (sphärisches Pendel).

726. Einseitiger Zwang. Sehr häufig ist, worauf kein Geringerer als Gauß hingewiesen hat, der Zwang „einseitig." Im ersten Beispiel

16*

wird nur das Eindringen von P in den Körper A verhindert. Dagegen kann sich P von A beliebig entfernen. Im zweiten Falle wird es zwar P unmöglich gemacht, sich von O um mehr als die Fadenlänge zu entfernen. Aber nähern kann P sich O, soviel er will.

Bei einseitigem Zwang kann die Zwangskraft nicht ihre Richtung oder ihr Vorzeichen wechseln. Im ersten Falle ist nur Druck, nicht Zug, im letzteren Falle nur Zug, nicht Druck möglich.

727. Aufhören des Zwanges. Einseitiger Zwang hört sofort auf, wenn die Zwangskraft die Richtung annehmen müßte, die sie nicht annehmen kann. P bewegt sich dann als „freier" Punkt weiter.

Wenn z. B. P von A (ohne Anfangsgeschwindigkeit) an einem vollkommen glatten Kreis heruntergleitet, so wird er auf ihm nur bis zu einer gewissen Stelle B bleiben und ihn dort in tangentialer Richtung verlassen, um parabolisch frei weiter zu fallen.

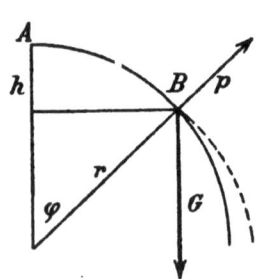

Fig. 115.

728. Zur Auffindung von B bemerke man, daß die Zwangskraft, d. h. hier der Normaldruck p nicht arbeitet [658], sondern nur das Gewicht G von P. Also erfüllt die Geschwindigkeit v in B nach [669] die Gleichung:

$$\frac{m\,v^2}{2} = G \cdot h.$$

G cos φ — p ist die nach innen gerichtete Zentripetalkraft, folglich [358]:

$$\frac{m\,v^2}{r} = G \cos \varphi - p = G \frac{r-h}{r} - p.$$

Aus beiden Formeln ergibt sich:

$$\frac{2\,G\,h}{r} = G \cdot \frac{r-h}{r} - p, \text{ also:}$$

$$p = G\left(1 - \frac{3\,h}{r}\right)$$

p muß Druck, muß positiv bleiben. Er verschwindet aber, wenn:

$$h = \frac{r}{3}.$$

Dies ist die Stelle B, wo P den Kreis verläßt. (Bei Reibung ist $h > \frac{r}{3}$).

729. Bleibt man bei einseitigem Zwang von solch kritischen Punkten fern genug, dann tut die Einseitigkeit nichts zur Sache und gefährdet den Zwang nicht. Der Schlitten auf dem Eise könnte sich frei in die Luft erheben, insofern das Eis ihn nicht daran zu hindern imstande ist.

Sonst muß man geeignete Maßregeln ergreifen. In dem Beispiel [728] müßte man P in einer kreisförmigen Röhre laufen lassen, so daß der Druck oben nach innen, unten nach außen ausgeübt werden kann.

730. Vollkommener und reiner Zwang. Ein Zwang ist vollkommen, wenn die auferlegten Bedingungen mathematisch genau erfüllt werden. Im. ersten Beispiel [725] soll der Körper A unbegrenzt hart und unnachgiebig und im zweiten Beispiel der Faden unausdehnbar sein.

Ein Zwang ist rein, wenn durch ihn nur Zwangskräfte und nicht Reibungen oder andere Widerstände veranlaßt werden. Im ersten Beispiel soll die Ebene äußerst glatt und im zweiten Beispiel der Faden äußerst biegsam sein.

Vollkommenen und reinen Zwang gibt es zwar in aller Strenge nicht, aber oft werden die Bedingungen recht genau erfüllt und sind die Widerstände recht gering. Als große Annäherung an die Wahrheit ist er daher von besonderer Wichtigkeit.

731. Zwangskräfte arbeiten nicht, weder bei der wirklichen noch bei irgend einer virtuellen Bewegung.

Im ersten Beispiel [725] steht die Richtung der Bewegung stets senkrecht auf dem Druck. Im zweiten steht sie senkrecht auf dem Zuge. Also verschwindet die Arbeit [658].

Wie wichtig dieser Satz ist, für dessen Richtigkeit später noch andere Beispiele folgen werden, wird besonders der nächste Paragraph zeigen.

732. Der Gegensatz zwischen Zwangskräften und den anderen Kräften besteht wesentlich in der Art, wie erstere bei Aufgaben der Mechanik als hinterher zu findende Kräfte aufgefaßt werden, nachdem letztere und die übrigen Bedingungen der Aufgabe gegeben worden sind.

Zwangskräfte sind also solche Kräfte, die durch den Zwang hinzutreten und mit den gegebenen Kräften so zusammenwirken, daß nicht virtuelle Bewegungen unmöglich werden.

733. Der freie starre Körper. Bisher ist nur ein freier oder unfreier Punkt betrachtet worden. Nimmt man statt seiner einen starren Körper, so steigt bei vollkommen freier Beweglichkeit die Anzahl der Freiheitsgrade von drei auf sechs [394] und [425].

Unterwirft man ihn einem Zwang, so kann er von diesen sechs Freiheitsgraden eine entsprechende Zahl verlieren, wie die folgenden Beispiele zeigen.

734. Der unfreie starre Körper. Gesetzt, eine Kugel dürfe auf einer Ebene beliebig rollen, gleiten und sich drehen, nur sei sie gezwungen, stets mit der Ebene in Berührung zu bleiben. Wieviel Grade der Freiheit hat sie noch?

Es sind fünf! Denn ihr Mittelpunkt muß auf einer Parallelebene bleiben, seine Bewegung hat also zwei Freiheitsgrade. Die Drehung um den Mittelpunkt ist noch völlig frei, sie hat also drei Freiheitsgrade [394]. $2 + 3 = 5$.

Vier Freiheitsgrade besitzt eine Kugel, die sich in einem Hohlzylinder von gleichem Durchmesser beliebig verschieben kann (1 Grad) und um ihren Mittelpunkt sich beliebig drehen kann (3 Grade).

735. Hängt man die Kugel in drei kardanischen Ringen auf so kann ihr Mittelpunkt sich nicht mehr bewegen. Sie kann sich aber beliebig drehen. Es bleiben drei Freiheitsgrade.

Oder man denke sich eine Scheibe, die gezwungen wäre, beständig in derselben Ebene zu bleiben (Bewegung einer Ebene in sich selbst). Irgendein Punkt der Scheibe kann sich in der Ebene beliebig bewegen (2 Grade). Dann kann sie sich noch in der Ebene um diesen Punkt beliebig drehen (1 Grad).

736. Ein Hohlzylinder der über einen beliebig langen Vollzylinder von gleichem Durchmesser gesteckt wird, hat zwei Freiheitsgrade. Er kann längs der Achse gleiten und sich um die Achse beliebig drehen.

Zwei Freiheitsgrade hat auch ein Kreiszylinder, der beliebig mit einer Kante auf einer Ebene aufliegt, wenn seine Endflächen zwischen parallelen Wänden geführt werden. Er kann nur senkrecht zur Achse gleiten und sich um sie beliebig drehen.

737. Nur noch einen Freiheitsgrad hat ein Rad, das auf der zwischen zwei Lagern drehbaren Welle festgekeilt ist. Es kann sich nur noch um die Achse drehen.

Oder auch ein Würfel, der mit einer Fläche auf einer Ebene aufliegt und zwischen zwei parallelen Wänden geführt wird. Er kann nur noch in einer Richtung gleiten.

Aber auch die Schraubenmutter auf der Schraubenspindel hat nur noch einen Freiheitsgrad. Denn wenn sie sich auch längs der Achse verschieben und um sie drehen kann, so stehen doch beide Bewegungen in einem festen, durch die Ganghöhe bestimmten Verhältnis.

738. In den eben angeführten Beispielen [734] bis [737] wird der Zwang oder die Bedingung erreicht durch Drucke, welche von anderen Körpern an der Berührungsstelle ausgeübt werden.

Sie verhindern die nicht virtuellen Bewegungen und arbeiten nicht bei den virtuellen Bewegungen, da an den Berührungsstellen die Bewegung nur an den Führungskörpern entlang gehen kann, also zum Druck senkrecht steht.

Man sieht auch hier: Die Zwangskräfte arbeiten nicht [731].

739. Der relative Zwang. Der Begriff des Zwanges ist noch erheblich weiter ausgedehnt worden. Wenn starre Körper irgendwie mit einander verkoppelt werden, wie die Teile einer Maschine und sie ihre Beweglichkeit gegenseitig beschränken, so entsteht der relative Zwang.

Auch dann ist die Freiheit der Relativbewegungen in Graden angebbar. Bei den Mechanismen der Maschinen soll meist jeder Teil gegen den anderen nur eine ganz bestimmte Bewegung machen können. Es ist im ganzen im relativen Sinne nur ein einziger Freiheitsgrad da. Der Mechanismus ist zwangsläufig.

740. Auch jetzt können die Zwangskräfte keine virtuelle Arbeit leisten. Denn wenn zwei starre Körper sich augenblicklich in P berühren, so können sie dort nur aneinander gleiten oder der eine kann senkrecht vordringen, während der andere ebensoviel zurückweicht.

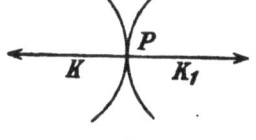

Fig. 116.

In beiden Fällen ist keine Arbeit da. Das erste mal nicht, weil die Bewegung zu den Drucken K und K_1 senkrecht steht. Und das zweite mal nicht, weil sich die Arbeiten von K und K_1 einander aufheben, da K und K_1 entgegengesetzt gleich sind und denselben virtuellen Weg zurücklegen.

741. Im Grunde ist jeder Zwang relativ. Wenn eine Kugel auf die ebene Oberfläche eines anderen Körpers gelegt und gezwungen wird auf ihm zu bleiben so wird ebensogut der andere Körper gezwungen, mit der Kugel in Berührung zu bleiben.

So ist es in allen Fällen. Doch kann etwa der andere Körper fest in der Erde eingemauert oder an sich so groß sein, daß die auf ihn wirkende Zwangskraft ihn nur sehr wenig bewegen kann. Seine Beweglichkeit bleibt dann außer Betracht.

742. Starrheit als Zwang. Auch die Starrheit kann unter den Begriff des Zwanges gebracht werden; des Zwanges nämlich, daß die Teile des Körpers bei der Bewegung ihre gegenseitige Lage beizubehalten haben.

Die Zwangskräfte sind hier die inneren elastischen Molekularkräfte,

von denen bereits bewiesen worden ist [661], daß sie keine Arbeit
leisten, wenn der Körper starr ist.

Man sieht: Zwangskräfte können nicht arbeiten.

743. Die Unzusammendrückbarkeit als Zwang hat schon Pascal vertreten. Die Flüssigkeit wird durch den inneren Druck — als nicht
arbeitende Zwangskraft — gezwungen, im ganzen und in allen ihren
Teilen ihr Volumen beizubehalten.

Übrigens ist dieser Zwang einseitig, da der Druck sich nicht in
Zug verwandeln kann. Die Verminderung, nicht die Vermehrung des
Volumens wird verhindert. Daß letztere trotzdem gegebenen Falles
nicht eintritt, liegt an den kapillaren Oberflächenspannungen, welche
bei Aufhören des Druckes sofort die Stetigkeit unterbrechen. Die
Flüssigkeit zerstiebt.

744. Andere Zwangskräfte. Zwangskräfte sind ferner die Drucke
von Flüssigkeiten aufeinander und auf sie einschließende Wände.
Auch sie können keine virtuelle Arbeit leisten.

Die noch folgenden Ausdehnungen des Zwangsbegriffes sollen
nur noch als Andeutungen gelten. Sie würden bei näherer Ausführung von den Grundlagen der Mechanik teils zu steilen mathematischen Höhen und teils in unbekannte Fernen führen, weitab von
der sonnenhellen Wirklichkeit.

745. Der zeitlich veränderliche Zwang. Gesetzt, der Aufhängepunkt O
eines Pendels werde durch eine gegebene Bewegung auf einer beliebigen Kurve geführt, so wird der schwingende Punkt zwar in jedem
Augenblick gezwungen, auf einer Kugel zu bleiben, aber auf einer
beweglichen Kugel.

Eine augenblickliche virtuelle Verrückung δs [724] ist auf der
augenblicklichen Kugel zu denken. Das wirkliche Wegelement ds
geht aber von dieser Kugel zur Nachbarkugel und ist daher im
allgemeinen **nicht** unter den δs enthalten.

Trotzdem: Wenn auch nicht die wirkliche, so verschwindet doch
die virtuelle Arbeit der Zwangskraft.

746. Der differentielle Zwang. Der Zwang hänge nicht von der Lage
allein, sondern auch von den Geschwindigkeiten ab. Wie dies genau
zu verstehen sei, bleibe hier unerörtert.

Die unzusammendrückbare Flüssigkeit ist ein Beispiel, wenn man
ihre von Euler herrührende Kontinuitätsgleichung in der differentiellen
Form nimmt. Was in solchen Fällen unter virtuellen Verrückungen
allgemein zu verstehen ist, läßt sich ohne fein ausgearbeitete Differential-
formeln kaum deutlich machen.

747. Die Hertz'sche Hypothese. Daß in gewisser Hinsicht ein Unterschied gemacht wird zwischen den gegebenen wirkenden Kräften und den durch Zwang hervorgerufenen Kräften, ist schon [732] erläutert worden. Man macht ihn ja auch schon im gewöhnlichen Sprachgebrauch.

Wesentlich ist er wohl nicht, aber er fordert doch eine doppelte Behandlung der Kräfte. Da hat denn Hertz, um diesen Zwiespalt zu beseitigen, die Hypothese aufgestellt, daß in Wahrheit **alle** Kräfte Zwangskräfte seien, geknüpft an Bedingungen die ein für allemal und ewig unveränderlich in der Lage der materiellen Körper vorhanden seien.

748. So wird der Versuch gemacht, den Zwang in den Mittelpunkt der Mechanik zu stellen, während er bis dahin nur ein Hilfsbegriff war, der dazu diente, die Lösung vieler Aufgaben zu vereinfachen, wie noch gezeigt werden wird.

Also nur noch Zwangskräfte! Andere Mathematiker und Physiker haben im Gegenteil bei der ersten Grundlegung der Mechanik den Zwangsbegriff ganz ferngehalten und zunächst nur die Kraft schlechthin, die vis motrix anerkannt. Zwei schnurstracks entgegengesetzte Richtungen.

749. Hertz hat seine Gedanken in dem Buch: „Die Prinzipien der Mechanik" entwickelt. Wenn man sich aber nicht durch die meisterhafte mathematische Form blenden läßt, so kann man unmöglich die zur Zeit noch schwindelnd tiefe Kluft zwischen Theorie und Wirklichkeit übersehen, welche hier klafft.

Die „verborgenen Bewegungen", die „unsichtbaren" Massen, ihre Verkoppelung mit der sichtbaren Materie usw. zeigen dies deutlich, worüber ja Hertz selbst in vollster Aufrichtigkeit sich geäußert hat. Für den Aufbau der elementaren Mechanik in seinem Sinne ist daher die Zeit wohl noch nicht gekommen; vgl. [719].

750. Zum Schluß sei die Bedingung, um welche es sich in diesem Paragraphen w e s e n t l i c h gehandelt hat, daß nämlich Zwangskräfte keine virtuelle Arbeit verrichten können, in mathematischer Form dargestellt.

Es seien δx, δy, δz die Komponenten einer beliebigen virtuellen Verrückung irgend eines Punktes P und X_z, Y_z, Z_z die Komponenten der zugehörigen Zwangskräfte. Dann lautet die verlangte analytische Form nach [666]:

$$\Sigma(X_z\,\delta x + Y_z\,\delta y + Z_z\,\delta z) = 0.$$

Diese eine Gleichung gibt für die Zwangskräfte genau so viel Bedingungen, als noch Grade von Freiheiten vorhanden sind, weil es ebenso viel voneinander unabhängige Systeme virtueller Verrückungen gibt.

751. Die letzte Behauptung werde z. B. an dem einfachsten Falle geprüft, dem eines materiellen Punktes, der auf einer Ebene E bleiben soll. Zunächst fällt das Summenzeichen fort. Ferner verschwindet δz, wenn man E zur x y-Ebene macht, während δx und δy beliebig bleiben. Es wird:

$$X_z \delta x + Y_z \delta y = 0.$$

Setzt man hier $\delta y = 0$, so wird $X_z \delta x = 0$, d. h. $X_z = 0$, weil δx noch beliebig bleibt. Entsprechend $Y_z = 0$. Also steht die Zwangskraft auf der Ebene senkrecht. Sie ist der senkrechte Druck Z_z.

Z_z selbst läßt sich aber erst ermitteln, wenn die übrigen Kräfte gegeben sind, da deren zur Ebene senkrechte Komponenten eben durch Z_z aufgehoben werden müssen.

§ 31. Das Prinzip der virtuellen Arbeiten von Bernoulli.

752. Das Prinzip der virtuellen Arbeiten oder, wie man auch sagt, der virtuellen Geschwindigkeiten ist zuerst von Johann Bernoulli in aller Form ausgesprochen worden und sollte deshalb seinen Namen tragen (und nicht den Lagrange's, der allerdings diesem Prinzip die analytische Fassung gegeben hat [113] und [756]IV).   •

Es hat aber eine Vorgeschichte. Nach Lagrange soll es Guido Ubaldi zuerst am Hebel und an der beweglichen Rolle bemerkt haben. Galilei hat es sodann wieder erkannt an der schiefen Ebene und als allgemeine Eigenschaft des Gleichgewichtes der Maschinen angesehen. Lagrange selbst hat den Archimedischen Flaschenzug (als ideelle Maschine gedacht) benutzt, um es zu beweisen.

753. Der Bernoulli'sche Satz gehört der Statik an. Er lautet in der Fassung, die den einfachsten und den schwierigsten Fällen zugleich angepaßt ist:

Wenn ein materielles System sich nicht nur in augenblicklicher, sondern in dauernder Ruhe befindet, so heben sich die Arbeiten der wirkenden Kräfte bei jeder virtuellen Verrückung auf. Und umgekehrt. Wenn ein materielles System sich in augenblicklicher Ruhe befindet und die Arbeiten der wirkenden Kräfte sich bei jeder virtuellen Verrückung aufheben, so bleibt es dauernd in Ruhe.

Dabei kommt zweierlei in Betracht. Erstens, daß man eben trotz wirklicher Ruhe an virtuelle Beweglichkeit denkt und zweitens, daß bei etwaigem Zwang die Zwangskräfte **von vornherein** ausgeschaltet werden können, da deren virtuelle Arbeiten sich immer aufheben (§ 30).

754. Beweis für freien Punkt. Auf einen materiellen Punkt mögen beliebig viele Kräfte $K_1, K_2 \ldots$ mit den Komponenten X_1, Y_1, Z_1; $X_2, Y_2, Z_2 \ldots$ wirken. Dann sind die Komponenten der Resultante:

$$X = X_1 + X_2 \ldots; \quad Y = Y_1 + Y_2 \ldots; \quad Z = Z_1 + Z_2 \ldots$$

Sie verschwinden im Falle des Gleichgewichtes. Nun betrachte man irgend eine virtuelle, d. h. jetzt überhaupt irgend eine Verrückung mit den Komponenten $\delta x, \delta y, \delta z$. Dann ist die virtuelle Arbeit:

$$X \delta x + Y \delta y + Z \delta z.$$

Sie verschwindet, wenn X, Y, Z verschwinden. Und umgekehrt: Wenn die Arbeit für jede Verrückung verschwindet, so müssen auch X, Y, Z verschwinden. Denn setzt man z. B. δy und $\delta z = 0$, so wird $X \delta x = 0$, d. h. $X = 0$.

755. Beweis für freies System. Das System bestehe aus beliebig vielen freien Punkten P', P''. Auf jeden sollen beliebige Kräfte wirken, deren Resultanten X', Y', Z'; $X'', Y'', Z'' \ldots$ sein mögen.

Dann müssen die Kräfte an jeden Punkt für sich im Gleichgewicht sein; also:

$$X' = 0, \quad Y' = 0, \quad Z' = 0; \quad X'' = 0, \quad Y'' = 0, \quad Z'' = 0; \ldots$$

Da die Punkte vollkommen frei sein sollen, so sind ihre virtuellen Verrückungen voneinander unabhängig. Ihre Komponenten seien:

$$\delta x', \, \delta y', \, \delta z',; \quad \delta x'', \, \delta y'', \, \delta z''; \ldots$$

so ist die gesamte virtuelle Arbeit:

$$X' \delta x' + Y' \delta y' + Z' \delta z' + X'' \delta x'' + Y'' \delta y'' + Z'' \delta z'' + \ldots$$

oder kurz:

$$\Sigma (X \delta x + Y \delta y + Z \delta z).$$

Sie verschwindet, da sämtliche X, Y, Z verschwinden. Und umgekehrt, wenn die Arbeit für jede virtuelle, hier also für jede Verrückung verschwindet, so setze man z. B. alle $\delta x, \delta y, \delta z$ gleich Null bis auf eine. Es verschwindet die entsprechende Kraftkomponente und ebenso alle anderen.

756. Beweis für unfreies System. Ist Zwang vorhanden, so hebe man ihn durch Einführung der Zwangskräfte, deren Komponenten wie in [750] X_z, Y_z, Z_z heißen mögen, zunächst wieder auf. Dann werden die Punkte alle frei, folglich muß für jeden sein:

I. $\qquad X + X_z = 0, \quad Y + Y_z = 0, \quad Z + Z_z = 0$

also auch, wie vorhin:

II. $\quad \Sigma [(X + X_z) \delta x + (Y + Y_z) \delta z + (Z + Z_z) \delta z] = 0$, oder:

IIa. $\quad \Sigma (X \delta x + Y \delta y + Z \delta z) + \Sigma (X_z \delta x + Y_z \delta y + Z_z \delta z) = 0.$

Dabei sind die $\delta x, \delta y, \delta z$ jetzt noch ganz beliebig. Nun aber be-

schränke man sich unter Wiederherstellung des Zwanges auf die dann
noch übrig bleibenden virtuellen Verrückungen. Für diese verschwindet nach [750] unter allen Umständen der zweite Summand.
Es ist:

III. $\Sigma(X_z\,\delta x + Y_z\,\delta y + Z_z\,\delta z) = 0.$

Es bleibt also übrig:

IV. $\Sigma(X\,\delta x + Y\,\delta y + Z\,\delta z) = 0;$ q. e. d.

757. Daß umgekehrt diese Gleichung:

$$\Sigma(X\,\delta x + Y\,\delta y + Z\,\delta z) = 0$$

auch bei Zwang immer ausreicht, ist nicht ganz so leicht zu zeigen.
Denn wenn man den umgekehrten Weg einschlägt, also die Gleichung
III hinzunimmt, so folgt durch Addition allerdings wieder die Gleichung
II, aber vorläufig nur für die virtuellen und nicht für die nicht virtuellen Verrückungen. Folglich darf man auch nicht ohne weiteres
alle δx, δy, δz bis auf eine gleich Null setzen, so daß der Weg zu
den ursprünglichen Bedingungen I des Gleichgewichts noch versperrt ist.

758. Er muß also noch frei gemacht werden, was so geschehen
kann, daß man von dem Bernoulli'schen statischen Prinzip zum allgemeinen d'Alembert'schen dynamischen Prinzip übergeht und von
dem so gewonnen höheren Standpunkt die Sachlage beurteilt [821].
Man kann aber auch eine etwas abweichende Auffassung vertreten, nämlich daß das Bernoulli'sche Prinzip tatsächlich mehr ent-
halte, als was schon implicite in den vier Grundgesetzen steckt [44], daß
insbesondere das Trägheitsgesetz für den freien Punkt nur der einfachste Fall desselben sei, der in [64] vorweg genommen ist.
Ob das eine oder das andere angemessen sei, darüber sind die
Meinungen geteilt, wie so oft in solchen Fällen. Genug, daß der
Bernoulli'sche Satz sich in allen Erfahrungen vortrefflich be-
währt hat.

759. Der starre Körper und der Bernoulli'sche Satz. Als Beispiel werde
ein starrer Körper vorausgesetzt, der sich in anfänglicher Ruhe befinde
und auf den beliebig viele Kräfte wirken. Es sind sechs Bedingungen
des Gleichgewichtes vorhanden:

$$\Sigma X = 0, \quad \Sigma Y = 0, \quad \Sigma Z = 0,$$
$$\Sigma M_x = 0, \quad \Sigma M_y = 0, \quad \Sigma M_z = 0.$$

Die drei ersten sagen aus, daß der Schwerpunkt in Ruhe bleibt
[575]. Die drei letzten sagen aus, daß er keine Flächenbeschleunigung,
also auch keine Drehung erhalten kann [614]. Der Körper bleibt also
völlig in Ruhe.

760. Dieselben sechs Gleichungen ergeben sich aber auch leicht aus dem Bernoulli'schen Satz:

$$\Sigma(X \delta x + Y \delta y + Z \delta z) = 0.$$

Denn man lasse den Körper z. B. eine virtuelle Translation in der Richtung der x-Achse durchmachen, dann verschwinden alle δy und δz, während alle δx einander gleich werden. Es wird:

$$\delta x \cdot \Sigma X = 0, \quad \text{d. h.} \quad \Sigma X = 0.$$

Oder man lasse den Körper um die Z-Achse eine virtuelle Drehung machen. Der unendlich kleine Drehwinkel sei $= \delta \varphi$. Dann ist nach [668]

$$M_z \delta \varphi = 0, \quad \text{d. h.} \quad M_z = 0.$$

761. Arten des Gleichgewichtes. Die virtuelle Bewegung hat für die Statik noch eine zweite Bedeutung, nämlich zur Unterscheidung dreier Arten des Gleichgewichtes, des stabilen, des instabilen oder labilen und des indifferenten Gleichgewichtes. Ein Gleichgewicht heißt stabil oder labil, je nachdem die Kräfte bei einer kleinen Bewegung aus der Gleichgewichtslage heraus anfangen, negative oder positive Arbeit zu leisten. Im ersteren Falle wird jede im Entstehen begriffene Abweichung von der Gleichgewichtslage durch die Kräfte wieder verkleinert, im letzteren Falle aber vergrößert, so daß ein labiles Gleichgewicht nie lange dauern kann, da kleine Erschütterungen nie fehlen.

Indifferent ist ein Gleichgewicht, wenn die Kräfte bei einer kleinen Bewegung aus der Gleichgewichtslage heraus weder negativ, noch positiv zu arbeiten anfangen. Dann sind auch die Nachbarlagen Gleichgewichtslagen.

Man muß zur mathematisch scharfen Formulierung zu den Differentialen der Verrückungen übergehen. Doch würde das die hier gesteckten Grenzen überschreiten.

762. Stabiles Gleichgewicht. Stabil ist z. B. das Gleichgewicht bei einer an einem gespannten Faden hängenden Kugel. Hebt sie sich, so läßt sofort die Spannung nach. Es entsteht aus ihr und dem Gewichte der Kugel eine Resultante nach unten. Senkt sie sich, so wird die Spannung größer. Es entsteht eine Resultante nach oben. Geht sie nach links, so erhalten Gewicht und Spannung eine Resultante nach rechts usw.

Man sagt wohl auch: Ein stabiles Gleichgewicht stellt sich nach einer (kleinen) Störung von selbst wieder her. Genauer ist der Ausdruck: Es entstehen kleine Schwingungen um oder durch die Gleichgewichtslage. Das schwingende Pendel.

763. Stabil ist auch das Gleichgewicht eines auf dem Wasser schwimmenden Körpers, wenigstens für Auf- und Abwärtsbewegungen.

Hebt er sich, so wird der Auftrieb kleiner, weil weniger Wasser ver-
drängt wird. Die Resultante zwischen ihm und dem Eigengewicht
geht nach unten. Senkt er sich, so vergrößert sich der Auftrieb.
Die Resultante geht nach oben

Ob und wann das Gleichgewicht aber auch für virtuelle Drehungen
stabil sei, ist eine andere sehr viel schwierigere Frage. Schiff in Sturm
und Wellen.

764. Labiles Gleichgewicht. Eine Kugel A liege auf einer anderen
Kugel B oben auf. Bei der geringsten Bewegung zur Seite entsteht
aus Druck und Gewicht eine Resultante, die vom höchsten Punkte
fortgerichtet ist. A rollt mit stets wachsender Geschwindigkeit weiter.

Labil ist auch das Gleichgewicht eines Stuhles, der so gekippt
wird, daß der Schwerpunkt genau über der Unterstützungslinie liegt.
Die geringste Erschütterung und er geht entweder zurück, daß er
wieder auf den vier Beinen steht oder er kippt ganz um.

Will man den Stuhl im Gleichgewicht halten, so muß man beständig „balancieren".

765. Der cartesianische Taucher. Nicht immer sieht man dem Gleichgewicht sofort an, welcher Art es ist. Zuweilen muß man oft ernstlich
nachdenken, wie z. B. bei dem cartesischen Taucher oder Teufel,
der im wesentlichen aus einem oben geschlossenen, unten in eine
offene Röhre auslaufenden Glaßgefäß A besteht.

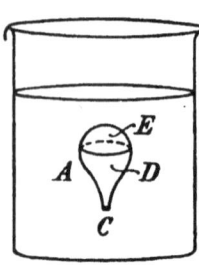

Fig. 117.

welches so weit mit Wasser gefüllt ist, daß es
bei völligem Eintauchen in einen großen Wasser-
behälter in einer bestimmten Tiefe im Gleichgewicht schwebt.

Fängt er an emporzusteigen, so wird sofort
der Wasserdruck bei C kleiner. Es tritt Wasser
aus dem Taucher aus, er (d. h. Glas + Wasser D
+ Luft E) wird leichter. Der Auftrieb bleibt
derselbe. Somit entsteht eine Resultante nach
oben, welche das Aufsteigen beschleunigt, das daher nicht eher aufhört, bis der Taucher oben angekommen ist.

Beginnt er aber sich zu senken, so wird der Wasserdruck bei C
größer. Es tritt Wasser in den Taucher, er wird schwerer. Die
Resultante geht nach unten und treibt ihn immer stärker nach unten,
bis er auf dem Boden aufstößt.

766. Um den Taucher in einer bestimmten Tiefe schwebend zu
halten, schließe man den großen Behälter durch eine Membran ab und
halte den Finger darauf. Sowie der Taucher steigen will, drücke

man etwas stärker und vermehre so den Wasserdruck; lasse aber sofort etwas nach, sowie er zu sinken anfängt.

Es ist fortwährendes Balanzieren nötig; ein beständiges Eingreifen zur Wiederherstellung des gestörten Gleichgewichtes, das sich nicht von selbst wieder herstellt. Der Jongleur tut auch nichts anderes, nur bewundern wir sein Gefühl für die kleinste Störung und die Geschicklichkeit, mit welcher er sie durch Gegenbewegungen unschädlich macht.

767. Ein anderes Beispiel labilen Gleichgewichtes gibt ein Punkt A, der genau in der Mitte liegt zwischen zwei Punkten B und C von gleicher Masse, die ihn beide anziehen nach dem Newton'schen Gravitationsgesetz. Rückt A nach B zu, so wird die Anziehung von B stärker, von C schwächer. Es entsteht eine Resultante nach B, welche die Bewegung dorthin beschleunigt. Umgekehrt, wenn A nach C ausweicht.

Dies ist der einfachste unter den vielen Fällen labilen Gleichgewichts, auf welche die astronomische Mechanik gestoßen ist. (Z. B. Laplace's Untersuchungen über die Stabilität des Saturnrings).

768. Stabilitätsgrad. Die technische Mechanik richtet ihr Augenmerk selbstverständlich fast nur auf das stabile Gleichgewicht, da oft sogar starke Erschütterungen, große Abweichungen von dem Gleichgewicht vorkommen, denen die Kräfte, die das Gleichgewicht zu hüten haben, gewachsen sein müssen. Schiff in Sturm und Wellen.

Hier kommt es wesentlich auf den Grad der Stabilität an, der geschätzt wird nach der Größe der noch überwindlichen Störung des Gleichgewichtes.

769. Die Begriffe der Stabilität und Instabilität hat man von der Statik auch auf die Dynamik übertragen. So ist [624] zwar jede Drehung um eine freie Achse frei und bei gänzlichem Fehlen auch der kleinsten Störungen unveränderlich. Aber nur die Drehungen um die Achse des größten oder des kleinsten Trägheitsmomentes sind stabil, und die Drehung um die Achse des mittleren Trägheitsmomentes ist instabil.

Sehr wichtig für die astronomische Mechanik sind die Betrachtungen über die Stabilität unseres Sonnensystems. Es handelt sich um die Frage, ob die Planeten im großen und ganzen ihre Entfernungen von der Sonne beibehalten, ihre Bahnen stets nahezu kreisförmig und wenig gegeneinander geneigt bleiben, wie es jetzt der Fall ist.

Für Jahrtausende ist diese Stabilität des Sonnensystems durch tiefe mathematische Untersuchungen erwiesen.

§ 32. Anwendungen des Bernoulli'schen Prinzipes.

770. Die goldene Regel. Was man an Kraft ersparen will,
muß man an Weg wieder zusetzen.

So lautet eine alte Erfahrung, die man bei allen Hebezeugen oder
Maschinen zum Heben von Lasten immer wieder gemacht hat. An
vier Beispielen, der schiefen Ebene, der losen Rolle, dem Rad an der
Welle und dem Hebel soll hier gezeigt werden, daß diese „goldene
Regel" nichts anderes ist, als das Bernoulli'sche Prinzip, angewendet
auf recht einfache Fälle.

771. Die schiefe Ebene. Ein Körper vom Gewicht G soll durch
eine Zugkraft P eine schiefe Ebene von der Höhe h und Länge s
hinaufgezogen werden. Wie groß muß P
mindestens sein?

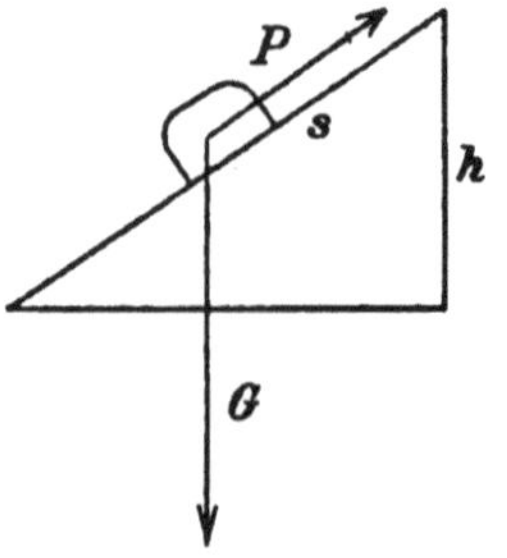

Lösung: Wenn der Körper die ganze
Ebene hinaufgelaufen ist, so hat P die Arbeit
$+ P \cdot s$ und die Schwere G die Arbeit $- G h$
verrichtet. Die Summe dieser virtuellen Arbeiten muß verschwinden (da der Druck als
Zwangskraft nicht arbeitet). Also:

Fig. 118.

$$P \cdot s = G \cdot h, \quad P = G \cdot \frac{h}{s}, \quad \text{oder:}$$

$$P : G = h : s.$$

Die Kraft verhält sich zur Last, wie die Höhe der schiefen Ebene
zu ihrer Länge, wie Simon Stevin zuerst herausgebracht hat. Setzt
man $\frac{s}{h} = \lambda$, so wird:

$$P = \frac{G}{\lambda}, \quad \text{aber } s = \lambda \cdot h.$$

Ist P der λ^{te} Teil von G, so ist s das λfache von h.
Hierin besteht die goldene Regel.

772. Die lose Rolle. Wie groß muß die Zugkraft P
sein, damit sie das an der losen Rolle R hängende Gewicht G heben könne.

Lösung: Wenn P den Weg s zurücklegt, also die
Arbeit $+ P \cdot s$ leistet, so wird G um $h = \frac{s}{2}$ gehoben, da
die Länge des Seils dieselbe bleiben muß. Also:

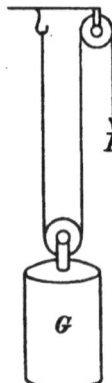

Fig. 119.

$$P s = G h = G \cdot \frac{s}{2}.$$

$$P = \frac{G}{2}, \text{ aber } s = 2\,h.$$

Die goldene Regel stimmt.

773. Das Rad an der Welle. Welche Kraft P muß der Mann am Umfang des Rades anwenden, um das Gewicht G, das an einem um die Welle gelegten Seile hängt, zu heben?

Lösung: Es sei s der Weg, den P am Umfang zurücklegt und h die Höhe, um welche die Last dabei gehoben wird. So muß sein:

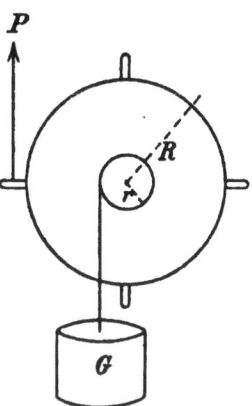

$$P \cdot s = G \cdot h, \text{ oder:}$$

$$P = \frac{G}{\lambda}, \text{ aber } s = h \cdot \lambda.$$

Hier ist $\lambda = \dfrac{R}{r}$, d. h. die Kraft verhält

sich zur Last, wie der Radius der Welle zum Radius des Rades. Dafür verhalten sich die Wege umgekehrt; die goldene Regel stimmt.

774. Der Hebel. An dem einen Ende eines zweiarmigen in A unterstützten Hebels hängt das Gewicht G. Mit welcher Kraft muß man am anderen Endpunkt C drücken, um G zu heben?

Fig. 120.

Lösung: Man denke sich den Hebel um den kleinen Winkel d φ gedreht. Dann ist der Weg von $P = a\,d\,\varphi$, von $G = b\,d\,\varphi$. Die beiden Arbeiten sind also:

$$P\,a\,d\,\varphi \text{ und } -G\,b\,d\,\varphi, \text{ daher:}$$

$$P\,a\,d\,\varphi - G\,b\,d\,\varphi = 0, \text{ oder } P\,a = G\,b,$$

$$P : G = b : a,$$

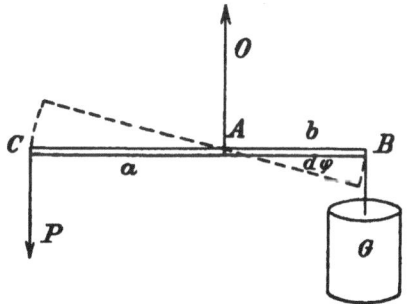

d. h. die Kraft verhält sich zur Last umgekehrt wie die Hebelarme. Dies ist das zweitausend Jahre alte Hebelgesetz von Archimedes. „Da mihi locum et terram movebo."

775. Es gibt noch sehr viele andere, oft sehr komplizierte Hebe-

Fig. 121.

zeuge, die mit Zahnradübersetzungen und anderen Hilfsmitteln der heutigen Technik ausgestattet sind, damit man möglichst bequem durch möglichst kleine Kräfte möglichst große Lasten heben könne.

Aber an der goldenen Regel läßt sich nicht rütteln. Was an

Kraft gespart wird, muß an Weg, also auch an Zeit, zugesetzt werden. Oder mit anderen Worten: Die aufzuwendende Arbeit bleibt immer die gleiche. An ihr läßt sich nichts absparen.

776. In Wirklichkeit muß P sogar etwas größer sein, als die goldene Regel ergibt. Denn erstens sind Reibungswiderstände zu überwinden, deren Arbeit stets negativ ist. Sie sei $= - A_r$. Und zweitens muß, mag das Heben auch noch so langsam vor sich gehen, der ganze Apparat mit der Last Geschwindigkeit, also auch lebendige Kraft erhalten. Sie sei $= L$.

Daher nach [669]:

$$P s - G h - A_r = L,$$

oder, wenn $h = s : \lambda$ gesetzt wird:

$$P = \frac{G}{\lambda} + \frac{A_r}{s} + \frac{L}{s}.$$

Also $P > \dfrac{G}{\lambda}$. Wenn aber dafür gesorgt ist, daß die Reibung nicht groß wird und man nur langsam hebt, so kommen die beiden Zusatzglieder wenig in Betracht. Es wird dann ziemlich angenähert

$$P = \frac{G}{\lambda}.$$

777. Tiefste Lage des Schwerpunktes. Wenn (außer Zwangskräften) in einem System nur das Eigengewicht der Körper und keine andere Kraft wirkt, so kann nur dann (stabiles) Gleichgewicht eintreten, wenn der Gesamtschwerpunkt möglichst tief liegt.

Denn nach dem Bernoulli'schen Satz muß die virtuelle Arbeit der Schwere verschwinden, d. h. es muß der Betrag verschwinden, um welchen bei einer beliebig kleinen virtuellen Verrückung des Systems der Schwerpunkt gehoben oder gesenkt wird. Er kann sich also aus der Gleichgewichtslage heraus zuerst nur horizontal bewegen.

Dies findet statt, wenn er eine möglichst tiefe Lage hat. Das Gleichgewicht ist dann stabil. Oder auch, wenn er möglichst hoch liegt. Das Gleichgewicht ist dann labil. Es kann aber auch seine Höhe ein Maximum — Minimum sein. Dann ist das Gleichgewicht für manche Verrückungen stabil und für manche labil.

778. Beispiele. Eine kleine Kugel kommt in einer Hohlkugel nur im tiefsten Punkte zur Ruhe. Ein Pendel stellt sich in der Ruhelage so ein, daß sein Schwerpunkt unter dem Aufhängepunkt liegt.

Auch bei möglichst hoher Lage kann Ruhe eintreten, aber nur instabil. Eine Kugel auf dem höchsten Punkte einer anderen Kugel und ein Pendel, dessen Schwerpunkt senkrecht über dem Unterstützungspunkt liegt.

779. Der Satz von der tiefsten Lage des Schwerpunktes kann zur Lösung wirklicher Aufgaben dienen. Es sei z. B. gefragt, unter welchem Winkel φ sich ein dünner homogener Glasstab einstellt, der mit dem einen Ende auf einer halbkugelförmigen Schale ruht und sich gegen ihren Umfang lehnt. Es soll sein:

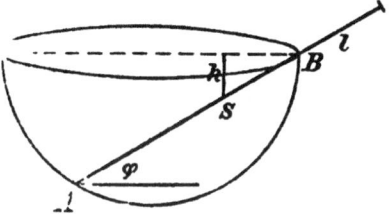

Fig. 122.

$$h = \text{Maximum.}$$

Nach der Figur ist (r=Radius):

$$h = S\,B \sin \varphi = (A\,B - A\,S) \sin \varphi$$

$$= \left(2\,r \cos \varphi - \frac{l}{2} \right) \sin \varphi = r \sin 2\,\varphi - \frac{l}{2} \sin \varphi.$$

Nach den Regeln der Differentialrechnung muß daher sein:

$$0 = \frac{d\,h}{d\,\varphi} = 2\,r \cos 2\,\varphi - \frac{l}{2} \cos \varphi.$$

Hieraus ist φ zu bestimmen. Setzt man $\cos \varphi = x$, so wird $\cos 2\,\varphi = 2\,x^2 - 1$. Also:

$$4\,r\,x^2 - \frac{l}{2}\,x - 2\,r = 0$$

$$x = \cos \varphi = \frac{l + \sqrt{l^2 + 128\,r^2}}{16\,r}.$$

(Das — Zeichen vor der Wurzel wäre hier nicht zu gebrauchen. Ob h wirklich ein Maximum ist, ergibt die nochmalige Differentiation welche hier unterbleiben mag.)

780. Wir sehen täglich und halten es für selbstverständlich, daß die Oberfläche des ruhenden Wassers eben und horizontal ist. Der Satz von der tiefsten Lage des Schwerpunktes gibt hierfür einen sehr einfachen Beweis. Es stelle $P\,Q$ den horizontalen Wasserspiegel und $P_1\,Q_1$ irgendeine andere virtuelle Oberfläche vor. Weil das Volumen unverändert bleiben muß, ist der überschießende Teil C genau so groß wie der fehlende Teil B. Würde man

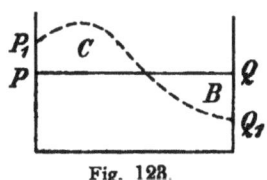

Fig. 123.

C nach B versetzen, so würde aber der Gesamtschwerpunkt zweifellos sinken. Also liegt bei horizontaler Oberfläche der Schwerpunkt wirklich am tiefsten.

781. Die Kettenlinie. Eine vollkommen biegsame, homogene Kette
sei an beiden Endpunkten festgehalten. Welche Gestalt nimmt sie an?
Der Gesamtschwerpunkt S der Kette muß möglichst tief zu liegen
kommen. Beutet man diesen Ansatz aus, was allerdings Kenntnis

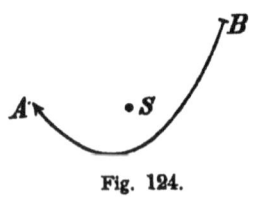

Fig. 124.

der sog. Variationsrechnung erfordert, die noch
eine Stufe höher steht als die gewöhnliche
Differential- und Integralrechnung, so führt er
zur Lösung.

Galilei, der zuerst die Frage nach der
Kettenlinie gestellt hat, hielt sie für eine
Parabel. Erst Bernoulli vermochte ihre
wahre Gleichung abzuleiten, die sich jetzt in allen Lehrbüchern der
technischen Mechanik befindet.

782. Wer in der Literatur sucht, wird weitere lehrreiche Beispiele
zur Anwendung des Bernoulli'schen Satzes leicht zu Hunderten, ja
zu Tausenden auftreiben. Er ist eben ein ganz allgemeines Prinzip
der Statik, das die einfachsten und die schwierigsten Fälle umfaßt.

In diesem Sinne hat Dühring durchaus recht, wenn er sagt,
daß Lagrange, der dieses Prinzip zum Ausgangspunkt genommen
hat [752], die ganze Statik auf eine Zeile, in die eine Gleichung:

$$\Sigma(X \, \delta x + Y \, \delta y + Z \, \delta z) = 0$$

zusammengezogen habe. Freilich muß man diese eine Zeile auch
recht zu lesen verstehen!

783. Da der Bernoulli'sche Satz ein abgeleitetes Gesetz ist
oder doch als ein solches aufgefaßt werden kann, so muß jede Aufgabe, die mit seiner Hilfe gelöst worden ist, auch auf andere Weise
lösbar sein.

Man muß dann den Zwang durch Einstellung der Zwangskräfte
aufheben, jeden Punkt als freien Punkt betrachten und auf ihn den
Satz vom Parallelogramm der Kräfte und das Trägheitsgesetz anwenden. Für einen starren Körper aber sind die entsprechenden
sechs Bedingungen des Gleichgewichts (in der Ebene drei) zu
nehmen [759] und [249].

Dies soll an einigen der behandelten Fälle jetzt geschehen.

784. In [771] zerlege man G in G cos α senkrecht zu E und G sin α
parallel zu E. Die erste Komponente wird durch den Normaldruck
N aufgehoben, vernichtet. Letztere muß durch die Zugkraft P überwunden werden, also:

$$P = G \sin \alpha = G \cdot \frac{h}{s}.$$

Also ganz wie in [771]. Jetzt aber ist noch mehr gefunden worden, nämlich der Normaldruck:

$$N = G \cdot \cos \alpha.$$

785. In [779] füge man die Normaldrucke N_1 und N_2 hinzu, welche von der Schale auf den Stab ausgeübt werden. Nun lege man etwa durch A ein rechtwinkliges Koordinatensystem, und wende auf N_1, N_2 und G die drei Bedingungen des Gleichgewichtes an:

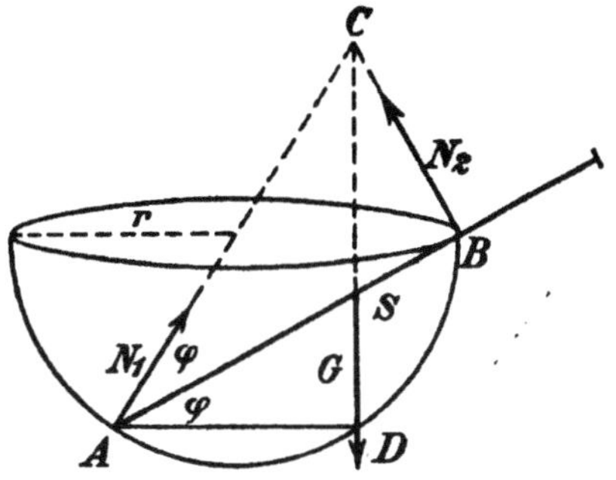

$$\Sigma X = 0, \quad \Sigma Y = 0, \quad \Sigma M = 0.$$

Sie geben:

Fig. 125.

I) $\qquad N_1 \cos 2\varphi - N_2 \sin \varphi = 0.$

II) $\qquad N_1 \sin 2\varphi + N_2 \cos \varphi - G = 0.$

III) $\qquad -G \frac{1}{2} \cos \varphi + 2 N_2 r \cos \varphi = 0.$

786. Diese drei Gleichungen mit N_1, N_2 und φ als Unbekannten sind zu behandeln. Aus der letzten darf $\cos \varphi$ fortgelassen werden. Es folgt:

$$N_2 = G \frac{l}{4 r}$$

und nach Einsetzen in I):

$$N_1 = G \frac{l}{4 r} \cdot \frac{\sin \varphi}{\cos 2\varphi}.$$

N_1 und N_2 in II) eingesetzt, ergibt:

$$G \frac{l}{4 r} \frac{\sin \varphi \sin 2\varphi}{\cos 2\varphi} + G \frac{l}{4 r} \cos \varphi - G = 0,$$

oder nach einiger Umformung:

$$l \cos \varphi - 4 r \cos 2\varphi = 0.$$

Also ganz wie in [779]. Aber auch diesmal ist noch etwas mehr gefunden worden, nämlich die Zwangskräfte, die Normaldrucke N_1 und N_2.

787. Die einfachste Lösung von [779] entsteht aber, wenn man erwägt, daß N_1, N_2 und G als drei sich das Gleichgewicht haltende Kräfte bei gehöriger Verlängerung ihrer Linien durch denselben Punkt C gehen müssen und daß, da N_1 durch den Mittelpunkt geht und N_2 auf l senkrecht steht, A C ein Durchmesser des Kreises sein muß.

Drückt man nun A D auf zwei Weisen aus, nämlich einmal als Kathete im Dreieck A D S und dann als Kathete im Dreieck A D C und setzt beide Werte gleich, so folgt:

$$\frac{1}{2}\cos\varphi = 2\,r\cos 2\,\varphi.$$

Also zum dritten Male dieselbe Gleichung.

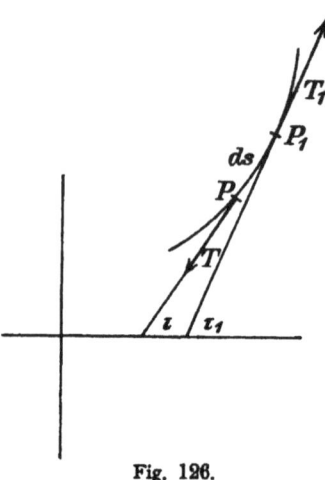

Fig. 126.

788. In [781] betrachte man ein beliebiges Stück PP_1 der Kette, führe die Spannungen T und T_1 in P und P_1 ein, welche in den Tangenten wirken und die Winkel τ und τ_1 mit der Horizontalen bilden mögen. Ferner sei s die Länge des Stückes PP_1 und γ die Belastung für die Längeneinheit.

Dann wirken auf das Stück PP_1 die drei Kräfte T, T_1 und das Gewicht $G = \gamma\,s$. Die Gleichgewichtsbedingungen

$$\Sigma X = 0, \quad \Sigma Y = 0$$

geben daher:

1) $T_1\cos\tau_1 - T\cos\tau = 0$

2) $T_1\sin\tau_1 - T\sin\tau - \gamma\,s = 0.$

Geht man zur Grenze über, indem man s unendlich klein $= d\,s$ setzt, so folgt weiter:

1 a) $d\,(T\cos\tau) = 0,$ 2 a) $d\,(T\sin\gamma) - \gamma\,d\,s = 0.$

789. Die Gleichung 1 a läßt sich sofort „integrieren". Wenn $T\cos\tau$ kein Differentiale hat, so ändert es sich nicht. Es ist eine Konstante, deren Wert H sei. Also:

$$T\cos\tau = H, \quad T = \frac{H}{\cos\tau}.$$

Dies gibt, in 2 a eingesetzt:

$$H\,d\,(\mathrm{tg}\,\tau) - \gamma\,d\,s = 0,$$

also eine Differentialgleichung, aus der T eliminiert ist. In sie sind die Differentiale der Koordinaten einzuführen. Sie wird dann von der zweiten Ordnung und gibt nach der Integration, welche für den Mathematiker gar keine Schwierigkeiten macht, die Gleichung der Kettenlinie.

Zu derselben Gleichung kommt man freilich auch auf dem in [781] angedeuteten Wege. Hier aber erhält man etwas mehr, nämlich die Spannung T.

790. Die Auffindung der Zwangskräfte läßt sich aber auch dann bewerkstelligen, wenn man sie zuerst eliminiert hat, um die Aufgabe nach dem Bernoulli'schen Satz zu lösen. Man hat sie nur hinterher wieder einzuführen als diejenigen Kräfte, welche mit den gegebenen (oder durch die Lösung gefundenen) Kräften so im Gleichgewicht sind, als ob das vorgelegte System in allen seinen Teilen vollkommen frei wäre.

Dies ist besonders für die technischen Anwendungen sehr wichtig. Denn die Voraussetzungen vollkommener Starrheit, Biegsamkeit usw., welche die klassische Mechanik macht, stimmen doch nicht. Vielmehr muß der Ingenieur gerade auf die Zwangskräfte Rücksicht nehmen, da von ihnen, von den Drucken und Spannungen in den Teilen einer Maschine, die Beanspruchung des Materials abhängt; z. B. [884].

791. Als Beispiel diene [774]. Der Druck O, den der Hebel im Drehpunkt A erleidet, ist:

$$O = G + P.$$

Da P bereits gefunden wurde $= G \dfrac{b}{a}$, so folgt:

$$O = G + G \frac{b}{a} = G \frac{a+b}{a}.$$

Lagrange ~~selbst hat übrigens eine~~ sehr allgemeine Methode zu ~~dieser Art der Bestimmung~~ von Zwangskräften aufgestellt. Vgl. [829].

§ 33. Die Reibung.

792. Die Widerstände. Das Bernoulli'sche Prinzip und auch das noch zu erläuternde d'Alembert'sche Prinzip setzen erstens vollkommenen Zwang und zweitens reine Zwangskräfte, also keine Beimischung von Widerständen, namentlich keine Reibung voraus.

Und doch ist die Reibung häufig, vielleicht immer vorhanden. Gewiß hat der Mathematiker von seinem Standpunkt aus recht, wenn er sie gern verleugnet, denn ohne Reibung wird auch die Lösung meist viel abgerundeter und glatter als mit ihr. Aber sie ist da, also muß besonders die technische Mechanik auf sie Rücksicht nehmen.

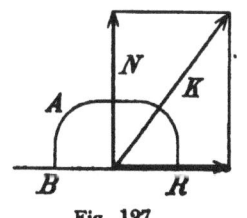

Fig. 127.

793. Reibung fester Körper. Wenn zwei feste Körper A und B sich berühren, so übt jeder auf den anderen an der Berührungsstelle eine Kraft K (bezw. — K) aus, die in eine normale

und eine tangentiale Komponente zerlegt werden kann. Erstere ist der
Normaldruck N, letztere die Reibung R. N und R werden aber, wie
eben erklärt, erst aus K, der einen wirklichen Kraft, durch Zerlegen
abgeleitet.

794. Der Reibungskoeffizient. Die Reibung R kann erfahrungsmäßig
niemals einen von der Beschaffenheit der berührenden Flächen abhängenden Bruchteil des Normaldruckes N überschreiten. Es gibt einen
Koeffizienten μ, den Reibungskoeffizienten, der das größte überhaupt
mögliche Verhältnis zwischen R und N ausdrückt.

Der so erklärte Reibungskoeffizient μ ist von Coulomb und
Anderen durch in großem Maßstabe angestellte Versuche für viele in
der Technik gebrauchte Materialien bestimmt worden. Lehrbücher
der technischen Mathematik bringen seine Ziffernwerte.

795. Gleitende und statische Reibung. Es ist also unmöglich, daß R
größer werden könne als μ N. Dagegen kann sein:

a) $R = \mu N,$
b) $R < \mu N$

a) findet statt, wenn A an B gleitet oder wenn A und B beide
aneinander gleiten. Man nennt μ daher auch den Koeffizienten der
gleitenden Reibung. Sie hat stets die entgegengesetzte Richtung des
Gleitens.

b) findet statt, wenn A nicht an B entlang gleitet. Es kann z. B.
A ein Rad sein, das über B rollt (rollende Reibung). Es kann aber
auch A sich ganz in Ruhe befinden — relativ zu B.

Nur diese Reibung kommt für die Statik in Betracht. Sie ist
die statische Reibung.

796. Es sei P eine gegebene Kraft, etwa das Eigengewicht oder
eine Zugkraft, oder auch die Resultante beider, welche außer N und
R auf A wirke. Man zerlege auch P tangential und normal in K_1
und K_2. Solange A in Ruhe bleibt, ist dann nach den unwandel-
baren Grundlagen der Statik:

$$R = -K_1, \quad N = -K_2.$$

Während also der Normaldruck (oder die Zwangskraft) die normalen Komponenten der gegebenen Kräfte aufhebt, vernichtet die
Reibung ihre tangentialen Komponenten. Beide zusammen vernichten
alle wirkenden Kräfte.

797. Spielraum des Gleichgewichtes. Da $R < \mu N$ und (absolut genommen) R so groß ist wie K_1, N so groß wie K_2, so ist diese völlige
Vernichtung nur möglich, solange $K_1 < \mu K_2$.

An der einen Grenze dieser Ungleichheit steht die Gleichung

$K_1 = 0$, also $R = 0$. Die Reibung fehlt gänzlich. Ein Buch, das ruhig auf der wagerechten Tischplatte liegt. An der anderen Grenze steht die Gleichung:

$$K_1 = \mu\, K_2, \quad \text{also auch} \quad R = \mu\, N.$$

Auch dann ist noch Ruhe vorhanden, aber nur „eben noch". Die geringste Vermehrung von K_1, ohne daß K_2 sich ändert und das Gleiten fängt an in der Richtung von K_1.

Man sieht: durch die statische Reibung erhält das Gleichgewicht einen Spielraum, der von $K_1 = 0$ bis $K_1 = \mu\, K_2$ reicht. Wenn z. B. ein Baumstamm von 1000 kg* Gewicht durch Ziehen an einem Strick auf horizontalem Boden fortgeschleift werden soll und $\mu = \dfrac{1}{4}$ gesetzt wird, so nutzt eine Zugkraft bis zu 250 kg* gar nichts. Der Baumstamm rückt und rührt sich nicht. Erst wenn sie noch größer wird, dann kann die Reibung nicht mehr mit. Sie wird „besiegt". Der Baumstamm fängt an, sich zu bewegen.

798. Reibung auf schiefer Ebene. Aufgabe. Wie groß ist der Winkel φ, unter dem eine Ebene geneigt werden darf, damit ein auf sie gelegter Körper vom Gewicht G noch nicht anfängt zu gleiten?

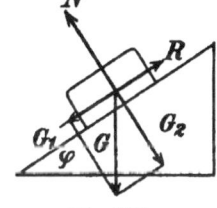

Fig. 128.

Lösung: Man zerlege G in $G_1 = G \sin \varphi$ und $G_2 = G \cos \varphi$. Da hier nach dem zweiten Grenzfall gefragt ist, so darf höchstens sein:

$$R = \mu\, N, \quad \text{also} \quad G_1 = \mu\, G_2, \quad \text{d. h.}$$

$$G \sin \varphi = \mu\, G \cos \varphi, \quad \text{oder} \quad \sin \varphi = \mu \cos \varphi,$$

oder endlich: $\quad \operatorname{tg} \varphi = \mu.$

799. Der Reibungswinkel. Der so bestimmte Winkel heißt Reibungswinkel. Er ist von Parent (1700) in die Mechanik eingeführt worden und gibt ganz allgemein die Neigung an, welche die wirkende Kraft noch haben darf, wenn sie gänzlich vernichtet werden soll.

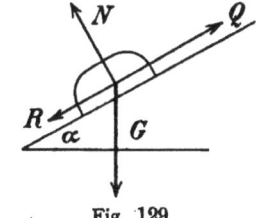

Fig. 129.

In| [798] ist, wenn man die Ebene drehbar macht, zugleich eine einfache experimentelle Bestimmung von μ gegeben, die allerdings nicht genau genug ist.

800. Aufgabe: Auf einer schiefen Ebene, die beliebig geneigt ist, liegt eine Last vom Gewicht G, welche durch eine Zugkraft Q hinaufgezogen werden soll. Wie groß muß Q mindestens sein?

Lösung: Man zerlege G wie in [798]. Es muß sein:

$$G \cos \alpha - N = 0, \quad G \sin \alpha + R - Q = 0, \quad R = \mu N, \text{ also:}$$

$$N = G \cos \alpha, \quad R = \mu G \cos \alpha, \quad Q = G (\sin \alpha + \mu \cos \alpha)$$

oder nach Einführung des Reibungswinkels:

$$Q = G \cdot \frac{\sin (\alpha + \varphi)}{\cos \varphi}.$$

Ist die Ebene wagerecht, $\alpha = 0$, so folgt:

$$Q = G \mu, \quad \mu = \frac{Q}{G}.$$

Dies gibt eine zweite und viel genauere Bestimmung von μ. Reibungskoeffizient $=$ Verhältnis von Zugkraft zu Gewicht.

801. Aufgabe wie vorhin. Es sei $\alpha > \varphi$. Wie groß muß die Zugkraft Q_1 sein, welche eben noch das Herabgleiten verhindert?

Lösung: Die Reibung $R = \mu N$ geht jetzt längs der Ebene nach oben. Man findet:

$$Q_1 = G \cdot \frac{\sin (\alpha - \varphi)}{\cos \varphi}.$$

Bei vollkommener Glätte würde $\varphi = 0$ und $Q = Q_1 = G \sin \alpha$ sein. So aber bestimmen Q und Q_1 zwei Grenzen für die Zugkraft, in welchen sie sich beliebig verändern kann, ohne daß die Last von der Stelle rückt. Spielraum des Gleichgewichtes [797].

802. Aufgabe wie in [800]. Nur wirkt die Zugkraft Q unter dem Winkel β gegen die schiefe Ebene.

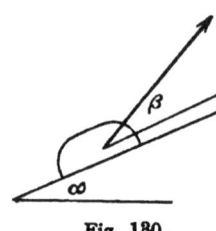

Fig. 180.

Lösung: Man zerlege G und Q beide. Es folgt:

$$G \cos \alpha - N - Q \sin \beta = 0,$$

$$G \sin \alpha + R - Q \cos \beta = 0, \quad R - \mu N = 0.$$

Hieraus ergibt sich:

$$Q = G \frac{\sin \alpha + \mu \cos \alpha}{\cos \beta + \mu \sin \beta}$$

oder nach Einführung des Reibungswinkels:

$$Q = G \frac{\sin (\alpha + \varphi)}{\cos (\varphi - \beta)}.$$

803. Kleinste Zugkraft. Da β nur im Nenner vorkommt, muß dieser möglichst groß werden, nämlich $= 1$ für $\beta = \varphi$, wenn die Zugkraft möglichst klein werden soll. Man muß also Q gegen die Ebene unter

dem Reibungswinkel richten. Es ist dabei gleichgültig, welchen Wert
α hat. Die Ebene kann also auch wagerecht sein.

Wenn die Kanone sich im Sande festgefahren hat, so wird die
Bedienungsmannschaft gut tun, nicht allein den Pferden ziehen zu
helfen, sondern auch die Räder etwas anzuheben.

804. Unter welchem Winkel α darf ein Stab
gegen eine lotrechte Wand geneigt werden, ehe er
zu gleiten anfängt. Reibungskoeffizient an der
Wand $= \mu_1$, am Fußboden $= \mu_2$, Gewicht des
Stabes $= G$.

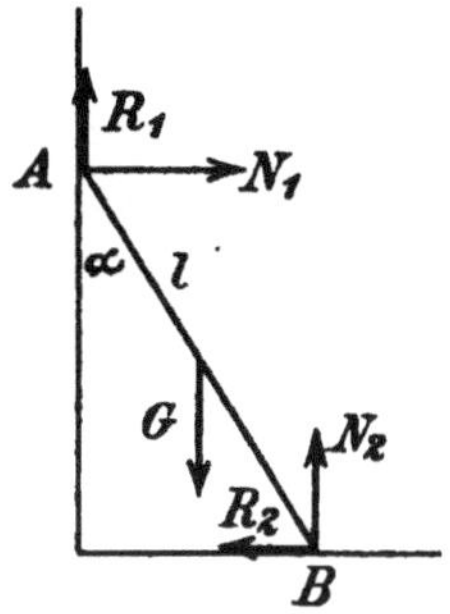

Lösung: Man betrachte den Stab als ein starres
Gebilde, auf welches die fünf Kräfte:

$$G, \; N_1, \; R_1, \; N_2, \; R_2$$

wirken und setze die drei Gleichungen an [924]:

$$\Sigma X = 0, \quad \Sigma Y = 0, \quad \Sigma M = 0.$$

Fig. 181.

Die ersten beiden ergeben:

$$\text{I)} \;\; -R_2 + N_1 = 0, \quad \text{II)} \;\; R_1 + N_2 - G = 0,$$

zur Aufstellung der dritten nehme man etwa B als virtuellen Pol.
Es folgt:

$$\text{III)} \;\; G\frac{1}{2}\sin\alpha - R_1\, l\sin\alpha - N_1\, l\cos\alpha = 0.$$

805. Dazu kommen noch die beiden Gleichungen:

$$\text{IV)} \;\; R_1 = \mu_1 N_1, \quad \text{V)} \;\; R_2 = \mu_2 N_2.$$

Durch Einsetzen von IV und V in I und II folgen zwei einfache
Gleichungen für N_1 und N_2. Man erhält durch Auflösung:

$$N_1 = \frac{\mu_2\, G}{1 + \mu_1\,\mu_2}, \quad N_2 = \frac{G}{1 + \mu_1\,\mu_2}.$$

Setzt man in III ein und hebt $G \cdot l$ fort, so folgt:

$$\frac{\sin\alpha}{2} - \frac{\mu_1\,\mu_2\sin\alpha}{1 + \mu_1\,\mu_2} - \frac{\mu_2\cos\alpha}{1 + \mu_1\,\mu_2} = 0, \text{ und hieraus:}$$

$$\operatorname{tg}\alpha = \frac{2\,\mu_2}{1 - \mu_1\,\mu_2}.$$

Von der lotrechten Stellung bis zu diesem Grenzwinkel sind alle
Neigungen erlaubt, ohne daß der Stab rutscht. Also wieder der
Spielraum des Gleichgewichts [797].

806. Statische und dynamische Reibung. Die statische Reibung verhindert die Bewegung, solange sie hierzu kleiner zu sein braucht
als das Produkt aus Normaldruck und Reibungskoeffizient. Mit diesem

Produkt ist ihr aber eine Grenze gesetzt. Größer kann sie nicht werden. Also wird sie dynamisch. Es beginnt das Gleiten und von nun an ist:

$$R = \mu N.$$

Vielleicht hängt μ etwas von der Geschwindigkeit ab, doch scheint es nur wenig zu sein. Allerdings ist sie in dem Augenblick, wenn die Bewegung beginnt, etwas größer als während der Bewegung; es mag aber beim Losreißen von der Ruhe noch die ihr so verwandte Adhäsion hinzukommen. Die Flächen kleben etwas aneinander.

807. Reibungsarbeit. Da die dynamische Reibung der Bewegung entgegenwirkt, so ist ihre Arbeit immer negativ. Sie vermindert die Bewegungsenergie und zehrt sie, wenn nicht durch positive Arbeit anderer Kräfte der Verlust gedeckt wird, zuletzt ganz auf.

Wie wir täglich tausendmal erfahren, ist es natürliche Bestimmung jeder scheinbar sich selbst überlassenen Bewegung, daß sie allmälig schwächer wird und aufhört. Das schwingende Pendel kommt zur Ruhe, der gedrehte Kreisel fällt um und bleibt liegen, der Wagen hört auf zu rollen und bleibt stehen.

808. Reibung und Trägheitsgesetz. Es ist so, weil die Reibung auch dann noch wirkt, wenn andere Kräfte aufgehört haben zu wirken und nicht, weil jede Bewegung sich „von selbst" erschöpfen müsse, wie man, verführt durch falschen Schein, vor Galilei vielfach meinte.

Er aber erkannte scharf diesen Irrtum. Da die Bewegung um so länger dauert, je unbedeutender die Reibung ist, so schloß er, daß sie **immer** dauern würde, wenn es möglich wäre, die Reibung ganz zu entfernen. So stellte er denn sein Trägheitsgesetz für die Bewegung an den Anfang der Dynamik [64].

809. Man spricht nicht nur von der Reibung fester Körper aneinander, sondern auch von der Reibung zwischen festen und flüssigen, festen und luftförmigen, flüssigen und luftförmigen Körpern. Oder auch von der Reibung zwischen verschiedenen sich berührenden Flüssigkeiten und verschiedenen sich berührenden Gasen.

Diese Reibung vermindert die Geschwindigkeit des Wassers in Flüssen, Kanälen und Röhren erheblich. Auch das Gas strömt langsamer aus. Wenn der Wind über das Wasser fährt, so beginnt es sich an der Oberfläche zu kräuseln. Es entstehen kleine Wellen, und nun erst kann der Normaldruck der horizontal bewegten Luft selbst arbeiten und die gewaltigen Wogen des Weltmeeres erzeugen.

810. Innere Reibung kann bestehen zwischen den kleinsten Teilen eines festen oder flüssigen oder luftförmigen Körpers.

Sie hält sich mehr verborgen, läßt sich aber doch nachweisen, messen und in mathematisch eingekleidete Gesetze fassen. Durch sie hören allmälig die Schwingungen einer Stimmgabel selbst im luftleeren Raum auf. Durch sie beruhigt sich auch das aufgeregte Meer weit schneller, als es nur durch die äußere Reibung an der Luft geschehen würde.

811. Man sieht, daß das Kapitel von der Reibung sehr umfangreich werden könnte, ehe es erschöpft wird. Auch mag noch viele ernste Forscherarbeit notwendig sein, ehe ihr Wesen und Wirken vollständig klar vor uns liegt.

Denn was wir zurzeit von ihren Gesetzen wissen, ist mehr oder weniger noch eine Notbrücke, die für technische Anwendungen ausreicht. Aber möglicherweise existiert für sie ein uns noch unbekanntes Grundgesetz von größerer Zuverlässigkeit, das aber kaum der engeren Mechanik, sondern der allgemeinen Physik angehören möchte. Denn Reibung ist stets an Wärme oder Elektrizität gebunden. Reibungswärme und Reibungselektrizität.

§ 34. Das d'Alembertsche Prinzip.

812. Das d'Alembertsche Prinzip. Wie B e r n o u l l i 1717 durch das Prinzip der virtuellen Arbeiten die elementare Statik, so hat d'A l e m - b e r t 1743 durch das nach ihm genannte Prinzip die elementare Dynamik zu einem vortrefflichen Abschluß gebracht.

Selbstverständlich umfaßt letzteres das erstere als besonderen Fall. So erklärt sich, daß d'A l e m b e r t sein Prinzip in der äußeren Form dem B e r n o u l l i schen Prinzip möglichst treu angepaßt und hierzu die Trägheitskräfte oder Effektivkräfte der bewegten Körper eingeführt hat [567].

Das d'Alembert'sche Prinzip lautet:

Fügt man zu den gegebenen Kräften noch die Effektivkräfte hinzu, so leisten alle diese Kräfte zusammen keine virtuelle Arbeit, das System der virtuellen Verrückungen mag sein, welches es wolle.

813. Analytische Fassung des d'Alembertschen Prinzipes nach Lagrange. [752]. Es sollen bedeuten.

1) X, Y, Z die Komponenten irgendeiner Kraft K, welche an einem materiellen Punkt P angreift.

2) $\qquad X_t = - m\, g_x, \quad Y_t = - m\, g_y, \quad Z_t = - m\, g_z,$ oder:

$$X_t = - m \frac{d^2 x}{(d\,t)^2}, \quad Y_t = - m \frac{d^2 y}{(d\,t)^2}, \quad Z_t = - m \frac{d^2 z}{(d\,t)^2}$$

die Komponenten der Effektivkraft des materiellen Punktes, an dem die wirkende Kraft angreift.

3) δx, δy, δz die Komponenten irgendeiner virtuellen Verrückung von P.

Dann soll sein, summiert über das ganze System:

a) $\Sigma\,[(X + X_t)\,\delta x + (Y + Y_t)\,\delta y + (Z + Z_t)\,\delta z] = 0$, oder:

b) $\Sigma\left[\left(X - m \frac{d^2 x}{(d\,t)^2}\right)\delta x + \left(Y - m \frac{d^2 y}{(d\,t)^2}\right)\delta y + \left(Z - m \frac{d^2 z}{(d\,t)^2}\right)\delta z\right] = 0$,

oder auch:

c) $\Sigma\left(X\,\delta x + Y\,\delta y + Z\,\delta z\right) = \Sigma m\left(\frac{d^2 x}{(d\,t)^2}\,\delta x + \frac{d^2 y}{(d\,t)^2}\,\delta y + \frac{d^2 z}{(d\,t)^2}\,\delta z.\right)$

814. Der Beweis des d'Alembertschen Prinzipes ist wie in [756]. Es werden die Zwangskräfte K_z mit den Komponenten X_z, Y_z, Z_z hinzugefügt, wodurch jeder Punkt des Systems frei wird. Alsdann sind die Komponenten aller auf P wirkenden Kräfte:

$$X + X_z, \quad Y + Y_z, \quad Z + Z_z.$$

Nach der Grundgleichung ist daher:

$$X + X_z = m \frac{d^2 x}{(d\,t)^2}, \quad \text{oder auch:}$$

$$X + X_z + X_t = 0, \quad Y + Y_z + Y_t = 0, \quad Z + Z_z + Z_t = 0.$$

Hiernach ist für **alle** Verrückungen, die virtuellen wie die nicht virtuellen:

$$\Sigma\,[(X + X_z + X_t)\,\delta x + (Y + Y_z + Y_t)\,\delta y + (Z + Z_z + Z_t)\,\delta z] = 0.$$

Jetzt beschränke man sich auf virtuelle Verrückungen. Für diese ist stets nach [750]:

$$\Sigma\,(X_z\,\delta x + Y_z\,\delta y + Z_z\,\delta z) = 0.$$

Zieht man diese Gleichung von der vorigen ab, so bleibt, nur virtuelle Verrückungen vorausgesetzt:

$$\Sigma\,[(X + X_t)\,\delta x + (Y + Y_t)\,\delta y + (Z + Z_t)\,\delta z] = 0$$

w. z. b. w.

815. Die verlorenen Kräfte. d'Alembert nennt die Resultanten aus den gegebenen Kräften und den Trägheitskräften **verlorene Kräfte.** Ihre Komponenten sind also:

$$X + X_t, \quad Y + Y_t, \quad Z + Z_t.$$

Das d'Alembertsche Prinzip erhält danach folgenden Wortlaut:

Die verlorenen Kräfte sind unter sich im Gleichgewicht, d. h. ihre Gesamtarbeit verschwindet bei jeder virtuellen Verrückung des materiellen Systems. Damit ist die Dynamik der Form nach auf die Statik zurückgebracht. Aber nur der Form nach, denn die Trägheitskräfte und mit ihnen die verlorenen Kräfte sind eben nur sogenannte Kräfte.

816. Der Bezeichnung „verlorene Kräfte" liegt folgende Überlegung zugrunde. Wäre der Punkt P völlig frei, so würde nach der Grundgleichung sein:

$$X = m \frac{d^2 x}{(d\,t)^2} \text{ oder: } X - m \frac{d^2 x}{(d\,t)^2} = 0, \text{ oder: } X + X_t = 0$$

usw. Die Kräfte würden den durch sie erzeugten Massenbeschleunigungen gleich sein. Die Differenz würde verschwinden. Durch den Zwang aber ist es nicht mehr so. Die Kräfte kommen nicht mehr ganz zur Wirkung, die Differenz verschwindet nicht. Sie zeigt vielmehr an, wieviel an den Kräften verloren gegangen ist.

Verharrt das System in Ruhe, so verschwinden die Trägheitskräfte und die verlorenen Kräfte stimmen mit den gegebenen Kräften überein. Und in der Tat, gehen diese nicht sämtlich verloren, da sie nicht imstande sind, das System zu bewegen?

817. Es werde als sehr einfacher Fall ein einziger Punkt angenommen, auf den beliebig viele Kräfte wirken, der aber gezwungen wird, auf einer Ebene zu bleiben. Man zerlege die Kräfte in Komponenten senkrecht zur Ebene und in der Ebene. Letztere kommen voll zur Wirkung, erstere gehen verloren.

Wodurch gehen sie verloren? Nun offenbar durch die Zwangskraft, durch den Druck, den die Ebene auf den Punkt ausübt. Dieser Druck hebt sie auf, vernichtet sie.

818. Verlorene Kräfte und Zwangskräfte. So ist es ganz allgemein. Die d'Alembertschen verlorenen Kräfte stimmen überein mit den entgegengesetzten Werten der Zwangskräfte, wie ja auch aus [814] hervorgeht. Denn es ist:

$$X + X_t = - X_s, \quad Y + Y_t = - Y_s, \quad Z + Z_t = - Z_s.$$

In [817] scheidet allerdings die Trägheitskraft, da sie längs der Ebene gerichtet ist, für die verlorene Kraft gänzlich aus. Daher sofort ein zweites Beispiel, wo dies nicht der Fall ist.

819. Es sei P eine Kugel, die an einem Faden schwingt, der augenblicklich um den Winkel φ von der Lotrichtung abweicht. Man zerlege das Gewicht G der Kugel in eine Komponente $G_1 = G \cos \varphi$,

welche in die Verlängerung des Fadens fällt und in eine Komponente
$G_2 = G \sin \varphi$, senkrecht zum Faden.

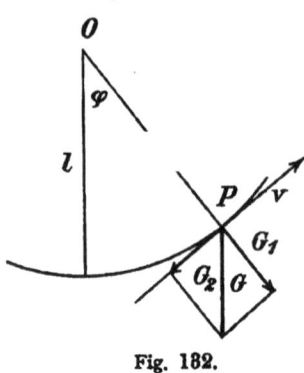

0

l

P

v

G₁

G₂

G

Fig. 182.

Dann wird gar mancher Unerfahrene folgendermaßen schließen: G_1 kommt nicht zur Wirkung und ist also die verlorene Kraft. Sie geht aber verloren durch die Fadenspannung. Daher ist diese auch $= G_1 = G \cos \varphi$.

820. Ist dies richtig? Nein, durchaus nicht! Denn G_1 ist nur ein Teil der verlorenen Kraft. Der andere Teil ist die Trägheitskraft, also hier die Zentrifugalkraft [569], welche nach der Huyghensschen Formel den Wert hat [358]:

$$m \frac{v^2}{l} = \frac{G}{g_\circ} \frac{v^2}{l},$$

wo v die augenblickliche Geschwindigkeit von P bezeichnet. Also ist die verlorene Kraft nicht gleich $G \cos \varphi$, sondern:

$$= G \left(\cos \varphi + \frac{v^2}{l\, g_\circ} \right)$$

und ebensogroß ist die augenblickliche Fadenspannung. Vgl. [882].

821. Bewegungsprobleme nach d'Alembert's Prinzip bei Annahme vollkommenen Zwangs und reiner, reibungsloser Zwangskräfte [730] zu behandeln, ist stets möglich. Denn es reicht hierzu immer aus. Vgl. [758].

Hierüber läßt sich für eine beliebige Zahl n von Punkten folgendes sagen: Die Anzahl der zu findenden Beschleunigungen ist $= 3\,n$. Ferner sei die Anzahl der Bedingungen $= m$, so daß von den $3\,n$ ursprünglichen Graden der Freiheit nur noch $3\,n - m$ übrig bleiben.

Folglich gibt es auch nur $3\,n - m$ Systeme virtueller Verrückungen, die voneinander unabhängig sind. Das d'Alembert'sche Prinzip gibt also $3\,n - m$ Gleichungen zwischen den $3\,n$ Beschleunigungen Es fehlen also nach m solche Gleichungen. Diese aber entstehen durch zweimalige Differentiation der m Bedingungsgleichungen. Das Problem ist also bestimmt.

Doch man fasse dies nur als eine Andeutung des allgemeinen Beweises auf.

822. Das d'Alembertsche Prinzip gibt so viel voneinander unabhängige Gleichungen, als man voneinander unabhängige Systeme virtueller Verrückungen nachweisen kann. Es faßt alle diese

Gleichungen zu einer einzigen Gleichung zusammen, und das ist es eben, was d'Alembert gewollt hat. Nur ein oberstes Prinzip sollte sein, so allgemein, daß es alle Fälle umfaßt, die einfachsten und die schwierigsten.

Aus ihm ergeben sich auch die früheren Ansätze zur Lösung mechanischer Aufgaben, also die Grundgleichung, die Schwerpunktssätze, die Flächensätze, der Satz von der lebendigen Kraft mit größter Leichtigkeit, wie folgt.

823. d'Alembert's Prinzip, die Grundgleichung und der Satz vom Parallelogramm der Kräfte. Das materielle System beschränke sich auf einen freien materiellen Punkt P. Dann fällt in [813]c rechts das Summenzeichen fort, während es links noch stehen bleiben kann, da möglicherweise auf P mehrere Kräfte wirken. Es ist also:

$$\delta x \, \Sigma X + \delta y \, \Sigma Y + \delta z \, \Sigma Z = m \frac{d^2 x}{(d\,t)^2} \delta x + m \frac{d^2 y}{(d\,t)^2} \delta y + m \frac{d^2 z}{(d\,t)^2} \delta z.$$

Jetzt bewege man virtuell in der Richtung der x-Achse. So verschwinden δy und δz. Es wird:

$$\delta x \, \Sigma X = \delta x \, m \frac{d^2 x}{(d\,t)^2},$$

oder nach Fortlassen von δx und dann Vertauschung der Achsen:

$$m \frac{d^2 x}{(d\,t)^2} = \Sigma X; \quad m \frac{d^2 y}{(d\,t)^2} = \Sigma Y; \quad m \frac{d^2 z}{(d\,t)^2} = \Sigma Z.$$

Also erstens die Grundgleichung und zweitens der Satz vom Parallelogramm der Kräfte, beides in analytischer Form [570].

824. d'Alembert's Prinzip, die Schwerpunktssätze. Gegeben sei ein beliebiges materielles System. Doch soll ein etwa bestehender Zwang nur ein innerer sein, d. h. er soll zwischen den Teilen des Systems selbst stattfinden. So ist offenbar jede angenommene Translation des Systems virtuell. Sie sei etwa parallel zur x-Achse. Dann verschwinden alle δy und δz, während alle δx einander gleich werden. Man erhält nach Fortlassung des Faktors δx:

$$\Sigma X = \Sigma m \frac{d^2 x}{(d\,t)^2} = M \frac{d^2 x_s}{(d\,t)^2},$$

d. h. den Schwerpunktssatz für die x-Achse [575].

825. d'Alembert's Prinzip und die Flächensätze. Unter der Voraussetzung nur inneren Zwanges ist auch jede angenommene Drehung virtuell. Sie erfolge etwa um die x-Achse. Dann wird für jeden Punkt [668]:

$$\delta x = 0, \quad \delta y = -z\,\delta\varphi, \quad \delta z = y\,\delta\varphi,$$

und man erhält nach Einsetzen in [813] und Fortlassen des Faktors $\delta\varphi$:

$$\Sigma m\left(y\,\frac{d^2z}{(d\,t)^2} - z\,\frac{d^2y}{(d\,t)^2}\right) = \Sigma(y\,Z - z\,Y),$$

d. h. den Flächensatz für die y z-Ebene |614|:

826. d'Alembert's Prinzip und der Satz von der lebendigen Kraft. Nach [723] darf man statt der virtuellen Verrückungen auch die wirklichen Weg-differentiale setzen, also d x, d y, d z statt δx, δy, δz. Es wird dann:

$$\Sigma(X\,d\,x + Y\,d\,y + Z\,d\,z) = \Sigma m\left(d\,x\,\frac{d^2x}{(d\,t)^2} + d\,y\,\frac{d^2y}{(d\,t)^2} + d\,z\,\frac{d^2z}{(d\,t)^2}\right).$$

Links steht das Differentiale d A der Arbeit. Rechts steht das Differentiale d L der lebendigen Kraft [671]. Es ist:

$$d\,A = d\,L.$$

Durch Integration entsteht also der Satz: Gesamtarbeit = Ver-änderung der gesamten lebendigen Kraft.

827. So sind die früheren Methoden der Mechanik, ob sie gleich recht verstreut zu sein scheinen, doch in dem einen d'Alembert-schen Prinzip schon eingeschlossen. Letzteres drängt eben die ganze Mechanik in eine einzige Zeile zusammen (vgl. |782|), nur muß man sie auch richtig zu lesen verstehen.

Doch man schießt nicht mit Kanonen nach Spatzen. Wo jene früheren Methoden ausreichen, kann man sich auf sie beschränken. Man soll nur ein für allemal erkannt haben, daß sie von einem höheren Standpunkt aus zu einem viel größeren Ganzen gehören.

828. Elementare und höhere Mechanik. So schließt das d'Alem-bert'sche Prinzip die elementare Mechanik ab, indem es frühere Sätze und Methoden wie in einem Brennpunkt vereinigt. Und das ist die eine Auffassung seiner Bedeutung.

Es gibt aber noch eine andere, nicht minder bedeutsame. Das d'Alembert'sche Prinzip steht nämlich nicht nur am Ende einer alten, sondern auch am Anfang einer neuen und glänzenden Ent-wickelung, der Entwickelung zur höheren analytischen Mechanik.

Denn von ihm haben die zahlreichen ferneren Prinzipien und mathematischen Methoden ihren Anfangspunkt genommen, welche in den höchsten und schwierigsten Bewegungsproblemen angewendet werden. Es ist wohl . angemessen, hier die wichtigsten unter ihnen wenigstens zu erwähnen und ungefähr anzudeuten, was sie wesent-lich sind.

829. Die Lagrange'schen Differentialgleichungen. Sie entstehen, wenn man das d'Alembert'sche Prinzip mit denjenigen Gleichungen zu-

sammennimmt, welche durch Variieren (d. h. durch virtuelles Differentiieren) der Bedingungsgleichungen entstehen und aus ihnen
(nach Einführung vorläufig unbestimmter Faktoren) die Massenbeschleunigungen:

$$m\frac{d^2 x}{(d\,t)^2}, \quad m\frac{d^2 y}{(d\,t)^2}, \quad m\frac{d^2 z}{(d\,t)^2}$$

für jeden Punkt des Systems berechnet.

Diese Massenbeschleunigungen ergeben sich dann als zusammengesetzt aus den gegebenen Kräften selbst und anderen Ausdrücken,
welche wieder nichts anderes sind, als die Zwangskräfte in ihrer allgemeinsten analytischen Form [791].

So werden die Punkte sämtlich wieder frei. Die vorhin genannten
unbestimmten Faktoren aber sind durch die Zwangsbedingungen nach
ihrer zweimaligen Differentiation hinterher zu ermitteln.

830. Das Prinzip der kleinsten Wirkung ist von Maupertuis
aufgestellt worden, der von der teleologischen Erwägung ausging,
daß die Natur ihre Absichten mit den einfachsten Mitteln zu erreichen
strebe. So bewege sich jeder Punkt von einem Ort zum andern in
der Weise, daß die „Wirkung", gemessen durch Produkt aus Geschwindigkeit und Weg, möglichst klein sei.

Was Maupertuis hiermit gemeint hat, läßt sich sehr gut an
dem einfachsten Falle erläutern, daß gar keine Kräfte wirken, also
der Punkt sich geradlinig und gleichförmig bewegt. Dann bleibt die
Geschwindigkeit als konstant außer Betracht. Es soll also der Weg
möglichst kurz sein, und in der Tat ist ja der gerade Weg zwischen
zwei Punkten kürzer als jeder krumme.

831. Allgemein hat Maupertuis behauptet, um auf die Veränderlichkeit der Geschwindigkeit Rücksicht zu nehmen, daß ihr Wegintegral:

$$\int v\,ds$$

ein Minimum sei, aber nicht genau genug erklärt, wie. Diese Lücke
wurde später von Euler ausgefüllt.

So hat denn schließlich nach weiteren Verallgemeinerungen von
einem materiellen Punkt auf ein materielles System das Prinzip der
kleinsten Wirkung seine jetzige Gestalt erhalten. Es sagt aus, daß
ein gewisses Integral, die „Wirkung" ein Minimum sei oder vielmehr,
daß seine erste Variation verschwindet.

832. Das Hamilton'sche Prinzip der variierenden Wirkung ist wieder
eine Verallgemeinerung des Maupertuis-Euler'schen Prinzipes, die
besonders dann Vorteile bietet, wenn die Kräfte ein Potential haben

18*

Hamilton ließ auch die Anfangslage und Endlage, welche vor ihm als fest betrachtet wurden, virtuell variieren und verknüpfte dann die „Wirkung" mit zwei partiellen Differentialgleichungen, einer für die Anfangslage und einer für die Endlage.

Jacobi hat diese Entwicklungen erheblich vereinfacht und z. B. gezeigt, daß eine der beiden genannten partiellen Differentialgleichungen genügt.

833. Das Prinzip des kleinsten Zwanges von Gauß besagt, daß das von ihm aufgestellte Maß des Zwanges möglichst klein, d. h. bei der wirklichen Bewegung kleiner sei als bei jeder anderen virtuellen Bewegung.

Gauß denkt sich das materielle System in einem bestimmten Augenblick mit den augenblicklichen Geschwindigkeiten und mit den augenblicklichen Kräften. Aber zweimal, erstens mit Zwang und zweitens frei. Dann werden nach einer (unendlich kleinen) Zeit die beiderseitigen Orte voneinander abweichen; es werden Abstände entstehen infolge des Zwanges (entsprechend den Euler'schen Deviationen infolge der Beschleunigung [335]). Die Summe der Produkte aus den Massen und den Quadraten dieser Abstände ist das von Gauß aufgestellte Maß des Zwanges, welches ein Minimum wird.

834. Die Differentialgleichungen der Bewegung. Die genannten Prinzipien und viele andere, teils allgemeine, teils besondere Methoden dienen dazu, schwierigeren Bewegungsproblemen diejenige Form zu geben, in welcher sie der mathematischen Behandlung am leichtesten zugänglich sind. Doch ob schlichte oder höhere Methoden benutzt werden müssen, in einer Hinsicht ist dies ganz gleichgültig, denn es handelt sich stets nur um den **Ansatz,** d. h. um die Aufstellung der Differentialgleichungen der Bewegung, sei es in der ursprünglichsten Form [570]:

$$X = m \frac{d^2 x}{(d\,t)^2},$$

usw., sei es in irgendeiner anderen Form.

Man mache sich klar, woher das kommt! Es sind vorweg gegeben 1. die Massen, 2. die Kräfte durch Kraftgesetze und möglicherweise durch Zwangsbedingungen. Daher können nach der Grundgleichung unmittelbar nur die Beschleunigungen, also Differentialelemente der Bewegung und sogar von der zweiten Ordnung [330] bestimmt werden. Man mag nun umformen wie man will, Differentiale bleiben Differentiale; stets müssen an Stelle der Beschleunigungen andere Differentialausdrücke treten, d. h. es müssen vorerst die Differentialgleichungen der Bewegung in irgendeiner Form aufgestellt werden.

835. Integration der Differentialgleichungen. Ist dies geschehen, so hat die Mechanik nichts mehr zu tun, sondern der reinen Mathematik das Feld zu räumen, welche nun versuchen muß, durch wiederholte Integrationen Schritt für Schritt aufzusteigen zu den Bewegungen selbst.

Die elementare Mechanik kann auch bei schwierigeren Aufgaben bis zu den Ansätzen vordringen. Aber diese durch Integrieren bewältigen, das kann sie nicht. Das ist Aufgabe der höheren Mechanik, der hierzu alle Hilfsmittel der höheren Mathematik erlaubt sind.

Wohl ist es auch dann noch manchmal möglich, durch dem gegebenen Falle angepaßte Grenzübergänge (von der Summe zum Integral) zum Ziele zu gelangen. Aber langweilig und ermüdend pflegt ein solches Verfahren sehr zu sein, besonders wenn es sich bei jeder neuen Aufgabe wiederholt.

Elementare Lehrbücher sollten daher sehr sparsam mit solchen Surrogaten sein. Sie verderben sonst dem Lernenden leicht den Geschmack an der höheren Mathematik. Besser ist dann immer noch die Integralformeln hinzusetzen und einfach zu erklären, daß sie durch Integrieren leicht gefunden werden, wenn man nämlich integrieren kann.

Achter Abschnitt.

§ 35. Der senkrechte Wurf und der freie Fall. Der schiefe Wurf.

836. In diesem achten und letzten Abschnitt sind einige einfache Bewegungsaufgaben behandelt, teils als Beispiele zur Anwendung der Grundlagen der Mechanik, teils zu ihrer weiteren Ausbildung und Vertiefung.

Ganz unberücksichtigt geblieben sind die eigentliche Elastizitätslehre der festen Körper und die Mechanik der Flüssigkeiten und Gase. Jedes dieser Gebiete ist so umfangreich, daß es besonders behandelt werden muß, selbst wenn man nur wenig eindringen will Es ist daher hier ganz auf sie verzichtet worden.

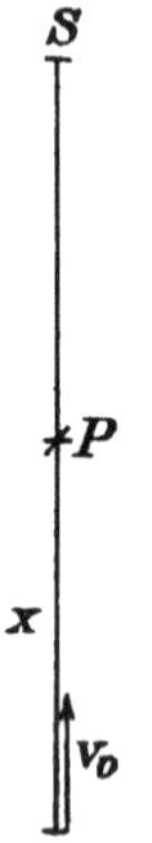

837. Der senkrechte Wurf und der freie Fall sind zwar schon der Hauptsache nach in [279] usw. phoronomisch behandelt worden. Doch sollen sie hier betrachtet werden als diejenigen Aufgaben der Dynamik, an denen Galilei deren erste Grundbegriffe entwickelt hat [26].

Vorausgesetzt sei konstante Schwere, konstantes Gewicht G des Körpers. Da seine Masse m an und für sich auch konstant ist, so ist auch die Fallbeschleunigung:

$$g_\bullet = \frac{G}{m} = \frac{\text{Gewicht}}{\text{Masse}}$$

konstant $\left(= 981 \, \dfrac{\text{cm}}{(\text{sec})^2} \right)$.

838. Macht man die Lotrichtung zur x-Achse, nimmt die Richtung nach oben als positiv, so ist nach [330]:

I)
$$\frac{d^2 x}{(d\,t)^2} = - g_\bullet.$$

Integriert man einmal, so folgt:

II)
$$\frac{d\,x}{d\,t} = v = - g_\bullet\, t + C.$$

Fig. 133.

Integriert man noch einmal, so folgt ferner:

III)
$$x = -\frac{g_e}{2} t^2 + C t + D.$$

839. C und D sind zwei „Integrationskonstanten", zu deren Ermittelung Anfangsbedingungen gehören. Es sei im Augenblick $t = 0$ die Geschwindigkeit $= v_0$ (Anfangsgeschwindigkeit). Dann gibt II)

$$C = v_0.$$

Ferner sei von demselben Augenblick an die Abszisse x gerechnet, also für $t = 0$ solle sein: $x = 0$. Daher nach III):

$$D = 0.$$

Die Gleichungen II und III werden somit:

IIa)
$$v = v_0 - g_e\, t,$$

IIIa)
$$x = v_0\, t - \frac{g_e}{2} t^2.$$

840. Die beiden Integrationen, um von der Beschleunigung zur Geschwindigkeit und von dieser zum Weg, zur Abszisse zu gelangen, waren hier so einfach, daß sie auch ohne Kenntnisse der Integralrechnung vorgenommen werden können, wie folgt:

Die Beschleunigung ist konstant $= -g_e$. Also ist die „Geschwindigkeitsänderung" $\triangle v$ in der Zeit t [326]:

$$\triangle v = -g_e \cdot t, \text{ also:}$$

$$v = v_0 + \triangle v = v_0 - g_e\, t.$$

Damit ist IIa wiedergefunden. Die Anfangsgeschwindigkeit ist v_0, die Geschwindigkeit am Ende der Zeit t ist v. Folglich ist die mittlere Geschwindigkeit v_m [301]:

$$v_m = \frac{v_0 + v}{2} = \frac{v_0 + (v_0 - g_e\, t)}{2} = v_0 - \frac{g_e}{2} t.$$

Mithin ist der Weg selbst:

$$x = v_m\, t = v_0\, t - \frac{g_e}{2} t^2.$$

Damit ist auch IIIa wiedergefunden. Übrigens ist $-\frac{g_e}{2} t^2$ die **Euler**'sche Deviation [337a].

841. Man berechne t aus IIa:

$$t = \frac{v - v_0}{-g_e}$$

und setze in IIIa ein. Es entsteht:

$$x = \frac{v_0\,(v - v_0)}{-g_e} - \frac{g_e}{2} \cdot \frac{(v - v_0)^2}{g_e^2}, \text{ oder vereinfacht:}$$

$$ s = gt, \quad t = \frac{s}{?}, \quad v = \frac{v^2}{2g} $$

Spiegel

das Fallen

aufgestellt

eine schräge ... Wänden laufen ließ. Heute hat man hierzu viel bessere Apparate, z. B. die Atwood'sche Fallmaschine.

Der schiefe Wurf. Ein Körper werde ... dem ... Abgang ... fen. Die Besc...

e der Richtung und Größe ... nach konst ... vornimm... Wie ist die Bewegung?

Da die Schwere lotrecht nach unten geht, liegt die Bahn in einer Vertikalebene. Man mache sie zur x y-Ebene, lege den Anfangspunkt in den Anfang O der Bewegung und rechne auch die Zeit von diesem Augenblick. Die x-Achse sei wagerecht, positiv in der Richtung der Horizontalbewegung. Die y-Achse positiv nach oben.

Es ist $g_x = 0$, $g_y = - g_\bullet$, d. h. der schiefe Wurf zerfällt geometrisch in eine gleichförmige horizontale Bewegung und in einen senkrechten Wurf.

845. Die Bewegungsgleichungen. Die Horizontalgeschwindigkeit v_x ist konstant, bleibt also, wie sie zu Anfang war, d. h.

$$v_x = v_0 \cos \alpha.$$

Der horizontale Weg ist:

$$x = v_x \cdot t = v_0 \cos \alpha \cdot t.$$

Die vertikale Geschwindigkeit v_y ist gleichförmig beschleunigt (oder verzögert). Sie nimmt in der Zeiteinheit um $- g_\bullet$, in der Zeit t um $- g_\bullet t$ zu. Ihr Anfangswert ist $v_0 \sin \alpha$, also:

$$v_y = v_0 \sin \alpha - g_\bullet t.$$

Der vertikale Weg y wird wie in [840] berechnet:

$$y = v_0 \sin \alpha \cdot t - \frac{g_\bullet}{2} t^2.$$

Man stelle zusammen:

I) Beschleunigungen: $\quad g_x = 0, \qquad\qquad g_y = - g_\bullet$.

II) Geschwindigkeiten: $\quad v_x = v_0 \cos \alpha, \qquad v_y = v_0 \sin \alpha - g_\bullet t$.

III) Bewegungsgleichungen: $\quad x = v_0 \cos \alpha \cdot t, \quad y = v_0 \sin \alpha \cdot t - \frac{g_\bullet}{2} t^2$.

846. Der Scheitel der Bahn. Im Scheitel ist die vertikale Geschwindigkeit aufgezehrt. Es ist $v_y = 0$, also nach II:

$$t = \frac{v_0 \sin \alpha}{g_\bullet}.$$

Dies ist in III einzusetzen. Man erhält:

$$x = a = \frac{v_0^2 \sin \alpha \cos \alpha}{g_\bullet}, \quad y = b = \frac{v_0^2}{g_\bullet} \sin^2 \alpha - \frac{g_\bullet}{2} \cdot \frac{v_0^2 \sin^2 \alpha}{(g_\bullet)^2},$$

also nach kleiner Umformung:

$$a = \frac{v_0^2 \sin 2\alpha}{2 g_\bullet}, \quad b = \frac{v_0^2 \sin^2 \alpha}{2 g_\bullet}, \quad t = v_0 \frac{\sin \alpha}{g_\bullet}.$$

847. Die Flugweite. T hat die Koordinaten: $x = w = $ Wurfweite und $y = 0$. Setzt man aber in III: $y = 0$, so wird entweder $t = 0$ (was hier außer Betracht bleibt, da es sich auf den Anfangspunkt bezieht) oder:

$$t = \frac{2\,v_0 \sin \alpha}{g_{\bullet}}. \quad \text{In III eingesetzt:}$$

$$x = w = \frac{v_0{}^2 \sin 2\,\alpha}{g_{\bullet}}.$$

Die Zeit bis zum Ziel T ist also doppelt so groß, wie bis zum Scheitel S. Ebenso ist $w = 2\,a$.

848. Die Flugbahn. Nach [288] eliminiere man t aus III. Es ist

$$t = \frac{x}{v_0 \cos \alpha}, \quad \text{also:}$$

$$y = \frac{x}{v_0 \cos \alpha} \cdot v_0 \sin \alpha - \frac{g_{\bullet}}{2} \cdot \frac{x^2}{v_0{}^2 \cos{}^2 \alpha}.$$

Hierin werde zur Abkürzung gesetzt:

$$\operatorname{tg} \alpha = q, \quad \frac{1}{\cos{}^2 \alpha} = 1 + \operatorname{tg}^2 \alpha = 1 + q^2$$

$$\frac{v_0{}^2}{2\,g} = h = \text{Scheitelhöhe bei senkrechtem Wurf [851].}$$

So wird die Gleichung der Flugbahn:

$$y = q\,x - \frac{x^2}{4\,h}\,(1 + q^2).$$

Wer die Elemente der analytischen Geometrie kennt, sieht, daß die Flugbahn eine Parabel ist, deren Hauptachse nach unten geht — Galilei'sche Wurfparabel —.

849. Die Hauptfragen waren leicht und schnell erledigt. Es seien noch einige Bemerkungen angeknüpft.

Die Abmessungen der Bahn sind nach [846] und [847] dem Quadrat der Anfangsgeschwindigkeit v_0, die Zeiten aber dieser selbst proportional. Bei doppelter Anfangsgeschwindigkeit kann man viermal so hoch und weit schießen. Aber die Dauer des Schusses ist doch nur doppelt so groß, weil eben in entsprechenden Punkten die Geschwindigkeit doppelt so groß ist.

Nach § 26 und § 28 kann man auch sagen: Die Abmessungen der Bahn sind für ein gegebenes Geschoß zur anfänglichen Bewegungsenergie, dagegen die Zeiten zur Bewegungsgröße proportional. Oder auch nach denselben Paragraphen: Die Abmessungen sind der Arbeit, die Schußzeiten dem Antrieb der Pulvergase im Rohrinnern proportional.

850. Dagegen sind beide, Längen und Zeiten, dem Wert umgekehrt proportional, welchen $g_{\bullet}$ an dem betreffenden Ort hat. Mit demselben Geschütz, demselben Geschoß, derselben Pulverladung und demselben Abgangswinkel kann man in Paris um einige Meter weiter schießen als in Berlin, weil dort die Intensität der Schwere etwas kleiner ist als hier.

Würde g_0 ganz verschwinden, so würden a, b und w unendlich groß werden. Das Geschoß würde den Scheitel nie erreichen und nie zur Erde zurückkehren. Dies ist nach dem Galilei'schen Trägheitsgesetz ganz selbstverständlich, da, wenn die Schwere aufhörte, die Bewegung gradlinig und gleichförmig werden müßte.

851. Größte Schußweite. Die größte Höhe würde man bei Vertikalschuß, also für $\alpha = 90^0$, erreichen. Sie ist:

$$h = \frac{v_0{}^2}{2\,g_0}.$$

Nach Einführung von h erhält man für ein beliebiges α:

$$a = h \sin 2\,\alpha, \quad b = h \sin {}^2\alpha, \quad w = 2\,a = 2\,h \sin 2\,\alpha.$$

Die größte Schußweite ergibt sich für $2\,\alpha = 90^0$, $\alpha = 45^0$, nämlich $w = 2\,h$. Man kommt für $\alpha = 45^0$ doppelt so weit, als man bei Vertikalschuß hochkommt. Die Scheitelhöhe dieses größten Weitschusses ist übrigens nur $= \frac{h}{2} \cdot \left(\alpha = 45^0 \text{ gibt: } \sin {}^2\alpha = \frac{1}{2}\right)$.

Nimmt man ferner zwei Abgangswinkel α und β an, die sich zu 90^0 ergänzen, $\beta = 90^0 - \alpha$, so wird $\sin 2\,\beta = \sin 2\,\alpha$, also:

Zwei Schüsse, deren Abgangswinkel α und β gleich viel von 45^0, der eine nach oben, der andere nach unten abweichen (Steilschuß und Flachschuß), haben dieselbe Weite, treffen bei ebenem Gelände dasselbe Ziel T.

852. Erhöhtes Ziel. Ist das Ziel erhöht (oder vertieft), ist es ein beliebiger Punkt P (x, y) und ist der Abgangswinkel α so zu bestimmen, daß P getroffen wird, so setze man P in die Gleichung der Flugbahn [848] ein und löse nach q auf (quadratische Gleichung). Es folgt:

$$q = \operatorname{tg} \alpha = \frac{2\,h \pm \sqrt{4\,h\,(h - y) - x^2}}{x}.$$

Es gibt also zwei Werte für α, der andere sei β. Das Ziel kann im allgemeinen durch zwei Schüsse getroffen werden.

Nach kleineren Zwischenrechnungen ergibt sich:

$$\operatorname{tg} \alpha \cdot \operatorname{tg} \beta = 1 + \frac{4\,h\,y}{x^2}.$$

Bei erhöhtem Ziel ist y positiv, bei vertieftem Ziel ist y negativ. Im ersteren Falle ist $\alpha + \beta > 90^0$, im letzteren Falle ist $\alpha + \beta < 90^0$ [851].

853. Die Grenzparabel. Ist der Radikand:

$$4\,h\,(h - y) - x^2$$

negativ, so werden α und β imaginär. Das Ziel kann überhaupt nicht mehr getroffen werden. Verschwindet er aber, so fallen α und β zusammen. Das Ziel kann „eben noch" erreicht werden.

Man nennt deshalb in der Ballistik die Parabel mit der Gleichung:

$$4\,h\,(h-y) - x^2 = 0, \text{ oder } y = h - \frac{x^2}{4\,h}$$

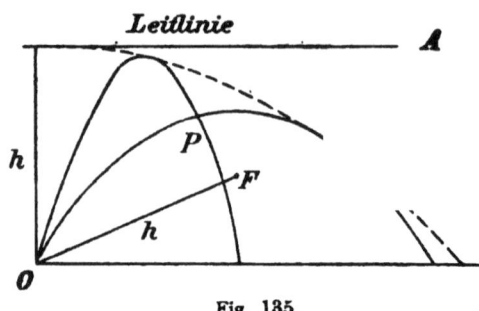

Fig. 135.

die Grenzparabel. Sie hüllt alle Flugbahnen ein, die man durch beliebige Veränderung des Abgangswinkels erhält. Jeder Punkt innerhalb der Grenzparabel kann zweimal, jeder Punkt auf ihr nur einmal, jeder Punkt außerhalb gar nicht getroffen werden.

Der Scheitel der Grenzparabel fällt mit dem Scheitel des Vertikalschusses zusammen. Ihr Brennpunkt ist der Punkt O.

854. Die Geschwindigkeit, welche das Geschoß in einem beliebigen Punkte der Bahn hat, kann nach II berechnet werden. Es ist:

$$v = \sqrt{v_x^2 + v_y^2} = \sqrt{v_0^2 \cos^2\alpha + (v_0 \sin\alpha - g_e\,t)^2}$$
$$= \sqrt{v_0^2 - 2\,v_0\,g_e \sin\alpha\,t + g_e^2\,t^2}$$

oder, wenn man aus III) y einführt:

$$v = \sqrt{v_0^2 - 2\,g_e\,y}$$

Hinter dieser Gleichung ist wieder der Satz von der lebendigen Kraft, wie in [841]. Denn die von der Schwere geleistete Arbeit ist $= -\,m\,g_e \cdot y$. Es muß also sein:

$$\frac{m\,v^2}{2} - \frac{m\,v_0^2}{2} = -\,m\,g_e\,y \text{ und hieraus:}$$

$$v = \sqrt{v_0^2 - 2\,g_e\,y}$$

855. Scheitelgleichung der Flugbahn. Um den Scheitel zum Anfangspunkt zu machen, hat man nach [256] parallel zu verschieben. Bezeichnet man die neuen Koordinaten des beliebigen Punktes P mit x' und y', sz ist:

$$x = x' + a = x' + \frac{v_0^2}{2\,g_e} \sin 2\,\alpha \quad (x' \text{ in Figur 134 negativ}).$$

$$y = y' + b = y' + \frac{v_0'^2}{2\,g_e}\sin{}^2\alpha \quad (y' \text{ in Figur 134 negativ}).$$

Setzt man diese Formeln in die Gleichung der Flugbahn [848] ein, so erhält sie die einfache Gestalt:

$$y' = -\frac{x'^2}{4\,\mathrm{h}\cos^2\alpha} = -\frac{x'^2}{\dfrac{2\,v_0{}^2\cos{}^2\alpha}{g_e}}.$$

Das — Zeichen in dieser Scheitelgleichung bedeutet, daß die Parabel sich nach unten krümmt. Ihr Halbparameter ist:

$$p = \frac{v_0{}^2\cos{}^2\alpha}{g_e} = 2\,\mathrm{h}\cos^2\alpha.$$

856. Die Leitlinie der Flugbahn. Die Leitlinie einer Parabel hat bekanntlich vom Scheitel den Abstand $= \dfrac{p}{2}$. Also ist der Abstand der Leitlinie von der alten x-Achse:

$$= \mathrm{b} + \frac{p}{2} = \mathrm{h}\sin^2\alpha + \mathrm{h}\cos^2\alpha = \mathrm{h}.$$

Daher: Alle Flugbahnen mit derselben Anfangsgeschwindigkeit, aber beliebigen Abgangswinkeln, haben dieselbe Leitlinie. Sie geht durch den Scheitel des Vertikalschusses und ist zugleich Scheiteltangente der Grenzparabel.

857. Der Brennpunkt der Flugbahn. Auch der Brennpunkt F hat vom Scheitel S den Abstand $\dfrac{p}{2}$. Es ist:

$$\mathrm{b} - \frac{p}{2} = \mathrm{h}\,(\cos^2\alpha - \sin^2\alpha) = \mathrm{h}\cos 2\,\alpha, \text{ und:}$$

$$\mathrm{O\,F} = \sqrt{\mathrm{a}^2 + \left(\mathrm{b} - \frac{p}{2}\right)^2} = \sqrt{\mathrm{h}^2\sin^2 2\,\alpha + \mathrm{h}^2\cos^2 2\,\alpha} = \mathrm{h}.$$

Also: Die Brennpunkte aller Flugbahnen mit derselben Anfangsgeschwindigkeit, aber beliebigen Abgangswinkeln liegen auf einem Kreise um O als Mittelpunkt.

Diese beiden Sätze über Leitlinie und Brennpunkt der Flugbahn bedingen übrigens einander, da jeder Punkt der Parabel, also auch der Punkt O, bekanntlich ebenso weit von der Leitlinie wie von dem Brennpunkt entfernt ist.

858. Die wirkliche Flugbahn. Die parabolische Theorie entspricht der Wirklichkeit bei großer Flugweite sehr unvollkommen. 1) g_e ist nicht konstant, sondern nimmt mit der Höhe (sowie mit der Annäherung an den Äquator) ab. 2) Auch die Richtung von g_e bleibt während des Fluges nicht unverändert, da sie stets nach dem Erdmittelpunkt geht. 3) Die Erde dreht sich, der schiefe Wurf ist eine Relativbewegung. 4) Es wirkt außer der Schwere auch der Luftwiderstand.

Der erste und zweite Punkt werden durch Übergang von der parabolischen zur elliptischen Theorie (Kepler'sche Ellipse) erledigt. Der dritte Punkt erfordert die Hinzunahme der Coriolis'schen Beschleunigung [504]; doch ändert sich durch diese Verbesserungen selbst bei den jetzigen Geschwindigkeiten der errechnete Treffpunkt nur um wenige Meter.

859. Der Luftwiderstand aber ist bei großen Geschwindigkeiten gewaltig groß und sein Gesetz ist trotz aller Versuche nicht durch eine einfache Formel darstellbar. Dazu kommen Wind und Wetter, sowie die schnelle Drehung des Geschosses, welche ebenfalls, besonders wenn konische Pendelungen [421] auftreten, den Luftwiderstand nicht unerheblich beeinflussen.

Gründliche Belehrung hierüber findet man z. B. in dem Lehrbuch der äußeren Ballistik von Cranz, sowohl was die rein mathematische als auch die technische und experimentelle Behandlung des Gegenstandes betrifft.

§ 36. Das ebene Pendel.

860. Obgleich schon Galilei viele treffende Bemerkungen über das ebene, d. h. in einer Vertikalebene schwingende Pendel gemacht hat, muß doch Huyghens als der Begründer seiner Theorie genannt werden. Denn von ihm stammt das Geschwindigkeitsgesetz [870] und die Formel für die Schwingungsdauer [873].

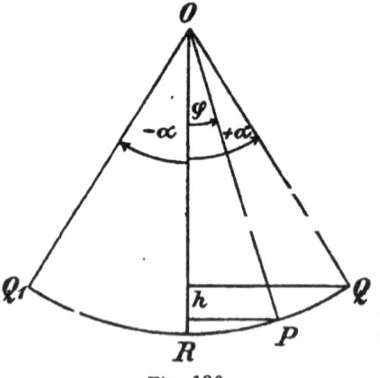

Fig. 136.

Ganz ähnlich verhält es sich mit der praktischen Anwendung. Denn Galilei hat zwar schon das Pendel zu Zeitbestimmungen benutzt, aber wieder war Huyghens der erste, welcher es mit einem Uhrwerk in Verbindung gebracht und so die Penduluhr erfunden hat.

861. Das mathematische Pendel soll ein materieller Punkt sein, der gezwungen ist, auf einem vertikalen Kreise zu bleiben und auf den als freie Kraft nur sein eigenes Gewicht wirkt. Angenähert wird es verwirklicht durch eine Metallkugel, die an einem Faden hängt. Wenn es möglich wäre, die Reibung klein genug zu machen, könnte man auch einen Körper in einer sehr glatten Schale gleiten lassen.

Die Pendellänge sei $= l$, die Masse des Pendels $= m$, die Fallbeschleunigung $= g_e$, also $G = m g_e$ das Pendelgewicht. Es sei ferner P die augenblickliche Lage und $\angle R O P = \varphi$ der augenblickliche Ausschlag, welcher, wenn das Pendel nicht ganz herum, sondern, wie hier angenommen wird, hin und her schwingt, zwischen den äußersten Ausschlägen $+ \alpha$ und $- \alpha$ liegen muß.

862. Um zu zeigen, wie selbst eine so einfache Aufgabe, wie die Theorie des schwingenden Pendels, sehr verschieden angegriffen werden kann, soll hier der „Ansatz", d. h. die Differentialgleichung, [834] auf fünf Arten abgeleitet werden, nämlich:

1) durch das d'Alembert'sche Prinzip [863],
2) durch die Grundgleichung der Mechanik [864],
3) durch den Flächensatz [865],
4) durch die Formel für die Tangentialbeschleunigung [866],
5) durch den Satz von der lebendigen Kraft [867].

863. Macht man O zum Anfangspunkt und die Schwingungsebene zur x y-Ebene, so fällt in dem d'Alembert'schen Prinzip das z fort. Auch das Zeichen Σ fehlt, da es sich nur um einen Punkt handelt. Es wird [813]b.

$$\left(X - m \frac{d^2 x}{(d t)^2} \right) \delta x + \left(Y - m \frac{d^2 y}{(d t)^2} \right) \delta y = 0.$$

Hier ist, wenn die x-Achse vertikal nach unten positiv gerichtet wird: $X = G = m g_e$, $Y = 0$. Es gibt nur eine virtuelle Verrückung, nämlich eine Drehung der Pendellinie um den beliebig kleinen Winkel $\delta \varphi$, so daß nach [825]:

$$\delta x = - y \, \delta \varphi, \quad \delta y = + x \, \delta \varphi. \quad \text{Also:}$$

$$- \left(m g_e - m \frac{d^2 x}{(d t)^2} \right) y \, \delta \varphi - m \frac{d^2 y}{(d t)^2} \cdot x \, \delta \varphi = 0.$$

Läßt man die Faktoren m und $\delta \varphi$ fort, so folgt:

$$x \frac{d^2 y}{(d t)^2} - y \frac{d^2 x}{(d t)^2} = - g_e \, y, \quad \text{oder nach [370]:}$$

$$\frac{d \left(x \dfrac{d y}{d t} - y \dfrac{d x}{d t} \right)}{d t} = - g_e \, y.$$

Es ist $y = l \sin \varphi$. Der Ausdruck $x \dfrac{d y}{d t} - y \dfrac{d x}{d t}$ ist [320] $=$

dem Moment der Bahngeschwindigkeit in bezug auf O, also $= l \cdot v$
oder $\left(\text{da } [314] \ v = l \, \omega = l \dfrac{d \varphi}{d t} \right) = l^2 \cdot \dfrac{d \varphi}{d t}$. Daher:

$$\frac{d \left(l^2 \dfrac{d \varphi}{d t} \right)}{d t} = - g_\bullet \, l \cdot \sin \varphi, \text{ oder:}$$

a)
$$\frac{d^2 \varphi}{(d t)^2} = - \frac{g_\bullet}{l} \sin \varphi.$$

864. Man mache P durch Einführung der Fadenspannung N zu
einem freien Punkt. N hat die Komponenten nach den Achsen:

$$- N \cos \varphi = - \frac{N x}{l} \text{ und: } - N \sin \varphi = - \frac{N y}{l}.$$

Daher nach der Grundgleichung [570]a:

$$m \frac{d^2 x}{(d t)^2} = G - \frac{N x}{l} = m \, g_\bullet - \frac{N x}{l},$$

$$m \frac{d^2 y}{(d t)^2} = - \frac{N y}{l}.$$

Multipliziert man die erste Gleichung mit $- y$, die zweite mit $+ x$
und addiert, so ergibt sich nach Fortlassung des Faktors m:

$$x \frac{d^2 y}{(d t)^2} - y \frac{d^2 x}{(d t)^2} = - g_\bullet \, y;$$

also genau wie vorhin.

865. Die Flächengeschwindigkeit in bezug auf O ist nach [319]
$= \dfrac{l v}{2} = \dfrac{l^2}{2} \dfrac{d \varphi}{d t}$. Also ist die Flächenbeschleunigung $= \dfrac{l^2}{2} \cdot \dfrac{d^2 \varphi}{(d t)^2}$ und

daher das Moment der Massenbeschleunigung $= m \, l^2 \dfrac{d^2 \varphi}{(d t)^2}$.

N hat kein Moment in bezug auf O. Das Moment von G aber
ist: $- G \cdot l \sin \varphi = - m \, g_\bullet \, l \sin \varphi$. Daher nach [611]:

$$m \, l^2 \frac{d^2 \varphi}{(d t)^2} = - m \, g_\bullet \, l \sin \varphi,$$

also nach Division durch m l genau wie in [863].

866. N hat keine tangentiale Komponente. Diejenige von G
ist: $- G \cdot \sin \varphi$. Daher muß sein [360]:

$$m \frac{d v}{d t} = - G \sin \varphi.$$

Nun ist: $v = l \dfrac{d \varphi}{d t}$, $\dfrac{d v}{d t} = l \dfrac{d^2 \varphi}{(d t)^2}$. Setzt man dies ein und dividiert durch m, so entsteht dieselbe Gleichung wie in [863].

867. Nimmt man als Anfang den Umkehrpunkt Q oder Q_1, so wird in [670] $v_0 = 0$. Allgemein ist: $v = 1\dfrac{d\varphi}{dt}$. N arbeitet nicht. Es bleibt nur die Arbeit der Schwere:

$$A = G\,h = m\,g_*\,1\,(\cos\varphi - \cos\alpha),\ \text{daher:}$$

$$m\,g_*\,1\,(\cos\varphi - \cos\alpha) = \frac{m\,1^2}{2}\left(\frac{d\varphi}{dt}\right)^2,\ \text{oder:}$$

a) $$\frac{1}{2}\left(\frac{d\varphi}{dt}\right)^2 = \frac{g_*}{1}(\cos\varphi - \cos\alpha).$$

868. Diese Gleichung stimmt zwar nicht mit der eben auf vier verschiedene Arten gefundenen Gleichung [863]a überein, doch entsteht diese aus ihr durch Differentiation nach der Zeit. Man erhält nämlich:

$$\frac{d\varphi}{dt} \cdot \frac{d^2\varphi}{(dt)^2} = -\frac{g_*}{1}\sin\varphi \cdot \frac{d\varphi}{dt}$$

und nach Fortlassung des Faktors $\dfrac{d\varphi}{dt}$:

$$\frac{d^2\varphi}{(dt)^2} = -\frac{g_*}{1}\sin\varphi.$$

Umgekehrt würde man aus [863]a durch Multiplikation mit $d\varphi$ und Integration die jetzige Gleichung [867]a erhalten haben.

869. Da hier nicht weniger als fünf verschiedene Methoden mühelos zum „Ansatz" geführt haben, ist leicht zu ermessen, daß viele Bewegungsprobleme, besonders wenn man die höheren in [828] angedeuteten Prinzipien genau kennt, auf sehr verschiedene Arten in mathematische Behandlung genommen werden können.

Hier aber hat offenbar der Satz von der lebendigen Kraft den Vogel abgeschossen! Denn er hat sofort zu derjenigen Differentialgleichung erster Ordnung geführt, welche bei den vier anderen Methoden erst durch „Integration" entstehen würde.

Dies liegt daran, daß der Satz von der lebendigen Kraft, wenn ein Potential vorhanden ist, schon an sich einen Integralsatz bedeutet.

870. Das Geschwindigkeitsgesetz des Pendels. Die Formel [867] gibt durch Auflösung:

$$\frac{d\varphi}{dt} = \sqrt{\frac{2\,g_*}{1}(\cos\varphi - \cos\alpha)}$$

oder:

$$v = 1\frac{d\varphi}{dt} = \sqrt{2\,g_*\,1\,(\cos\varphi - \cos\alpha)}.$$

Dies ist das Geschwindigkeitsgesetz. Setzt man z. B: $\varphi = \pm \alpha$, so wird $v = 0$, wie es sein muß. Setzt man aber $\varphi = 0$, so erhält man die Geschwindigkeit im tiefsten Punkt oder die Maximalgeschwindigkeit:

$$v = \sqrt{2\, g_0\, l\, (1 - \cos \alpha)} = 2 \sin \frac{\alpha}{2} \sqrt{g_0\, l}.$$

Da ferner $\cos(-\varphi) = \cos \varphi$ ist, so bleibt der absolute Wert von v für entgegengesetzte Ausschläge derselbe. Das Pendel schwingt symmetrisch zur Gleichgewichtslage.

871. Die Bewegungsgleichung des Pendels aufzustellen, erfordert noch eine Integration. [867]a gibt durch Umkehrung:

$$dt = \sqrt{\frac{l}{g_0}} \; \frac{d\varphi}{\sqrt{2\,(\cos \varphi - \cos \alpha)}}, \text{ also:}$$

$$t = \sqrt{\frac{l}{g_0}} \int \frac{d\varphi}{\sqrt{2\,(\cos \varphi - \cos \alpha)}} + C.$$

(Die Konstante C hängt von dem Augenblick ab, von dem man die Zeit zählt.)

Nach Umkehrung dieser Integralformel ergibt sich endlich der Ausschlag φ als eine sog. elliptische Funktion der Zeit.

872. Die Schwingungsdauer. Beschränkt man sich auf das Wichtigste, auf die Formel für die Schwingungsdauer, d. h. die Zeit T von einem äußersten Ausschlag Q bis zum nächsten Q_1, so ist von $\varphi = -\alpha$ bis $\varphi = +\alpha$ zu integrieren. Oder auch, wegen der Symmetrie, von $\varphi = 0$ bis $\varphi = +\alpha$, wenn man noch mit 2 multipliziert. Also:

$$T = 2 \sqrt{\frac{l}{g_0}} \int_{\varphi = 0}^{\varphi = \alpha} \frac{d\varphi}{\sqrt{2\,(\cos \varphi - \cos \alpha)}}.$$

Die Berechnung des Integrals durch Hilfsmittel der höheren Mathematik ergibt die unendliche Reihe:

$$\text{a)}\; T = \pi \sqrt{\frac{l}{g_0}} \left[1 + \left(\frac{1}{2}\right)^2 \sin^2 \frac{\alpha}{2} + \left(\frac{1 \cdot 3}{2 \cdot 4}\right)^2 \sin^4 \frac{\alpha}{2} + \left(\frac{1 \cdot 3 \cdot 5}{2 \cdot 4 \cdot 6}\right)^2 \sin^6 \frac{\alpha}{2} + \ldots\right]$$

Es haben also folgende drei Größen Einfluß auf die Schwingungsdauer:

1) der Winkel α des äußersten Ausschlages;

2) die Länge l des Pendels;

3) die Fallbeschleunigung g_0 oder die Intensität der Schwere.

873. Schwingungsdauer und Ausschlag. Da $\sin \frac{\alpha}{2}$ mit α zugleich wächst und alle Glieder in [872]a positiv sind, so wächst die Schwingungs-dauer, wenn der Ausschlag α größer wird. Für den äußersten Grenz-wert $\alpha = 180^0$ (der statt eines Fadens eine starre Stange voraussetzen würde) ergibt sich sogar für T ein unendlich großer Wert (logarith-misch unendlich).

Ist der Ausschlag dagegen unendlich klein, nimmt man α so klein an, wie man will, so wird auch $\sin\frac{\alpha}{2}$ so klein, wie man will. Man er-hält dann den anderen von Huyghens aufgefundenen Grenzwert für die Schwingungsdauer:

$$T = \pi \sqrt{\frac{1}{g_0}}.$$

874. Der Isochronismus des Pendels. Unendlich klein kann man nun wohl den Ausschlag α nicht machen, aber doch recht klein. Dann werden die von den Potenzen von $\sin\frac{\alpha}{2}$ abhängenden Glieder sehr unbedeutende Korrektionsglieder, die gegen das Hauptglied nicht aufkommen. Das Pendel schwingt daher für kleine Ausschläge nahe-zu isochron, wie bekanntlich Galilei zuerst bemerkt haben soll, als die Kronleuchter in einer Kirche zu Pisa durch den Luftzug bald mehr, bald weniger stark in Schwingungen gerieten.

Die Pendelformel:

$$T = \pi \sqrt{\frac{1}{g_0}}$$

ist daher für die meisten Anwendungen genau genug.

875. Das Galilei'sche Sehnenpendel. Ge-setzt, ein Punkt würde gezwungen, statt auf dem Bogen $Q_1 R$ auf der Sehne $Q_1 R$ zum tiefsten Punkt zu fallen und dann auf der symmetrischen Sehne mit der erlangten Geschwindigkeit beginnend wie-der bis Q aufzusteigen, dann umgekehrt, aber immer auf der Sehne von Q bis R zu fallen und von R bis Q_1 zu steigen. Wie groß würde dann die Schwingungsdauer T' von Q_1 bis Q sein?

Es ist nach [843]

$$T' = 2 \sqrt{\frac{2\,s}{g}}.$$

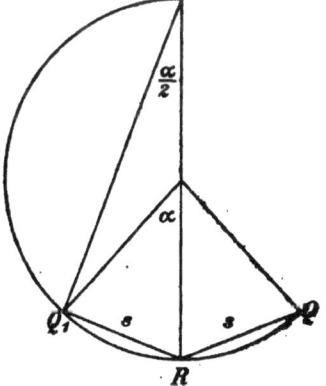

Fig. 187.

Hier ist: $s = 2 \, l \sin \frac{\alpha}{2}$ und $g = g_e \sin \frac{\alpha}{2}$, nämlich = der in der Richtung von s fallenden Komponente von g_e. Daher:

$$T' = 2 \sqrt{\frac{4 \, l \sin \frac{\alpha}{2}}{g_e \sin \frac{\alpha}{2}}} = 4 \sqrt{\frac{l}{g_e}},$$

also von α ganz unabhängig. Der Isochronismus wäre vollständig.

876. Die Vergleichung der Huyghens'schen Formel für T und dieser Galilei'schen Formel für T' führt aber noch zu einem anderen, zuerst recht auffallenden Ergebnis, daß nämlich der Punkt beim Fallen auf dem Bogen schneller im tiefsten Punkte ankommt, als beim Fallen auf der kürzeren Sehne. Denn es steht einmal der Faktor $\pi = 3,14 \ldots$ und das anderemal der Faktor 4.

Hinterher findet man freilich die Erklärung leicht genug. Der längere Weg wird mehr als aufgehoben durch die größere Geschwindigkeit, welche der Punkt schon zu Anfang auf dem Bogen erhält, der in der oberen Hälfte steiler ist als die Sehne.

877. Die Kurve des schnellsten Falles von einem Punkte Q zu einem seitlich tiefer liegenden Punkte R ist also durchaus nicht die Sehne Q R, da die Fallzeit auf den Kreisbogen kleiner ist. Daß aber dieser nun Kurve des schnellsten Falles sein müsse, wird damit keineswegs behauptet.

Fig. 188.

Denn vielleicht könnte die Fallzeit noch kleiner gemacht werden. Für eine Kurve muß sie aber ein Minimum sein. Huyghens, Newton, Leibniz und andere haben gezeigt, daß diese Kurve ein Bogen einer Zykloide sein würde (die übrigens auch noch die Eigenschaft des vollkommenen Isochronismus besitzt).

878. Schwingungsdauer und Pendellänge. Geht eine Pendeluhr zu langsam, so schraubt man die Linse etwas höher, geht sie zu rasch, so tiefer. Man reguliert die Schwingungsdauer, indem man die Pendellänge reguliert. Aber T ist nicht zu l, sondern zu $\sqrt{l}$ proportional, so daß, während ein gegebenes Pendel eine Schwingung macht, ein 4, 9, 16 mal so langes Pendel nur eine halbe, dritte, viertel Schwingung machen kann.

Dies hatte schon Galilei herausgebracht, obgleich er zu der Pendelformel noch nicht ganz vorgedrungen war.

879. Schwingungsdauer und Fallbeschleunigung. Da die Schwingungsdauer der Quadratwurzel aus der Fallbeschleunigung umgekehrt proportional ist, so folgt, daß an Orten mit größerer Schwere ein gegebenes Pendel schneller schwingen muß. Ein Sekundenpendel ist in aller Strenge nur für den Ort, für welchen es reguliert ist und für alle Orte mit derselben Schwere ein Sekundenpendel.

Als Richer vor etwa 250 Jahren von Paris nach Cayenne ging, um dort astronomische Beobachtungen zu machen, mußte er die Linse der mitgebrachten Penduluhr um einige Linien heraufschrauben, und als er nach Paris zurückkehrte, mußte er sie um ebensoviel wieder. herabschrauben.

Richer ahnte nicht, daß hier ganz unbeabsichtigt die Veränderlichkeit der Schwere auf der Erde zum ersten Male bestätigt worden sei. Aber Newton und seine Anhänger beeilten sich sehr, diesen Schluß zu ziehen, der ihnen aus anderen Gründen hochwillkommen war.

880. Pendel als Schweremesser. Die Berechnung von g_o aus der Pendelformel ergibt:

$$g_o = \frac{\pi^2 l}{T^2}.$$

Tausende von Pendelbeobachtungen an den verschiedensten Orten sind schon ausgeführt worden, um auf Grund dieser Formel die Intensität der Schwere an diesen Orten experimentell zu bestimmen. Wie man erwartet hatte, nimmt g_o von den Polen nach dem Äquator hin und auch mit der größeren Höhe ab. Die entsprechende Formel lautet:

$$g_o = 980,6\,(1 - 0,00259\cos 2\,\varphi - 0,00000000314\,h)\,\frac{cm}{(sec)^2}.$$

Hier bedeutet φ die geographische Breite und h die Höhe über Meeresspiegel in cm. Selbstverständlich ist es nur eine Durchschnittsformel wegen der Unregelmäßigkeiten der Erdfigur. In sehr gebirgigen Gegenden kommt es sogar gelegentlich vor, daß g_o zunimmt, wo es abnehmen sollte und umgekehrt.

881. Abnahme der Schwere mit der Höhe. Der Faktor von h in der vorigen Formel ist nicht wie die anderen Koeffizienten durch Pendelversuche, sondern durch reine Theorie gefunden und dann allerdings einige Male experimentell bestätigt worden. Man kann ihn folgendermaßen ableiten, wobei die Erde, was dieses Glied betrifft, wieder als Kugel gelten darf.

Die Fallbeschleunigung in irgendeinem Punkte auf oder über der Erde in Abstand r von ihrem Mittelpunkt ist [965]:

$$g_o = \frac{k^2 m}{r^2}.$$

Vermehrt man r um ein verhältnismäßig kleines $\triangle$ r, so ergibt sich durch (logarithmische) Differentiation:

$$\frac{\triangle g_0}{g_0} = -\frac{2 \triangle r}{r}.$$

Setzt man hier $\triangle r = h$, und $r = $ Erdradius $= 637 \cdot 10^6$ cm, so wird:

$$\frac{\triangle g_0}{g_0} = -\frac{2h}{637 \cdot 10^6} = -0,00000000314 \, h,$$

also wie in [880] angegeben.

882. Die Fadenspannung. Wie sie berechnet werden muß, ist schon in [820] ausführlich gezeigt worden. Doch läßt sich die dortige Formel:

$$N = G \cos \varphi + \frac{m v^2}{l}$$

noch sehr vereinfachen, wenn man für v seinen Wert aus [870] setzt. Es folgt:

$$N = G \cos \varphi + 2 m g_0 (\cos \varphi - \cos \alpha) = G \cos \varphi + 2 G (\cos \varphi - \cos \alpha),$$

oder: $\qquad\qquad N = G (3 \cos \varphi - 2 \cos \alpha).$

Den Maximalwert N_1 erreicht sie an der tiefsten Stelle, nämlich für $\varphi = 0$:

$$N_1 = G (3 - 2 \cos \alpha).$$

Der Minimalwert tritt bei dem äußersten Ausschlag ein, nämlich für $\varphi = \alpha$:

$$N_2 = G \cos \alpha.$$

883. Für kleine Ausschläge wird $\cos \alpha$ sehr nahe $= 1$ und man erhält entsprechend genau, wie in der Ruhelage:

$$N_1 = N_2 = G.$$

Ist aber α groß, so werden die Schwankungen der Fadenspannung bedeutend. So ist z. B. für $\alpha = 90^0$:

$$N_1 = 3 \, G, \quad N_2 = 0.$$

Im tiefsten Punkt daher Fadenspannung $=$ dreifaches Gewicht. Im höchsten Punkte gar keine Spannung.

Setzt man aber gar: $\cos \alpha = 180^0$, so wird:

$$N_1 = 5 \, G, \quad N_2 = - G.$$

Im tiefsten Punkt Fadenspannung $=$ fünffaches Gewicht. Im höchsten Punkt der Gegensatz von Spannung, nämlich Druck $=$ Gewicht.

884. Diese Formeln setzen zwar ein mathematisches Pendel voraus; immerhin geben sie einen deutlichen Fingerzeig, wie die Beanspruchung wächst, welche Aufhängungen erfahren, wenn der aufgehängte Körper schwingt.

Die Seile an einem Trapez müssen die dreifache Sicherheit haben,

wie sonst, da der Turner bis $\alpha = 90^0$ schwingen kann. Die Reckstange aber, an welcher der Riesenschwung gemacht werden soll,
muß sogar die fünffache Sicherheit haben.

Und der Turner selbst muß die Reckstange mit größter Kraft
festhalten, weil seine Finger sonst durch das vierfache Übergewicht
heruntergezogen werden und abgleiten.

885. Das physische Pendel ist ein starrer, der Schwere unter-
worfener Körper, den man zwingt, sich um eine wagerechte Achse
zu drehen. Es wird also aus dem Aufhängepunkt O eine Aufhänge-
achse oder Schneide, doch kann O wieder

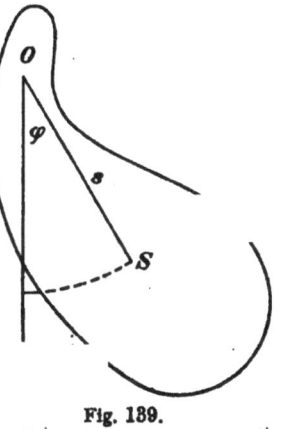

eingeführt werden als derjenige Punkt der
Schneide, welcher sich mit dem Schwerpunkt S in derselben Vertikalebene befindet. Diese vertritt die Schwingungsebene.

Das Pendel braucht durchaus nicht die
übliche symmetrische Figur zu haben, es
soll ein starrer Körper von beliebiger Gestalt sein. Wie schwingt es?

Diese Frage ist von Huyghens richtig
beantwortet worden. Es war das erste
Beispiel für die Behandlung einer dynamischen Aufgabe, in welcher der bewegte

Fig. 189.

Körper nicht als Punkt angesehen wurde. Fürwahr ein klassisches
Beispiel!

886. Die von ihm angewendete Methode stimmt im Grunde mit
dem Satz von der lebendigen Kraft überein. Es seien wie früher
$+\alpha$ und $-\alpha$ die äußersten, φ ein beliebiger Ausschlag. Ferner seien
s der Abstand S O, M die Gesamtmasse, $G = M g_{\bullet}$ das Gewicht, also
$N = M \cdot s$ das statische Massenmoment und endlich T das Trägheitsmoment in bezug auf die Schneide.

Es arbeitet nur die Schwere, die man im Schwerpunkt S an-
greifend denken kann. Ihre Arbeit ist vom höchsten Punkt an gerechnet [867]:

$$A = G \cdot h = M \cdot g_{\bullet} h = N \cdot g_{\bullet} (\cos \varphi - \cos \alpha).$$

Die lebendige Kraft ist nach [644]:

$$L = T \frac{\omega^2}{2} = \frac{T}{2} \left(\frac{d\varphi}{dt} \right)^2, \text{ also:}$$

$$N g_{\bullet} (\cos \varphi - \cos \alpha) = \frac{T}{2} \left(\frac{d\varphi}{dt} \right)^2, \text{ oder:}$$

$$d t = \sqrt{\frac{T}{N g_o}} \; \frac{d \varphi}{\sqrt{2 (\cos \varphi - \cos \alpha)}}.$$

887. Man vergleiche mit [871]. Die Übereinstimmung wird vollständig, wenn l statt $\frac{T}{N}$ gesetzt wird. Also:

Das physische Pendel schwingt wie ein mathematisches Pendel von der Länge:

$$l = \frac{T}{N} = \frac{T}{M \cdot s} = \frac{\text{Trägheitsmoment}}{\text{Massenmoment}}.$$

l ist die „reduzierte Pendellänge". Die Aufgabe ist für die Mechanik erledigt, denn für die Berechnung der beiden Momente ist im gegebenen Falle die reine Mathematik zuständig.

888. Diese kurze Ableitung läßt nicht die gewaltigen Schwierigkeiten ahnen, welche Huyghens einst zu überwinden gehabt hat. Man muß sich aber klar machen, daß er sich erst Begriffe wie Trägheitsmoment, Massenmoment, lebendige Kraft, Arbeit usw. bilden mußte, von den Worten selbst ganz zu schweigen.

Doch es fehlten auch der Satz von der lebendigen Kraft und die übrigen Formeln; kurz Huyghens mußte die Bausteine erst weit herholen, die wir jetzt so schön beisammen haben, wenn wir an eine Aufgabe der Mechanik herangehen.

889. Der Schwingungsmittelpunkt. Trägt man l von O aus in der Richtung von s auf, so heißt der andere Endpunkt der Schwingungsmittelpunkt O' (Fig. 140). In ihm und nicht in dem Schwerpunkt hat man sich also diesmal die Gesamtmasse vereinigt zu denken [518].

Der Schwingungsmittelpunkt hat, wie hier nur erwähnt werden mag, noch die Bedeutung als Stoßmittelpunkt, d. h. als derjenige Punkt, gegen welchen ein Stoß, ein Impuls zu richten ist, wenn das Pendel plötzlich in Bewegung gesetzt und an der Aufhängung von der Stoßkraft nichts vernichtet werden soll.

890. Huyghens hat auch gezeigt, daß l > s ist, folglich der Schwerpunkt S zwischen Aufhängung O und Schwingungsmittelpunkt O' liegt. Dies geht aus [547] hervor. Es wird:

$$l = \frac{T}{M s} = \frac{M s^2 + T_0}{M s} = s + \frac{T_0}{M s}.$$

Also in der Tat l > s. Nur wenn T_0 verschwindet, wird l = s. Aber dann wird der Körper zum materiellen Punkt und das Pendel zum mathematischen Pendel.

891. Die Strecke, um welche l größer ist als s, hat die Länge:

$$s' = \frac{T_0}{M\,s}.$$

Man bemerke, daß in dieser Gleichung s und s' vertauschbar sind, denn durch Umkehrung folgt:

$$s = \frac{T_0}{M\,s'}.$$

Es ist daher sowohl:

$$l = s + s' = s + \frac{T_0}{M\,s}$$

als auch:

$$l = s' + s = s' + \frac{T_0}{M\,s'}, \text{ d. h.:}$$

Schwingungsmittelpunkt und Aufhängepunkt sind miteinander vertauschbar. Bringt man in O' eine Schneide an und läßt um diese schwingen, so wird O der Schwingungsmittelpunkt.

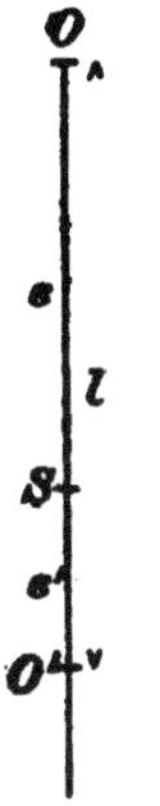

Fig. 140.

892. Das Reversionspendel. Diesen Satz hat Kater zur Konstruktion des Reversionspendels benutzt, das freilich schon früher von Bohnenberger erdacht worden war. Es erlaubt die reduzierte Pendellänge l zu messen, statt sie nach der Formel:

$$l = \frac{T}{M\,s}$$

zu berechnen, was oft unbequem, aber auch wegen kleiner Abweichungen von der vorausgesetzten Beschaffenheit des Pendelkörpers nicht genau genug ist.

Man berechnet hierzu nur ungefähr zwei Stellen O und O', bringt an jeder eine etwas verstellbare Schneide an, läßt um die eine, dann um die andere schwingen und verstellt so lange, bis beide Schwingungszeiten völlig gleich geworden sind. Der Abstand der Schneiden ist dann die reduzierte Pendellänge l.

893. Das wirkliche Pendel. Das in [885] erklärte physische Pendel kommt zwar dem wirklichen Pendel erheblich näher als das mathematische, aber ist doch noch von ihm verschieden. Es findet Reibung an der Aufhängung und Luftwiderstand statt; die Schwingungen werden „gedämpft". Durch den Druck der Schneide, der nach Größe und Richtung wechselt, gerät auch die Aufhängevorrichtung in Bewegung. Sie „schwingt mit". Die Schneide ist keine vollkommen mathematische Linie, sondern eine scharf gekrümmte Fläche, die sich während des Schwingens auf der Auflage wälzt. Das Pendel ist nicht starr, sondern elastisch fest usw.

: Selbstverständlich nimmt man auf all diese Fehlerquellen bei genauen Schweremessungen ausreichende Rücksicht.

---

§ 37. Der Stoß.

894. Der gerade und zentrale Stoß, welcher hier allein behandelt wird, setzt voraus, daß zwei Körper mit den Massen M und m, welche als materielle Punkte betrachtet werden, sich auf derselben Geraden bewegen und zusammenstoßen. Wie findet man die Stoßgesetze?

Folgende Bezeichnungen seien eingeführt:

1) V und v sind die (absoluten) Geschwindigkeiten vor dem Stoß;

2) v_s ist die Geschwindigkeit ihres gemeinsamen Schwerpunktes vor dem Stoß;

3) V' und v' sind die Geschwindigkeiten der beiden Körper relativ zum Schwerpunkt vor dem Stoß.

All diese Geschwindigkeiten sind algebraisch zu verstehen, so daß z. B. in Fig. 141 V positiv und v negativ ist.

895. Es würden V und v genügen. v_s, V' und v' sind von ihnen abhängende Hilfsgrößen, die der zweckmäßigen Ausdrucksweise der Stoßgesetze dienen. Zunächst ist nach 3):

Fig. 141.

a) $$V' = V - v_s, \quad v' = v - v_s.$$

Ferner folgt aus [594]:

b) $$v_s = \frac{M V + m v}{M + m}$$

und durch Einsetzen dieses Wertes:

c) $$V' = m \frac{V - v}{M + m}, \quad v' = - M \frac{V - v}{M + m}.$$

Man sieht, daß V' und v' durch die Proportion:

d) $$V' : v' = m : - M$$

oder durch die Gleichung:

e) $$M V' + m v' = 0$$

aneinander geknüpft sind. Die gesamte Bewegungsgröße relativ zum Schwerpunkt verschwindet [595].

896. Die Geschwindigkeiten nach dem Stoß sollen von denen vor dem Stoß nur durch einen unten angehängten Index 1 unterschieden werden. Natürlich gelten dann entsprechende Gleichungen, also:

$$\text{a}_1) \qquad V_1' = V_1 + v_{s_1}, \quad v_1' = v_1 - v_{s_1};$$

$$\text{b}_1) \qquad v_{s_1} = \frac{M\,V_1 + m\,v_1}{M + m},$$

$$\text{c}_1) \qquad V_1' = m\,\frac{V_1 - v_1}{M + m}, \quad v_1' = -M\,\frac{V_1 - v_1}{M + m},$$

$$\text{d}_1) \qquad V_1' : v_1' = m : -M.$$

$$\text{e}_1) \qquad M\,V_1' + m\,v_1' = 0.$$

Diese Vorbereitungen waren zwar etwas sehr umständlich, aber, wie sich zeigen wird, durchaus am Platze.

897. Das erste Stoßgesetz. So lange, oder vielmehr so kurz der Stoß dauert, drücken die Körper aufeinander und beide Stoßdrucke müssen nach dem Prinzip der Aktio und Reaktio einander entgegengesetzt gleich sein, also auch die Stoßimpulse oder Stoßkräfte. Mögen beide absolut groß oder klein sein, der **Gesamtimpuls** muß verschwinden. Folglich muß nach [598] auch die gesamte Bewegungsgröße vor dem Stoß so groß sein, wie nach dem Stoß. Es muß sein:

$$M\,V + m\,v = M\,V_1 + m\,v_1.$$

Diese Gleichung drückt das erste Stoßgesetz aus.

898 Es kann leicht in andere Formen gebracht werden. Man dividiere z. B. durch $M + m$ und blicke auf [895] und [896], so folgt:

$$v_s = v_{s_1},$$

d. h. die Geschwindigkeit des Schwerpunktes bleibt unverändert.

Oder man schreibe auch so:

$$M\,(V - V_1) + m\,(v - v_1) = 0.$$

oder als Proportion:

$$V - V_1 : v - v_1 = -m : M.$$

Die Geschwindigkeitsänderungen durch den Stoß sind entgegengesetzt gerichtet und verhalten sich umgekehrt wie die Massen.

899. Das erste Stoßgesetz genügt nicht, da es nur **eine** Gleichung zwischen den beiden Unbekannten V_1 und v_1 darstellt. Es bleibt noch eine Unbestimmtheit übrig, die sich aber zweifach erheblich einschränken läßt.

Erstens: Die Geschwindigkeiten von M relativ zu m vor und nach dem Stoß können unmöglich dasselbe Vorzeichen haben, weil sonst die beiden Körper durcheinander hindurchgehen müßten. Daher: $V - v$ und $V_1 - v_1$ haben entgegengesetzte Vorzeichen. (Höchstens könnte eine dieser beiden Differenzen verschwinden und zwar, wie sich zeigen wird, nur die zweite.)

900. Zweitens: Durch den Stoß geht immer ein Teil der gesamten Bewegungsenergie verloren (welche sich in Wärme verwandelt).

Bezeichnet man sie also vor und nach dem Stoß mit L und L_1, so muß sein:

$$L > L_1, \text{ oder:}$$

$$\frac{M V^2 + m v^2}{2} > \frac{M V_1^2 + m v_1^2}{2}.$$

Diese Ungleichung läßt sich umformen. Nach [642] ist:

$$L = \frac{M + m}{2} v_s^2 + M \frac{V'^2}{2} + m \frac{v'^2}{2}$$

(was man übrigens auch aus [895] ableiten könnte). Oder auch nach [895 c]:

$$L = \frac{M + m}{2} v_s^2 + \frac{M m}{2 (M + m)} (V - v)^2$$

und ebenso:

$$L_1 = \frac{M + m}{2} v_{s_1}^2 + \frac{M m}{2 (M + m)} (V_1 - v_1)^2.$$

901. Das erste Glied rechts hat in beiden Gleichungen denselben Wert, da $v_s = v_{s_1}$ sein muß (erstes Stoßgesetz). Die Ungleichung: $L > L_1$ ergibt daher:

$$(V - v)^2 > (V_1 - v_1)^2 \text{ oder } [171]: \quad |V - v| > |V_1 - v_1|,$$

d. h. die absolute Geschwindigkeit, mit der die Körper nach dem Stoß auseinanderprallen, kann nur ein Bruchteil sein von derjenigen absoluten Geschwindigkeit, mit der sie vor dem Stoß zusammengeprallt waren. Höchstens aber könnten beide einander gleich sein.

902. Das zweite Stoßgesetz. Der Stoßkoeffizient. Hält man [901] und [899] zusammen, so folgt: Der Bruch:

$$\frac{V_1 - v_1}{V - v}$$

ist negativ und sein absoluter Wert λ ist kleiner als 1. Man nennt λ den (von dem Grade der Elastizität abhängenden) Stoßkoeffizienten. Es ist daher:

a) $$1 > \lambda > 0.$$

Nach Einführung von λ ist also:

b) $$\frac{V_1 - v_1}{V - v} = -\lambda; \quad V_1 - v_1 = -\lambda (V - v).$$

Diese Gleichung ist das zweite Stoßgesetz. Es drückt aus, daß die Relativgeschwindigkeit der beiden Körper nach dem Stoß = dem Produkt aus dem Stoßkoeffizienten und der Relativgeschwindigkeit vor dem Stoß ist, aber entgegengesetzte Richtung hat.

903. Nach [895]c und [896]c wird nun auch:

$$V_1' = -\lambda V', \quad v_1' = -\lambda v'$$

und hieraus, da $v_{s_1} = v_s$ ist, nach [896]a

$$V_1 = v_s + V_1' = v_s - \lambda V' \text{ und:}$$
$$v_1 = v_s + v_1' = v_s - \lambda v'$$

oder nach Einsetzen von v_s, V' und v' aus [896], wenn man zusammenzieht:

$$a \begin{cases} V_1 = \dfrac{M V + m [v (1 + \lambda) - V \lambda]}{M + m} \\[2mm] v_1 = \dfrac{m v + M [V (1 + \lambda) - v \lambda]}{M + m} \end{cases}$$

904. Diese beiden Formeln lösen die gestellte Stoßaufgabe, denn sie ergeben die Geschwindigkeiten V_1 und v_1 der beiden Körper nach dem Zusammenstoß, allerdings mit der Einschränkung, daß man von λ allgemein nur sagen kann: λ liegt zwischen 0 und $+1$.

Also seien zunächst einmal diese beiden Grenzen selbst eingesetzt.

905. Der vollkommen unelastische Stoß. Es ist $\lambda = 0$, also auch:

$$V_1' = 0, \quad v_1' = 0$$
$$V_1 = v_1 = v_s = \frac{M V + m v}{M + m}.$$

Die Körper verlieren ihre Relativgeschwindigkeiten zum Schwerpunkt oder gegeneinander und bewegen sich nach dem Stoß als eine Masse mit der unverändert gebliebenen Schwerpunktsgeschwindigkeit weiter fort.

Der Stoff, aus dem die Körper bestehen, muß unelastisch oder vielmehr sehr plastisch sein, wie Thon oder Lehm. Sie platten sich beim Zusammenprallen an der Berührungsstelle ab und durch Druck und Gegendruck gleichen sich die Geschwindigkeiten aus. Und damit ist der Stoß zu Ende. Also nur Anprall, aber kein Rückprall.

906. Zwei einfache Beispiele. Erstens: Es sei $M = m$, $V = -v$, so wird $V_1 = v_1 = 0$. Zwei Körper von gleicher Masse, die mit gleichen Geschwindigkeiten aufeinanderprallen, vernichten ihre Bewegung vollständig.

Es sei ferner m sehr klein gegen M, $\left(\dfrac{m}{M} \text{ fast} = 0\right)$, $V = 0$, so wird:

$$V_1 = v_1 = \frac{V + \dfrac{m}{M} v}{1 + \dfrac{m}{M}} = 0 \text{ (beinahe).}$$

Eine Lehmkugel, gegen eine Platte geworfen, verliert ihre Bewegung gänzlich.

907. Der Stoßimpuls. Da die Körper ihre Relativgeschwindigkeiten zum Schwerpunkt, nämlich V' und v', verlieren, so sind —MV' und —mv' oder nach [895]c

$$- \frac{M\,m}{M+m}\,(V-v) \quad \text{und} + \frac{M\,m}{M+m}\,(V-v)$$

die entgegengesetzt gleichen Änderungen ihrer Bewegungsgrößen. Sie messen nach [598] die Stärke des beiderseitigen Kraftantriebes oder hier des Impulses, der Stoßkraft, der Momentankraft [605], deren absoluter Wert daher ist:

$$J = \pm \frac{M\,m}{M+m}\,(V-v)$$

908. Die Gewalt eines Stoßes hängt also von der relativen Geschwindigkeit $\pm\,(V-v)$ ab, mit welcher die Körper zusammenstoßen. Ob sich aber im absoluten Sinne beide Körper bewegen, oder der eine Körper ruht und der andere auf ihn stößt, ist dabei ganz gleichgültig.

Es ist gleich furchtbar, ob zwei Eisenbahnzüge mit gleichen Geschwindigkeiten, etwa $10\frac{m}{sec}$, zusammenstoßen oder ob der eine Zug stillsteht und der andere mit doppelter Geschwindigkeit $= 20\frac{m}{sec}$ auf ihn auffährt.

909. Der Stoßdruck und die Stoßzeit. Der Impuls darf, wie schon in [606] erläutert worden ist, durchaus nicht mit dem Stoßdruck verwechselt werden. Dieser schwillt während des Stoßes bis zu einem Maximum an, um ebenso rasch wieder zu verschwinden. Aber selbst sein mittlerer Wert K_m kann nicht ohne Kenntnis der Stoßzeit t berechnet werden, da:

$$K_m = \frac{J}{t}.$$

Aber an der Stoßzeit, da liegt es! Durch Versuche läßt sie sich kaum ermitteln, denn dazu ist sie zu kurz, und theoretisch kann man sie nur durch schwierige Untersuchungen aus der Elastizitätslehre annähernd herleiten. Daß sie aber bei harten Körpern sehr kurz, also der Stoßdruck sehr groß sein muß, ist zweifellos.

910. Der Energieverlust durch den Stoß. Die lebendige Kraft war vor dem Stoß [900]:

$$L = (M+m)\frac{v_s^2}{2} + M\frac{V'^2}{2} + m\frac{v'^2}{2}.$$

Nach dem Stoß ist sie, da v_s bleibt und V' und v' verloren gehen:

$$L_1 = (M + m) \frac{v_s^2}{2}$$

folglich ist der Energieverlust:

a) $L - L_1 = M \frac{V'^2}{2} + m \frac{v'^2}{2}$,

oder, wenn man [895]c einsetzt und zusammenzieht:

b) $L - L_1 = \frac{M m}{2(M + m)} (V - v)^2$.

Die Form a), welche man dem Physiker Carnot zuschreibt, kennzeichnet den Verlust treffend als die ursprüngliche Energie der Relativbewegungen um den Schwerpunkt.

911. Die Stoßwärme. Von Energieverlust kann selbstverständlich nur im engeren mechanischen Sinne die Rede sein [676], denn nach dem allgemeinen Satz von der Erhaltung der Energie muß er durch einen gleichgroßen Gewinn an nicht mechanischer Energie wieder ausgeglichen werden.

Dieser Gewinn ist (zum größten Teil) enthalten in der durch den Stoß entwickelten Wärme, entsprechend dem mechanischen Wärmeäquivalent: 1 Kalorie = 425 mkg*. Es mögen z. B. zwei Körper von je 1 kg Masse mit einer Relativgeschwindigkeit von 20 $\frac{m}{sec}$ aufeinanderstoßen. Dann ist der Energieverlust nach [910]b:

$$L - L_1 = \frac{1}{4 g_e} 20^2 = \text{rund } 10 \text{ mkg*},$$

also die gewonnene Wärme:

$$= \frac{10}{425} = \text{rund } \frac{1}{40} \text{ Kalorie.}$$

912. Der vollkommen elastische Stoß. Es ist $\lambda = 1$ und daher:

$$V_1' = -V'; \quad v_1' = -v'$$

$$V_1 = -V' + v_s, \quad v_1 = -v' + v_s, \text{ oder auch;}$$

$$V_1 = 2 v_s - V, \quad v_1 = 2 v_s - v \text{ oder auch nach [903]:}$$

$$V_1 = \frac{M V + m (2 v - V)}{M + m}, \quad v_1 = \frac{m v + M (2 V - v)}{M + m}.$$

913. Beim Anprall gleichen sich zunächst die Geschwindigkeiten aus, wie beim unelastischen Stoß. Während aber für diesen der Stoß hiermit zu Ende ist, drücken jetzt die abgeplatteten Körper weiter aufeinander und prallen wieder zurück.

Man nimmt bei vollkommener Elastizität an, daß in der so folgenden zweiten Hälfte des Stoßes der Stoßdruck zeitlich genau umgekehrt verläuft wie in der ersten Hälfte. Die zuerst vernichteten Relativgeschwindigkeiten zum Schwerpunkt müssen daher wieder erstehen, aber mit entgegengesetztem Vorzeichen. Es muß werden

$$V_1' = -V', \quad v_1' = -v'.$$

914. Es sei z. B. $M = m$, so wird sehr einfach:

$$V_1 = v, \quad v_1 = V.$$

Die Körper tauschen ihre Geschwindigkeiten aus. Stoßen zwei Billardkugeln mit gleichen Geschwindigkeiten voll aufeinander, so prallen sie mit derselben Geschwindigkeit zurück. Stößt die eine auf die andere, welche ruhte, so bleibt nun die erstere stehen, während die letztere mit der Geschwindigkeit der ersteren davonläuft. Wenn man gleiche Elfenbeinkugeln nebeneinander aufhängt, daß sie sich berühren und die erste, nachdem man ihr einen Ausschlag gegeben hat, auf die zweite fallen läßt, so erhält diese sofort die erlangte Geschwindigkeit, um sie aber gleich wieder an die dritte abzugeben. Diese gibt sie der vierten usw. bis zur letzten, welche bis zu einem Ausschlag von beinahe gleicher Größe abspringt.

Oder man setze m sehr klein gegen M, und $V = 0$, so wird sehr angenähert:

$$V_1 = V = 0, \quad v_1 = -v,$$

d. h. m prallt mit derselben Geschwindigkeit wieder zurück. Ein Ball gegen eine Mauer geworfen.

915. Der Stoßimpuls. Die Geschwindigkeitsänderungen sind im algebraischen Sinne $-2V'$ und $-2v'$. Also sind die Änderungen der Bewegungsgrößen und daher auch die beiderseitigen Impulse:

$$-2MV' \text{ und } -2mv'.$$

Sie sind entgegengesetzt gleich, wie es selbstverständlich sein mußte. Ihr absoluter gemeinsamer Wert ist:

$$J = \pm \frac{2Mm}{M+m}(V-v).$$

Er ist nach [907] doppelt so groß, wie beim unelastischen Stoß, wie ja leicht erklärlich ist, da beim Zusammenprallen und dem folgenden Auseinanderprallen je soviel Stoßkraft wirkt, wie bei dem unelastischen Stoß, der mit dem Zusammenprallen zu Ende ist.

916. Kein Energieverlust. Die Gesamtenergie ist nach dem Stoß so groß, wie vor dem Stoß, da der erste Teil [900], nämlich $\dfrac{M+m}{2} \cdot v_s^2$, überhaupt keine Änderung erfahren kann, während der zweite Teil wiederersteht, da die Relativgeschwindigkeiten in ihrer alten Größe wiedererstehen, wenn auch mit entgegengesetzten Richtungen. Es ist $L = L_1$.

Zum Überfluß kann man auch die Endwerte von V_1 und v_1 [912] in L_1 einsetzen und umformen. Man wird dann in der Tat finden, daß:

$$L_1 = M \frac{V_1{}^2}{2} + m \frac{v_1{}^2}{2} = M \frac{V^2}{2} + m \frac{v^2}{2} = L.$$

917. Der wirkliche Stoß zerfällt auch in zwei Teile, den Anprall und den Zurückprall, aber der letztere geschieht wegen der unvollkommenen Elastizität nicht mit derselben Kraft wie der erstere, so daß die Körper mit einer kleineren relativen Geschwindigkeit zurückprallen, als sie zusammengeprallt waren, wie die Formeln [903] anzeigen.

918. Man setze z. B. wieder: m sehr klein gegen M, und $V = 0$. Es wird sehr angenähert:

$$V_1 = V = 0, \quad v_1 = - \lambda v$$

Der kleine Körper prallt zwar zurück, aber mit geringerer Geschwindigkeit.

Es sei M eine auf der Erde liegende wagerechte Platte, auf welche m von der Höhe h aus fallen gelassen wird. Dann ist nach [843]:

$$v = \sqrt{2 \, g \, . \, h,}$$

m erreicht also wieder die Höhe:

$$h_1 = \frac{v_1{}^2}{2 \, g} = \lambda^2 \frac{v^2}{2 \, g}, \quad \text{d. h. die Höhe:}$$

$$h_1 = \lambda^2 h.$$

Für $\lambda = 0$ wird $h_1 = 0$, m bleibt liegen. Für $\lambda = 1$ wird $h_1 = h$, m prallt zur ursprünglichen Höhe zurück. Ist aber λ ein beliebiger echter Bruch, wie es wirklich ist, so prallt m auch zurück, aber zu einer geringeren Höhe.

So hat man ein Mittel, den Stoßkoeffizienten λ experimentell zu bestimmen, oder auch, wenn man will, eine neue Definition desselben.

919. Geschichtlich ist nachzutragen, daß zwar Galilei sich schon eingehend mit den mechanischen Vorgängen beim Schlag oder Stoß befaßt hat [605], daß aber Wren, Huyghens und Wallis als die eigentlichen Begründer der Lehre vom Stoß genannt werden müssen. Denn die beiden ersten haben (1668) die Lehre vom vollkommen elastischen Stoß erschöpfend dargestellt, während Wallis gleichzeitig die Gesetze des unelastischen Stoßes gefunden hat.

920. Die Lehre vom Stoß so zu behandeln, wie es hier geschehen ist und wie es auch bei dem schiefen Stoß geschehen könnte, erfordert heute nur die Kenntnis der elementarsten Grundgesetze der Mechanik. Das soll aber nicht heißen, die Leistungen der genannten bahnbrechenden Forscher seien gering gewesen, denn was jetzt „auf der Hand" liegt, war damals tief vergraben; sondern es soll darauf hindeuten, daß es Fragen über den Stoß gibt, welche ausschließlich in das Gebiet der höheren Mechanik gehören. Wie sich der Stoß abspielt, wenn man seine kurze Dauer gleichwohl in unendlich viele Zeitdifferentiale dt zerlegt, nach welchem Gesetz sich der Stoßdruck ändert, wie stark die Deformationen sind usw., auf solche Fragen darf man die Antwort nicht in einem elementaren Buch suchen [909].

§ 38. Kräfte am starren Körper.

921. Die Dyname. Dieser Paragraph enthält die von Poinsot ausgebildete Lehre von den Kraftsystemen, bestehend aus beliebigen Kräften, welche in beliebigen Punkten und beliebigen Richtungen an einem starren Körper wirken. Budde nennt ein solches Kraftsystem eine Dyname.

Es kommt darauf an, zu erkennen, wie es sich verwandeln und möglichst vereinfachen läßt. Man kann daher die Poinsot'sche Theorie sehr wohl als eine Verallgemeinerung des Satzes vom Parallelogramm der Kräfte ansehen, denn hier handelte es sich ja auch um ein Kraftsystem, aber um eins, dessen Kräfte an **einem** materiellen **Punkt** angreifen.

Vorweg sei wiederholt, daß einstweilen jeder Punkt im Raume, selbst wenn er außerhalb des starren Körpers liegt, doch starr mit ihm verbunden gedacht werden könne. Einwendungen wie, daß eine aufgefundene Kraft ganz außerhalb des Körpers wirken müßte, sollen hier also nicht gelten [376].

922. Die Zerlegung einer Dyname nach Koordinatenachsen. Die gegebenen Kräfte K_1, K_2 ... mögen an den Punkten P_1 ($x_1 y_1 z_1$), P_2 ($x_2 y_2 z_2$) ... angreifen. Man zerlege K_1 in die Komponenten X_1, Y_1, Z_1 K_2 in X_2, Y_2, Z_2 ... und bilde nach [245] für jede Kraft die' Drehungsmomente um die Koordinatenachsen, also:

$$M_{x_1} = y_1 Z_1 - z_1 Y_1, \quad M_{y_1} = z_1 X_1 - x_1 Z_1, \quad M_{z_1} = x_1 Y_1 - y_1 X_1$$
$$M_{x_2} = y_2 Z_2 - z_2 Y_2, \quad M_{y_2} = z_2 X_2 - x_2 Z_2, \quad M_{z_2} = x_2 Y_2 - y_2 X_2$$

. . . .

923. Nachdem dies geschehen, addiere man entsprechende Komponenten und Momente und bilde so die sechs Summen:

$$I = \Sigma X = X_1 + X_2 + \cdots$$
$$II = \Sigma Y = Y_1 + Y_2 + \cdots$$
$$III = \Sigma Z = Z_1 + Z_2 + \cdots$$
$$IV = \Sigma M_x = M_{x_1} + M_{x_2} + \cdots$$
$$V = \Sigma M_y = M_{y_1} + M_{y_2} + \cdots$$
$$VI = \Sigma M_z = M_{z_1} + M_{z_2} + \cdots$$

Die inneren elastischen Kräfte fallen aus [581] und [610]. Liegen alle Kräfte von vornherein in der x y-Ebene, so verschwinden III, IV, V von selbst; es bleiben nur:

$$I = \Sigma X, \quad II = \Sigma Y, \quad VI = \Sigma M = \Sigma (y Z - z Y).$$

Die Untersuchung wird also wesentlich vereinfacht.

924. Die sechs Bedingungen des Gleichgewichtes. War der Körper in anfänglicher Ruhe und soll er auch durch das Kraftsystem nicht bewegt werden, so müssen die sechs Summen I bis VI verschwinden. Denn sonst würde nach [575] der Schwerpunkt eine Beschleunigung erhalten oder nach [613] Flächenbeschleunigung entstehen. Beides ist unmöglich, wenn der Körper in Ruhe verharrt.

Umgekehrt, wenn I bis VI verschwinden, so heben sich die Kräfte des Kraftsystems gegenseitig auf und der Körper bleibt in Ruhe, weil weder Verschiebungen noch Drehungen entstehen können.

Es gibt also für Kräfte, welche an einem starren Körper wirken, sechs Bedingungen des Gleichgewichts:

$$\Sigma X = 0, \quad \Sigma Y = 0, \quad \Sigma Z = 0$$
$$\Sigma M_x = 0, \quad \Sigma M_y = 0, \quad \Sigma M_z = 0.$$

Sie sind zuerst von Euler erkannt worden. In dem Sonderfall [923] bleiben drei Bedingungen übrig:

$$\Sigma X = 0, \quad \Sigma Y = 0, \quad \Sigma M = 0.$$

925. Äquivalente Dynamen. Allgemein läßt sich über die sechs Summen I bis VI sagen: Sie bestimmen die Wirkung des Kraftsystems. Denn sie sind (§ 34) maßgebend für die virtuellen Verschiebungen in den Richtungen der Achsen und für die virtuellen Drehungen um sie. Und da nach [394] die allgemeinste virtuelle Verrückung des Körpers aus diesen drei Verschiebungen und drei Drehungen zusammensetzbar ist, so sind die sechs Summen überhaupt maßgebend.

Also: Zwei Kraftsysteme können einander vollständig ersetzen, wenn die sechs Summen I bis VI in dem einen und in dem anderen System übereinstimmen.

Es kommt nur auf diese sechs Summen an und nicht auf die einzelnen Posten in jeder Summe. Ob z. B. das eine Kraftsystem wenig, das andere viel Kräfte umfaßt, oder ob die Angriffspunkte in beiden Systemen die gleichen sind oder nicht, ist hierfür ganz gleichgültig. Entscheidend sind allein die sechs Summen.

926. Das Parallelogramm der Kräfte am starren Körper. Kräfte, die an demselben Punkt eines starren Körpers angreifen, können durch ihre Resultante nach dem Satz vom Parallelogramm ersetzt werden. Vgl. [224].

An sich wäre es kaum nötig, dies noch besonders zu erwähnen; es ist nur geschehen, um dieser Folgerung jetzt sofort eine zweite an die Seite zu stellen, welche für den starren Körper neu hinzutritt.

927. Das Varignon'sche Prinzip. Eine an einem starren Körper wirkende Kraft darf in ihrer eigenen Linie beliebig verschoben werden. Denn bei einer solchen Verschiebung bleiben sowohl ihre Komponenten [193] als auch ihre Momente [217] um die Achsen unverändert.

Varignon hat diesen Satz zuerst in die Mechanik eingeführt, aber als ein selbstverständliches Axiom. Es ist offenbar gleichgültig, ob die Lokomotive den Eisenbahnzug von vorn zieht oder von hinten schiebt.

928. Stellt man umgekehrt den Parallelogrammsatz **und** das V·arignon'sche Prinzip an die Spitze, so kann die Lehre vom allgemeinen Kraftsystem oder der Dyname in allereinfachster Weise aufgebaut werden, wie es Poinsot so meisterhaft getan hat.

So erst wird diese Lehre wahrhaft elementar.

929. Gleichgewicht zweier Kräfte am starren Körper. Zunächst folgt aus ihnen sofort: Zwei gleichstarke und entgegengesetzt gerichtete Kräfte K' und K₁, welche in der-

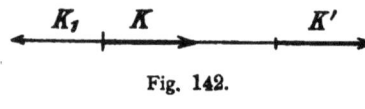

Fig. 142.

selben Kraftlinie wirken, heben einander auf. Denn greifen sie an demselben Punkte an, so versteht sich das von selbst; anderenfalls verschiebe man sie in der Kraftlinie, bis sie an demselben Punkt angreifen.

Es ist klar, daß aus diesem Satz rückwärts das Varignon'sche Prinzip folgt. Er ist gleichsam das Varignon'sche Prinzip in seiner zweiten Form.

930. Die drei elementaren Umformungen eines Kraftsystems sind:

A. Erste Umformung: Man setze Kräfte, welche an demselben Punkt angreifen, zusammen oder zerlege umgekehrt eine Kraft in Komponenten mit demselben Angriffspunkt.

B. Zweite Umformung: Man verschiebe eine Kraft in ihrer eigenen

Kraftlinie beliebig nach der einen oder nach der entgegengesetzten Richtung.

C. Dritte Umformung: Man lasse zwei Kräfte fort, die gleich
groß und entgegengesetzt gerichtet sind, wenn sie in derselben
Geraden liegen. Oder man füge umgekehrt zwei solche Kräfte hinzu.
Sie folgen so offenbar aus dem Parallelogrammsatz und dem
Satz von Varignon, daß jedes Wort zum Beweise überflüssig ist.

931. Das Kraftsystem bestehe zunächst nur aus zwei Kräften. Es
können dann drei Fälle eintreten:

1. Die Kraftlinien schneiden sich (gehörig verlängert);
2. die Kraftlinien sind parallel;
3. die Kraftlinien sind windschief, kreuzen sich.

Der erste Fall ist sofort erledigt. Man verschiebe (nach B) die
Angriffspunkte beider Kräfte in den Schnittpunkt und wende A an.
Also sind beide Kräfte zusammen einer einzigen Kraft äquivalent.

932. Parallele Kraftlinien. Der zweite Fall paralleler Kräfte K_1 und K_2
Fig. 143 kann auf den ersten Fall zurückgeführt werden, in dem man
(nach C) zwei entgegengesetzt gleiche Kräfte p_1 und p_2 hinzufügt,
deren gemeinsame Linie die beiden Parallelen schneidet und dann
K_1 mit p_1 zu K_1', sowie K_2 und p_2 zu K_2' zusammensetzt. Dann sind
K_1' und K_2' zwei Kräfte, deren Kraftlinien sich in Q schneiden. Sie
ergeben also **eine** Resultante K.

Dabei ist es ganz gleichgültig, ob K_1 und K_2 gleiche oder entgegengesetzte Richtung hatten. Nur müssen im letzteren Falle K_1
und K_2 verschieden groß sein [936].

933. Gleich gerichtete Kräfte. Statt K_1' und K_2' nach Q zu verschieben, kann man auch die
Parallelogramme, deren Diagonalen sie sind, verschieben.
Dann heben sich die nach Q
verschobenen p_1 und p_2 wieder
auf und es folgt:

$$K = K_1 + K_2.$$

Die Resultante zweier
paralleler gleichgerichteter
Kräfte ist zu ihnen parallel
und so groß wie beide zu-
sammen.

Zur Bestimmung ihrer

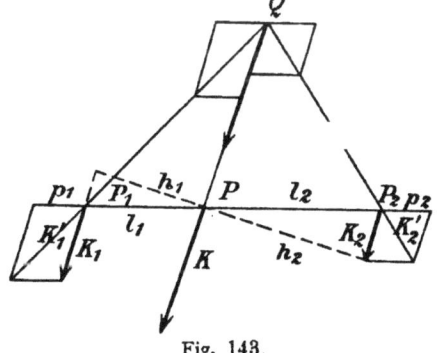

Fig. 143.

Kraftlinie denke man sich den Angriffspunkt Q wieder auf die Verbindungslinie $P_1 P_2$ nach P verlegt. Dann folgt aus der Ähnlichkeit der Dreiecke:

$$l_1 : p_1 = Q P : K_1, \text{ oder } l_1 \cdot K_1 = Q P \cdot p_1$$
$$l_2 : p_2 = Q P : K_2, \text{ oder } l_2 \cdot K_2 = Q P \cdot p_2,$$

also, da $p_1 = p_2$ ist:

$$l_1 K_1 = l_2 K_2 \text{ oder } l_1 : l_2 = K_2 : K_1$$

oder auch, wenn statt l_1 und l_2 die senkrechten Abstände h_1 und h_2 genommen werden, die in demselben Verhältnis stehen:

$$h_1 : h_2 = K_2 : K_1,$$

d. h. die Resultante teilt den Abstand der beiden Kräfte in ihrem umgekehrten Verhältnis.

934. Das archimedische Hebelgesetz. Der Schwerpunkt. Man sehe $P_1 P_2$ als in P drehbaren (zweiarmigen) Hebel an und K_1, K_2 etwa als Gewichte. Dann wird K durch die Zwangskraft vernichtet, d. h. K_1 und K_2 halten sich das Gleichgewicht. Das archimedische Hebelgesetz ist wieder gefunden in seiner ursprünglichsten Gestalt.

Oder es seien P_1 und P_2 zwei starr verbundene materielle Punkte mit den Massen m_1 und m_2, also den Gewichten: $K_1 = m_1 g_e$, $K_2 = m_2 g_e$. Dann wird:

$$l_1 : l_2 = K_2 : K_1 = m_2 : m_1,$$

d. h. P ist der Massenmittelpunkt oder Schwerpunkt von P_1 und P_2 [519].

Indem man von zwei auf beliebig viele Massenpunkte übergeht, erhält man den archimedischen Schwerpunktsatz:

Die Schwerkräfte oder Gewichte der Teile eines starren Körpers haben eine Resultante. Sie ist gleich dem Gesamtgewicht und geht immer, wie man auch den Körper dreht oder verschiebt, durch denselben Punkt, den Massenmittelpunkt oder Schwerpunkt.

935. Entgegengesetzt gerichtete Kräfte. Es sei $K_1 > K_2$. Die Konstruktion in [932] ergibt:

$$K = K_1 - K_2$$

Die Resultante ist gleich dem Unterschied der beiden Kräfte und hat die Richtung der größeren.

Sie verläuft nicht zwischen ihnen, sondern außerhalb, jenseits der größeren. Die Proportion:

$$l_1 : l_2 = K_2 : K_1$$

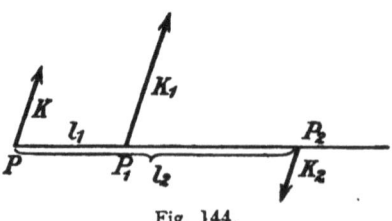

Fig. 144.

bleibt aber bestehen. Sieht man z. B. P als Stützpunkt einer Stange $P P_1 P_2$ an, an welcher K_1 und K_2 angreifen, so entsteht das Gesetz von dem sog. einarmigen Hebel.

936. Das Poinsot'sche Kräftepaar. Sind aber K_1 und K_2 einander gleich und entgegengesetzt gerichtet, so nutzt die Konstruktion in [932] gar nichts, da dann auch K_1' und K_2' einander gleich und entgegengesetzt gerichtet werden. Fig. 145.

Ein Kräftepaar ist und bleibt ein Kräftepaar und wird nie zu einer Einzelkraft. Aber auch sein Moment [225] bleibt dasselbe, da das Parallelogramm mit K_1 und K_2 als Seiten denselben Flächeninhalt hat, wie das Parallelogramm mit K_1' und K_2' als Seiten. Auch die Drehungssinne stimmen überein.

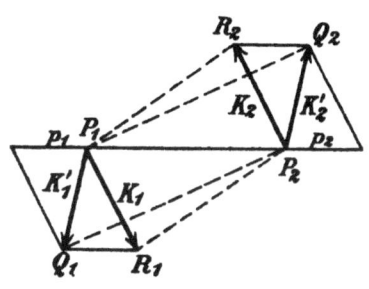

Fig. 145.

937. Umgekehrt: Haben zwei in derselben Ebene liegende Kräftepaare (K_1, K_2) und $(K_1' K_2')$ gleiche Momente und gleichen Drehungssinn, so läßt sich das eine in das andere durch die Umformungen A, B, C [930] verwandeln.

Beweis: Es seien K_1 und K_2 nicht parallel zu K_1' und K_2'. Man verschiebe K_1 und K_1', bis sie von demselben Punkte P_1 ausgehen und verfahre entsprechend mit K_2 und K_2'. Da Parallelogramm $K_1 K_2$ und $K_1' K_2'$ inhaltsgleich sind, so ist auch $\triangle P_1 P_2 R_2 = \triangle P_1 P_2 Q_2$, also $Q_2 R_2$ (und ebenso $Q_1 R_1$) $\| P_1 P_2$. Es entsteht wieder Fig. 145.

Sind aber die Kraftlinien von $(K_1 K_2)$ und $(K_1' K_2')$ parallel, so halte man sich an ein drittes Kräftepaar von gleichem Moment mit anders gerichteten Seiten, verwandle das erste in das dritte und dann das dritte in das zweite.

938. Zwei Kräftepaare mit gleichem Moment und gleichem Drehungssinn können auch dann durch A, B und C ineinander verwandelt werden, wenn sie nicht in derselben, sondern in parallelen Ebenen E und E' liegen.

Beweis (Figur fehlt). Man mache die beiden Kräftepaare zunächst kongruent und gleich gerichtet [937] und lege durch K_1' und K_2 sowie durch K_1 und K_2' je eine Ebene. Ihre Schnittlinie l ist parallel zu den Kräften und liegt in der Mittelebene von E und E'.

Man nehme in l zwei sich aufhebende Kräfte L_1 und L_2 an, jede $= 2 K_1 = 2 K_2 = 2 K_1' = 2 K_2'$. und zwar L_1 gerichtet wie K_1 und K_1', L_2 wie K_2 und K_2'. Dann ist nach [935] K_1' die Resultante von K_2 und L_1, K_2' die Resultante von K_1 und L_2.

939. Umwandlungen eines Kräftepaares.

1) Beliebige Verschiebung in seiner Ebene.

2) Beliebige Drehung in seiner Ebene.

3) Beliebige Vergrößerung oder Verkleinerung der Kräfte, wenn ihr Abstand im umgekehrten Verhältnis verkleinert oder vergrößert wird.

4) Verschiebung in eine beliebige parallele Ebene.

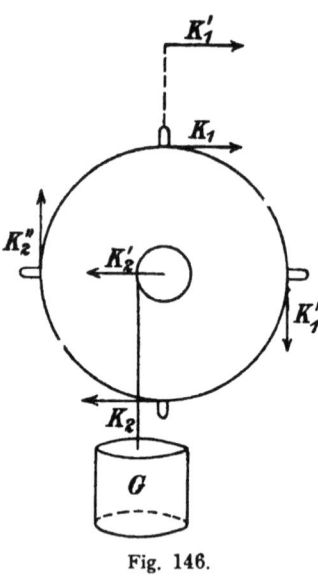

Fig. 146.

Man kann dies vorzüglich am Rad an der Welle erläutern. Ob man mit beiden Händen, mit gleichen Kräften K_1 und K_2 zu drehen sucht oder nur mit einer Hand in der doppelten Entfernung eine Kraft $K_1' = K_1 = K_2$ ausüben würde, ist offenbar gleichgültig. Da man nun im letzteren Falle noch eine Kraft K_2' hinzudenken kann (welche durch die Zwangskraft vernichtet würde), so ist 1 bestätigt.

Ferner: Es ist offenbar einerlei, ob man K_1 und K_2, oder K_1'' und K_2'' nimmt. Es ist 2 bestätigt. Drittens: Man braucht offenbar weniger Kraft, wenn das Rad größer ist. Es ist 3 bestätigt. Viertens: Wenn an der Welle zwei gleiche Räder sitzen, so kommt es nicht darauf an, ob man an dem einen oder an dem anderen Rad zu drehen sucht. Es ist 4 bestätigt.

940. Der Pfeil eines Kräftepaares. Ein Kräftepaar ist im geometrischen Sinne nichts anderes als ein Streckenpaar [225]. Das Moment des Kräftepaares kann also ersetzt werden durch eine Momentenstrecke, durch einen Pfeil, dessen Länge der Größe und dessen Richtung dem Drehungssinn des Streckenpaares entspricht [212].

Man kann sich dann auch so ausdrücken: Zwei Kräftepaare sind äquivalent, wenn ihre Momente gleich lang und gleich gerichtet sind.

941. Zwei windschiefe Kräfte werden wieder windschief, man mag die Konstruktion [932] so oft anwenden wie man wolle. Nie ist es möglich, sie in dieselbe Ebene zu bringen, d. h. sie entweder in eine Einzelkraft oder in ein Kräftepaar zu verwandeln.

Wohl aber sind zwei windschiefe Kräfte (und überhaupt jedes Kraftsystem [947]) einer Einzelkraft und einem Kräftepaar zusammen äquivalent.

942. Zusammensetzung von Kräftepaaren. Gegeben seien zwei Kräfte-paare. Man stelle jedes durch zwei Kräfte mit dem Abstande 1 dar und richte es so ein (was nach [939] stets möglich ist), daß diese Abstände zusammenfallen. Dann addieren sich die Kräfte, also auch ihre Pfeile geometrisch. Das Ergebnis ist wieder ein Kräftepaar.

Kräftepaare werden also zusammengesetzt, indem man ihre Pfeile zusammensetzt, die dabei [939] beliebig verschoben werden dürfen.

943. Kräftepaar und Einzelkraft. Liegt eine Einzelkraft K in der Ebene eines Kräftepaares K_1, K_2 oder ist sie zu der Ebene parallel, d. h. steht K auf dem Momentenpfeil des Kräftepaares senkrecht, so entsteht durch Zusammensetzung eine andere Einzelkraft K', welche mit K der Größe und Richtung nach übereinstimmt, aber in einer parallelen Geraden liegt.

Beweis: Nach [939] kann man das Kräftepaar so umformen, daß K_1 entgegengesetzt gleich zu K und mit K in derselben Geraden liegt. Sie heben sich dann auf und es bleibt K_2.

Umgekehrt kann jede Einzelkraft K zerlegt werden in irgend-eine parallele und gleich große Einzelkraft K_1 und in ein Kräftepaar. Man füge zu K_1 die Gegenkraft K_2 in derselben Geraden hinzu, so ist K äquivalent zu K, K_1, K_2, d. h. zu K_1 und dem Kräftepaar (K K_2).

944. Die Poinsot'sche Zentralachse. Bildet die Einzelkraft K mit dem Momentenpfeil keinen rechten, sondern einen beliebigen Winkel, so zerlege man den Pfeil M in zwei Pfeile, einen M_1 senkrecht zur Einzel-kraft und einen M_2 parallel zu ihr. K und M_1 kann man dann, wie eben gezeigt, zu einer parallelen Einzelkraft zusammensetzen.

Aber diese Resultante und das übrig bleibende Moment M_2 lassen sich nicht mehr zu einer Einzelkraft vereinigen. Es bleibt also eine Einzelkraft nud ein Kräftepaar, dessen Pfeil parallel zu ihr ist, al~o in der Linie der Einzelkraft genommen werden darf (Fig. 148). Die so gefundene Gerade, in welcher zugleich die Einzelkraft und der Pfeil des Kräftepaares liegen, heißt die Zentralachse.

945. Legt man jedoch Wert darauf, daß die Einzelkraft durch einen gegebenen Punkt P des Raumes gehe, so wende man die Um-kehrung in [943] an, indem man durch P die Parallele zur Einzel-kraft zieht und setze das neu auftretende Kräftepaar mit dem ge-gebenen Kräftepaar zu einem resultierenden Kräftepaar zusammen; dann bildet der Pfeil des letzteren mit der nunmehr durch P gehenden Einzelkraft im allgemeinen einen beliebigen, nur keinen rechten Winkel. Der Schwerpunktssätze wegen nimmt man für P in der Regel den Schwerpunkt.

946. Zwei windschiefe Kräfte sind einer Einzelkraft und einem Kräftepaar äquivalent.

Beweis: Es seien K_1 und K_2 die beiden Kräfte. Ersetze nach [943] K_2 durch eine parallele Kraft K_2', welche K_1 schneidet und ein Kräftepaar. K_1 und K_2', haben dann eine neue Einzelkraft als Resultante. (Figur fehlt.)

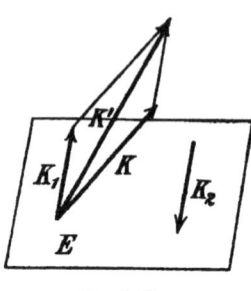

Fig. 147.

Durch die umgekehrte Konstruktion Fig. 147 kann eine Einzelkraft K und ein Kräftepaar (K_1, K_2) in zwei windschiefe Kräfte verwandelt werden, wenn man die Kraftlinie der einen Kraft K_1 des Kräftepaares mit der Kraftlinie der Einzelkraft zum Schnitt bringt, was nach [939] sogar auf unendlich viele Weisen (vgl. [941]) möglich ist. K_1 und K geben K'. Bleibt also K' und K_2.

947. Vereinfachung eines beliebigen Kraftsystems. Der Satz [946] über zwei windschiefe Kräfte kann auf ein beliebiges Kraftsystem erweitert werden, wie folgt: Man nehme irgendeinen Punkt P und verwandle jede Kraft des Kraftsystems nach [943] in eine parallele gleich große, aber durch P gehende Kraft und in ein Kräftepaar. Dann vereinige man alle diese nach P verlegten Kräfte zu der durch P gehenden Resultante K und alle Kräftepaare nach [942] zu einem resultierenden Kräftepaar M. Daher:

Jedes Kraftsystem ist äquivalent einer Einzelkraft K und einem Kräftepaar M.

Es sei ausdrücklich betont, daß man imstande ist, die Einzelkraft K durch jeden Punkt P des Raumes gehen zu lassen, wenn man auch in der Regel den Schwerpunkt nimmt [945].

948. Die Zentralachse eines Kraftsystems. Damit ist nach [944] der Hauptsatz Poinsot's bewiesen, welcher lautet:

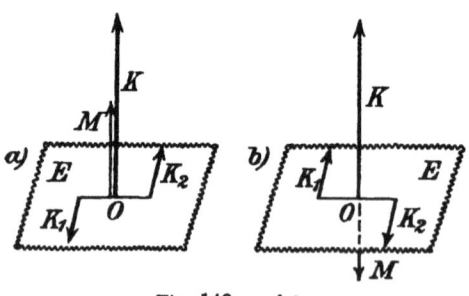

Fig. 148a und b.

Ein jedes Kraftsystem, aus wieviel Kräften es auch bestehen mag, hat eine Zentralachse. Es ist äquivalent zu einer in der Zentralachse liegenden Einzelkraft K und zu einem Kräftepaar (K_1, K_2), dessen Pfeil M ebenfalls in der Zentralachse liegt.

Die Kraft und das Kräftepaar sind zusammen drei Kräfte.
Wendet man nun noch [946] an, so ergibt sich sogar, daß jedes
Kraftsystem, und noch dazu auf unendlich viele Weisen, in nur zwei
windschiefe Kräfte verwandelt werden kann, die genau dieselbe
Wirkung haben.

949. Nimmt man in [947] statt P den Koordinatenanfangspunkt O
und beachtet, daß eine Parallelverschiebung an den Projektionen
nichts ändert, so folgt, daß K als Resultante der nach O verschobenen
Kräfte die Komponenten haben muß:

$$I = X_1 + X_2 + \ldots = \Sigma X$$
$$II = Y_1 + Y_2 + \ldots = \Sigma Y$$
$$III = Z_1 + Z_2 + \ldots = \Sigma Z.$$

Die Momente der ursprünglich gegebenen (also noch nicht nach
O verschobenen) Kräfte in bezug auf O sind nach [226] identisch mit
den in [947] genannten Kräftepaaren mit der Resultante M. Letztere
hat daher die Komponenten:

$$IV = M_{x_1} + M_{x_2} + \ldots = \Sigma M_x$$
$$V = M_{y_1} + M_{y_2} + \ldots = \Sigma M_y$$
$$VI = M_{z_1} + M_{z_2} + \ldots = \Sigma M_z.$$

950. So führt die geometrische Theorie Poinsot's nach Einführung eines Koordinatensystems wieder auf die sechs Summen
I bis VI zurück, welche in diesem Paragraphen den Ausgangspunkt
gebildet hatten.

Also ein zweiter Beweis, daß nur diese sechs Summen für die
Wirkung eines Kraftsystems in Betracht kommen, daß es aber ganz
gleichgültig ist, aus welchen Einzelkräften diese Summen her-
genommen sind [925].

951. Grenzfälle des Kraftsystems. Stehen die gefundenen K und M
senkrecht aufeinander, so können sie nach [943] zu einer Einzelkraft
zusammengesetzt werden. Das Kraftsystem ist dann einer einzigen
Kraft äquivalent. Die analytische Bedingung ist:

$$I \times IV + II \times V + III \times VI = 0.$$

Verschwindet dagegen K, d. h. verschwinden die drei Summen
I, II, III, so bleibt überhaupt nur ein Kräftepaar übrig. Die Lage
der Zentralachse wird unbestimmt, nur ihre Richtung läßt sich feststellen als die Richtung des Momentenpfeiles M.

952. Wenn man den Inhalt dieses Paragraphen mit dem Inhalt des
§ 18 zusammenhält, der rein phoronomisch von der Bewegung eines starren
Körpers handelte, so tritt mit voller Deutlichkeit eine strenge Polarität
hervor. Die Einzelkräfte entsprechen nämlich den Drehungen und

die Kräftepaare den Verschiebungen, obgleich man bei einer Einzelkraft nicht an eine Drehung, sondern an eine Verschiebung und
bei einem Kräftepaar nicht an eine Verschiebung, sondern an eine
Drehung zu denken pflegt.

Poinsot, Möbius, Graßmann, Ball und andere sind dieser
Polarität weiter nachgegangen. Es handelt sich dabei aber vorzugsweise um rein geometrische Theorien.

953. Hat man ein Kraftsystem auf die sechs Summen I bis VI
gebracht, dann geben die Schwerpunktssätze die Flächensätze und
wenn ein Potential da ist, der Satz von der lebendigen Kraft Mittel
an die Hand, ausreichend viele Differentialgleichungen der Bewegung
zu bilden. Drei von ihnen sind [575]:

$$I = m \frac{d^2 x_s}{(d t)^2}, \quad II = m \frac{d^2 y_s}{(d t)^2}, \quad III = m \frac{d^2 z_s}{(d t)^2},$$

wo m die Gesamtmasse des Systems und x_s, y_s, z_s die Koordinaten
des Schwerpunktes bedeuten.

Die Bestimmung der Schwerpunktsbewegung macht aber nur
einen Teil der Aufgabe aus. Es fehlen noch Differentialgleichungen,
die sich auf die Drehungen (um den Schwerpunkt) beziehen. Wieder
war es Euler, der sie zuerst aufgestellt hat, in einer Form, welche
seitdem bei fast allen Rotationsproblemen angewendet worden ist.

Diese Theorien gehören aber durchaus zur höheren Mechanik.

----

§ 39. Die allgemeine Schwere.

954. Die Kepler'schen Gesetze. Als man erkannt hatte, daß die
Gestirne **Körper** seien, Weltkörper gleich der Erde, war auch der
Begriff einer möglichen Mechanik des Himmels entstanden. Zu seiner
Verwirklichung aber bedurfte er rein empirischer, aus astronomischen
Beobachtungen und Messungen hervorgegangener Unterlagen.

Sie sind von Kepler geschaffen worden, dessen Gesetze lauten:

Erstes Gesetz: Die Bahnen der Planeten sind Ellipsen, in deren
einem Brennpunkt die Sonne steht.

Zweites Gesetz: Die vom Radiusvektor nach der Sonne in gleichen
Zeiten beschriebenen Flächen sind einander gleich.

Drittes Gesetz: Die Quadrate der Umlaufszeiten verhalten sich
wie die dritten Potenzen der großen Achsen ihrer Bahnen.

Da sie rein phoronomisch sind, so war die astronomische Mechanik gleich zu Anfang vor die Aufgabe gestellt, aus gegebenen Bewegungen gemäß den mechanischen Grundgesetzen rückwärts die Massen und Kräfte zu bestimmen.

955. Das zweite Kepler'sche Gesetz und die Beschleunigung. Der Weg zur Lösung führt nach der Grundgleichung über die Beschleunigung, von der aber in den Kepler'schen Gesetzen an sich nichts, rein nichts steht. Es muß vielmehr alles über sie erst durch mathematische Analyse entwickelt werden.

Hierzu bietet das zweite Gesetz nach [373] sofort Gelegenheit, denn es sagt, nur mit anderen Worten, daß die Flächengeschwindigkeit unveränderlich bleibt. Also verschwindet die Flächenbeschleunigung, also auch das Moment der Bahnbeschleunigung g, die daher entweder nach der Sonne hin oder von ihr fort gerichtet ist. Letzteres ist wegen der zur Sonne konkaven Gestalt der Bahn nicht möglich. Daher:

Die Beschleunigung eines Planeten in seiner Bahn ist nach der Sonne hin gerichtet.

956. Das erste Kepler'sche Gesetz und die Beschleunigung. Nicht so leicht wie die Richtung ergibt sich die Größe der Beschleunigung, die sich ohne Fachkenntnisse aus der Geometrie und Differentialrechnung überhaupt nicht ermitteln läßt. Doch kann man trotzdem auf elementare Weise hier so viel erreichen, daß man erkennt: Was noch fehlt, ist rein mathematisch.

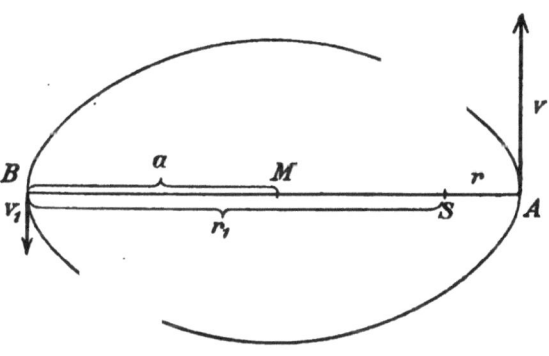

Fig. 149.

Man beschränke sich auf das Perihel A und auf das Aphel B. In beiden Punkten ist g reine Normalbeschleunigung. Es ist daher nach [363]:

$$g = \frac{v^2}{\varrho}, \quad g_1 = \frac{v_1^2}{\varrho_1}.$$

Die beiden Krümmungsradien ϱ und ϱ_1 sind einander gleich, da die Ellipse zu den Achsen symmetrisch ist. Mithin:

$$g : g_1 = v^2 : v_1^2.$$

Die Flächengeschwindigkeit ist konstant. Daher folgt [319]:

$$v \cdot r = v_1 \cdot r_1 \quad \text{oder} \quad v : v_1 = \frac{1}{r} : \frac{1}{r_1}, \quad \text{also:}$$

$$g : g_1 = \frac{1}{r^2} : \frac{1}{r_1^2}.$$

957. Die eben gefundene Proportion:

$$g : g_1 = \frac{1}{r^2} : \frac{1}{r_1^2}$$

gilt aber nicht allein für Perihel und Aphel, sondern für beliebige Punkte der Bahn, wie eine gründlichere Untersuchung lehren würde. Es ist also ganz allgemein:

$$g = \frac{\mu}{r^2},$$

wobei der Proportionalitätsfaktor μ für **denselben** Planeten unveränderlich bleibt. Daher:

Die Beschleunigung ist für denselben Planeten dem Quadrate seines Abstandes von der Sonne umgekehrt proportional.

958. Das dritte Kepler'sche Gesetz und die Beschleunigung. Wenn auch μ für denselben Planeten konstant ist, so könnte sein Wert doch noch von einem Planeten zum anderen anders werden. Zur Entscheidung dieser Frage dient das dritte Gesetz.

Es seien: F die Fläche der Ellipse, T die Umlaufszeit oder das Jahr des Planeten, f die Flächengeschwindigkeit und ϱ der Krümmungsradius im Perihel (und Aphel). Dann ist:

$$F : T = f : 1, \quad \text{also} \quad f = \frac{F}{T}.$$

Andererseits ist [319] $f = \frac{r \cdot v}{2}$, daher [363] und [957]:

$$f = \frac{r \cdot \sqrt{g \varrho}}{2} = \frac{r}{2} \sqrt{\frac{\mu}{r^2} \cdot \varrho} = \frac{\sqrt{\mu \varrho}}{2}.$$

Die beiden Werte für f müssen gleich sein. Folglich:

$$2 \frac{F}{T} = \sqrt{\mu \cdot \varrho}, \quad 4 \frac{F^2}{T^2} = \mu \varrho, \quad \text{oder:}$$

$$\mu = \frac{4 F^2}{T^2 \varrho}.$$

959. F und ϱ sind rein geometrische Größen, deren Werte die Mechanik billigerweise als gegeben annehmen darf. Es ist also „bekanntlich":

$$F = \pi \, a \, b, \quad \varrho = \frac{b^2}{a}.$$

und daher:

$$\mu = \frac{4\,\pi^2\,a^2\,b^2}{T^2 \cdot \dfrac{b^2}{a}} \quad \text{oder endlich:}$$

$$\mu = 4\,\pi^2 \cdot \frac{a^3}{T^2}.$$

Nach dem dritten Gesetz hat der Bruch rechts für alle Planeten einen und denselben Wert. Daher auch:

Der Koeffizient μ hat für **alle** Planeten einen und denselben Wert.

960. Das Beschleunigungsgesetz ist gefunden! Es lautet:

Die Beschleunigung eines Planeten ist nach der Sonne gerichtet. Ihre Größe wird bestimmt durch die Formel:

$$g = \frac{\mu}{r^2},$$

in welcher r den Abstand von der Sonne und μ einen konstanten Koeffizienten bezeichnet, d. h. einen Koeffizienten, der nicht allein für jeden Planeten in allen Punkten der Bahn, sondern auch für alle Planeten nur einen Wert hat.

961. Die Formel:

$$g = \frac{\mu}{r^2}$$

kann viel einfacher abgeleitet werden, wenn man von den Exzentrizitäten der Bahnen absieht und sie für Kreise nimmt. Dann wird für jeden Planeten in allen Punkten:

$$r = a.$$

Die Bewegung wird zur kreisförmigen Kreisbewegung. Daher nach der Formel von Huyghens [358]$_0$:

$$g = \frac{4\,\pi^2\,a}{T^2} = \frac{4\,\pi^2\,a^3}{T^2\,a^2} = \frac{4\,\pi^2\,\dfrac{a^3}{T^2}}{a^2}.$$

Der Zähler ist konstant, drittes Kepler'sches Gesetz.

Huyghens selbst hat diese einfache Anwendung seiner Formel auf das dritte Kepler'sche Gesetz gemacht. Aber die allgemeine Ableitung der Beschleunigung unter Berücksichtigung der Exzentrizität rührt von Newton her.

962. Die Anziehung durch die Sonne. Gleich der Beschleunigung ist die Kraft, welche auf den Planeten wirkt, nach der Sonne hin gerichtet. Sie ist eine [irgendwie] von der Sonne ausgeübte Anziehung. Ihre Größe ergibt sich gemäß der Grundgleichung:

$$K = m\,g = \frac{\mu \cdot m}{r^2}$$

d. h. die Anziehung ist der Masse m des Planeten direkt und seinem Abstand umgekehrt proportional.

Wie bei der Schwere, dem Gewicht, entspricht der doppelten Masse die doppelte Kraft. Die Anziehung ist „Massenanziehung". Wäre die Masse der Erde doppelt so groß, so würde sie von der Sonne doppelt so stark angezogen werden. Aber die Beschleunigung g selbst würde dieselbe bleiben, genau so, wie die Fallbeschleunigung g_o sich nicht ändert, wenn man die Masse des fallenden Körpers verdoppelt.

963. Die Gauß'sche Gravitationskonstante. Zieht die Sonne den Planeten an, so zieht der Planet auch die Sonne an mit gleicher Kraft. So verlangt es die Actio und Reactio. Die Anziehung ist gegenseitig.

Da sie der Masse m des Planeten proportional ist, so wird sie jedenfalls auch der Masse M der Sonne proportional sein. Deshalb sei gesetzt:

$$\frac{\mu}{M} = k^2, \quad \mu = k^2 M,$$

so daß k^2 voraussichtlich für alle Planetensysteme — wenn es deren mehrere gäbe — nur einen Wert haben würde. Die so eingeführte Größe k^2 heißt die Gauß'sche Gravitationskonstante.

964. Das Newton'sche Gravitationsgesetz. Der Ausdruck für die Kraft wird nun:

$$K = \frac{k^2 M m}{r^2},$$

d. h. die Anziehung zwischen Sonne und einem Planeten ist dem Produkt ihrer Massen direkt und dem Quadrat ihres Abstandes umgekehrt proportional.

Wenn sich Sonne und Planet anziehen, so werden sich wohl überhaupt zwei Weltkörper anziehen, denn daß der eine von beiden gerade die Sonne sein müsse, ist doch äußerst unwahrscheinlich. So entsteht vorbehaltlich noch genauerer Prüfung das Newton'sche Kraftgesetz, welches die Bewegungen der Gestirne regelt:

Zwei Weltkörper ziehen einander an mit einer Kraft, welche dem Produkt ihrer Massen direkt und dem Quadrat ihres Abstandes umgekehrt proportional ist.

965. Es erheben sich aber alsogleich Bedenken. Durch die Anziehung der Sonne erhält der Planet die Beschleunigung:

$$g = \frac{K}{m} = \frac{k^2 M}{r^2} = \frac{\mu}{r^2}.$$

Sie ist keine andere, als die eben aus Kepler's Gesetzen gefundene.

Durch die Anziehung des Planeten erhält aber auch die Sonne eine Beschleunigung:

$$g' = \frac{K}{M} = \frac{k^2 m}{r^2}.$$

Von ihr ergeben die Kepler'schen Gesetze nichts, ebenso wie von den Beschleunigungen, welche die Planeten aufeinander ausüben. Und doch müssen sie vorhanden sein, wenn das Newton'sche Gravitationsgesetz richtig ist.

Solche Einwürfe verlieren aber ihre Kraft, wenn man die Möglichkeit erwägt, daß erstens die Sonne alle Planeten an Masse weit überwiege und daß zweitens die Kepler'schen Gesetze nur angenähert richtig sein könnten, weil sie aus Beobachtungen hergeleitet wurden, die nie mathematisch genau sind.

966. Denn wenn die Sonne im Verhältnis zu den Planeten eine sehr große Masse hat, so sind die Beschleunigungen, welche letztere der Sonne und einander erteilen, sehr klein gegen die Beschleunigungen, welche die Sonne den Planeten erteilt [72]. Es bleiben also in erster Annäherung nur diese übrig. Immerhin dürfen nun auch die Kepler'schen Gesetze nur angenähert erfüllt sein. Es ist aber auch wirklich so, und genauere Prüfungen haben stets gezeigt, daß die Abweichungen gerade so sind, wie sie bei strenger Geltung des Newton'schen Gesetzes sein müssen [971].

967. Das Zweikörperproblem. Zwei Körper P_1 und P_2 mit den Massen M und m haben zu Anfang, d. h. in einem beliebig angegebenen Augenblick, beliebige Lagen und beliebige Geschwindigkeiten. Wie bewegen sie sich unter Annahme des Gravitationsgesetzes?

Die absoluten Werte der Beschleunigungen von P_1 und P_2 sind:

$$g_1 = \frac{k^2 m}{r^2}, \quad g_2 = \frac{k^2 M}{r^2}.$$

Sie haben entgegengesetzte Richtungen. Also ist die Beschleunigung g' der Relativbewegung von P_2 gegen P_1

$$g' = g_1 + g_2 = \frac{k^2 (M + m)}{r^2} = \frac{\mu'}{r^2},$$

wenn $\mu' = k^2 (M + m)$ gesetzt wird.

Sie unterliegt also dem Beschleunigungsgesetz [960], nur daß statt M zu setzen ist: M + m (vgl. [622]). Also:

Der eine Körper bewegt sich relativ zu dem anderen so, wie er sich im absoluten Sinne bewegen würde, wenn er von einem **festen** Punkte angezogen würde, dessen Masse gleich der Summe der beiden Massen ist.

968. Von diesem Satz steigt man durch Integrationen auf zu dem zweiten und dann zum ersten Kepler'schen Gesetz, wobei statt der Sonne der Körper P_1 zu setzen ist. (Das dritte hat hier keinen Sinn.) Doch ist das erste Gesetz dahin zu erweitern, wie Newton zuerst gezeigt hat, daß statt der Ellipse möglicherweise die Bahn auch eine Parabel oder auch eine Hyperbel sein könnte, je nach dem Wert der Anfangsgeschwindigkeit.

Damit ist die Relativbewegung bestimmt. Nimmt man hierzu die absolute Bewegung des Schwerpunktes der beiden Körper, die nach dem Schwerpunktssatz geradlinig und gleichförmig sein muß, so ergeben sich durch Zusammensetzung auch die absoluten Bewegungen der Körper selbst.

969. Das Vielkörperproblem. Setzt man statt zweier beliebig viele Körper, so sind die Schwierigkeiten sehr viel größer. Alle Versuche, eine Lösung zu finden, die der vorigen entsprechen würde, sind gescheitert und haben, wie Bruns gezeigt hat, scheitern müssen, weil eine solche Lösung nicht existiert.

Man kennt die zehn Integrale, welche aus dem Schwerpunktssatz, dem Flächensatz und dem Satz von der lebendigen Kraft folgen [708] und kann sie zur Vereinfachung der Aufgabe benutzen. Man hat darüber hinaus das Vielkörperproblem auf das gründlichste studiert und eine verschwenderische Fülle von Sätzen, Umformungen und Entwickelungen erhalten, die ein hochbedeutendes Kapitel der Mechanik des Himmels bilden. Aber, wie gesagt, das einst so sehr erstrebte Endziel einer „einfachen" Lösung hat man aufgegeben.

970. Das Störungsproblem. Wenn aber, wie im Sonnensystem, der eine Körper eine weitüberwiegende Masse hat, dann bieten die drei Kepler'schen Gesetze eine erste Annäherung, die man nun durch Berücksichtigung der zuerst ausgelassenen Beschleunigungen [965] verbessern kann. Das Problem wird zum Störungsproblem, dessen vollständige Literatur eine Bibliothek für sich füllen würde.

Es galt, Methoden zu entwickeln, um auf dem Papier den Bewegungen der Planeten nicht allein zu folgen, sondern auf Jahre, Jahrhunderte, Jahrtausende voranzugehen. Und dieses Ziel hat man erreicht, wie die Rückwärtsrechnung der Störungen durch Übereinstimmung mit früheren Beobachtungen beweist.

971. Dabei hat sich oft genug Gelegenheit zu besonders feinen Prüfungen des Newton'schen Gravitationsgesetzes geboten, die immer zu seinen Gunsten ausgefallen sind. Sogar, wenn es zu Anfang nicht so schien, hat eine schärfere Störungsrechnung doch stets die völlige Übereinstimmung hergestellt.

Man hat, veranlaßt durch Versuche, das „Rätsel der Schwerkraft" [96] zu lösen, oft die Möglichkeit erwogen, daß der Newtonsche Ausdruck für die Kraft vielleicht nur das Hauptglied sein möchte, dem kleinere Glieder folgen. Sie müßten aber sehr klein sein, denn bisher ist von ihrem Einfluß keine Spur nachweisbar gewesen.

972. Die Mechanik des Himmels ist höhere Mechanik. Nichtsdestoweniger kann man auch auf elementare Weise manche ihrer Ergebnisse sogar ziffernmäßig nachweisen, wenn auch selbstverständlich die genauesten Werte so nicht erreicht werden können. Einige Beispiele sollen dies zeigen.

Zugrunde gelegt ist das astronomische Maßsystem von Gauß [153], also: Sonnenmasse $= 1$, der Tag $= 1$, die Sonnenweite $= 1$. Außerdem werden solche Zahlenwerte, die ihren Ursprung in den Beobachtungen selbst haben, wie die Länge des Jahres, des Monats usw. selbstverständlich als gegeben betrachtet.

973. Berechnung der Gravitationskonstante. Nach [963] und [959] ist:

$$k^2 = \frac{\mu}{M} = \frac{4\pi^2 a^3}{T^2 M}.$$

Es ist $M = 1$. Nimmt man die Erdbahn, so ist auch $a = 1$ und $T = 365{,}26 \ldots$, also:

$$k^2 = \frac{4 \cdot (3{,}14159)^2}{(365{,}26)^2}, \quad k = \frac{2 \cdot 3{,}14159 \ldots}{365{,}26 \ldots}.$$

Die logarithmische Rechnung ergibt:

$$k = 0{,}017202.$$

Der Gauß'sche Wert, der den astronomischen Rechnungen zugrunde gelegt wird, ist:

$$k = 0{,}0172021.$$

974. Berechnung der Erdmasse. Die Relativbewegung des Mondes um die Erde folgt annähernd dem ersten und zweiten Kepler'schen Gesetz. Die halbe große Achse ist $a_1 = 0{,}0025844$ und die Umlaufzeit oder der siderische Monat ist $T_1 = 27{,}322$. Es werde angenommen — auf etwa 1% ist es richtig —, daß die zugehörige Beschleunigung des Mondes mit der absoluten Beschleunigung g_1 übereinstimme, welche er von der Erde erhält [589].

Es treten m (Erdmasse), a_1 und T_1 an Stelle von M, a und T in [973], während k unverändert bleibt. Daher:

$$k^2 = \frac{4\pi^2 a_1^{\,3}}{T_1^{\,3} m}, \quad m = \frac{4\pi^2 a_1^{\,3}}{T_1^{\,2} k^2}.$$

Hier sind für a_1, T_1 und k ihre Werte zu setzen. Man erhält:

$$\alpha). \quad m = \frac{1}{324\,150}.$$

Der in den neuesten Tafeln von Newcomb enthaltene Wert ist:

$$\beta) \quad m = \frac{1}{324\,439}.$$

975. Der Unterschied zwischen α und β ist zufällig viel kleiner als er nach der Größe der Korrektionen sein sollte, welche diese Bestimmung zu erhalten hat. Es sind nämlich ihrer zwei, die sich zufällig beinahe aufheben.

Die erste besteht darin, daß der Wert α nach [967] die Summe von Erd- und Mondmasse darstellt, also $\frac{81}{80}$ der Erdmasse. Diese wäre dann:

$$\frac{80}{81} \cdot \frac{1}{324\,150} = \frac{1}{328\,202}.$$

976. Die zweite folgt aus der Anziehung der Sonne, welche in der Relativbeschleunigung zwischen Mond und Erde ein dem Hauptglied im Durchschnitt entgegengesetztes Glied hervorbringt, so daß ersteres, also auch die Erdmasse entsprechend größer wird als α. Doch erfordert die Berechnung dieser Korrektion Kenntnisse, die nur der Fachmann hat, wie auch nur ein solcher beurteilen kann, bis zu welcher Ziffer man dem Newcomb'schen Wert β trauen darf.

Wahrscheinlich ist noch die dritte sicher, die vierte ist schon recht zweifelhaft und die fünfte und sechste sind ganz wertlos. An ihrer Stelle könnten ebensogut zwei Nullen stehen.

977. Bestimmung der Planetenmassen. Die in [974] benutzte, von Newton ersonnene Methode ist auf alle Planeten anwendbar, welche Monde haben, also auf alle großen Planeten, außer Merkur und Venus.

Für diese bleiben nur die Störungen, welche ihre Anziehungen in den Bewegungen der anderen Planeten hervorrufen, als Anhalt zur Massenberechnung. So geht es auch, aber nicht so leicht und auch nicht so genau. Daß aber angenäherte Werte herauskommen, zeigt die Probe an den anderen Planeten, welche Monde haben, wenn man deren Massen auch aus den Störungen bestimmt. Denn es hat sich eine leidliche Übereinstimmung ergeben.

978. Bestimmung der Mondmasse. Die Astronomen nehmen in der Theorie der Erdbewegung an Stelle des Schwerpunktes E der Erde den gemeinsamen Schwerpunkt S von Erde E und Mond M, der allerdings nie aus dem Erdkörper heraustritt. Um S beschreibt E eine Relativbewegung, welche ein verkleinertes Spiegelbild der Mondbewegung ist.

Leverrier hat Tausende von Sonnenbeobachtungen auf ein solches Spiegelbild geprüft und seine Größe, d. h. das Verhältnis von E S zu M S und damit auch [519] das Verhältnis der Mondmasse zur Erdmasse festgestellt.

979. Eine zweite Methode beruht auf der Zerlegung der wirklichen Flut, wie sie im Steigen und Fallen des Meeresspiegels erscheint, in eine theoretische Mondflut und eine theoretische Sonnenflut, deren Verhältnis zu etwa 5:2 bestimmt worden ist. Hieraus geht das Verhältnis der Mondmasse zur Sonnenmasse hervor.

Eine dritte Methode beruht auf der gedachten Zerlegung der wirklichen Präzession der Erdachse in eine theoretische durch den Mond und eine solche durch die Sonne, deren Verhältnis allerdings nicht so wie bei der Flut bestimmbar ist. Man kann aber auf Umwegen die erstere durch die Bradley'sche Hauptnutation berechnen und so ihr Verhältnis zur ersteren bestimmen [1013].

Es hat sich auch 5:2 ergeben. Alle drei Methoden haben übereinstimmend gezeigt, daß die Mondmasse etwa $^1/_{80}$ der Erdmasse ist.

980. Bestimmung der Stärke der Anziehungskräfte. Aus k, den Massen und den Abständen ergeben sich nach [964] die Ziffernwerte der Anziehungen zwischen den Weltkörpern. So z. B. zwischen Sonne und Erde in mittlerem Abstande:

$$K = \frac{k^2 \cdot 1 \cdot \dfrac{1}{324\,439}}{1^2} = 0,00\,000\,000\,091\,208.$$

Dagegen die Anziehung zwischen Erde und Mond:

$$K' = \frac{k^2 \cdot \dfrac{1}{324\,439} \cdot \dfrac{1}{80 \cdot 324\,439}}{(0,0\,025\,844)^2} = 0,0\,000\,000\,000\,052\,612.$$

981. Die zugehörige Krafteinheit wird dabei genau so erklärt wie in [115] als die Kraft, welche der Masse 1 (Sonnenmasse) die Beschleunigung 1 (definiert durch Sonnenweite und Tag als Längen- und Zeiteinheit) erteilen würde.

982. Die astronomische und die terrestrische Schwere. Jeder Weltkörper, also auch die Erde zieht die andern Weltkörper an. Das ist eine Wahrheit, die wir Newtons Genius verdanken. Die Erde zieht auch alle auf ihr befindlichen Dinge an. Das ist eine Wahrheit, die wir tagtäglich unzählige Male erfahren.

Wohl auch ein Geringerer als Newton hätte vermutet, daß beide
Wahrheiten der Ausfluß einer einzigen allgemeinen Wahrheit seien.
Er aber hat mehr getan; er hat hierfür den ziffernmäßigen Beweis
gebracht durch Vergleichung der Fallbeschleunigung g_o mit der Zentripetalbeschleunigung des Mondlaufes unter Berücksichtigung der so
sehr verschiedenen Abstände vom Erdmittelpunkt.

983. Es sei r der Radius, m die Masse der Erde. Dann muß nach
[960] und [963], wenn die terrestrische Schwere überhaupt dem
Gravitationsgesetz entspricht, die Fallbeschleunigung g_o der Bedingung
genügen:

$$g_o = \frac{k^2 m}{r^2}.$$

Dies gilt für einen Körper auf der Erdoberfläche bei der Voraussetzung [989], daß man die ganze Erdmasse im Erdmittelpunkt vereinigt annehmen dürfe. Entfernt sich der Körper von der Erde beliebig weit, bis er den Abstand R vom Erdmittelpunkt hat, so wird
die Fallbeschleunigung:

$$g'_o = \frac{k^2 m}{R^2}, \quad \text{also } g'_o = g_o \left(\frac{r}{R}\right)^2.$$

Für den Mond ist R = 60,270 r, daher:

$$g'_o = \frac{981}{(60,270)^2} = 0,2701 \frac{cm}{(sec)^2}.$$

984. Andererseits ist die Zentripetalbeschleunigung des Mondum-
laufs bei Annahme von Kreisgestalt nach [358] c:

$$g' = \frac{4 \pi^2 R}{T^2} = \frac{4 \pi^2 \, 60,270 \cdot r}{T^2}.$$

Drückt man hier r in cm = $637 \cdot 10^6$ und T, den siderischen Monat,
in Sekunden = $236 \cdot 10^4$ aus, so ergibt sich:

$$g' = 0,2721 \frac{cm}{(sec)^2}.$$

985: Die Übereinstimmung zwischen g'_o und g' ist recht leidlich.
Sie wird aber vollkommen bei Berücksichtigung der Korrektionen,
die eine gründliche Untersuchung kennen lehrt. Also geht wirklich
die terrestrische Schwere bei immer größerem Abstand von der Erde
unmerklich über in die astronomische Schwere.

Beide waren nunmehr durch diesen Beweis Newtons
zu der einen allgemeinen Schwere oder Massenanziehung
vereinigt.

986. Schwere auf anderen Weltkörpern. Die Fallbeschleunigung g_o
auf der Sonne würde sein:

$$g_{\bullet} = \frac{k^2 M}{r'^2},$$

wo M die Masse der Sonne und r' den Sonnenradius bezeichnet. Daher:

$$g_{\bullet} = g_{\bullet} \frac{M}{m} \cdot \left(\frac{r}{r'}\right)^2.$$

Es ist $M = 324439\,m$, $r' = 109,14\,r$. Es ergibt sich:

$$g_{\bullet} = 27,24\,g_{\bullet}$$

987. Die Fallbeschleunigung auf der Sonne, also auch das Gewicht ist auf der Sonne 27 bis 28 mal so groß wie auf der Erde. Auf dieselbe Weise kann man die Vergleichung mit anderen Weltkörpern durchführen und z. B. berechnen, daß ein Körper von 1 kg Masse, der also auf der Erde 1 kg* Gewicht hat, auf der Sonne 27 kg*, auf dem Monde 0,19 kg*, auf dem Jupiter 2,2 kg* Gewicht besitzen muß. Vgl. [86].

988. Das allgemeine Gravitationsgesetz. Das kleinste Staubteilchen hat schon Gewicht, ist schwer. Die Gravitation beginnt also bereits bei materiellen Punkten. So erhält das Newton'sche Gesetz seine letzte und einfachste Gestalt:

Zwei materielle Punkte ziehen sich gegenseitig an mit einer Kraft, welche dem Produkt ihrer Massen direkt und dem Quadrat ihres Abstandes umgekehrt proportional ist.

989. Die Anziehung zwischen wirklichen Körpern erscheint aus unzähligen solchen Elementaranziehungen zusammengesetzt und muß bei gegebener Massenverteilung durch Integrationen festgestellt werden, welche sich auf sämtliche materielle Punkte des einen und des anderen Körpers beziehen.

Schon Newton selbst hat so gefunden, daß ein Körper von einer homogenen oder aus homogenen konzentrischen Schalen bestehenden Kugel so angezogen wird, als ob ihre ganze Masse sich im Mittelpunkt befinde [983]. Aus dieser ersten Feststellung ist aber allmälig eine umfassende Theorie geworden, welche mit den feinsten Hilfsmitteln der höheren Mathematik bestritten wird.

990. Die experimentelle Bestimmung der Anziehung zwischen materiellen Punkten ist allerdings nicht möglich; wohl aber ist es nicht notwendig, daß, wie bei der terrestrischen Schwere, der eine Körper ein Weltkörper sei.

Man stelle sich außer der wirklichen Erde E eine zweite Erde E' vor, die E in Gestalt und Dichte vollkommen gleich, nur viel kleiner ist. Es seien m die Masse, r der Radius von E; m' und r' von E'. Die beiden Fallbeschleunigungen an ihren Oberflächen werden:

$$g_\bullet = \frac{k^2\,m}{r^2}; \quad g_\bullet' = \frac{k^2\,m'}{r'^2}.$$

Wegen der vorausgesetzten gleichen Dichte verhalten sich die Massen wie die Volumina, also wie die dritten Potenzen der Radien, d. h.

m : m' = r³ : r'³, folglich:

$$g_\bullet \cdot g_\bullet' = r : r'.$$

991. Es sei r' = 1 Meter. Da r = 6370000 m ist, so wird:

$$g'_2 = \frac{g_\bullet}{6370000}.$$

In demselben Verhältnis stehen die Gewichte. Ein Körper von 1 kg Masse würde auf E′ nur 0,16 mg* schwer sein.

Dies gibt einen Maßstab von der ungefähren Größe oder vielmehr Kleinheit der zu erwartenden Anziehungen. Es müssen schon sehr fein ausgeführte Experimente sein, welche sie zeigen, geschweige ihre Messung ermöglichen. Und doch ist sogar letzteres mit leidlichem Erfolge geschehen.

992. Die erste zuverlässige Bestimmung der Stärke der Anziehung zwischen bekannten — d. h. in terrestrischen Masseneinheiten bekannten — Massen rührt von Cavendish her, der hierzu eine Drehwage, ähnlich derjenigen Coulomb's zur Messung elektrischer Kräfte, benutzt hat, indem er den Endkugeln schwere Bleigewichte näherte und die Veränderung der Gleichgewichtslage und der Schwingungsdauer ermittelte. Später hat man auch Pendelmessungen und Wägungen an einer sehr feinen Präzisionswage hierzu angestellt.

Diese Experimente haben zu dem folgenden in C-G-S Einheiten ausgedrückten Ergebnis geführt:

Zwei Körper, jeder von 1 g Masse, ziehen sich in einem Abstand von einem Zentimeter an mit einer Kraft von:

0,00 000 006 565 Dyn.

Doch mag die Unsicherheit noch $\frac{1}{2}$ % des Wertes betragen.

993. Die Gravitationskonstante im C-G-S-System ist also:

k² = 0,00 000 006 565,

wie aus der allgemeinen Formel:

$$K = \frac{k^2\,M \cdot m}{r^2}$$

hervorgeht, wenn man M = 1, m = 1, r = 1 setzt.

In Dyn ausgedrückt ist daher die Anziehung:

$$K = 0,00\,000\,006\,565 \cdot \frac{M \cdot m}{r^2},$$

wenn M und m in Gramm, r in Zentimeter angegeben werden.

994. Die Erdmasse in Kilogramm. Man kann aber diese Formel auch umkehren und etwa M aus K, m und r berechnen:

$$M = \frac{K \cdot r^2}{m \cdot 0{,}00\,000\,006\,565}$$

Der eine Körper sei ein auf der Erde befindliches Gramm, also $m = 1$. Der andere Körper sei die ganze Erde, deren Masse M bestimmt werden soll. Dann ist $K = 981$ Dyn, $r = $ Erdradius $= 637 \cdot 10^6$ cm; die Rechnung ergibt:

$$M = 6\,063\,400\,000\,000\,000\,000\,000\,000\,000, \text{ d. h.}$$

$$M = 606 \cdot 10^{25} \text{ Gramm} = 606 \cdot 10^{22} \text{ Kilogramm.}$$

Cavendish hat also, wie es in seiner Grabschrift heißt, „die Erde gewogen" und mit ihr Sonne, Mond und Planeten [974].

Aus der Masse M und dem Volumen $V = 10828 \cdot 10^{23}$ (cm)^3 ergibt sich die mittlere Dichte der Erde:

$$\gamma = \frac{M}{V} = 5{,}60 \ldots$$

Merkwürdigerweise hat schon Newton die Erde fünf- bis sechsmal so dicht geschätzt wie das Wasser. Ein selten glücklicher Treffer!

995. Nun folgt aus [974] die Masse der Sonne, also zugleich die astronomische Masseneinheit [153]:

$$= 196 \cdot 10^{31} \text{ Gramm.}$$

So ergeben Laboratoriumsexperimente die Vergleichung der dritten und letzten Grundeinheit im astronomischen und terrestrischen Maßsystem. Nach [167] ist es nun ein leichtes, alle Maßzahlen umzurechnen.

So ist z. B. [980] die Anziehung zwischen Sonne und Erde:

$$= 358 \cdot 10^{25} \text{ Dyn} = 365 \cdot 10^{19} \text{ kg*}$$

und zwischen Erde und Mond:

$$= 207 \cdot 10^{23} \text{ Dyn} = 211 \cdot 10^{17} \text{ kg*.}$$

Wie anders sehen diese Zahlen aus, als die früheren in [980]! Die Kräfte zwischen den Weltkörpern sind eben, verglichen mit irdischen Kräften, unvorstellbar groß.

996. In entsprechender Weise kann man mit allen mechanischen Größen unseres Sonnensystems verfahren, wie Arbeit, lebendige Kraft, potentielle Energie. Nur werden die Maßzahlen oft sehr groß.

Die Erde hat in ihrem Umlauf um die Sonne eine Durchschnittsgeschwindigkeit von $3 \cdot 10^6 \frac{\text{cm}}{\text{sec}}$. Folglich ist ihre lebendige Kraft (bezogen auf die Relativbewegung zur Sonne):

$$L = \frac{m\,v^2}{2} = 273 \cdot 10^{38} \text{ Erg}$$

$$= 273 \cdot 10^{31} \text{ Joule}$$
$$= 278 \cdot 10^{30} \text{ mkg*}$$
$$= 103 \cdot 10^{25} \text{ HPH}$$
$$= 76 \cdot 10^{25} \text{ Kilowattstunden.}$$

Rechnet man, was sicherlich viel zu viel ist, daß in unseren Maschinen ununterbrochen tausend Millionen Pferdestärken arbeiten, so würde diese Energiemenge doch ausreichen für:

118 Billionen Jahre.

§ 40.   Irrtümer und Trugschlüsse in der Mechanik.

997. Die Gefahr, bei der Beurteilung von Fragen aus der Mechanik Fehler zu machen, ist manchmal nicht klein. Falsche Übertragungen von anderen scheinbar analogen Fällen, in denen die Sache doch anders liegt, und falsche Schlüsse liegen oft so nahe, daß man geradezu von Fallstricken sprechen kann, welche dem Verstande gelegt werden.

Wir alle kennen aus täglich wiederkehrender Erfahrung die Gesetze der Mechanik instinktartig, wenden sie richtig an und haben gelernt, unserer Urteilskraft in dieser Hinsicht zu vertrauen. Wo aber der Fall aus dem Rahmen der Alltäglichkeit stark heraustritt, kommt derjenige in Vorteil, welcher die Gesetze der Mechanik auch in abstrakter Form allgemeiner Sätze wirklich begriffen hat. Doch auch er kann getäuscht werden, ja selbst berühmten Männern vom Fach ist dies begegnet, wie sich an Dutzenden von Beispielen aus der Literatur zeigen ließe.

Einige hoffentlich lehrreiche Beispiele sollen erläutern, wie man sich vor solchen Irrtümern schützen kann.

998. Ein Irrtum des Aristoteles. Aristoteles sagt: Ein Stein fällt schneller als ein Blatt, weil er schwerer ist. Wenn nämlich ein Körper fällt, so drückt das Obere A auf das Untere B, das nun sowohl durch sein eigenes Gewicht als auch durch das Gewicht von A angetrieben wird und bei seinem daher schnelleren Fall A mit sich fortreißt.

Hier liegt eine solche Verallgemeinerung einer an sich über alle Zweifel gewissen Erfahrung vor. Freilich drückt das Obere mit seinem ganzen Gewicht auf das Untere. Aber nur, wenn der Körper am Fallen verhindert wird, wenn er z. B. ruhig auf dem Boden liegt. Beim Fallen, da B beständig unter A ausweicht, kommt es gar nicht zum Druck. A und B fallen unabhängig von einander, jedes nur wegen seines eigenen Gewichtes.

999. Hätte Aristoteles den Satz von Aktio und Reaktio bereits gekannt, so würde er auch auf andere Weise die Fehlerhaftigkeit seines Argumentes eingesehen haben. Denn drückt A auf B nach unten, so drückt B auf A nach oben. Fällt also B schneller, so muß A langsamer fallen. Der Körper würde beim Fallen langgezogen werden wie Gummi.

Als Galilei seine Fallversuche am schiefen Turm zu Pisa machte, wurde er so heftig angefeindet, daß er Pisa verlassen mußte. Es ist immer gefährlich, an einem tausendjährigen Irrtum zu rütteln.

1000. Der eingetauchte Finger. Ein nicht bis zum Rande gefülltes Glas mit Wasser wird auf einer Wage gewogen, bis es genau austariert und die Wage im Gleichgewicht ist. Dann taucht man vorsichtig einen Finger in das Wasser, ohne das Glas zu berühren. Wird das Gleichgewicht gestört oder nicht? Und wenn es gestört wird, muß man zu seiner Wiederherstellung auf der anderen Wagschale Gewichte zulegen oder fortnehmen?

In der Regel wird die falsche Antwort gegeben. Denn wie könne das Gleichgewicht gestört werden, da doch der Finger gar nicht an das Glas kommt, also auf dasselbe gar nicht drücken kann?

Aber ein einziger Versuch, zu dem eine ganz gewöhnliche Küchen-wage ausreicht, welche noch auf 1 g Mehrbelastung reagiert, belehrt eines besseren. Denn es muß zugelegt werden!

1001. Jeder in Wasser getauchte Körper erhält von ihm einen nach oben gerichteten Auftrieb, welcher gleich dem Gewicht der verdrängten Wassermenge ist: Nach der Aktio und Reaktio drückt also der Körper auf das Wasser nach unten und dieser Druck kommt als äußere Kraft hinzu, wenn man Glas $+$ Wasser als ein materielles System ansieht.

Die anderen auf dieses System wirkenden Kräfte sind sein Gesamtgewicht und der Gegendruck — p von der Wagschale auf das Glas. Wenn Gleichgewicht eingetreten ist, muß daher p so groß sein wie das Gesamtgewicht und der Auftrieb zusammen, d. h. p ist größer geworden um den Auftrieb, d. h. um das Gewicht des durch den Finger verdrängten Wassers.

Der Druck des Fingers wird eben durch das Wasser hindurch

auf das Glas und durch das Glas hindurch auf die Wagschale fortgepflanzt. Wie man sich diese Fortpflanzung vorstellt, ist dabei ganz
gleichgültig, denn die statischen Prinzipien reichen aus!

1002. Die Fliege in der Flasche. Wenn man ein leeres (d. h. mit
Luft gefülltes) verschlossenes Glasgefäß zur Bestimmung seines Gewichtes auf eine Wagschale stellt, so wird eine zufällig eingeschlossene
Fliege, wenn sie am Boden hockt, mitgewogen. Wenn aber die Fliege
herumfliegt, ohne das Gefäß zu berühren oder besser, wenn sie sich,
wie man oft sieht, durch schnelle Flügelschläge schwebend an derselben Stelle hält, wird sie dann auch mitgewogen oder nicht?

Leider lassen sich Fliegen nicht abrichten, daß man das Experiment
machen könnte. Leider, denn es ist zehn gegen eins zu wetten, daß
der Laie die falsche Antwort geben wird. Wie sollte auch die Fliege
mitgewogen werden, da sie doch das Glasgefäß gar nicht berührt
und also gar nicht imstande ist, mit ihrem Gewicht auf dasselbe zu
drücken?

1003. Und doch wird sie mitgewogen, ob sie am Boden hockt
oder sich in dem Gefäß schwebend erhält, sofern man im letzteren
Falle überhaupt von einem genauen Wägen sprechen kann, was selbstverständlich Unveränderlichkeit des Druckes auf die Wagschale
verlangt.

1004. Es sei G das Gewicht des Gefäßes mit der eingeschlossenen
Luft, G_1 das Gewicht der Fliege und p der Druck auf die Wagschale,
also — p der Gegendruck von der Wagschale auf das Gefäß. G, G_1
und — p sind dann die drei einzigen äußeren Kräfte, welche auf das
materielle System Σ, bestehend aus Gefäß, eingeschlossener Luft und
eingeschlossener Fliege, wirken.

Da der Gesamtschwerpunkt dieses Systems seine Höhenlage nicht
ändert, nachdem Gleichgewicht eingetreten ist, muß daher $p = G + G_1$
sein, d. h. die Fliege wird mitgewogen.

1005. Gegen diesen Beweis der Mechanik läßt sich nicht das
geringste einwenden. Zur physikalischen Erklärung aber sei zunächst
daran erinnert, daß die Fliege sich überhaupt nicht schwebend erhalten könnte, wenn das Gefäß luftleer wäre. Sie schlägt schnell mit
den Flügeln, um unaufhörlich auf die Luft nach unten zu drücken.
Der Gegendruck hebt ihr Gewicht auf, denn sonst würde sie eben fallen.

Aber der Druck selbst (den die Fliege nach unten fortgesetzt
durch das Flügelschlagen erneuert), pflanzt sich durch die Luft fort
auf das Gefäß. Und da er, wie eben erklärt, gleich ihrem Gewicht
ist, so wird die Fliege eben mitgewogen.

Es bedarf aber dieser physikalischen Auseinandersetzung gar nicht. Denn die Prinzipien der Statik genügen!

1006. Die an zwei Fäden aufgehängte Last. Eine wagerechte Stange wird mit ihren Enden an zwei parallelen vertikalen Fäden aufgehängt und trägt in der Mitte eine Last Q, so daß die Spannung jedes Fadens $= \frac{Q}{2}$ ist. Plötzlich wird der eine Faden durchschnitten. Wie groß ist **unmittelbar** darauf die Spannung des anderen Fadens (Gewicht der Stange nicht berücksichtigt)?

Die Antwort pflegt zu lauten, sie sei $= Q$, da der andere Faden nun die ganze Last zu tragen habe. Und doch, wie falsch!

Offenbar fällt die Last sofort nach dem Durchschneiden, und zwar zu Anfang völlig frei. Daher verschwindet im ersten Augenblick auch die Spannung des nicht durchschnittenen Fadens gänzlich.

Wenn man ihn an einer Spiralfeder aufhängt, so schnellt diese nach dem Durchschneiden auf der Stelle in die Höhe. Allerdings dauert es nur den Bruchteil einer Sekunde, denn bald wird die Last durch den Faden am Fallen verhindert.

1007. Wird das Gewicht der Stange berücksichtigt, dann ist die Antwort nicht so leicht gefunden. Zur möglichsten Vereinfachung nehme man an, daß die Stange gar keine Last habe, sondern daß Q ihr Eigengewicht bedeute. Die einfachste Lösung ist dann folgende:

Man wende den Satz: Moment der Massenbeschleunigung = Moment der Kraft zweimal an, erstens auf die Drehung um den Endpunkt des nicht durchschnittenen Fadens und zweitens auf die Drehung relativ zum Schwerpunkt der Stange. Es seien l die Länge der Stange, Z die Fadenspannung nach dem Durchschneiden, T_0 und T die Trägheitsmomente der Stange in bezug auf den Schwerpunkt und den Endpunkt, und φ die Neigung der Stange kurz nach dem Durchschneiden. Man erhält:

$$T \frac{d^2 \varphi}{(d\,t)^2} = \frac{Q\,l}{2}, \quad T_0 \frac{d^2 \varphi}{(d\,t)^2} = Z \frac{l}{2}, \text{ daher:}$$

$$Z = Q \frac{T_0}{T}.$$

Die Integration gibt, wenn die Stange verhältnismäßig dünn ist:

$$T_0 = \frac{Q\,l^2}{12\,g_e}, \quad T = \frac{Q\,l^2}{3\,g_e}, \text{ daher:}$$

$$Z = \frac{Q}{4}.$$

Die Spannung sinkt sofort von $\frac{Q}{2}$ auf $\frac{Q}{4}$.

1008. Die Fallbeschleunigung und der Mond. Um welchen Bruchteil wird die Fallbeschleunigung und mit ihr das Gewicht eines Körpers vermindert, wenn der Mond im Zenit steht, und um welchen Bruchteil vermehrt, wenn er im Nadir steht. Die Masse der Erde sei m, ihr Radius $=$ r, die Masse des Mondes sei $= \frac{m}{80}$, und sein Abstand von der Erde (von Mittelpunkt zu Mittelpunkt) $= 60$ r.

Lösung: Die Beschleunigung, welche der Körper P von der Erde erhält, ist [965]:

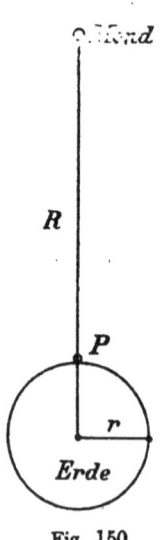

$$g = \frac{k^2\,m}{r^2},$$

und diejenige, welche er von dem Mond erhält, wenn er im Zenit steht:

$$g' = \frac{k^2\,\dfrac{1}{80}\,m}{(59\,r)^2}, \quad \text{also:}$$

$$g' = \frac{g}{80 \cdot 59^2} = \frac{g}{278480} = \frac{981}{278480}\;\frac{cm}{(sec)^2}.$$

Da g' die entgegengesetzte Richtung von g hat, so wird die Fallbeschleunigung um $\dfrac{1}{278480}$ verringert.

1009. Steht aber der Mond im Nadir, so ist:

$$g' = \frac{k^2\,\dfrac{1}{80}\,m}{(61\,r)^2}, \quad \text{also:}$$

$$g' = \frac{g}{80 \cdot 61^2} = \frac{g}{297680}.$$

Fig. 150.

Da g' dieselbe Richtung hat wie g, so wird die Fallbeschleunigung um $\dfrac{1}{297680}$ vermehrt.

1010. Diese Lösungen sind scheinbar richtig, und doch ganz falsch! Denn die Fallbeschleunigung ist eine Relativbeschleunigung zur Erde, und so muß von der absoluten Beschleunigung g' des Mondes auf den Körper die absolute Beschleunigung g'' des Mondes auf die ganze Erde bzw. auf ihren Schwerpunkt abgezogen werden [492]. Was dann übrig bleibt, das ist erst der Einfluß des Mondes auf die Fallbeschleunigung.

Es ist:

$$g'' = \frac{k^2 \frac{1}{80} m}{(60\,r)^2} = \frac{g}{80 \cdot 60^2} ,$$

daher, wenn der Mond im Zenit steht:

$$g' - g'' = \frac{g}{80}\left(\frac{1}{59^2} - \frac{1}{60^2}\right) = \text{rund } \frac{1}{30} g'.$$

Die Fallbeschleunigung wird vermindert, aber nur um den 30. Teil des vorhin errechneten Betrages.

Steht der Mond im Nadir, so ist $g'' > g'$ und

$$g'' - g' = \text{rund } \frac{1}{30} g'.$$

Also wird die Fallbeschleunigung nicht vermehrt, sondern gleichfalls vermindert um etwa denselben Betrag wie im Zenit. Es war somit schon die Fragestellung in [1008] falsch!

1011. Der Mond und die Lotlinie. Die größte Ablenkung der Lotrichtung durch den Mond ist „offenbar" zu erwarten, wenn er im Horizont steht, seine Anziehung also horizontale Richtung hat.

Niemand, der nicht die Sache auf das gründlichste überlegt hat, wird hieran zweifeln! Und doch hat der Mond im Horizont so gut wie gar keinen Einfluß auf die Lotrichtung, ebensowenig wie im Zenit oder Nadir. Die genaue Berechnung zeigt vielmehr, daß das Maximum dieses Einflusses bei einer Höhe von $\pm 45^0$ liegt, wenn also der Mond ebensoweit vom Horizont, wie vom Zenit oder Nadir steht [495].

1012. Sonnenflut und Mondflut. Es seien M und m die Massen von Sonne und Mond, R und r ihre Abstände von einem auf der Erde befindlichen Körper. Dann verhalten sich die auf ihn von Sonne und Mond ausgeübten Beschleunigungen wie:

$$\frac{M}{R^2} : \frac{m}{r^2} ,$$

d. h. nach Einsetzung der Werte rund wie 177 : 1.

In demselben Verhältnis werden also wohl auch die Einflüsse von Sonne und Mond auf terrestrische Bewegungen sein? Im besonderen ist die theoretische Sonnenflut wahrscheinlich 177 mal so stark wie die theoretische Mondflut, die also gar nicht in Betracht kommt.

1013. Auch dies ist falsch! Denn eine gründliche Untersuchung, entsprechend [1010], zeigt, daß man hier, gleiche Richtung von Mond und Sonne vorausgesetzt, nicht $\frac{M}{R^2}$ und $\frac{m}{r^2}$, sondern $\frac{M}{R^3}$ und $\frac{m}{r^3}$ miteinander zu vergleichen habe.

Und da kommt die Sonne trotz ihrer 177 mal so starken Anziehung ins Hintertreffen, denn die letzten beiden Brüche verhalten sich etwa wie $2:5$.

Die theoretische Mondflut ist also (durchschnittlich) $2^1/_2$ mal so groß wie die theoretische Sonnenflut. Entsprechendes gilt für die Erscheinung der Präzession [419] und [979].

1014. Die fallenden Knäuel. Zwei ganz gleiche Fadenknäuel A und B werden fallen gelassen. Während A aber frei fällt, wird B an dem freien Fadenende festgehalten, so daß es sich während des Fallens an dem Faden, der als vollkommen glatt und biegsam betrachtet wird, abwickeln muß. Fallen sie nicht beide gleich schnell, da der Faden nach Annahme weder durch Steifigkeit noch durch Rauheit der Abwickelung Widerstand entgegenstellt?

Nein, A fällt schneller! Denn wenn auch beide Male nur die Schwere arbeitet, so muß doch B beim Abwickeln in Drehung versetzt werden, deren lebendige Kraft auch Arbeit kostet.

1015. Es sei r der Radius, m die Masse, T das Trägheitsmoment um die Schwerpunktsachse, h die Falltiefe, ferner v die Endgeschwindigkeit von A, v_1 die von B und $\omega_1 = \frac{v_1}{r}$ die Winkelgeschwindigkeit der Drehung des letzteren. Dann ist für A [669]:

$$G\,h = m\,g_{\bullet}\,h = m\,\frac{v^2}{2},$$

und für B [644] und [642]:

$$G\,h = m\,g_{\bullet}\,h = m\,\frac{v_1{}^2}{2} + T\,\frac{\omega_1{}^2}{2} = m\,\frac{v_1{}^2}{2}\left(1 + \frac{T}{m\,r^2}\right).$$

Also:

$$v^2 : v_1{}^2 = 1 + \frac{T}{m\,r^2} : 1$$

für eine Kugel ist $T = \frac{2}{5}\,m\,r^2$, mithin:

$$v^2 : v_1{}^2 = 1 + \frac{2}{5} : 1 = 7 : 5$$

$$v : v_1 = \sqrt{7} : \sqrt{5} = \sqrt{1,4} : 1 = \text{rund } 6 : 5.$$

1016. Gleiten und Rollen auf einer schiefen Ebene. Ein Schlitten gleitet und eine Kugel rollt eine schiefe Ebene herunter. Wer kommt (bei Vernachlässigung der gleitenden Reibung) schneller unten **an**?

Der Schlitten! Denn hier hat die Arbeit der Schwere nur die lebendige Kraft der Translation hervorzubringen, während bei der Kugel noch die lebendige Kraft der Drehung hinzukommt. Da die Reibung bei dem Rollen keine Arbeit leistet, weil die augenblickliche Berührungsstelle ohne Geschwindigkeit ist, so vertritt sie die Stelle der Fadenspannung in dem vorigen Beispiel. Die Endgeschwindigkeiten verhalten sich also wie $\sqrt{7} : \sqrt{5}$ und die Zeiten umgekehrt wie $\sqrt{5} : \sqrt{7}$.

Ein Versuch würde wahrscheinlich mißlingen, da die gleitende Reibung zu stark ist. Man kann aber ein kleines massives Wägelchen mit sehr leichten Rädern nehmen, das also selbst gleitet, da nur die Räder rollen. Man wird finden, daß es schneller unten ankommt, als eine rollende Kugel.

1017. Galilei ließ bekanntlich bei seinen Fallversuchen Kugeln eine schiefe Ebene herabrollen; doch scheint nicht, daß er an die verschiedenen Geschwindigkeiten des Rollens und Gleitens überhaupt gedacht hat. Es kam auch hierauf nicht an, sondern nur darauf, zu zeigen, daß die Wege den Quadraten der Zeiten proportional seien, was beidemal der Fall ist.

Würde man aber aus solchen Fall- oder vielmehr Rollversuchen die Beschleunigung g, des freien Falles ableiten wollen, indem man das Rollen wie das Gleiten behandelte, so würde sie zu klein herauskommen.

1018. Steigen und Fallen in der Luft. Im luftleeren Raum würde ein senkrecht in die Höhe geworfener Körper ebenso lange steigen wie fallen, da beide Vorgänge dann Spiegelbilder voneinander wären. Wie aber bei Luftwiderstand? Sind da auch Steigzeit und Fallzeit einander gleich, oder ist die Steigzeit größer, oder ist die Fallzeit größer?

Verfasser hat auf diese Frage von in mechanischen Problemen nicht Geübten meist die falschen Antworten erhalten. Entweder hieß es: Sie werden wohl auch jetzt beide gleich sein, denn wenn der Körper steigt, wirken Schwere und Luftwiderstand, und wenn er fällt, wirken sie auch beide. Oder man antwortete: Die Steigzeit ist größer, weil beim Steigen beide Kräfte der Bewegung entgegenwirken, beim Fallen aber nur der Luftwiderstand. Er fällt also schneller!

1019. Die erste Antwort wird durch die an sich richtige Begründung der zweiten widerlegt; in der zweiten aber ist der aus der Begründung gezogene Schluß unrichtig. Denn beim Steigen wird eine anfänglich vorhandene Bewegung durch Schwere und Luftwiderstand vereint schneller vernichtet, als durch die Schwere allein, und beim Fallen wird eine anfänglich nicht vorhandene Bewegung durch Schwere und Luftwiderstand vereint langsamer erzeugt, als durch die Schwere allein.

1020. Zu demselben Ergebnis führt auch die folgende Betrachtung: Es sei $m = \dfrac{G}{g_0}$ die Masse des Körpers, v seine anfängliche Geschwindigkeit, h die Höhe, bis zu welcher er steigt. Während des Steigens leistet die Schwere negative Arbeit $= -Gh$ und der Luftwiderstand auch negative Arbeit. Sie sei $= -A$. Daher ist nach dem Satz von der lebendigen Kraft:

$$0 - m\frac{v^2}{2} = -Gh - A, \quad m\frac{v^2}{2} = Gh + A, \text{ daher:}$$

$$m\frac{v^2}{2} > Gh.$$

Während des Fallens leistet die Schwere positive Arbeit $= +Gh$ und der Luftwiderstand wie immer negative Arbeit. Sie sei $= -A'$. Bezeichnet man also die Geschwindigkeit, mit der der Körper wieder unten ankommt, mit v', so folgt:

$$m\frac{v'^2}{2} - 0 = Gh - A', \text{ daher:}$$

$$m\frac{v'^2}{2} < Gh.$$

1021. Es ist also $|v| > |v'|$. Ebenso wird bewiesen, daß die Geschwindigkeit des Steigens bei jeder Höhe zwischen 0 und h kleiner ist als die Geschwindigkeit des Fallens, wenn der Körper wieder durch dieselbe Höhenlage hindurchgeht. Die Fallzeit ist daher größer als die Steigzeit.

Wird der Körper schräg geworfen, so ist der absteigende Ast, weil auch die Horizontalgeschwindigkeit vermindert wird, steiler, also auch kürzer als der aufsteigende Ast. Aber trotzdem bleibt die Fallzeit größer als die Steigzeit. Man halte sich nur unbeirrt an die vertikale Geschwindigkeit und den vertikalen Weg, welch letzterer beim Steigen nicht größer, sondern ebensogroß ist wie beim Fallen.

1022. Die Schleifenfahrt (Looping the loop). Verfasser äußerte einst zu einem Radfahrer, der soeben die Schleifenfahrt glücklich vollbracht hatte: „Sie müssen sich doch dabei ungeheuer schwer vorkommen." Er aber antwortete: „Nein, im Gegenteil, mir ist es dabei immer so wunderbar leicht."

Ich war sehr überrascht, denn meine Berechnung der Kräfte, welche während der Schleifenfahrt auf den Radfahrer wirken, war, wenn auch nur roh angestellt, so doch in der Hauptsache unangreifbar. Und doch war ich, wie mir nun eine genauere Überlegung zeigte, einem großen Irrtum verfallen, der allerdings mehr die Physiologie als die Mechanik anging. Ich hatte die Empfindungen, welche diese Kräfte hervorrufen mußten, falsch beurteilt!

1023. Der Radfahrer hatte zuerst eine Anlauffläche von 10,5 m Höhe herunterzufahren und traf daher in dem tiefsten Punkt der Schleife mit einer Geschwindigkeit ein:

$$v = \sqrt{2 \cdot 10,5\, g_0} = \sqrt{210} \cdot \frac{m}{sec}.$$

Die Gestalt der Schleife war ganz ungefähr ein Kreis von 3 m Radius. Der Radfahrer erhielt also im tiefsten Punkt eine Zentripetalbeschleunigung:

$$= \frac{v^2}{r} = \frac{210}{3} = 70 = 7\, g_0.$$

Also war auch die Zentripetalkraft, d. h. die Resultante aus dem Druck vom Rade auf den Radfahrer und seinem Eigengewicht, siebenmal so groß wie das letztere. Der genannte Druck war daher sogar achtmal so groß und nach Aktio und Reaktio auch der Druck des Radfahrers auf das Rad. Und daher meine Frage!

1024. Wollte der Radfahrer bei gewöhnlicher Fahrt in ebenem Gelände den achtfachen Druck ausüben, so müßte er seinen Körper mit dem Siebenfachen seines Gewichts bepacken, etwa mit sieben anderen Radfahrern, die ihm auf Brust, Schultern, Hüften, Armen und Beinen sitzen. Den Druck nach unten, welchen diese auf ihn ausüben, den würde er wohl gewaltig spüren, er würde sich ungeheuer schwer vorkommen und den Gegendruck vom Rade als selbstverständlich hinnehmen.

Hier aber existiert der erste Druck gar nicht. Also fühlt der Radfahrer nur den zweiten Druck als eine gewaltige, nach oben gerichtete Kraft. Das Rad unter ihm wird zur stark gespannten Feder, welche ihn aufwärts schnellt. Er muß sich wunderbar leicht vorkommen.

Anhang.

—

Zusammenstellung von Größen der Mechanik, ihrer Dimensionsformeln und der in diesem Buch für sie gebrauchten Buchstaben.

Nr.	Größe	Buchstabe	Dimensionsformel	Nr.	Größe	Buchstabe	Dimensionsformel
1	Länge	l	$[l]$	16	Bewegungsgröße (Massengeschwindigkeit)	B	$[m][l][t]^{-1}$
2	Fläche . . .	F	$[l]^2$	17	Lebendige Kraft (Kinetische Energie) . .	L	$[m][l]^2[t]^{-2}$
3	Volumen . . .	V	$[l]^3$	18	Massenbeschleunigung . .	m$\times$g	$[m][l][t]^{-2}$
4	Winkel . . .	φ	$[l]^0$	19	Kraft	K	$[m][l][t]^{-2}$
5	Zeit	t	$[t]$	20	Antrieb . . .	J	$[m][l][t]^{-1}$
6	Geschwindigkeit	v	$[l][t]^{-1}$	21	Impuls (Stoßkraft, Momentankraft) . .	J	$[m][l][t]^{-1}$
7	Beschleunigung	g	$[l][t]^{-2}$	22	Arbeit	A	$[m][l]^2[t]^{-2}$
8	Winkelgeschwindigkeit . . .	ω	$[t]^{-1}$	23	Potential . . .	U	$[m][l]^2[t]^{-2}$
9	Sektorgeschwindigkeit . . .	$\dfrac{dS}{dt}$	$[l]^2[t]^{-1}$	24	Potentielle Energie . .	V	$[m][l]^2[t]^{-2}$
10	Sektorbeschleunigung . . .	$\dfrac{d^2S}{(dt)^2}$	$[l]^2[t]^{-2}$	25	Energie . . .	E	$[m][l]^2[t]^{-2}$
11	Masse	m	$[m]$	26	Arbeitsstärke (Wirkungsgrad) . . .	W	$[m][l]^2[t]^{-3}$
12	Dichte . . .	γ	$[m][l]^{-3}$				
13	Massenmoment ersten Grades	N	$[m][l]$				
14	Trägheitsmoment	T	$[m][l]^2$				
15	Zentrifugalmoment . . .	D	$[m][l]^2$				

Namen- und Sachregister.

K.

Kalorie 677.

Kant 18, — Laplace'sche Theorie 630.

Kapillarität 93.

Kater 892.

Kegelbewegung 408.

Kelvin 716.

Kepler 65, 318, 319, 321, 373, 374, 473, 584, 619, 858, 954, 955, 956, 958, 961, 965, 966, 968, 970.

Kepler'sche Gesetze 954.

Kettenlinie 781.

kg und kg* 126.

Kilogramm 121.

Kilogrammeter 651.

Kilowatt 653.

Kilowattstunde 656.

Kinematik 274.

Kirchhoff 7, 29, 95, 98, 291.

Kohäsion 80.

Kollinearität 432.

Komponente 175.

Konservatives System 716.

Koordinatenlehre § 12.

Koordinatentransformation § 13.

Kopernikus 464, 465, 466, 469, 487, 491, 502, 508.

Kraft 32, verlorene — 815, lebendige — § 28, Fortpflanzung der — 96, innere und äußere — 577.

Kraftfeld 700.

Kraftgesetze § 4.

Kräftepaar 225, 936.

Kräftepolygon 176.

Krümmungsradius 363.

Kullmann 111.

L.

Labil 764.

Lagrange 10, 109, 113, 158, 299, 331, 717, 752, 782, 791, 813, 829.

Lamé 80.

Laplace 493, 630, 717, 767.

Lavoisier 46.

Lebendige Kraft § 28.

Leibniz 4, 19, 107, 140, 296, 454, 533, 635, 638, 877.

Leonardo da Vinci 11, 648.

Leverrier 14, 978.

Lot 195.

M.

Mach 51, 98.

Maclaurin 280.

Magnetismus 78.

Mariotte 89.

Maschinen, einfache 5.

Masse 37.

Massenbeschleunigung § 25.

Massengeometrie 511.

Massengeschwindigkeit 592.

Massenmittelpunkt 518.

Massenmoment § 23.

Maßsysteme § 6.

Maßzahl 102.

Materie 31.

Maupertuis 19, 830, 831, 832.

Maxwell 96, 154.

Mayer 632, 677, 678, 688.

Mechanik § 1, Begriffe § 2, Gesetze § 3, Größen § 5, terrestrische — § 22, — des Himmels 972.

Megadyn 147.

Meter 118.

Mittelkraft 47.

Möbius 196, 228, 434, 952.

Molekularkräfte 94.

Moment, geometrisches § 11.

Momentankraft 605.

N.

Nahkräfte 79.

Navier 80.

Neumann 459.

Newcomb 974, 976.

Newton 10, 14, 28, 32, 37, 49, 54, 96, 100, 113, 310, 348, 359, 465, 491, 493, 502, 514, 575, 576, 582, 584, 585, 590, 696, 697, 698, 699, 709, 717, 767, 877, 879, 961, 964, 966, 968, 971, 977, 982, 985, 988, 989, 994.

Niveau 680.

Normalbeschleunigung 359.

Normalgewicht 148.

Nullinien 228.

Nutation (der Erdachse) 420.

Lightning Source UK Ltd.
Milton Keynes UK
UKHW040624231118
332756UK00011B/1378/P